・与那国島の代表種ほか

アマサギ（61ページ）

コクガン（64ページ）

コハクチョウ（64ページ）

アカハラダカ（67ページ）

ツミ（67ページ）

ツバメチドリ（80ページ）

ハシブトアジサシ夏羽（82ページ）

カラスバト（84ページ）

ズアカアオバト（85ページ）

ツメナガセキレイ（撮影：森河貴子）
（93ページ）

メンガタハクセキレイ（95ページ）

サンショウクイ（97ページ）

シロガシラ（98ページ）

ヒヨドリ（99ページ）

シマアカモズ（100ページ）

アカヒゲ（102ページ）

スズメ（120ページ）

右からホシムクドリ,ギンムクドリ,ジャワハッカ（121ページ）

・与那国島の珍鳥

アカノドカルガモ（64ページ）

アカアシカツオドリ（59ページ）

アカガシラサギ（61ページ）

カラシラサギ（62ページ）

ムラサキサギ（63ページ）

ナベコウ（63ページ）

クロツラヘラサギ（63ページ）

オオノスリ（67ページ）

アカアシチョウゲンボウ（撮影：森河貴子）（69ページ）

ナベヅル（70ページ）

ヒメクイナ夏羽（71ページ）

ヒメクイナ冬羽（71ページ）

レンカク（撮影：森河貴子）
（72ページ）

オオチドリ（73ページ）

ソリハシセイタカシギ（80ページ）

オニカッコウのペア（86ページ）

ナンヨウショウビン（90ページ）

ヤツガシラ（90ページ）

キガシラセキレイ（94ページ）

タカサゴモズ（101ページ）

クロジョウビタキ（103ページ）

クロノビタキ雄（104ページ）

クロノビタキ雌（104ページ）

カンムリオウチュウ（124ページ）

ヤマザキヒタキ（103ページ）

イナバヒタキ（104ページ）

ハシグロヒタキ夏羽（104ページ）

ハシグロヒタキ幼鳥（104ページ）

サバクヒタキ（104ページ）

クロウタドリ（106ページ）

シベリアセンニュウ（109ページ）

チョウセンメジロ（115ページ）

ズグロチャキンチョウ（117ページ）

チャキンチョウ（117ページ）

ユキホオジロ（118ページ）

シベリアムクドリ（121ページ）

オウチュウ（124ページ）

ハイイロオウチュウ（125ページ）

・代表的な探鳥地

田原湿地

祖納水田

与那国小中学校

東崎

久部良ミト

久部良港

桃原牧場

与那国嵩農道

野 鳥 の 記 録

与那国島

2002年3月～2007年1月の678日間の観察記録

宇山大樹

はじめに

　与那国島を初めて訪れたのは今から31年前の1979年，八重山諸島の11日間の探鳥旅行のときで，12月27日から4日間滞在した。幸運にもギンムクドリやハッカチョウを発見できたし，アカガシラサギやムラサキサギ，カンムリワシのいる不思議な島であった。その後，石垣島と西表島をまわり，ここでもズグロミゾゴイやオオクイナ，キンバトを見て魅力的な島だと感じたが，やはり与那国島はそれ以上に魅力的な島だと思った。

　当時は会社勤めだったため，連続で7～10日程度しか休めなかったが，春と秋の渡りの時期には日本海側の角島や対馬，舳倉島，飛島，粟島，見島，相ノ島等へ毎年出かけていた。与那国島へもこの調査の前に5回行っているが，沖縄県内のほかの島にも行くので，滞在はそれぞれ3～4日であった。与那国島は日本海側の島々と比べて，環境と鳥相がいちばん優れており，定年後はこの島に定住する予定でいたが，さまざまな制約があり，結局春と秋の渡りの時期の長期間滞在に変更した。3年間で「与那国島の野鳥リスト」を作ることを目的に2002年3月から滞在を開始した。調査は自転車を使い，日の出前の暗いうちから開始し，いろいろな種のねぐら入りを見届け，日の入り後にリュウキュウコノハズクが鳴き出してしばらくしてから帰る毎日で，この間は一日も休まず元気に調査でき，幸せな毎日であった。

　与那国島の財産とは何か? と聞かれたら「田原湿地や樽舞湿地，久部良ミトなどの自然が残っていること」と答える。これらの自然を残しておけば，観光客は年々増加し，島の収入につながるだろう。これからの時代はそのままの自然を売り物にするのがコストがかからず，安上がりないちばんいい方法だと思うが，町役場の人も町民もこのことに気づいていないのは残念だ。現在の開発優先の姿勢から自然を残すことに方向転換したら，島の将来は明るい――こんなことを考えながら調査をしていた。毎年野鳥が減少している現在，与那国島がいつまでも日本最高の探鳥地であり続けることを願わずにはいられない。

　調査期間中は多くの方々にお世話になった。野鳥情報は真木広造氏や森河隆史氏・貴子さん，庄山守氏，佐藤進氏，仲嵩剛氏に教えていただいた。また，バードウオッチングで与那国島を訪れた多くの人たちからの情報もありがたかった。下宿生活をした民宿「ひがし荘」の後真地御夫婦には何かとお世話になった。最後に原稿入力を心良く引き受けていただいた廣田行雄氏，本書の刊行を引き受けていただいた（株）文一総合出版の皆様に感謝申し上げる。

　　　　　　　　　　　　　　　　　　　　　　　　　　　2010年8月　吉日
　　　　　　　　　　　　　　　　　　　　　　　　　　　宇山 大樹

目 次

はじめに …………………………………… 2

Ⅰ．与那国島の概況 ………………… 4

Ⅱ．調査の概要
1. 目的 ……………………………………… 5
2. 調査方法 ………………………………… 5
3. 調査対象地域 …………………………… 5
4. 調査時間及び一日のスケジュール …… 5
5. 記録方法 ………………………………… 6
6. 調査日数 ………………………………… 6

Ⅲ．与那国島の鳥類相
1. 特色
   1) 記録された鳥類（鳥類リスト）……… 7
   2) 合計種類数と一日の平均種類数……… 24
   3) 個体数と一日の平均個体数 ………… 25
   4) 環境別構成 …………………………… 28
   5) 目別構成 ……………………………… 29
   6) 科別構成 ……………………………… 29
   7) 春の渡り状況 ………………………… 31
   8) 秋の渡り状況 ………………………… 36
   9) 夏鳥 …………………………………… 40
   10) 越冬する鳥 …………………………… 41
   11) 越冬期の囀りについて ……………… 41
   12) 留鳥 …………………………………… 42
   13) 繁殖していた鳥 ……………………… 42
   14) 留鳥, 旅鳥, 夏鳥, 冬鳥, 迷鳥区分 … 42
2. 与那国島の代表種
   1) 種類別の観察回数の上位20種 ……… 43
   2) 種類別の1日の最多羽数の上位20種 … 43
   3) 種類別の合計個体数の上位20種 …… 43
3. 珍鳥 ……………………………………… 44
4. 新たな発見
   1) 日本初記録の鳥 ……………………… 47
   2) 沖縄県初記録の鳥 …………………… 47
   3) 与那国島初記録の鳥 ………………… 48
   4) シベリアセンニュウの越冬地・他 … 48
   5) 渡りの方向 …………………………… 49
   6) 天候と渡りの鳥達との関係 ………… 49
   7) 心残りの種 …………………………… 51
5. その他
   1) 観察ポイント ………………………… 52
   2) ある1日の動き ……………………… 54
   3) 与那国島での生活 …………………… 55
   4) 生息環境の悪化 ……………………… 56

Ⅳ．種別調査結果
カイツブリ目 ……………………………… 57
ミズナギドリ目 …………………………… 57
ペリカン目 ………………………………… 58
コウノトリ目 ……………………………… 60
カモ目 ……………………………………… 63
タカ目 ……………………………………… 66
キジ目 ……………………………………… 69
ツル目 ……………………………………… 70
チドリ目 …………………………………… 72
ハト目 ……………………………………… 84
カッコウ目 ………………………………… 85
フクロウ目 ………………………………… 87
ヨタカ目 …………………………………… 88
アマツバメ目 ……………………………… 88
ブッポウソウ目 …………………………… 89
キツツキ目 ………………………………… 91
スズメ目 …………………………………… 91
外来種 ……………………………………… 125

Ⅴ．調査で記録されなかった種 … 126

Ⅵ．要約 ……………………………… 129

あとがき …………………………………… 131
協力者一覧 ………………………………… 132
参考文献 …………………………………… 132

Ⅶ．資料編
1. センサス記録 ……………………………… 134
2. 代表的な29種の年度別・月別個体数一覧 … 212
3. 月別確認状況 ……………………………… 218

I　与那国島の概況

1．与那国島の位置

　与那国島は台湾の東111kmにあり、日本の最西端の島である。南北の長さが約4km、東西が約11kmの横長の島で面積は約29km²である。北緯24度27分、東経122度56分に位置しているので東洋区に属し、旧北区に属する本土とは鳥類相が異なっている。

2．与那国島の気候

　気候は亜熱帯気候に属し、年平均気温23.6℃、年間降水量約2,364mm、平均風速6.5m/秒、風向は4～8月は南の風、9～3月は北北東の風が多い。相対湿度は年平均78％。年間日照時間は約1,577時間である。

3．与那国島の環境

　島の東部に最高峰の宇良部岳（231m）とインビ岳（164m）があり、西部に久部良岳（198m）と与那国岳（167m）がある。久部良岳の山頂はウラジロガシ、中腹～台地はイタジイやビロウ（クバ）、南斜面の水道タンク付近にはリュウキュウマツやイタジイ、アカメガシワ、エゴノキ、ノボタン等が見られる。久部良岳ではビロウ（クバ）やイタジイ、アカメガシワ、ハゼノキ、カラスザンショウが見られ、山地～台地ではこのほかにエゴノキやタイワンオガタマ、ヤマモモ、タブノキなどがある。低地ではヘゴノキやクワズイモ、ゲットウ、イヌビワ、リュウキュウバショウ、デイゴ、ギンネムなどが見られる。

　海岸線の断崖や岩場にはボタンボウフウやシャリンバイ、テッポウユリ、イソマツ、アダン、ソテツ、ススキ、砂丘付近にはグンバイヒルガオやハマゴウ、アダン、クサトベラ、モンパノキ、ハスノハギリなどが見られる。田原湿地にはセイコノヨシやヒメガマ、ヨウサイ（クウシンサイ）、イヌホタルイ、ホテイアオイ、イボタクサギ、植栽されたマングローブ林などがある。

　台地は牛馬の放牧場（コウライシバ）や牧草地、サトウキビ畑が大部分を占め、低地の大部分は水田である。住宅地や学校ではフクギやハイビスカス、デイゴ、ガジュマル、サクラなどが見られる。空港拡張や道路工事だけでなく、久部良ミト周辺の湿地や水道タンク付近の湿地が埋め立てられ、水田やサトウキビ畑、畑が増加している。林も切り開かれて牛馬の放牧場や建物が増加し、年々環境が悪化している（口絵）。

4．与那国島の地図 （国土地理院発行　1/25000を変倍）

Ⅱ 調査の概要

1. 目的
本調査の目的は以下の5点である。
(1) これまで与那国島の野鳥のリストはなく，島にバードウォッチングに出かけても，どんな鳥が見られるのか情報がなかったため，これから来島するバードウォッチャーの手助けとなるようなリストを作ること
(2) 与那国島の春や秋の渡りを，渡来する種類や個体数，時期について日本海側の島々（対馬や見島，舳倉島，粟島，飛島等）と比較すること
(3) 留鳥を含むすべての種類のおよその個体数を把握すること
(4) 島の越冬種を知ること。調査を行っている途中で知りたくなったため，冬季の調査も追加した
(5) 毎日観察する事による識別力の向上とライフリストの増加

これらに加え，与那国島は本土から非常に遠く，訪れる人もまだまだ少ないため，新たな発見があるのではないかと考え，調査を開始した。

2. 調査方法
調査は調査者の見える範囲に出現したすべての鳥の種名と個体数を記録し，原則として自転車を使った。自転車の利点は走行中でも前後左右，さらに上空も見えるうえに，鳴き声もよく聞こえる点である。また，すぐに止まって対象物を確認できるので，詳細な観察には最適であった。欠点としては，広範囲の移動が困難なことや，傘をさして調査はできないため，降雨時は雨のかからない場所で雨宿りをしながら観察しなければならないことだった。幸いにも与那国島の雨は熱帯地方のスコールに似て，一度に大雨を降らせるが，すぐに止んでしまうので調査に大きな支障はなかった。なお，森林公園内は自転車を押してゆっくり歩いて調査した。

調査範囲を広げる場合にはバスを使用した。バスはほぼ1時間に1本あったので利用しやすかった。また，時には島在住のバードウォッチャーの車などで調査することもあった。車は細かい見逃しはあるものの調査範囲が格段に広がり，自転車と違って疲労が少ないことが利点であった。これらのほかに1日中歩いて調査することもあった。

3. 調査対象地域
対象地域は与那国島全域であるが，毎日島を一周するのは不可能であるため，祖納地区は毎日必ず調査し，残りの久部良地区や比川地区は2日に1回の調査とした。ただし，久部良地区や比川地区については実際には当初の計画より多く調査を行うことができた。

4. 調査時間及び一日のスケジュール
ほぼ毎日下記のスケジュールで調査した。

朝は4:00までに起床。調査開始時間を日の出の1時間以上前に設定した。日の出時間は季節により異なるが，1年を平均すると調査開始時間は5:30となり，終了時間は日没後30〜40分に設定したので19:20であった。途中の休息を除くと，1日の調査時間は11時間20分となった。

調査ルートは，「Aコース」と「Bコース」の2本を設定し，原則として1日おきにAとBを交互にくり返した。Aコースは早朝のまだ暗いうちに田原湿地からスタート，リュウキュウコノハズクや夜間に活動する鳥をチェックする。その後，ねぐらから飛び立つ鳥の個体数をカウントしてから祖納水田，牛舎，与那国小・中学校，測候所，イベント広場，祖納ゴミ捨場，祖納の牧草地，東崎，割目から南帆安を経て午前の調査は終了する。午後の調査は前日までの鳥の出現状況を考慮し，気になっている種やまだ調査していない場所に行くようにした。そして夕方は田原湿地でねぐら入りする鳥をカウントすることが多く，水道タンク付近もヤマシギやヨタカ，オオクイナ，アカヒゲが多い場所なので3日に1回程度行った。そしてどこにいても日没後のリュウキュウコノハズクのカウントで調査を終了した。

翌日のBコースは田原湿地で10分ぐらいリュウキュウコノハズクの声を聞いてから，暗い中コスモ石油から比川へ行く途中の水田を自転車で通り，与那国嵩農道へ向かった。現地には日の出前の20〜30分前に到着し，夜行性のアオバズクやヨタカ，ヤマシギを探した。アカヒゲがさえずりはじめ，明るくなってひと通りカウントが終了すると，比川部落を通り比川水田へ向かう。比川小学校，比川浜，クルマエビ養殖場，カタブル浜，樽舞湿地，満田原水田と巡り，久部良ミトを北の道路から観察した。その後，久部良部落，久部良港，久部良小・中学校とまわり，再び久部良ミトを先ほどとは反対の道路から観察後，久部良ミトの隣の牛舎，久部良ゴミ捨場，

2ヶ所ある牛の放牧場を見て桃原牧場，ダンヌ浜へ。空港南水田，空港南畑，水田を通り，コンクリート工場近くの水田を経て12:00過ぎに下宿に戻る。午後は14：30から前日のAコースと同じルートを調査し，田原湿地でねぐら入りする鳥をカウントした後，リュウキュウコノハズクのカウントで調査を終了した。

出発時に雨の場合，多少の雨であれば予定通りのコースで調査したが，大雨のときは田原湿地と祖納水田が見える「構造改善センター」で明るくなるまで待ってから出発した。このようなときは，バスを利用したり，島在住のバードウォッチャーの車でまわることが多かった。なお，上記以外の場所の観察回数は少ない。

5．記録方法

調査には双眼鏡（10倍），望遠鏡（20～45倍），数取器（カウンター），録音機，デジタルカメラ（10倍ズーム）等を用いた。ロードセンサスに近い方法で，確認された種類ごとに個体数をカウントし，種類の多い場所（田原湿地，水道タンク付近，久部良ミト，与那国嵩農道，樽舞湿地など）では，ひと通り数えてから先へ進んだ。遠くても見える範囲は全てカウントし，さえずりや地鳴きなどで識別できる鳥も集計に加えた。記録は調査者本人が確認したもののみを採用し，確認できなかった貴重な情報については別途記録した。

6．調査日数

2002年3月から2007年1月まで5年間に678日間の調査を行った。しかし，各季節で調査日数が10日未満の場合は除き，合計660日で個体数や種類数を算出した。

春	1,	2002年03月13日～5月1日	50日
	2,	2003年03月10日～5月16日	68日
	3,	2004年03月9日～5月7日，5月21日～5月31日	71日
	4,	2005年03月10日～5月31日	83日
	5,	2006年03月1日～3月8日	8日
夏	1,	2004年06月1日～6月18日	18日
	2,	2005年06月1日～6月10日	10日
秋	1,	2003年09月12日～10月14日，10月26日～11月26日	65日
	2,	2004年9月24日～11月30日	68日
	3,	2005年9月3日～11月30日	89日
	4,	2006年10月9日～10月15日	7日
冬	1,	2004年12月1日～12月3日	3日
	2,	2005年12月1日～2006年2月28日	90日
	3,	2006年12月14日～2007年1月30日	48日
合計			678日

上記の春-5と秋-4，冬-1を除く660日となった。調査日数を月別に集計すると表Ⅱ-6-1の様になる。

表Ⅱ-6-1．調査日数

年＼月	1	2	3	4	5	6	7	8	9	10	11	12	合計
2002			19	30	1								50
2003			22	30	16				19	20	26		133
2004			23	30	18	18			7	31	30		157
2005			22	30	31	10			28	31	30	31	213
2006	31	28										18	77
2007	30												30
合計	61	28	86	120	66	28			54	82	86	49	660

注1．春-3と秋-1，秋-2はすべて小笠原航路に乗ったので途中にブランクができたり，調査開始が遅れた。小笠原の高速船は甲板に出られず，海鳥の調査ができなくなると考え，仕方なくフェリー（おがさわら丸）に乗船した。なお，高速船は燃料代が高すぎて採算に合わないとのことで後に廃止になった。

注2．2003年秋は9月10日から調査を開始する予定であったが，台風のため石垣島に2日間足止めされた。台風の前に与那国島にいたら，風で飛ばされて来た海鳥や小鳥たちの様子がわかったと考えられたので残念であった。

III　与那国島の鳥類相

1．特色
1）記録された鳥類

2002年3月13日〜2007年1月30日までの5年間，延べ660日の調査期間中に観察された鳥類は17目55科321種類であった。これは日本鳥類目録（第6版）に記載された日本産542種の59.2％に相当する。

5年間の調査だけで日本産の約60％の鳥が観察されたので，代表的な日本海の渡り鳥の多い対馬や見島，舳倉島，粟島，飛島等と比べても見劣りしない，日本有数の探鳥地と言える。

カイツブリ目　PODICIPEDIFORMES
カイツブリ科　PODICIPEDIDAE
1. カイツブリ　*Tachybaptus ruficollis*
2. ハジロカイツブリ　*Podiceps nigricollis*
3. アカエリカイツブリ　*Podiceps grisegena*

ミズナギドリ目　PROCELLARIIFORMES
ミズナギドリ科　PROCELLARIIDAE
4. アナドリ　*Bulweria bulwerii*
5. オオミズナギドリ　*Calonectris leucomelas*
6. オナガミズナギドリ　*Puffinus pacificus*
7. アカアシミズナギドリ　*Puffinus carneipes*
8. ハシボソミズナギドリ　*Puffinus tenuirostris*

ペリカン目　PELECANIFORMES
ネッタイチョウ科　PHAETHONTIDAE
9. アカオネッタイチョウ　*Phaethon rubricauda*
カツオドリ科　SULIDAE
10. カツオドリ　*Sula leucogaster*
11. アオツラカツオドリ　*Sula dactylatra*
12. アカアシカツオドリ　*Sula sula*
ウ科　PHALACROCORACIDAE
13. カワウ　*Phalacrocorax carbo*
14. ウミウ　*Phalacrocorax capillatus*
15. ヒメウ　*Phalacrocorax pelagicus*
グンカンドリ科　FREGATIDAE
16. オオグンカンドリ　*Fregata minor*

コウノトリ目　CICONIIFORMES
サギ科　ARDEIDAE
17. サンカノゴイ　*Botaurus stellaris*
18. ヨシゴイ　*Ixobrychus sinensis*
19. オオヨシゴイ　*Ixobrychus eurhythmus*
20. リュウキュウヨシゴイ　*Ixobrychus cinnamomeus*
21. タカサゴクロサギ　*Ixobrychus flavicollis*
22. ミゾゴイ　*Gorsachius goisagi*
23. ズグロミゾゴイ　*Gorsachius melanolophus*
24. ゴイサギ　*Nycticorax nycticorax*
25. ササゴイ　*Butorides striatus*
26. アカガシラサギ　*Ardeola bacchus*
27. アマサギ　*Bubulcus ibis*
28. ダイサギ　*Egretta alba*
29. チュウサギ　*Egretta intermedia*
30. コサギ　*Egretta garzetta*
31. カラシラサギ　*Egretta eulophotes*
32. クロサギ　*Egretta sacra*
33. アオサギ　*Ardea cinerea*
34. ムラサキサギ　*Ardea purpurea*
コウノトリ科　CICONIIDAE
35. ナベコウ　*Ciconia nigra*
トキ科　THRESKIORNITHIDAE
36. クロツラヘラサギ　*Platalea minor*

カモ目　ANSERIFORMES
カモ科　ANATIDAE
37. コクガン　*Branta bernicla*
38. マガン　*Anser albifrons*
39. ヒシクイ　*Anser fabalis*
40. オオハクチョウ　*Cygnus cygnus*
41. コハクチョウ　*Cygnus columbianus*
42. オシドリ　*Aix galericulata*
43. マガモ　*Anas platyrhynchos*
44. カルガモ　*Anas poecilorhyncha*
45. アカノドカルガモ　*Anas luzonica*
46. コガモ　*Anas crecca*
47. トモエガモ　*Anas formosa*
48. ヨシガモ　*Anas falcata*
49. オカヨシガモ　*Anas strepera*
50. ヒドリガモ　*Anas penelope*
51. オナガガモ　*Anas acuta*

52. シマアジ　*Anas querquedula*
53. ハシビロガモ　*Anas clypeata*
54. ホシハジロ　*Aythya ferina*
55. キンクロハジロ　*Aythya fuligula*
56. スズガモ　*Aythya marila*

タカ目　FALCONIFORMES
タカ科　ACCIPITRIDAE
57. ミサゴ　*Pandion haliaetus*
58. ハチクマ　*Pernis apivorus*
59. トビ　*Milvus migrans*
60. オオタカ　*Accipiter gentilis*
61. アカハラダカ　*Accipiter soloensis*
62. ツミ　*Accipiter gularis*
63. ハイタカ　*Accipiter nisus*
64. オオノスリ　*Buteo hemilasius*
65. ノスリ　*Buteo buteo*
66. サシバ　*Butastur indicus*
67. ハイイロチュウヒ　*Circus cyaneus*
68. マダラチュウヒ　*Circus melanoleucos*
69. チュウヒ　*Circus spilonotus*

ハヤブサ科　FALCONIDAE
70. ハヤブサ　*Falco peregrinus*
71. チゴハヤブサ　*Falco subbuteo*
72. コチョウゲンボウ　*Falco columbarius*
73. アカアシチョウゲンボウ　*Falco amurensis*
74. チョウゲンボウ　*Falco tinnunculus*

キジ目　GALLIFORMES
キジ科　PHASIANIDAE
75. ウズラ　*Coturnix japonica*

ツル目　GRUIFORMES
ミフウズラ科　TURNICIDAE
76. ミフウズラ　*Turnix suscitator*
ツル科　GRUIDAE
77. ナベヅル　*Grus monacha*
クイナ科　RALLIDAE
78. クイナ　*Rallus aquaticus*
79. オオクイナ　*Ralina eurizonoides*
80. ヒメクイナ　*Porzana pusilla*
81. ヒクイナ　*Porzana fusca*
82. シロハラクイナ　*Amaurornis phoenicurus*
83. バン　*Gallinula chloropus*
84. ツルクイナ　*Gallicrex cinerea*
85. オオバン　*Fulica atra*

チドリ目　CHARADRIIFORMES
レンカク科　JACANIDAE
86. レンカク　*Hydrophasianus chirurgus*
タマシギ科　ROSTRATULIDAE
87. タマシギ　*Rostratula benghalensis*
チドリ科　CHARADRIIDAE
88. ハジロコチドリ　*Charadrius hiaticula*
89. コチドリ　*Charadrius dubius*
90. シロチドリ　*Charadrius alexandrinus*
91. メダイチドリ　*Charadrius mongolus*
92. オオメダイチドリ　*Charadrius leschenaultii*
93. オオチドリ　*Charadrius asiaticus*
94. ムナグロ　*Pluvialis fulva*
95. ダイゼン　*Pluvialis squatarola*
96. ケリ　*Vanellus cinereus*
97. タゲリ　*Vanellus vanellus*

シギ科　SCOLOPACIDAE
98. キョウジョシギ　*Arenaria interpres*
99. ヨーロッパトウネン　*Calidris minuta*
100. トウネン　*Calidris ruficollis*
101. ヒバリシギ　*Calidris subminuta*
102. オジロトウネン　*Calidris temminckii*
103. ヒメウズラシギ　*Calidris bairdii*
104. アメリカウズラシギ　*Calidris melanotos*
105. ウズラシギ　*Calidris acuminata*
106. ハマシギ　*Calidris alpina*
107. サルハマシギ　*Calidris ferruginea*
108. コオバシギ　*Calidris canutus*
109. オバシギ　*Calidris tenuirostris*
110. ミユビシギ　*Crocethia alba*
111. ヘラシギ　*Eurynorhynchus pygmeus*
112. エリマキシギ　*Philomachus pugnax*
113. キリアイ　*Limicola falcinellus*
114. ツルシギ　*Tringa erythropus*
115. アカアシシギ　*Tringa totanus*
116. コアオアシシギ　*Tringa stagnatilis*
117. アオアシシギ　*Tringa nebularia*
118. クサシギ　*Tringa ochropus*
119. タカブシギ　*Tringa glareola*
120. メリケンキアシシギ　*Heteroscelus incanus*
121. キアシシギ　*Heteroscelus brevipes*
122. イソシギ　*Actitis hypoleucos*
123. ソリハシシギ　*Xenus cinereus*

124. オグロシギ　*Limosa limosa*
125. オオソリハシシギ　*Limosa lapponica*
126. ダイシャクシギ　*Numenius arquata*
127. ホウロクシギ　*Numenius madagascariensis*
128. チュウシャクシギ　*Numenius phaeopus*
129. コシャクシギ　*Numenius minutus*
130. ヤマシギ　*Scolopax rusticola*
131. アマミヤマシギ　*Scolopax mira*
132. タシギ　*Gallinago gallinago*
133. ハリオシギ　*Gallinago stenura*
134. チュウジシギ　*Gallinago megala*
135. オオジシギ　*Gallinago hardwickii*
136. コシギ　*Lymnocryptes minimus*

セイタカシギ科　RECURVIROSTRIDAE
137. セイタカシギ　*Himantopus himantopus*
138. ソリハシセイタカシギ　*Recurvirostra avosetta*

ヒレアシシギ科　PHALAROPODIDAE
139. アカエリヒレアシシギ　*Phalaropus lobatus*

ツバメチドリ科　GLAREOLIDAE
140. ツバメチドリ　*Glareola maldivarum*

トウゾクカモメ科　STERCORARIIDAE
141. トウゾクカモメ　*Stercorarius pomarinus*
142. シロハラトウゾクカモメ　*Stercorarius longicaudus*

カモメ科　LARIDAE
143. ユリカモメ　*Larus ridibundus*
144. セグロカモメ　*Larus argentatus*
145. オオセグロカモメ　*Larus schistisagus*
146. カモメ　*Larus canus*
147. ウミネコ　*Larus crassirostris*
148. ズグロカモメ　*Larus saundersi*
149. ミツユビカモメ　*Rissa tridactyla*
150. ハジロクロハラアジサシ　*Chlidonias leucopterus*
151. クロハラアジサシ　*Chlidonias hybridus*
152. オニアジサシ　*Hydroprogne caspia*
153. オオアジサシ　*Thalasseus bergii*
154. ハシブトアジサシ　*Gelochelidon nilotica*
155. アジサシ　*Sterna hirundo*
156. ベニアジサシ　*Sterna dougallii*
157. エリグロアジサシ　*Sterna sumatrana*
158. マミジロアジサシ　*Sterna anaethetus*
159. セグロアジサシ　*Sterna fuscata*
160. コアジサシ　*Sterna albifrons*
161. クロアジサシ　*Anous stolidus*

ハト目　COLUMBIFORMES
ハト科　COLUMBIDAE
162. カラスバト　*Columba janthina*
163. シラコバト　*Streptopelia decaocto*
164. ベニバト　*Streptopelia tranquebarica*
165. キジバト　*Streptopelia orientalis*
166. キンバト　*Chalcophaps indica*
167. ズアカアオバト　*Sphenurus formosae*

カッコウ目　CUCULIFORMES
カッコウ科　CUCULIDAE
168. オオジュウイチ　*Cuculus sparverioides*
169. ジュウイチ　*Cuculus fugax*
170. セグロカッコウ　*Cuculus micropterus*
171. カッコウ　*Cuculus canorus*
172. ツツドリ　*Cuculus saturatus*
173. ホトトギス　*Cuculus poliocephalus*
174. オニカッコウ　*Eudynamys scolopacea*
175. バンケン　*Centropus bengalensis*

フクロウ目　STRIGIFORMES
フクロウ科　STRIGIDAE
176. コミミズク　*Asio flammeus*
177. コノハズク　*Otus scops*
178. リュウキュウコノハズク　*Otus elegans*
179. オオコノハズク　*Otus lempiji*
180. アオバズク　*Ninox scutulata*

ヨタカ目　CAPRIMULGIFORMES
ヨタカ科　CAPRIMULGIDAE
181. ヨタカ　*Caprimulgus indicus*

アマツバメ目　APODIFORMES
アマツバメ科　APODIDAE
182. ヒマラヤアナツバメ　*Collocalia brevirostris*
183. ハリオアマツバメ　*Hirundapus caudacutus*
184. ヒメアマツバメ　*Apus affinis*
185. アマツバメ　*Apus pacificus*
186. ヨーロッパアマツバメ　*Apus apus*

ブッポウソウ目　CORACIIFORMES
カワセミ科　ALCEDINIDAE
187. ヤマショウビン　*Halcyon pileata*

188.	アカショウビン *Halcyon coromanda*		
189.	ナンヨウショウビン *Halcyon chloris*		
190.	カワセミ *Alcedo atthis*		

ブッポウソウ科　CORACIIDAE
- 191. ブッポウソウ　*Eurystomus orientalis*

ヤツガシラ科　UPUPIDAE
- 192. ヤツガシラ　*Upupa epops*

キツツキ目　PICIFORMES
キツツキ科　PICIDAE
- 193. アリスイ　*Jynx torquilla*

スズメ目　PASSERIFORMES
ヒバリ科　ALAUDIDAE
- 194. ヒメコウテンシ　*Calandrella cinerea*
- 195. コヒバリ　*Calandrella cheleensis*
- 196. ヒバリ　*Alauda arvensis*

ツバメ科　HIRUNDINIDAE
- 197. ショウドウツバメ　*Riparia riparia*
- 198. タイワンショウドウツバメ　*Riparia paludicola*
- 199. ツバメ　*Hirundo rustica*
- 200. リュウキュウツバメ　*Hirundo tahitica*
- 201. コシアカツバメ　*Hirundo daurica*
- 202. ニシイワツバメ　*Delichon urbica*
- 203. イワツバメ　*Delichon dasypus*

セキレイ科　MOTACILLIDAE
- 204. イワミセキレイ　*Dendronanthus indicus*
- 205. ツメナガセキレイ　*Motacilla flava*
- 206. キガシラセキレイ　*Motacilla citreola*
- 207. キセキレイ　*Motacilla cinerea*
- 208. ハクセキレイ　*Motacilla alba*
- 209. マミジロタヒバリ　*Anthus novaeseelandiae*
- 210. コマミジロタヒバリ　*Anthus godlewskii*
- 211. ムジタヒバリ　*Anthus campestris*
- 212. ヨーロッパビンズイ　*Anthus trivialis*
- 213. ビンズイ　*Anthus hodgsoni*
- 214. セジロタヒバリ　*Anthus gustavi*
- 215. ムネアカタヒバリ　*Anthus cervinus*
- 216. タヒバリ　*Anthus spinoletta*

サンショウクイ科　CAMPEPHAGIDAE
- 217. サンショウクイ　*Pericrocotus divaricatus*

ヒヨドリ科　PYCNONOTIDAE
- 218. シロガシラ　*Pycnonotus sinensis*
- 219. ヒヨドリ　*Hypsipetes amaurotis*
- 220. クロヒヨドリ　*Hypsipetes madagascariensis*

モズ科　LANIIDAE
- 221. チゴモズ　*Lanius tigrinus*
- 222. アカモズ　*Lanius cristatus*
- 223. タカサゴモズ　*Lanius schach*

レンジャク科　BOMBYCILLIDAE
- 224. キレンジャク　*Bombycilla garrulus*
- 225. ヒレンジャク　*Bombycilla japonica*

ミソサザイ科　TROGLODYTIDAE
- 226. ミソサザイ　*Troglodytes troglodytes*

ツグミ科　TURDIDAE
- 227. コマドリ　*Erithacus akahige*
- 228. アカヒゲ　*Erithacus komadori*
- 229. ノゴマ　*Luscinia calliope*
- 230. オガワコマドリ　*Luscinia svecica*
- 231. ルリビタキ　*Tarsiger cyanurus*
- 232. クロジョウビタキ　*Phoenicurus ochruros*
- 233. ジョウビタキ　*Phoenicurus auroreus*
- 234. ノビタキ　*Saxicola torquata*
- 235. ヤマザキヒタキ　*Saxicola ferrea*
- 236. イナバヒタキ　*Oenanthe isabellina*
- 237. クロノビタキ　*Saxicola caprata*
- 238. ハシグロヒタキ　*Oenanthe oenanthe*
- 239. サバクヒタキ　*Oenanthe deserti*
- 240. イソヒヨドリ　*Monticola solitarius*
- 241. トラツグミ　*Zoothera dauma*
- 242. マミジロ　*Turdus sibiricus*
- 243. カラアカハラ　*Turdus hortulorum*
- 244. クロツグミ　*Turdus cardis*
- 245. クロウタドリ　*Turdus merula*
- 246. アカハラ　*Turdus chrysolaus*
- 247. シロハラ　*Turdus pallidus*
- 248. マミチャジナイ　*Turdus obscurus*
- 249. ノドグロツグミ　*Turdus ruficollis*
- 250. ツグミ　*Turdus naumanni*

ウグイス科　SYLVIIDAE
- 251. ヤブサメ　*Urosphena squameiceps*
- 252. ウグイス　*Cettia diphone*
- 253. チョウセンウグイス　*Cettia diphone borealis*
- 254. シベリアセンニュウ　*Locustella certhiola*
- 255. シマセンニュウ　*Locustella ochotensis*
- 256. ウチヤマセンニュウ　*Locustella pleskei*
- 257. マキノセンニュウ　*Locustella lanceolata*
- 258. コヨシキリ　*Acrocephalus bistrigiceps*
- 259. オオヨシキリ　*Acrocephalus arundinaceus*
- 260. ムジセッカ　*Phylloscopus fuscatus*

261. モウコムジセッカ　*Phylloscopus armandii*
262. カラフトムジセッカ　*Phylloscopus schwarzi*
263. キマユムシクイ　*Phylloscopus inornatus*
264. カラフトムシクイ　*Phylloscopus proregulus*
265. メボソムシクイ　*Phylloscopus borealis*
266. エゾムシクイ　*Phylloscopus borealoides*
267. センダイムシクイ　*Phylloscopus coronatus*
268. イイジマムシクイ　*Phylloscopus ijimae*
269. キクイタダキ　*Regulus regulus*
270. セッカ　*Cisticola juncidis*

ヒタキ科　MUSCICAPIDAE
271. マミジロキビタキ　*Ficedula zanthopygia*
272. キビタキ　*Ficedula narcissina*
273. ムギマキ　*Ficedula mugimaki*
274. オジロビタキ　*Ficedula parva*
275. オオルリ　*Cyanoptila cyanomelana*
276. サメビタキ　*Muscicapa sibirica*
277. エゾビタキ　*Muscicapa griseisticta*
278. コサメビタキ　*Muscicapa dauurica*

カササギヒタキ科　MONARCHIDAE
279. サンコウチョウ　*Terpsiphone atrocaudata*

メジロ科　ZOSTEROPIDAE
280. メジロ　*Zosterops japonicus*
281. チョウセンメジロ　*Zosterops erythropleurus*

ホオジロ科　EMBERIZIDAE
282. シラガホオジロ　*Emberiza leucocephalos*
283. コジュリン　*Emberiza yessoensis*
284. シロハラホオジロ　*Emberiza tristrami*
285. ホオアカ　*Emberiza fucata*
286. コホオアカ　*Emberiza pusilla*
287. キマユホオジロ　*Emberiza chrysophrys*
288. カシラダカ　*Emberiza rustica*
289. ミヤマホオジロ　*Emberiza elegans*
290. シマアオジ　*Emberiza aureola*
291. シマノジコ　*Emberiza rutila*
292. ズグロチャキンチョウ　*Emberiza melanocephala*
293. チャキンチョウ　*Emberiza bruniceps*
294. ノジコ　*Emberiza sulphurata*
295. アオジ　*Emberiza spodocephala*
296. クロジ　*Emberiza variabilis*
297. シベリアジュリン　*Emberiza pallasi*
298. ツメナガホオジロ　*Calcarius lapponicus*
299. ユキホオジロ　*Plectrophenax nivalis*

アトリ科　FRINGILLIDAE
300. アトリ　*Fringilla montifringilla*
301. カワラヒワ　*Carduelis sinica*
302. マヒワ　*Carduelis spinus*
303. アカマシコ　*Carpodacus erythrinus*
304. コイカル　*Eophona migratoria*
305. イカル　*Eophona personata*
306. シメ　*Coccothraustes coccothraustes*

カエデチョウ科　ESTRILDIDAE
307. シマキンパラ(アミハラ)　*Lonchura punctulata*

ハタオリドリ科　PLOCEIDAE
308. ニュウナイスズメ　*Passer rutilans*
309. スズメ　*Passer montanus*

ムクドリ科　STURNIDAE
310. ギンムクドリ　*Sturnus sericeus*
311. シベリアムクドリ　*Sturnus sturninus*
312. コムクドリ　*Sturnus philippensis*
313. カラムクドリ　*Sturnus sinensis*
314. ホシムクドリ　*Sturnus vulgaris*
315. ムクドリ　*Sturnus cineraceus*
316. バライロムクドリ　*Sturnus roseus*
317. ジャワハッカ　*Acridotheres javanicus*

コウライウグイス科　ORIOLIDAE
318. コウライウグイス　*Oriolus chinensis*

オウチュウ科　DICRURIDAE
319. オウチュウ　*Dicrurus macrocercus*
320. カンムリオウチュウ　*Dicrurus hottentottus*
321. ハイイロオウチュウ　*Dicrurus leucophaeus*

外来種

A. インドクジャク　*Pavo cristatus*
B. カワラバト（ドバト）　*Columba livia*
C. ハシブトガラス　*Corvus macrorhynchos*

与那国島の鳥類リスト

No.	種名 / 調査日数	春 2002	春 2003	春 2004	春 2005	夏 2004	夏 2005	秋 2003	秋 2004	秋 2005	冬 2005	冬 2006	合計	文 1	献 2	渡り区分と備考
	調査日数	50	68	71	83	18	10	65	68	89	90	48	660			
1	カイツブリ	42	17	13	30	5		15	55	329	177	445	1128	○		冬鳥
2	ハジロカイツブリ										18		18	○		冬鳥
3	アカエリカイツブリ											1	1			迷鳥、沖縄県初記録
4	アナドリ		5	380	480	1	3			2			873		○	旅鳥、与那国島初記録
5	オオミズナギドリ		494	597	3219		450			22	4153	2	8937		○	旅鳥
6	オナガミズナギドリ		10	909	188	60				167	5	2	1341		○	旅鳥、与那国島初記録
7	ハシブトミズナギドリ						1				2		4	○		旅鳥
8	ハシボソミズナギドリ			1						1			1			旅鳥、与那国島初記録
9	アカオネッタイチョウ											1	1			迷鳥、与那国島初記録
10	カツオドリ	16	29	45	14	5	4	4		17	5	1	140		○	旅鳥
11	アオツラカツオドリ										1		1		○	迷鳥
12	アカアシカツオドリ											1	1			迷鳥、与那国島初記録
13	カワウ		2	5	2			63	44	25	23	17	181	○		冬鳥
14	ウミウ		7	8	1			2		2	2	37	59	○		冬鳥
15	ヒメウ								1		2		3	○		冬鳥、沖縄県初記録
16	オオグンカンドリ		1	1		1							3		○	迷鳥
17	サンカノゴイ			11	4			19		4	27		46	○	○	冬鳥
18	ヨシゴイ	5		45	14	16	1	1	6	6	5		117	○	○	夏鳥
19	オオヨシゴイ			2		2		1		1			6	○		旅鳥
20	リュウキュウヨシゴイ			3	10	1		2	4				21	○		旅鳥
21	タカサゴクロサギ		1	2		1			2			5	11	○		旅鳥、与那国島初記録
22	ミゾゴイ				1				1		1		3	○		旅鳥、与那国島初記録
23	ズグロミゾゴイ		7	3	2	2							14	○		留鳥
24	ゴイサギ	60	197	294	75	36	8	181	95	145	22	9	1122	○		旅鳥
25	ササゴイ	9	32	29	34	3	6	11	3	35	7		169	○		旅鳥
26	アカガシラサギ	16	111	24	306	4	5	17	32	41	71	18	645	○		旅鳥
27	アマサギ	4415	9203	8834	12789	907	1116	4860	2512	10371	2407	630	58044	○		旅鳥

No.	種名	季節	春				夏			秋				冬		合計	文献		渡り区分と備考
	年 調査日数	2002 50	2003 68	2004 71	2005 83		2004 18	2005 10		2003 65	2004 68	2005 89		2005 90	2006 48		1	2	
28	ダイサギ	315	565	1674	1485		126	86		384	655	648		243	147	6328	○	○	旅鳥
29	チュウサギ	439	1157	825	903		148	100		435	501	782		1243	299	6832	○	○	旅鳥
30	コサギ	550	1449	1685	2322		314	340		444	823	1188		703	258	10076	○	○	旅鳥
31	カラシラサギ		10	4	21		1			16		4				56		○	旅鳥
32	クロサギ	8	13	47	15		11	4		22	46	36		21	7	230	○	○	旅鳥
33	アオサギ	474	689	790	901		6	9		644	699	684		687	502	6085	○	○	旅鳥
34	ムラサキサギ	15	8	29	19		8	4		4	7	3				97	○	○	旅鳥
35	ナベコウ											1				1		○	迷鳥
36	クロツラヘラサギ									3		34		1		38			旅鳥、与那国島初記録
37	コクガン											1				1			迷鳥、与那国島初記録
38	マガン														10	10		○	冬鳥、与那国島初記録
39	ヒシクイ														1	1		○	冬鳥、与那国島初記録
40	オオハクチョウ													17		17		○	冬鳥、与那国島初記録
41	コハクチョウ									28						28		○	冬鳥、与那国島初記録
42	オシドリ			4						1	2	1		5		13		○	旅鳥
43	マガモ		5	4	2					31	5	27		276	35	385	○	○	冬鳥
44	カルガモ	398	746	793	550		169	73		2209	555	404		1894	395	8186	○	○	留鳥
45	アカノドカルガモ				1											1		○	迷鳥
46	コガモ	82	547	699	329		15			1180	2440	2583		7536	3031	18442	○	○	冬鳥
47	トモエガモ										1	1				1		○	旅鳥、与那国島初記録
48	ヨシガモ									68	1			9		79	○	○	旅鳥
49	オカヨシガモ		1		43					100	33	627		58	179	237	○	○	冬鳥
50	ヒドリガモ													295	794	1893	○	○	冬鳥
51	オナガガモ		21	8	14					532	164	1488		3684	2335	8246	○	○	冬鳥
52	シマアジ		2	35	4						5	1			2	49		○	旅鳥
53	ハシビロガモ	14	30	35	35					57	126	63		262	830	1452	○	○	冬鳥
54	ホシハジロ											54		40	1	95	○	○	冬鳥
55	キンクロハジロ		38	58	65					42	49	250		1955	1233	3690	○	○	冬鳥
56	スズガモ									17		14		1		32	○	○	旅鳥

No.	種名	調査日数	春 2002	春 2003	春 2004	春 2005	夏 2004	夏 2005	秋 2003	秋 2004	秋 2005	冬 2005	冬 2006	合計	文献1	文献2	渡り区分と備考
			50	68	71	83	18	10	65	68	89	90	48				
57	ミサゴ		83	101	141	55	7		149	143	131	209	113	660		○	冬鳥
58	ハチクマ				1	1	1		2	33	10	1		1132	○	○	旅鳥、与那国島初記録
59	トビ				1	1					1			49	○		旅鳥
60	オオタカ		3	16	12	6			5	8	5	22	6	3		○	旅鳥
61	アカハラダカ		2	15	23	68	4		243	193	4950		4	83	○	○	旅鳥
62	ツミ		29	32	77	39	7	1	83	84	81	16	11	5502	○	○	留鳥
63	ハイタカ		24	13	37	14			20	25	23	9	10	460	○	○	旅鳥
64	オオノスリ		22	32	37	22	7	1	10	16	7	10	8	175	○	○	迷鳥
65	ノスリ		2		8	7	1			13	4	40	5	172	○	○	冬鳥
66	サシバ		209	295	152	203	1		114	201	120	113	100	80	○	○	冬鳥
67	ハイイロチュウヒ		1						2	2	3	18		1508		○	冬鳥
68	マダラチュウヒ			1	1					4				26		○	迷鳥、与那国島初記録
69	チュウヒ		2	1					3	1	4	1		5	○	○	旅鳥
70	ハヤブサ		68	45	82	51			60	72	65	50	44	12	○	○	冬鳥
71	チゴハヤブサ					2			15	15	7			537	○	○	旅鳥
72	コチョウゲンボウ			1										39		○	旅鳥
73	アカアシチョウゲンボウ				3					2	2	1		2		○	迷鳥、与那国島初記録
74	チョウゲンボウ		122	166	308	205			570	654	536	521	242	7	○	○	冬鳥
75	ウズラ			1						1	1		1	3324	○	○	旅鳥
76	ミフウズラ		34	39	34	55	16	11	40	9	19	2	7	5		○	留鳥
77	ナベヅル										14	89		266	○	○	冬鳥、与那国島初記録
78	クイナ		2	1	6			15	2	1		6		103		○	冬鳥、与那国島初記録
79	オオクイナ		3	44	47	111	24		2	3	19	30	31	18	○	○	留鳥
80	ヒメクイナ			9	6	1			49	20	3			329	○	○	旅鳥、与那国島初記録
81	ヒクイナ		26	96	236	146	31	18	197	177	201	267	135	88		○	留鳥
82	シロハラクイナ		420	582	409	432	167	94	141	64	111	84	75	1530	○	○	留鳥
83	バン		513	515	1122	460	3	11	434	505	439	839	1179	2579	○	○	留鳥
84	ツルクイナ			1	1				2		1			6020	○	○	旅鳥、与那国島初記録
85	オオバン			55	14	22				14	67	176	241	5	○	○	冬鳥

No.	種名	春 2002	春 2003	春 2004	春 2005	夏 2004	夏 2005	秋 2003	秋 2004	秋 2005	冬 2005	冬 2006	合計	文1	文2	渡り区分と備考
	調査日数	50	68	71	83	18	10	65	68	89	90	48				
86	レンカク												9		○	迷鳥
87	タマシギ						2						2	○	○	旅鳥
88	ハジロコチドリ			1									1			旅鳥、与那国島初記録
89	コチドリ	30	351	458	364	1		262	278	460	406	142	2752	○	○	冬鳥
90	シロチドリ	22	139	442	333		3	106	339	381	812	750	3327	○	○	冬鳥
91	メダイチドリ	2	53	42	62		2	20	3	35		14	233	○	○	旅鳥
92	オオメダイチドリ	4	17	127	16			4	1	1			170	○	○	旅鳥
93	オオチドリ	6	11	99	45								161		○	迷鳥
94	ムナグロ	579	430	1128	860			848	556	2233	1815	511	8960	○	○	冬鳥
95	ダイゼン	42	2	16	5		2	3	1	4	2	2	79	○	○	旅鳥
96	ケリ	1	1	4	1								10		○	旅鳥
97	タゲリ		4	1	8			5	24	194	263	3	502	○	○	冬鳥
98	キョウジョシギ	1	7	3	8			9		5			33		○	旅鳥
99	ヨーロッパトウネン		1	1	4				2	8			15		○	旅鳥、与那国島初記録
100	トウネン	1	135	110	194		6	9	50	69			575	○	○	旅鳥
101	ヒバリシギ	1	7	1	17		1	41	17	181			266	○		旅鳥
102	オジロトウネン	1	12	90	49			1	7	8		5	173	○		冬鳥
103	ヒメウズラシギ				1								1		○	迷鳥、与那国島初記録
104	アメリカウズラシギ				3				3				6		○	旅鳥、与那国島初記録
105	ウズラシギ	34	150	93	843		8	10	9	16			1163	○	○	旅鳥
106	ハマシギ	4	15		11			42	80	138	40		330	○	○	旅鳥
107	サルハマシギ		32	4	14			5					55		○	旅鳥、与那国島初記録
108	コオバシギ		7		1								8		○	旅鳥
109	オバシギ	2	18	6	5								31		○	旅鳥、与那国島初記録
110	ミユビシギ			1	1			1	1				5		○	旅鳥
111	ヘラシギ		4										4		○	迷鳥、与那国島初記録
112	エリマキシギ		2	4	6				9				21	○	○	旅鳥
113	キリアイ			1	2								3		○	旅鳥、与那国島初記録
114	ツルシギ		1	6	11			11		1		9	39		○	旅鳥

No.	種名	季節	春				夏			秋			冬		合計	文献		渡り区分と備考
		年														1	2	
		調査日数	2002	2003	2004	2005	2003	2004	2005	2003	2004	2005	2005	2006				
			50	68	71	83		18	10	65	68	89	90	48				
115	アカシシギ			34	15	44				1	97	23		5	219	○	○	旅鳥
116	コアオアシシギ		24	87	28	83		3		17	46	28			316	○	○	旅鳥
117	アオアシシギ		12	54	34	160		5	18	55	98	129	41	5	611	○	○	旅鳥
118	クサシギ		32	24	16	17		1		82	130	84	67	6	458	○	○	旅鳥
119	タカブシギ		236	1012	716	846				56	291	843	28	8	4037	○	○	旅鳥、与那国島初記録
120	メリケンキアシシギ					1									1			旅鳥
121	キアシシギ		35	35	18	22				28	50	42			230	○	○	旅鳥
122	イソシギ		43	290	204	150		3	3	383	256	315	107	252	2006	○	○	冬鳥
123	ソリハシシギ			6	12	13			5	3	1	3			43	○	○	旅鳥
124	オグロシギ			4	1	9									14			旅鳥、与那国島初記録
125	オオソリハシシギ		6	1	1	11									19			旅鳥、与那国島初記録
126	ダイシャクシギ			1								2			3	○		旅鳥
127	ホウロクシギ		9	4	3	1									17	○	○	旅鳥
128	チュウシャクシギ		2	3	5	6				2	2	20	1		41	○	○	旅鳥
129	コシャクシギ		13	8	18	41									80			旅鳥、与那国島初記録
130	ヤマシギ			9	8	35				20	30	87	56	24	269	○	○	冬鳥
131	アマミヤマシギ											1			1			迷鳥
132	タシギ		73	47	71	39				216	276	140	255	71	1188	○	○	冬鳥
133	ハリオシギ		5	6	5	22				9	18	2	3	1	71	○	○	旅鳥
134	チュウジシギ		5	4	6	29				4	6	11	1		66	○	○	旅鳥
135	オオジシギ		4	21	37	26				5	14	41			148	○	○	旅鳥
136	コシギ				1							1			1			迷鳥
137	セイタカシギ		117	292	147	398		21	37	231	777	430	2	178	2630	○	○	旅鳥
138	ソリハシセイタカシギ										12		4		16			迷鳥、与那国島初記録
139	アカエリヒレアシシギ				1	9					1	1			12	○	○	旅鳥
140	ツバメチドリ		242	218	249	146		15		3		13			886	○	○	旅鳥
141	トウゾクカモメ		1												1			旅鳥、与那国島初記録
142	シロハラトウゾクカモメ					1					1				1			旅鳥、与那国島初記録
143	ユリカモメ		3	4	2					1	1	3	12	4	30		○	冬鳥

No.	種名	季節	春				夏			秋			冬		合計	文献		渡り区分と備考
	年		2002	2003	2004	2005		2004	2005	2003	2004	2005	2005	2006		1	2	
	調査日数		50	68	71	83		18	10	65	68	89	90	48				
144	セグロカモメ									3			8		12	○		冬鳥
145	オオセグロカモメ			1						1			7		8			冬鳥、与那国島初記録
146	カモメ												5		5	○		冬鳥
147	ウミネコ			3	2						1	1	129		136	○		冬鳥
148	スグロカモメ			1											1		○	旅鳥
149	ミツユビカモメ			1											1			旅鳥、与那国島初記録
150	ハジロクロハラアジサシ			3	72	62		30	5		4	21			197	○		旅鳥、与那国島初記録
151	クロハラアジサシ		2	62	199	141		28	10	38	379	215	1		1075		○	旅鳥
152	オニアジサシ			2							2				5	○		迷鳥、与那国島初記録
153	オオアジサシ					3						3			3			迷鳥、与那国島初記録
154	ベンガルアジサシ			3					1			1			8			旅鳥、与那国島初記録
155	アジサシ				95	12						31			43		○	旅鳥
156	ベニアジサシ					11						1			107			旅鳥、与那国島初記録
157	エリグロアジサシ				48	89		120	26			1			284			夏鳥、与那国島初記録
158	マミジロアジサシ			11	70	154		2	4						241			旅鳥、与那国島初記録
159	セグロアジサシ			131	740	1000		473	50						2394		○	旅鳥
160	コアジサシ			1	14	1		1				7			23			旅鳥、与那国島初記録
161	クロアジサシ			134	2	104		29	14	520		3			806			夏鳥、与那国島初記録
162	カラスバト		5	48	6	87		141	63		8	2	3	10	373	○		留鳥
163	シラコバト				1										1			迷鳥、沖縄県初記録
164	ベニバト		1	19	5	7		1		17	8	7	4	2	72	○		旅鳥
165	キジバト		4392	5038	5911	6522		2051	1090	4478	1160	2949	2969	1885	38445	○		留鳥
166	キンバト		50	263	284	532		234	134	80	14	29	31	56	1707	○		留鳥
167	ズアカアオバト		7	56	85	131		49	27	10	10	20		2	397	○		留鳥
168	オオジュウイチ				1	2									3			迷鳥、与那国島初記録
169	ジュウイチ			2		1				1		1			5		○	旅鳥
170	セグロカッコウ					1									1			旅鳥、沖縄県初記録
171	カッコウ					5				1	1	1			8	○	○	旅鳥
172	ツツドリ			1	1	4					1	2			9	○	○	旅鳥

No.	種名	春 2002	春 2003	春 2004	春 2005	夏 2004	夏 2005	秋 2003	秋 2004	秋 2005	冬 2005	冬 2006	合計	文1	文2	渡り区分と備考
	調査日数	50	68	71	83	18	10	65	68	89	90	48	660			
173	ホトトギス		13	21		22	12		1	3			72		○	夏鳥
174	オニカッコウ				24		11						35	○		迷鳥、与那国島初記録
175	バンケン			1									1	○		迷鳥
176	コミミズク		1	1					1				3		○	旅鳥
177	コノハズク		1	1	1								3	○		旅鳥、与那国島初記録
178	リュウキュウコノハズク	290	301	343	326	146	69	206	185	335	168	85	2454	○		留鳥
179	オオコノハズク	3		3	2	1		3	1				13	○		旅鳥、与那国島初記録
180	アオバズク	26	19	51	102	18	12	6	25	35	2	10	306	○		留鳥
181	ヨタカ		1		2		1		11	14	3	6	38		○	冬鳥
182	ヒマラヤアマツバメ		11	5	58				1	1			76	○		迷鳥
183	ハリオアマツバメ	4		17	17			3	13	25			79	○		旅鳥
184	ヒメアマツバメ	17	18	109	92	5	1	1		2			245		○	旅鳥、与那国島初記録
185	アマツバメ	45	63	123	334	14	3	4	10	41			637	○		旅鳥
186	ヨーロッパアマツバメ	1	2		3								6		○	迷鳥
187	ヤマショウビン	2	2	5	1				1				9	○		旅鳥、与那国島初記録
188	アカショウビン	11	26	23	51	7	12			15			146	○		夏鳥
189	ナンヨウショウビン								1				1	○		迷鳥、与那国島初記録
190	カワセミ	68	55	74	62			81	76	67	30	28	541	○		冬鳥
191	ブッポウソウ		2	3	7			6	5	7			30	○		旅鳥
192	ヤツガシラ	19	154	78	79			2			108	14	454	○		旅鳥
193	アリスイ		3	1	3			1	4				12	○		旅鳥
194	ヒメコウテンシ		4						2	2	4		12	○		旅鳥、与那国島初記録
195	コヒバリ								2				2	○		旅鳥、与那国島初記録
196	ヒバリ		58	64	5			224	47	39	43	10	490	○		旅鳥
197	ショウドウツバメ	30	70	59	214	5		36	46	20		19	499	○		旅鳥、与那国島初記録
198	タイワンショウドウツバメ	3	1	1					1	1		1	8	○		迷鳥
199	ツバメ	8140	19187	11099	14523	283	53	7876	6994	36362	228	672	105417	○		旅鳥
200	リュウキュウツバメ	4	1										5	○		旅鳥
201	コシアカツバメ	39	88	153	149	52	16	60	162	225		1	945	○		旅鳥、与那国島初記録

No.	種名	季節	春				夏			秋			冬		合計	文 1	献 2	渡り区分と備考
	年	2002	2003	2004	2005	2004	2005	2003	2004	2005	2005	2006						
	調査日数	50	68	71	83	18	10	65	68	89	90	48					
202	ニシイワツバメ			2									2			迷鳥、与那国島初記録
203	イワツバメ	22	75	113	113		4	41	69	185	9	135	766	○	○	旅鳥
204	イワミセキレイ	1						1					2	○		旅鳥
205	ツメナガセキレイ	151	1421	543	2155		2	8838	3865	13038	138	384	30535	○	○	旅鳥
206	キガシラセキレイ	10		4	3								17	○	○	旅鳥
207	キセキレイ	263	510	417	516	1		1443	1049	1368	626	554	6747	○	○	冬鳥
208	ハクセキレイ	120	663	491	442			183	190	217	242	164	2712	○	○	冬鳥
209	マミジロタヒバリ	38	109	194	320			197	678	303	445	159	2443	○	○	冬鳥
210	コマミジロタヒバリ	1	1	4	1				6	2	3	18	36	○	○	旅鳥
211	ムジタヒバリ			1									1			迷鳥
212	ヨーロッパビンズイ			1									1	○		迷鳥、与那国島初記録
213	ビンズイ	19	222	237	80			20	35	18	139	229	999	○	○	冬鳥
214	セジロタヒバリ			1	5			12	15	38		5	76			旅鳥、与那国島初記録
215	ムネアカタヒバリ	91	163	1019	217			144	252	374	233	28	2521	○	○	冬鳥
216	タヒバリ	2	59	7	5			52	6	19	189	16	355	○	○	冬鳥
217	サンショウクイ	12	33	20	62		1	92	93	780			1092	○		旅鳥
218	シロガシラ	5985	8170	10211	13955	2136	1100	9161	17265	13556	11259	4913	97711	○	○	留鳥
219	ヒヨドリ	4375	7211	13787	9699	4066	1160	16862	17472	9114	3505	2738	89989	○	○	留鳥
220	クロヒヨドリ			1									1			迷鳥、与那国島初記録
221	チゴモズ				1								1			旅鳥
222	アカモズ	250	420	547	1262	1	1	2654	1547	2893	980	729	11284	○	○	旅鳥
223	タカサゴモズ	2		14	8			77	23			8	132	○	○	旅鳥
224	キレンジャク		8										8	○		旅鳥
225	ヒレンジャク		209										209	○	○	旅鳥
226	ミソサザイ							2	1				3	○		旅鳥
227	コマドリ			1									1	○		旅鳥
228	アカヒゲ			17	80			16	414	667	422	367	1983	○	○	冬鳥
229	ノゴマ	42	37	90	164			65	424	216	776	608	2422	○	○	冬鳥
230	オガワコマドリ							1		1	1		3			旅鳥、与那国島初記録

No.	種名	季節	春				夏			秋				冬		合計	文献		渡り区分と備考
		年 調査日数	2002 50	2003 68	2004 71	2005 83	2004 18	2005 10		2003 65	2004 68	2005 89		2005 90	2006 48		1	2	
231	ルリビタキ		1	2	3	5				7	20	1			296	660 335	○		旅鳥
232	クロジョウビタキ				1											1		○	迷鳥、与那国島初記録
233	ジョウビタキ		11	56	110	37				85	154	150		272	115	990	○		冬鳥
234	ノビタキ		11	26	60	9				27	24	19		51	59	286	○		冬鳥
235	ヤマザキヒタキ					2										2		○	迷鳥
236	イナバヒタキ					4										4	○		迷鳥、与那国島初記録
237	クロノビタキ				4					4						4		○	迷鳥
238	ハシグロヒタキ					3								1		7		○	旅鳥、与那国島初記録
239	サバクヒタキ											1				1		○	旅鳥、沖縄県初記録
240	イソヒヨドリ		146	414	270	274	19	5		602	529	387		266	230	3142	○		留鳥
241	トラツグミ			3	1	2				3	4	1		3	6	23		○	冬鳥
242	マミジロ			1							1				2	4			旅鳥
243	カラアカハラ		1		2						2				7	12		○	旅鳥
244	クロツグミ		1	1	4					2	1					9		○	旅鳥
245	クロウタドリ		13	18	56	76						5			3	166	○		冬鳥
246	アカハラ		339	25	72	46				4	474	3		105	309	1377	○		冬鳥
247	シロハラ		41	828	110	805				19	2854	29		143	4760	9589	○		冬鳥
248	マミチャジナイ				1					25	47	4		14	11	102		○	旅鳥
249	ノドグロツグミ				1					3		2				6		○	旅鳥
250	ツグミ		65	183	100	201				188	167	5		345	775	2029	○		冬鳥
251	ヤブサメ					9				2	116	118		85	69	400		2	冬鳥
252	ウグイス		58	52	38	198				11	436	28		160	527	1508	○		冬鳥
253	チョウセンウグイス		98	129	163	251				34	127	61		326	134	1323	○		冬鳥
254	シベリアセンニュウ		3	134	121	86				50	72	155		247	72	940	○		冬鳥、与那国島初記録
255	シマセンニュウ			17	7	10				28	103	12		90	29	296	○		冬鳥
256	ウチヤマセンニュウ		1		1	1					1	1		3		5		○	旅鳥
257	マキノセンニュウ			1						2	1	1		3	1	8		○	旅鳥、与那国島初記録
258	コヨシキリ		1			1					6	2			2	16		○	旅鳥、与那国島初記録
259	オオヨシキリ		20	106	37	79	3			26	57	130		87	24	569	○		旅鳥

No.	種名	春 2002	春 2003	春 2004	春 2005	夏 2004	夏 2005	秋 2003	秋 2004	秋 2005 89	冬 2005 90	冬 2006 48	合計	文献 1	文献 2	渡り区分と備考
	調査日数	50	68	71	83	18	10	65	68	98	293	54	660			
260	ムジセッカ	29	19	62	99			60	90	98	293	54	804	○	○	冬鳥
261	モウコムジセッカ									7	1		8			迷鳥、日本初記録
262	カラフトムジセッカ	11	2	4	1			1	1		1	3	24	○	○	旅鳥
263	キマユムシクイ	165	99	133	47			310	236	164	380	616	2150		○	冬鳥
264	カラフトムシクイ											1	1	○	○	旅鳥
265	メボソムシクイ		2	3	4			371	150	271	47	9	857	○	○	旅鳥
266	エゾムシクイ							1	1	2			4	○	○	旅鳥
267	センダイムシクイ							3	2	1			6	○	○	旅鳥、与那国島初記録
268	イイジマムシクイ			1							3		4	○		旅鳥
269	キクイタダキ										3		3	○	○	冬鳥
270	セッカ	4335	3999	3518	3987	1333	619	2227	507	989	1065	356	22935	○	○	留鳥
271	マミジロキビタキ									1			1			旅鳥
272	キビタキ							1	3	4			8	○	○	旅鳥、与那国島初記録
273	ムギマキ								2	1			3	○	○	旅鳥、与那国島初記録
274	オジロビタキ							1			23		24	○	○	旅鳥
275	オオルリ			1				5	7	6			19	○	○	旅鳥
276	サメビタキ			1	2			2	33	8			46	○	○	旅鳥
277	エゾビタキ		5	4	56			128	204	172			569	○	○	旅鳥
278	コサメビタキ	2	1	6	4			11	43	14			81	○	○	旅鳥
279	サンコウチョウ	16	125	212	319	179	67	5	1	12			936	○	○	夏鳥
280	メジロ	1930	1952	3901	3917	1583	530	4247	4685	2437	1551	1421	28154	○	○	留鳥
281	チョウセンメジロ								5			2	7	○		迷鳥、沖縄県初記録
282	シロガオホオジロ	1											1		○	旅鳥
283	コジュリン									2			2		○	旅鳥、沖縄県初記録
284	シロハラホオジロ			2	3			2	3		2		9		○	旅鳥
285	ホオアカ	3						2	2	2			9	○	○	旅鳥、与那国島初記録
286	コホオアカ	23	22	71	60			91	165	92	2	12	538	○	○	旅鳥
287	キマユホオジロ			3				5					8	○	○	旅鳥
288	カシラダカ	7	243	5	3			3	1	3	2	7	274	○	○	旅鳥

21

No.	種名	季節 春 2002	春 2003	春 2004	春 2005	夏 2004	夏 2005	秋 2003	秋 2004	秋 2005	冬 2005	冬 2006	合計	文献1	文献2	渡り区分と備考
	調査日数	50	68	71	83	18	10	65	68	89	90	48	660	1	2	
289	ミヤマホオジロ			11				4	2	1	38	28	84	○	○	冬鳥
290	シマアオジ		1	31	2			1	2				37	○		旅鳥
291	シマノジコ			15	2			1		1			19	○		旅鳥
292	スグロチャキンチョウ	2			3			4	2	2			14		○	迷鳥、与那国島初記録
293	チャキンチョウ			2						3			5		○	迷鳥、与那国島初記録
294	ノジコ	2	5	7	3			20	25	13	1		76	○		旅鳥
295	アオジ	30	34	49	97			56	98	21	37	107	529	○	○	冬鳥
296	クロジ				1			4	6	1			12		○	旅鳥
297	シベリアジュリン								2	2			4	○		旅鳥、沖縄県初記録
298	ツメナガホオジロ									2			3		○	旅鳥
299	ユキホオジロ							1		3			3		○	迷鳥、沖縄県初記録
300	アトリ		143	309	163			137	23	239	16	175	1205	○	○	旅鳥
301	カワラヒワ	2	1					14					17	○		旅鳥、与那国島初記録
302	マヒワ	13	16	11				155	22	952	24	7	1178	○	○	旅鳥
303	アカマシコ				1					5		2	8		○	旅鳥、与那国島初記録
304	コイカル			5			3	2	22	1			95	○		旅鳥
305	イカル	8		1	8				79	7			95		○	旅鳥
306	シメ							1	1	11	19		40	○		冬鳥
307	シマキンパラ	20		69				41		5		4	139		○	旅鳥
308	ニュウナイスズメ	1											1	○		旅鳥
309	スズメ	10340	11270	12405	23390	4730	3700	42865	35170	56130	32960	18857	251817	○	○	留鳥
310	ギンムクドリ	199	247	742	624			299	118	149	378	280	3036	○	○	冬鳥
311	シベリアムクドリ		1	1				5	3	1			11	○		旅鳥
312	コムクドリ	806	2443	1624	467	2		187	74	999	1		6603	○	○	旅鳥
313	カラムクドリ	25	136	14	19			25	69	69	1	96	454	○	○	旅鳥
314	ホシムクドリ	3		3	14			35	22	79	33	1	190	○		旅鳥
315	ムクドリ	202	543	204	202			981	193	129	73	31	2558	○	○	旅鳥
316	バライロムクドリ					73	6	3	6				9	○		迷鳥
317	ジャワハッカ	1392	2550	1329	502			1814	685	355	162	36	8904		○	留鳥

No.	種名	調査日数	春 2002	春 2003	春 2004	春 2005	夏 2004	夏 2005	秋 2003	秋 2004	秋 2005	冬 2005	冬 2006	合計	文献1	文献2	渡り区分と備考
			50	68	71	83	18	10	65	68	89	90	48	660			
318	コウライウグイス					1			3	2	3			9			旅鳥
319	オウチュウ				49	65				4				118		○	旅鳥
320	カンムリオオチュウ				18					4	1			23			迷鳥
321	ハイイロオウチュウ									22	2			24			迷鳥
	個体数合計		54933	92035	98361	120959	20000	11257	124822	115151	180703	94302	58837	971360			
	種類数		147	193	220	215	76	67	196	199	223	150	140	321	159	215	
	平均個体数		1098.7	1353.5	1385.4	1457.3	1111.1	1125.7	1920.3	1693.4	2030.4	1047.8	1225.8	1471.8			
	種類数合計		2421	3949	4083	4598	607	345	3723	4062	4832	4732	2943	36295			
	平均種類数		48.4	58.1	57.5	55.4	33.7	34.5	57.3	59.7	54.3	52.6	61.3	55.0			

外来種

No.	種名	調査日数	春 2002	春 2003	春 2004	春 2005	夏 2004	夏 2005	秋 2003	秋 2004	秋 2005	冬 2005	冬 2006	合計	文献1	文献2	渡り区分と備考
			50	68	71	83	18	10	65	68	89	90	48	660			
A	インドクジャク				110	180	49	26		8	14	10	6	403			繁殖している
B	カワラバト		○	514	○	969	○	51	○	○	○	○	○	1534		○	
C	ベニシコトガラス		32	36	77	53	6	6	107	78	109	113	45	662			籠抜け

＊種名及び配列は「日本鳥類目録 改訂第6版」(日本鳥学会. 2000) に順じ、目録に取り上げられなかった種も含めた。
＊各年の季節個体数は調査した回数の合計値 (例. 2002年春のカイツブリ42羽は、50回調査した合計値)
＊文献1は「沖縄県立博物館総合調査報告書Ⅳ―与那国島」(沖縄県立博物館. 1989)
＊文献2は「最近の生息状況と参考記録を含めた沖縄県産鳥類目録」(沖縄県立博物館. 1996)
＊在来種17目55科321種、外来種3目3科3種 合計17目56科324種

2）合計種数と1日の平均種数

　春（3月～5月），夏（6月～8月），秋（9月～11月），冬（12月～2月）に分けて比べると，観察種数の年平均は秋が最も多い206.0種で，春は193.8種，冬は145.0種，夏は少なく71.5種類であった。ただし，春は調査日数が少なかった2002年を除いた3年間を平均すると209.3種類と最も多くなった。春に記録された種数は通算で274種あり，秋（259種）や冬（179種），夏（91種）に比べて多い。また，1日の平均種数は秋（57.1種/日），冬（57.0種類/日），春（54.9種類/日）がほぼ同じで，夏（34.1種/日）は夏鳥が少ないので極端に少ない。従ってバードウオッチングは春と秋が最適で，次いで冬となり，夏はあまりおすすめできない（図III-1,2）。

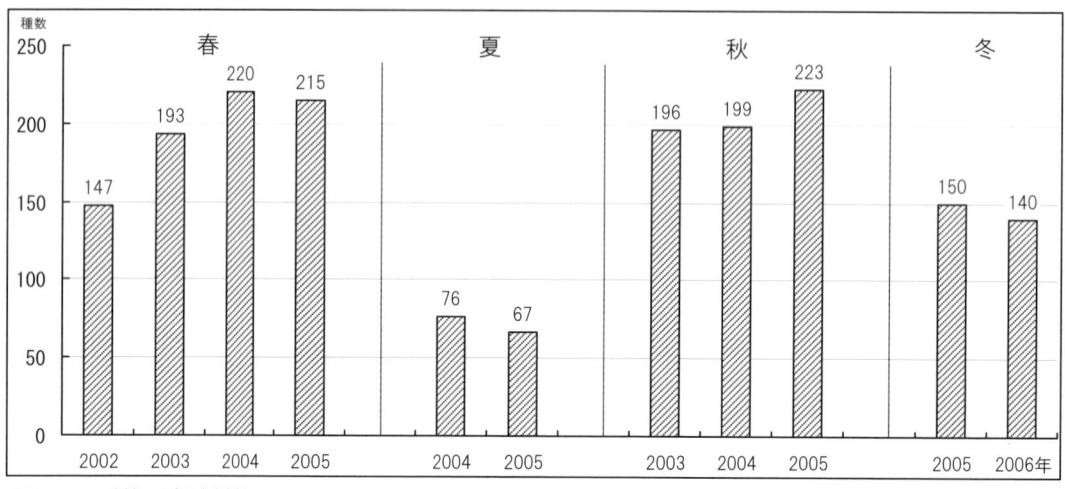

図III-1．季節別合計種数

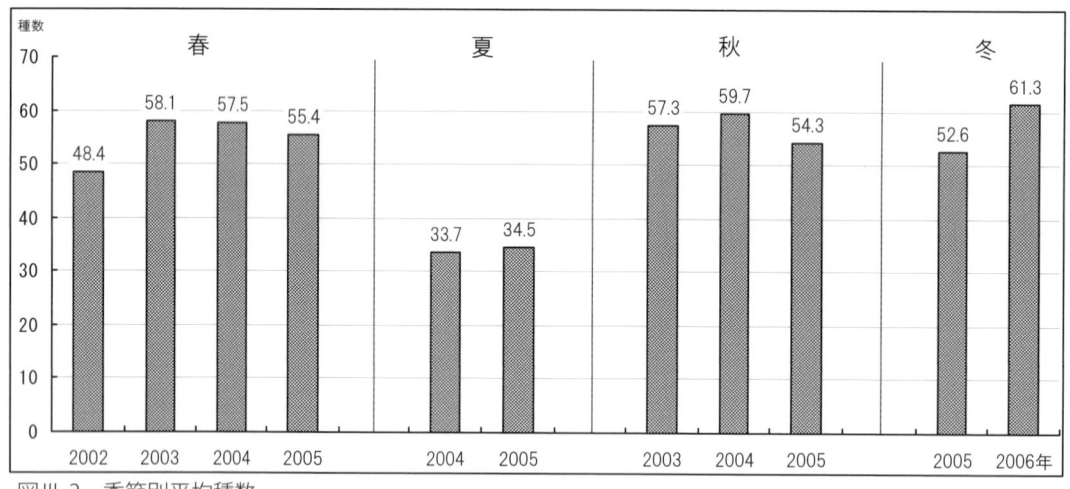

図III-2．季節別平均種数

　1日の平均種数を月別でみると11月が最も多い62.8種/日，次いで4月の58.9種/日であった。秋の渡りは7月から始まっているため，9月は6月に比べて多く，10月は渡りの最盛期なのでさらに増加し，11月には冬鳥も加わって最も多い月となった。12月と1月は安定しているが，2月は減少している。ただし，2月の調査は2006年だけなので，この減少が実態と合っているかはわからない。

　3月からは春の渡りが始まり，4月も増加しているが5月になると減少する。5月中旬以降は渡りが最盛期を過ぎ，冬鳥もいなくなるので減少したものと考えられる。6月は夏鳥が少なく，島には留鳥も少ないので種数は最も少なくなる（表III-1，図III-3）。

表III-1. 月別種数

年＼月	1	2	3	4	5	6	7	8	9	10	11	12	合計
2002			908	1471	42								2421
2003			1337	1842	770				872	1142	1709		7672
2004			1368	1902	813	607			402	1803	1857		8752
2005			1307	1850	1441	345			1288	1708	1836	1692	11467
2006	1622	1418										1078	4118
2007	1865												1865
合計	3487	1418	4920	7065	3066	952			2562	4653	5402	2770	36295
平均	57.2	50.6	57.2	58.9	46.5	34.0			47.4	56.7	62.8	56.5	55.0

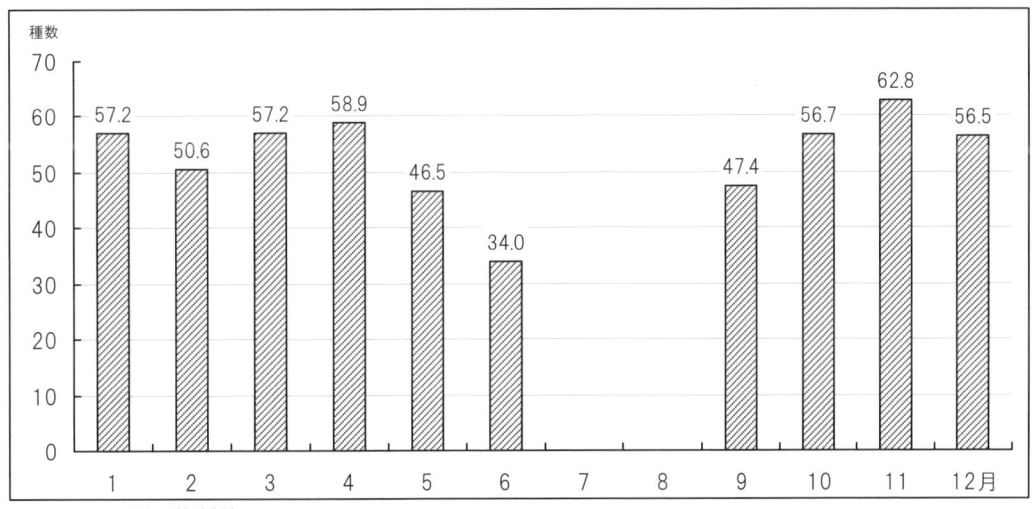

図III-3. 月別平均種数

3）個体数と1日の平均個体数

調査で観察した個体数を種類ごとに合計すると図III-4のようになる。1位はスズメの251,817羽（25.9%）で全体の1/4以上を占めた。2位はツバメ（105,417羽：10.9%），3位はシロガシラ（97,711羽：10.1%），4位はヒヨドリ（89,989羽：9.3%）で，この4種で全個体数の半分以上を占める（544,934羽：56.1%）。5位以下はアマサギ，キジバト，ツメナガセキレイ，メジロ，セッカ，コガモと続き，上位10種で全体の3/4以上を占める。

1日の平均個体数を各季節の平均値で比べると，最も多い秋は1881.4羽/日，春は2番目に多い1323.7羽/日である。夏（1118.4羽/日）と冬（1136.8羽/日）はほぼ同じである。秋が多いのは渡ってきたツバメやツメナガセキレイ，ヒヨドリ，アカモズ，アマサギ，メジロが多く，さらに繁殖が終わって個体数の増加したスズメも寄

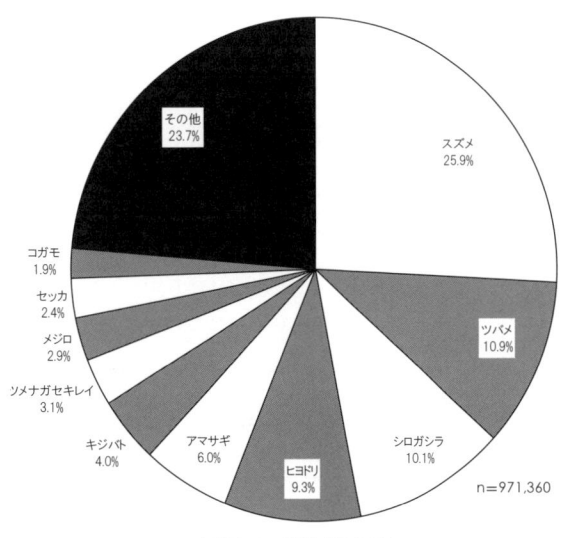

図III-4. 種別優占度

与している。春はサギ類やムクドリ類，ミズナギドリ類が多く，2番目となっている。与那国島は夏鳥が少なく，冬鳥は個体数が少ないので，夏と冬の個体数は接近している（図Ⅲ-5）。

1日の平均個体数を月別にして比べると，9月が最も多い2317.1羽/日であった。以下多い順に10月（2104.6羽/日），4月（1519.8羽/日），11月（1430.0羽/日），5月（1406.7羽/日）である。残りの12月～3月と6月では大きな差はない（図Ⅲ-6）。

表Ⅲ-3は個体数の多い10種を選び（コガモを除く），平均個体数が最も多い月から4番目に多い月までを表したものである。

最も平均個体数が多い9月は，1日の平均個体数の項でも述べた個体数上位の種の渡りの最盛期で，さらに繁殖が終わったスズメの個体数が増えた月である。次に多かった10月も上記と同様な理由で，4月，11月，5月についても表Ⅲ-3から個体数が多いことが理解できる。

個体数の少ない冬（12月～2月）では全体的に越冬個体や留鳥の変動は少なく安定し，3月まで続く。夏（6月）は春（4月・5月）の渡りが終了し，夏鳥が渡ってくるがその個体数は少なく，留鳥の数も安定しているので個体数はほとんど増加しない。

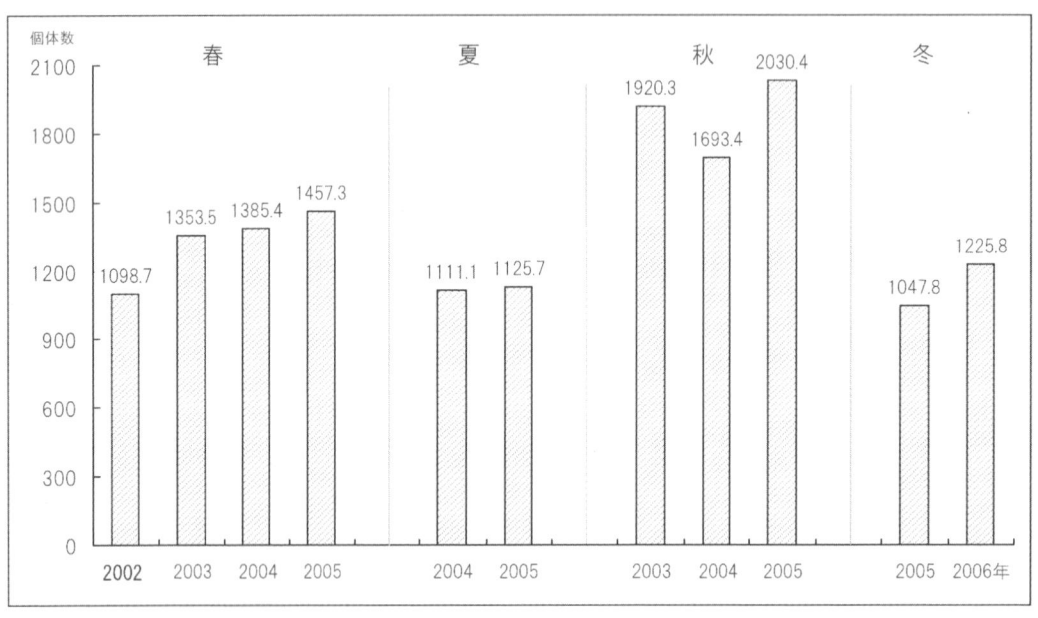

図Ⅲ-5. 1日の平均個体数

表Ⅲ-2. 月別個体数

年＼月	1	2	3	4	5	6	7	8	9	10	11	12	合計
2002			17655	36559	719								54933
2003			23680	45472	22883				45547	43865	35410		216857
2004			23968	50663	23730	20000			13878	56288	44985		233512
2005			25766	49680	45513	11257			65696	72425	42582	33738	346657
2006	31608	28956										18726	79290
2007	40111												40111
合計	71719	28956	91069	182374	92845	31257			125121	172578	122977	52464	971360
平均	1175.7	1034.1	1058.9	1519.8	1406.7	1116.3			2317.1	2104.6	1430.0	1070.7	1471.8

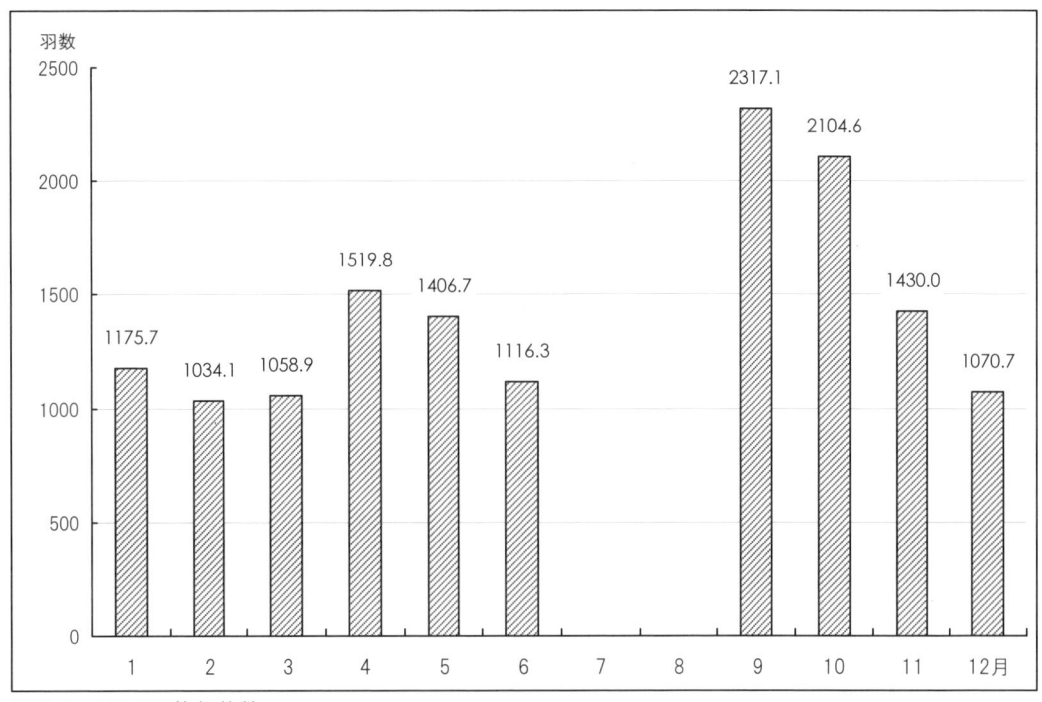

図Ⅲ-6. 1日の平均個体数

表Ⅲ-3. 種別平均個体数の多い月

	種名	1位	2位	3位	4位
1	スズメ	10月	9月	11月	1月
2	ツバメ	9月	10月	4月	5月
3	シロガシラ	11月	10月	4月	3月
4	ヒヨドリ	10月	9月	6月	5月
5	アマサギ	5月	9月	4月	10月
6	キジバト	6月	5月	4月	9月
7	ツメナガセキレイ	9月	10月	5月	11月
8	メジロ	6月	9月	5月	10月
9	セッカ	4月	6月	5月	3月
11	アカモズ	9月	10月	11月	1月

4) 環境別構成（水辺の鳥・山野の鳥）

与那国島で観察された321種を便宜的に水辺の鳥と山野の鳥に分けた。水辺の鳥はカイツブリ目，ミズナギドリ目，ペリカン目，コウノトリ目，カモ目，ツル目，チドリ目，ブッポウソウ目の8目25科の148種（46.1%）。山野の鳥はタカ目，キジ目，ハト目，カッコウ目，フクロウ目，ヨタカ目，アマツバメ目，キツツキ目，スズメ目の9目30科173種（53.9%）で山野の鳥のほうが多かった。

与那国島は海に囲まれているとはいえ，大きな川や湖，湿地帯は少なく，水田も多いとはいえないので，水辺の鳥の種数が少ないのは当然と思われる。なお，「日本鳥類目録改訂第6版」を上記の通りに分けると，水辺の鳥283種（52.2%），山野の鳥259種（47.8%）になり，日本は水辺の鳥のほうが多いことがわかる。

一方，個体数で比較すると，水辺の鳥は195,897羽（20.2%）で，山野の鳥は775,463羽（79.8%）であった。種数では両者にそれほど大きな差がないが，個体数では圧倒的に山野の鳥が多かった。これはスズメ目のスズメやツバメ，シロガシラ，ヒヨドリなどの個体数が多いことが影響している。

図Ⅲ-7. 水辺の鳥・山野の鳥の種類数比率

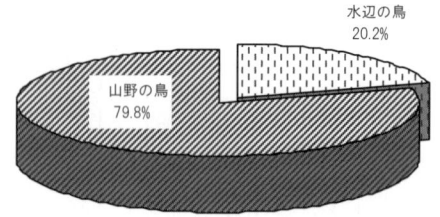

図Ⅲ-8. 水辺の鳥・山野の鳥の個体数比率

○水辺の鳥
表Ⅲ-4. 水辺の鳥の種類数と個体数

目	科数	種類数	比率(%)	個体数	比率(%)
カイツブリ	1	3	0.9	1,147	0.1
ミズナギドリ	1	5	1.6	11,156	1.1
ペリカン	4	8	2.5	389	0.0
コウノトリ	3	20	6.2	89,941	9.3
カモ	1	20	6.2	42,858	4.4
ツル	3	10	3.1	11,527	1.2
チドリ	9	76	23.7	37,698	3.9
ブッポウソウ	3	6	1.9	1,181	0.1
小計	25	148	46.1	195,897	20.2

○山野の鳥
表Ⅲ-5. 山野の鳥の種類数と個体数

目	科数	種類数	比率(%)	個体数	比率(%)
タカ	2	18	5.6	13,116	1.4
キジ	1	1	0.3	5	0.0
ハト	1	6	1.9	40,995	4.2
カッコウ	1	8	2.5	134	0.0
フクロウ	1	5	1.6	2,779	0.3
ヨタカ	1	1	0.3	38	0.0
アマツバメ	1	5	1.6	1,043	0.1
キツツキ	1	1	0.3	12	0.0
スズメ	21	128	39.9	718,003	73.9
小計	30	173	53.9	775,463	79.8
合計	55	321	100.0	971,360	100.0

5）目別構成

調査で記録された321種類を目別に分類しその割合を下図に示す。1位はスズメ目の128種（39.9％），2位はチドリ目の76種（23.7％），3位はコウノトリ目とカモ目で20種（6.2％）。5位はタカ目の18種（5.6％）となった。以下ツル目，ペリカン目，カッコウ目，ハト目，ブッポウソウ目と続く。

構成比を各季節で比べると，春と秋は似た傾向で，多い順にスズメ目，チドリ目，コウノトリ目となる。偶然ではあるが，スズメ目が春，秋ともに107種となったのはおもしろい。冬は1位と2位は同じだが，3位にカモ目が入る。夏はチドリ目が1位となった。

6）科別構成

これら321種を科別に分類すると，1位はシギ科で39種，12.1％。2位はツグミ科で24種，7.5％。3位はカモ科とウグイス科の20種，6.2％。5位はカモメ科で19種，5.9％。6位はサギ科とホオジロ科の18種，5.6％であった。ここまでの7科合計で158種，49.2％となり全体の約半数を占めている。以下タカ科，セキレイ科，チドリ科，クイナ科，ヒタキ科，ムクドリ科，カッコウ科，ツバメ科，アトリ科，ハト科，ミズナギドリ科，ハヤブサ科，フクロウ科，アマツバメ科と続く。ここまでの21科で266種，82.9％であった。4種類以下で数の少ない科は34科で55種，17.1％を占めている。

表Ⅲ-6．目別種類数比率（各季節で比率の高いもの上位5目を太字にした）

目	全体		春		夏		秋		冬	
	種類数	比率(%)	種類数	比率(%)	種類数	比率(%)	種類数	比率(%)	種類数	比率(%)
カイツブリ	3	0.9	1	0.4	1	1.1	1	0.4	3	1.7
ミズナギドリ	5	1.6	3	1.1	4	4.4	4	1.5	5	2.8
ペリカン	8	2.5	5	1.8	2	2.2	5	1.9	5	2.8
コウノトリ	**20**	**6.2**	**18**	**6.6**	**16**	**17.6**	**19**	**7.3**	**14**	**7.8**
カモ	**20**	**6.2**	10	3.6	2	2.2	15	5.8	**16**	**8.9**
タカ	**18**	**5.6**	**18**	**6.6**	7	7.7	17	6.6	**14**	**7.8**
キジ	1	0.3	1	0.4	—	—	1	0.4	1	0.6
ツル	10	3.1	9	3.3	**5**	**5.5**	10	3.9	8	4.5
チドリ	**76**	**23.7**	**71**	**25.9**	**22**	**24.2**	**55**	**21.2**	**28**	**15.6**
ハト	6	1.9	6	2.2	**5**	**5.5**	5	1.9	5	2.8
カッコウ	8	2.5	8	2.9	2	2.2	4	1.5	—	—
フクロウ	5	1.6	5	1.8	3	3.3	4	1.5	2	1.1
ヨタカ	1	0.3	1	0.4	1	1.1	1	0.4	1	0.6
アマツバメ	5	1.6	5	1.8	2	2.2	4	1.5	—	—
ブッポウソウ	6	1.9	5	1.8	1	1.1	6	2.3	2	1.1
キツツキ	1	0.3	1	0.4	—	—	1	0.4	—	—
スズメ	**128**	**39.9**	**107**	**39.1**	**18**	**19.8**	**107**	**41.3**	**75**	**41.9**
合計	321	100.0	274	100.0	91	100.0	259	100.0	179	100.0

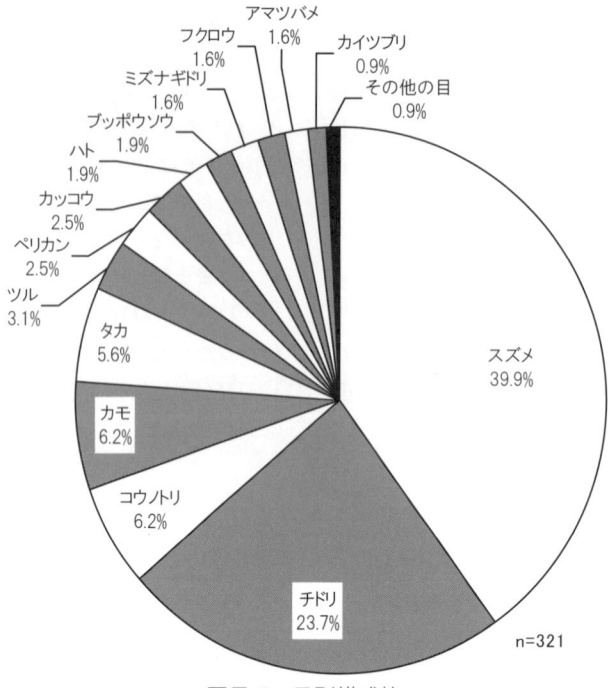

図Ⅲ-9. 目別構成比

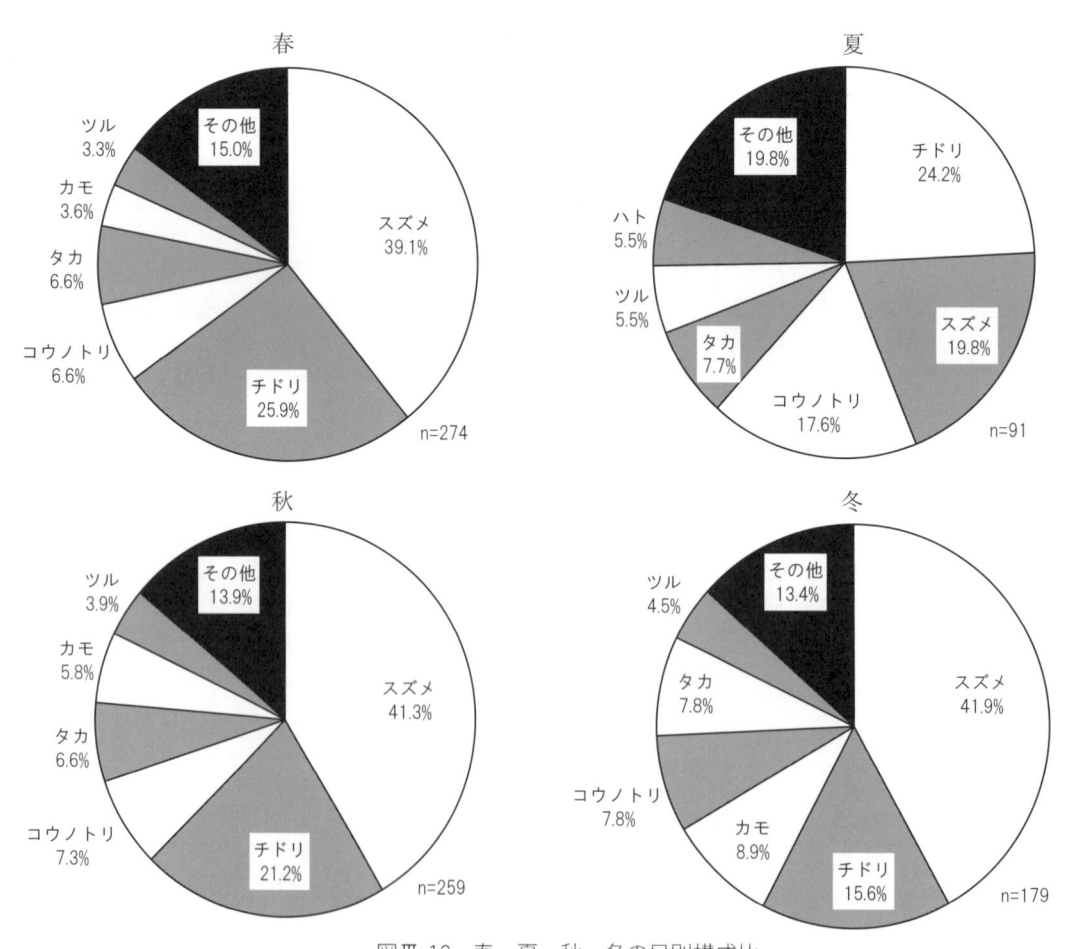

図Ⅲ-10. 春，夏，秋，冬の目別構成比

7) 春の渡り状況

春の渡りの最盛期を調べるため、3〜5月について、月ごとの種数1位と2位の日と、それぞれの種数を示した表を作った（表Ⅲ-7）。なお種数が同じときは、個体数の多いほうを記入した。

表Ⅲ-7. 春の3か月で種数が多い日。( )内はその日の種数

	3月		4月		5月	
	1位	2位	1位	2位	1位	2位
2002年	3/31(61)	3/29(56)	4/13(61)	4/12(61)	—	—
2003年	3/24(75)	3/26(70)	4/ 5(79)	4/ 6(79)	5/1(61)	5/2(60)
2004年	3/29(75)	3/31(73)	4/ 3(85)	4/ 2(79)	5/6(66)	5/7(65)
2005年	3/14(77)	3/30(72)	4/15(82)	4/ 5(81)	5/7(69)	5/8(67)
平均日	3/25	3/29	4/4	4/13	5/5	5/6
平均種数	72.0	67.8	76.8	75.0	65.3	64.0

この表から最盛期は3月下旬〜4月中旬であり、平均種数が特に多いのは4月上旬の76.8種類であった。従って与那国島の春のバードウォッチングで多くの種類が見られるのは4月上旬となる。

春の渡りでは多くの珍鳥が観察されるが、分布や移動からある程度飛来が予想できた種の中で、オニカッコウ（→p.86）や、アカノドカルガモ（→p.64）は最大の収穫で、遠かったが写真も撮ることができた。ほかにもアカアシチョウゲンボウ（→p.69）やレンカク（→p.72）、オニアジサシ（→p.82）、バンケン（→p.87）、クロヒヨドリ（→p.100）、クロジョウビタキ（→p.103）、クロノビタキ（→p.104）、ヤマザキヒタキ（→p.103）、ノドグロツグミ（→p.107）、チャキンチョウ（→p.117）、カンムリオウチュウ（→p.124）などは1年だけ観察できた。また、複数年出現した種にはタカサゴクロサギ（→p.60）やカラシラサギ（→p.62）、ヒメクイナ（→p.71）、オオチドリ（→p.73）、オオジュウイチ（→p.85）、ヒマラヤアマツバメ（→p.89）、ヨーロッパアマツバメ（→p.89）、タイワンショウドウツバメ（→p.92）、タカサゴモズ（→p.101）、ズグロチャキンチョウ（→p.117）などがあった。

予想外の飛来だったのが、アカオネッタイチョウ（→p.58）やオオグンカンドリ（→p.59）、オオヨシゴイ（→p.60）、マダラチュウヒ（→p.68）、ヒメウズラシギ（→p.75）、ヘラシギ（→p.76）、ニシイワツバメ（→p.93）、ムジタヒバリ（→p.96）などであった。

これらの珍鳥のほかに、与那国島で春の渡りを実感するのがヤツガシラである。その渡りは早く、4年間の調査で最も遅い終認でも4月13日であった。3月下旬からはサギ類が渡来する。アオサギは3月、ゴイサギやダイサギ、チュウサギは4月、コサギは4月と5月、アマサギは5月に多かった。ツバメチドリは4月に渡去し、コムクドリも4月が多い。ヤマショウビンは少数ではあるが4月下旬〜5月上旬に飛来する。島を代表するシギのタカブシギは4月、ウズラシギは5月に飛来し、アマツバメやヒメアマツバメ、ハジロクロハラアジサシは5月に渡る。一方、飛来を期待したキビタキとムギマキは春に出会えず、オオルリも4年間でたったの1羽であった。この3種の渡りルートは明らかに日本海の離島の渡りと異なっているものと考えられる。

島の春は天候の急変が多いが、調査した4年間は比較的安定していたにも関わらず、飛来した鳥の種類は多かった。一般に渡りでは雨のときに多くの鳥が島に降りるが、これまでの経験から、天候が安定していても鳥は降りてくることがわかる。また、鳥が上空を渡る姿は地上からほとんど見えないが、天候が悪くなる前に飛来したり、渡去することが多いのも事実である。天候が悪くなる前に飛来した例として、2004年4月27日に南牧場で大雨の降る前にビンズイやアオジ、コホオアカ、シマアオジが混群で飛来した。夜の渡りはほとんどわからないが、数少ない例として2003年4月25日19時45分に10羽以上のササゴイが鳴きながら西から祖納港に飛来した（西方向は台湾である）。また、2005年6月3日20時に、祖納の下宿付近を10羽以上のセイタカシギが鳴きながら渡去していった。

表Ⅲ-8. 春に飛来した鳥　　　　　　　　　　　　　　　　　　（注）弱風：0.1～5m/s未満。中風：5～10m/s未満。強風：10m/s以上

種名	個体数	年月日	時間	場所	風向・強さ	天気	渡来方向	備考
ゴイサギ	8羽	2004.3.31	14:32	久部良港	北・中風	曇	西	海上から
ササゴイ	10+羽	2003.4.25	19:45	祖納港	南東・中風	晴	西	海上から
アカガシラサギ	29羽	2005.4.13	7:10	比川水田	北・強風	曇	—	水田で休んでいた
アマサギ	16羽	2002.4.28	10:20	カタブル浜	北東・弱風	晴	南	海上から
	8羽	2002.4.28	11:15	比川浜	北東・弱風	晴	南	海上から
	12羽	2003.5.15	15:07	ダンヌ浜	北東・強風	晴	西	海上からチュウサギ5羽と
	6羽	2004.4.17	12:44	クルマエビ養殖場	北西・弱風	晴	南	海上からコサギ3羽と
	20羽	2004.4.19	10:34	南牧場	北東・弱風	曇	南	海上から
	2羽	2005.4.11	9:53	比川浜	東・弱風	曇	—	海の中の岩の上で休んでいた　ダイサギ12羽と
	15羽	2005.4.23	15:27	比川浜	南・強風	曇	—	岩場で休んでいた
	4羽	2005.5.10	8:13	クルマエビ養殖場	北・中風	曇	南	海上数m　ダイサギ1羽と
	1羽	2005.5.25	9:30	比川浜	北・強風	雨	—	海の中の岩の上で休んでいた　カラシラサギ6羽と
ダイサギ	50羽	2004.3.24	13:30	久部良ミト	北東・中風	曇	—	湿地で休んでいた　コサギ21羽　アオサギ31羽と
	60羽	2005.3.30	9:10	久部良ミト	北東・中風	曇	—	湿地で休んでいた
	62羽	2005.3.31	7:20	祖納水田	東・中風	曇	—	水田で休んでいた　コサギ62羽と
	2羽	2005.4.1	8:20	クルマエビ養殖場	東・中風	曇	南	海上20m
	12羽	2005.4.11	9:53	比川浜	東・弱風	曇	—	海の中の岩の上で休んでいた　アマサギ2羽と
	1羽	2005.5.10	8:13	クルマエビ養殖場	北・中風	曇	南	海上数m　アマサギ4羽と
チュウサギ	5羽	2003.5.15	15:07	ダンヌ浜	北東・強風	晴	西	海上からアマサギ12羽と
コサギ	21羽	2004.3.24	13:30	久部良ミト	北東・中風	曇	—	湿地で休んでいた　ダイサギ50羽　アオサギ31羽と
	1羽	2004.3.31	11:50	南牧場	北・中風	曇	—	岩の上で休んでいた　カラシラサギ2羽と
	3羽	2004.4.17	12:44	クルマエビ養殖場	北西・弱風	晴	南	海上からアマサギ6羽と
	1羽	2005.4.13	7:55	比川浜	北・強風	曇	—	海の中の岩の上で休んでいた　カラシラサギ3羽と
	62羽	2005.3.31	7:20	祖納水田	東・中風	曇	—	水田で休んでいた　ダイサギ62羽と
カラシラサギ	1羽	2003.5.1	15:21	比川浜	北東・中風	曇	—	海の中の岩の上で休んでいた
	4羽	2003.5.9	9:55	比川浜	北東・中風	曇	—	海の中の岩の上で休んでいた
	2羽	2004.3.31	11:50	南牧場	北・中風	曇	—	岩の上で休んでいた　コサギ1羽と
	1羽	2004.4.15	9:18	比川浜	北東・中風	曇	—	海の中の岩の上で休んでいた
	3羽	2005.4.13	7:55	比川浜	北・強風	曇	—	海の中の岩の上で休んでいた　コサギ1羽と
	6羽	2005.5.25	9:30	比川浜	北・強風	雨	—	海の中の岩の上で休んでいた　アマサギ1羽と
アオサギ	8羽	2004.3.14	15:00	久部良港	北西・中風	雨	南	海上から
	20羽	2004.3.14	15:29	久部良港	北西・中風	雨	南	海上から
	31羽	2004.3.24	13:30	久部良ミト	北東・中風	曇	—	湿地で休んでいた　ダイサギ50羽　コサギ21羽と
	4羽	2004.3.24	13:30	久部良港	北東・中風	曇	西	海上から
	7羽	2004.4.16	11:35	久部良港	北西・中風	曇	西	海上から
	11羽	2005.3.11	9:33	西崎	南・弱風	曇	西	海上40m

種名	個体数	年月日	時間	場所	風向・強さ	天気	渡去方向	備考
ホウロクシギ	1羽	2003.4.27	15:00	避難港	南東・中風	晴	南	海上から
コシャクシギ	18羽	2004.4.19	14:45	東崎	北東・強風	晴	—	武田稔氏の観察
セイタカシギ	70羽	2005.3.31	7:18	祖納水田	東・中風	曇	—	水田で休んでいた
ツバメチドリ	8羽	2005.4.20	7:03	与那国空港	北・中風	曇	北西	海上50m
ハジロクロハラアジサシ	1羽	2005.5.07	8:58	避難港	南西・弱風	曇	西	海上60m
	2羽	2005.5.10	10:19	久部良ミト	北・中風	曇	西	直に北東方向へ渡る。クロハラアジサシ12羽と
クロハラアジサシ	12羽	2005.5.10	10:19	久部良ミト	北・中風	曇	西	直に北東方向へ渡る。ハジロクロハラアジサシ2羽と
ビンズイ	60+羽	2004.4.27	9:50	南牧場	南西・強風	曇	—	大雨の降る前にアオジ22+,コホオアカ10+,シマアオジ2+と渡って来た
ムネアカタヒバリ	120+羽	2004.3.30	7:30	田原湿地	北・中風	雨	西	鳴きながら渡って来て水田に降りる
サンショウクイ	16羽	2003.4.3	13:33	久部良港	北・中風	曇	北西	海上から鳴きながら
ヒヨドリ	120+羽	2002.4.13	11:00	南牧場	南東・中風	晴	南西	海上から
	20+羽	2002.4.13	11:15	西崎	南東・中風	晴	南西	海上から
アオジ	22+羽	2004.4.27	9:50	南牧場	南西・強風	曇	—	大雨の降る前にビンズイ60+,コホオアカ10+,シマアオジ2+と渡って来た
コホオアカ	10+羽	2004.4.27	9:50	南牧場	南西・強風	曇	—	大雨の降る前にビンズイ60+,アオジ22+,シマアオジ2+と渡って来た
シマアオジ	2+羽	2004.4.27	9:50	南牧場	南西・強風	曇	—	大雨の降る前にビンズイ60+,アオジ22+,コホオアカ10+と渡って来た
コムクドリ	200+羽	2003.4.24	15:58	田原湿地	北東・強風	大雨	南	南より北へ飛ぶ

表Ⅲ-9. 春に渡去した鳥

種名	個体数	年月日	時間	場所	風向・強さ	天気	渡去方向	備考
ゴイサギ	16羽	2004.3.25	7:05	森林公園	北・中風	曇	北東	地上900~1000m
アマサギ	93羽	2004.5.25	18:58	田原湿地	東・弱風	晴	北	地上40~50m
	15羽	2004.5.26	19:10	田原湿地	無風	晴	北	地上40m
	90+羽	2004.5.28	19:34	田原湿地	無風	晴	北東	地上40~50m
	50+羽	2005.4.19	19:07	田原湿地	南東・弱風	曇	北	地上60m
	70+羽	2005.5.1	19:29~19:55	田原湿地	南・強風	晴	北	地上60~70m 40羽, 30羽
	31羽	2005.5.4	19:45	田原湿地	南・弱風	曇	東	地上30m
	60+羽	2005.5.5	19:35	田原湿地	南西・強風	曇	東	地上30m
	200+羽	2005.5.8	18:40	田原湿地	南西・弱風	曇	北	地上40~50m
ダイサギ	38羽	2003.5.15	13:43	久部良ミト	南東・強風	晴	北	南から渡来しそのまま横に広がった陣形で北へ
	28羽	2004.4.1	17:28	祖納(ひがし荘)	無風	曇	北	地上25~30m 横一列コサギ3羽と
	19羽	2005.4.27	19:21	田原湿地	東・弱風	晴	北東	地上70m
	13羽	2005.5.8	19:08	田原湿地	南西・弱風	曇	北	地上40~50m コサギ18羽と
	8羽	2005.3.25	19:00	田原湿地	北・中風	曇	北	地上50m コサギ8羽, アオサギ1羽と
コサギ	3羽	2004.4.1	17:28	祖納(ひがし荘)	無風	曇	北	地上25~30m 横一列ダイサギ28羽と

種名	羽数	日付	時刻	場所	風向・風力	天気	方向	備考
	8羽	2005.3.25	19:00	田原湿地	北・中風	曇	北	地上50mでダイサギ8羽、アオサギ1羽と
	18羽	2005.5.8	19:08	田原湿地	南西・弱風	曇	北	地上40～50m ダイサギ13羽と
アオサギ	80羽	2003.3.11	10:07	祖納水田	北・弱風	曇	北	横一列で
	25羽	2003.4.9	7:37	田原湿地	東・弱風	曇	北東	上昇後
	18羽	2005.3.25	15:40	久部良ゴミ捨場	北・中風	曇	北	海上40m
	1羽	2005.3.25	19:00	田原湿地	北・中風	曇	北	地上50mでダイサギ8羽、コサギ8羽と
	22羽	2005.4.4	19:00	田原湿地	北・中風	曇	北	海上150m
	19羽	2005.4.4	19:05	田原湿地	北・中風	曇	北	海上100m
	10羽	2005.4.10	17:58	田原湿地	北・強風	曇	東	地上60m
ムラサキサギ	1羽	2004.4.6	18:50	田原湿地	南東・弱風	晴	北	地上100m
	1羽	2004.4.21	19:28	田原湿地	南・弱風	晴	北	地上100m
	2羽	2005.5.15	19:10	田原湿地	北・弱風	曇	北西	地上40m
ハチクマ	1羽	2004.6.6	8:45	アヤミハビル館	北・弱風	晴	北	上昇後アカハラダカ2羽と
アカハラダカ	13羽	2004.5.23	8:00	森林公園	北東・強風	晴	北西	成鳥8羽。幼鳥5羽
	2羽	2004.6.6	8:45	アヤミハビル館	北・弱風	晴	北	上昇後ハチクマ1羽と
ツミ	3羽	2003.4.28	10:19	トウング田	南東・中風	晴	北	
	3羽	2005.4.15	8:37	森林公園	東・強風	曇	東	地上200m
ハイタカ	2羽	2005.4.15	8:37	森林公園	東・強風	曇	東	地上200m
オオノスリ	1羽	2004.3.21	10:30	東崎	東・中風	曇	北	上昇後チョウゲンボウ5羽と
サシバ	22+羽	2002.3.17	10:20	田原湿地	南・弱風	晴	—	上昇後雲に入る
	24+羽	2002.3.28	7:08	田原湿地	無風	晴	北東	上昇後
	25+羽	2002.3.29	8:41	田原湿地	南西・弱風	晴	北	上昇後
	18羽	2002.4.7	8:00	祖納ゴミ捨場	南東・弱風	晴	北東	上昇後
	10羽	2003.3.26	8:27	田原湿地	南東・中風	晴	北東	上昇後
	8羽	2003.3.27	7:45	田原湿地	南東・中風	晴	北	上昇後
	27羽	2003.3.27	8:42	与那国中学校	南東・中風	晴	北	上昇後
	18羽	2003.3.30	7:54	与那国中学校	南東・中風	晴	北	上昇後
	26羽	2003.4.11	7:24	祖納水田	南東・中風	晴	北	上昇後
	8羽	2003.4.28	9:35	トウング田	南東・中風	晴	東	上昇後
	7羽	2004.3.17	9:23	東崎	南東・弱風	晴	東	上昇後
	10羽	2004.4.5	6:55	田原湿地	東・弱風	晴	北	上昇後
	1羽	2004.4.6	9:31	祖納牧草地	南東・弱風	晴	北東	上昇後
	1羽	2004.6.14	8:00	宇良部岳	南東・弱風	曇	北	宇良部岳上空
	2羽	2005.4.15	8:39	森林公園	東・中風	曇	東	地上150m
	9羽	2005.4.22	10:00	水道タンク	南東・中風	曇	東	地上500m
	4羽	2005.4.27	8:07	森林公園	東・弱風	晴	東	地上200m
チョウゲンボウ	5羽	2004.3.21	10:30	東崎	東・中風	曇	北	上昇後オオノスリ1羽と
ダイゼン	40羽	2002.4.30	13:40	東崎	南・中風	晴	北東	海面すれすれでダンゴ状

種名	羽数	日付	時刻	場所	風向・風速	天気	渡りの方向	備考
タカブシギ	114羽	2003.4.4	8:57	田原湿地	北東・弱風	大雨	北	鳴きながら渡る
セイタカシギ	10+羽	2005.6.3	20:00	祖納(ひがし荘)	南・弱風	曇	—	鳴きながら渡る
ツバメチドリ	4羽	2002.4.7	7:44	与那国小学校	南・中風	晴	—	上昇後見えなくなる
	28羽	2002.4.7	10:50	与那国空港	南・中風	晴	北	上昇後
	7羽	2003.4.16	9:46	祖納牧草地	南東・弱風	晴	北西	上昇後
	4羽	2003.5.6	14:14	空港南畑	南東・強風	晴	—	上昇後見えなくなる
	10羽	2004.4.13	09:35	祖納牧草地	南東・弱風	晴	—	上昇後雲に入る
	4羽	2005.4.3	15:33	東崎	北・強風	晴	東	地上80m
ハジロクロハラアジサシ	2羽	2002.4.28	10:50	カタブル浜	北東・弱風	晴	西	上昇後
	7羽	2004.5.23	9:15	満田原水田	北東・強風	晴	北	上昇後
	2羽	2004.5.26	9:43	宇良部岳	無風	晴	北	電波塔上空クロハラアジサシ11羽と
	2羽	2005.5.10	10:20	久部良ミト	北・中風	曇	北東	西から渡って来て直に渡る。クロハラアジサシ12羽と
クロハラアジサシ	11羽	2004.5.26	9:43	宇良部岳	無風	晴	北	電波塔上空ハジロクロハラアジサシ2羽と
	12羽	2005.5.10	10:20	久部良ミト	北・中風	曇	北東	西から渡って来て直に渡る。ハジロクロハラアジサシ2羽と
ハリオアマツバメ	2羽	2004.5.7	6:07	田原湿地	南東・中風	曇	北	地上100m
アマツバメ	36羽	2005.5.8	18:10	田原湿地	南西・弱風	曇	北東	地上80m
	60+羽	2005.5.10	19:06	田原湿地	北・中風	曇	北	地上110m
ツバメ	200+羽	2002.3.14	14:05	田原湿地	南・中風	曇	北西	地上80m
	80+羽	2002.3.29	8:25	田原湿地	北東・中風	晴	北	上昇後
	23羽	2003.4.24	16:47	田原湿地	南東・中風	雨	北	南から来て直に北へ渡る
ツメナガセキレイ	48羽	2005.4.30	18:44	田原湿地	南・中風	晴	北	地上60m
	110+羽	2005.5.2	18:43	田原湿地	東・中風	晴	北西	地上70～80m
	90羽	2005.5.8	18:44	田原湿地	南西・弱風	曇	北	地上80m
	180+羽	2005.5.10	18:45	田原湿地	北・中風	曇	西	地上100m
	36羽	2005.5.10	18:50	田原湿地	北・中風	曇	北西	地上80m
	12羽	2005.5.10	18:53	田原湿地	北・中風	曇	西	地上100m
	10羽	2005.5.10	18:54	田原湿地	北・中風	曇	北西	地上80m

8）秋の渡り状況

　秋の渡りの最盛期を知るために，春と同様の表を作った。表Ⅲ-10により，秋の渡りの最盛期は10月中旬〜11月下旬であり，平均種数が特に多いのは11月中旬（11/20）の78.3種類であった。このころに多いのは意外ではあるが，冬鳥が飛来するためと考えられる。

　2003年〜2005年の3年間の渡りで最大の収穫は，日本初記録のモウコムジセッカ（2005年11月10日〜12月18日　最多2羽）の出現で，ほかにナンヨウショウビン（2003年9月20日）やナベコウ（2005年11月18日），アマミヤマシギ（2005年10月23日）の観察も収穫であった。予想外の出現だったのはナベヅル（2005年11月17日〜2006年3月4日）やユキホオジロ（2005年11月20〜23日），コクガン（2005年11月23日），コハクチョウ（2003年11月23〜24日），チョウセンメジロ（2004年11月6〜11日）などである。

　一方，分布や渡りルートから出現が予想できたのはアカアシカツオドリ（2005年9月25日）やマダラチュウヒ（2004年10月5〜8日），アカアシチョウゲンボウ（2年間），レンカク（2005年10月17日），ソリハシセイタカシギ（2003年11月13〜30日），オオアジサシ（2005年9月10〜11日　最多2羽），バライロムクドリ（2年間），ハイイロオウチュウ（2年間），カラシラサギ（2年間），クロツラヘラサギ（2年間），コヒバリ（2004年10月30〜31日），オガワコマドリ（2年間），ツメナガホオジロ（2年間）である。

　以上の珍鳥のほかに，秋の渡りの代表としてツバメやツメナガセキレイ，ヒヨドリ，メジロ，アカハラダカ等が挙げられる。これらのうち，アカハラダカは南方向への渡りであるが，ほかの4種は東方向への渡りが多かった。なぜ南へ渡らないのかは疑問である。

　アカハラダカの最盛期は9月中旬〜下旬で，特に2005年9月26日には2,000羽以上が渡った。ツバメは9〜10月が最盛期で，田原湿地のねぐらでは，ねぐら入りやねぐらからの飛び立ちで個体数を確認することが多かった。春（4月）も個体数が多く，春と秋を合わせて1,500羽以上の群れが7例（うち秋は4例）あった。留鳥のヒヨドリやメジロは渡らないものと考えられていたが，ヒヨドリの約7割，メジロの6割が秋に島から渡去し，春に戻ることがわかった。渡りの最盛期はメジロが9月，ヒヨドリは10月である。ツメナガセキレイの渡りは9月上旬〜10月上旬が最盛期で，2005年9月15日に1,638羽が東崎から渡っていった。ヒヨドリやメジロ，ツバメも東崎からの渡りであるが，アカハラダカは宇良部岳上空から渡ることが多かった。サンショウクイは春の4月上旬〜下旬も観察されたが，秋の方が多くて9月中旬〜10月上旬が最盛期である。東崎で渡ってくる個体は観察できたが渡去する個体の確認は5羽だけであった。クロハラアジサシは9月も多いが，10月が最盛期であった。春に観察できなかったキビタキは8羽，ムギマキは3羽観察でき，春に1羽だったオオルリは18羽観察したが，この3種の渡りはさびしいものであった。秋の渡りは遅いものと考えていたが，実際には7月や8月からスタートしている種もあり，島の秋の渡りが意外に早いのには驚いた。

　与那国島は台風が多く，2003年の秋には2日間石垣島に足止めされた。大型の台風が通過した後にはオウチュウやハイイロオウチュウ，コウライウグイス，ヤマショウビン，アカハラダカ，オオアジサシなどが渡ってきたのでバードウォッチャーにとって台風は歓迎であるが，観察期間中は期待したほど台風は来なかった。また「雨台風」のほうが「風台風」よりも多くの種が飛来した。水田に水の多い年はシギ・チドリ類が多く，水が減ると少なくなったので，降水量も渡りには重要な要素である。

　渡りのときは追い風を利用することが多いが，東崎で2004年10月16日に北東の強風を受けて飛ぶツメナガセキレイやメジロ，ツバメ，ハクセキレイを観察中，体は北を向いているのに，東方向に進むのには驚いた。同様に10月20日にはアオサギ8羽が北西の強風を受けて体は北を向いているのに，東方向に進んでいた。

　表Ⅲ-11，12は「秋に渡ってきた鳥」と「秋に渡っていった鳥」を種類毎に日付順に表したものである。

表Ⅲ-10．秋の種類数が多い日と種類数

	9月		10月		11月	
	No.1	No.2	No.1	No.2	No.1	No.2
2003年	9/30(55)	9/25(54)	10/30(69)	10/27(67)	11/20(82)	11/19(80)
2004年	—	—	10/29(74)	10/ 5(74)	11/25(74)	11/17(74)
2005年	9/23(61)	9/26(57)	10/31(71)	10/16(70)	11/14(79)	11/ 3(75)
平均日	9/27	9/26	10/30	10/16	11/20	11/13
平均種類数	58.0	55.5	71.3	70.3	78.3	76.3

表Ⅲ-11．秋に渡ってきた鳥

(注) 弱風：0.1～5m/s未満。中風：5～10m/s未満。強風：10m/s以上

種名	個体数	年月日	時間	場所	風向・強さ	天気	渡来方向	備考
アマサギ	60+羽	2005. 9.18	9:50	久部良ミト	南東・中風	晴	—	休息していた
コサギ	1羽	2004.10. 5	6:58	東崎	北西・強風	晴	南	海上10m
	8羽	2005. 9.18	9:50	久部良ミト	南東・中風	晴	—	休息していた
	3羽	2005. 9.23	10:33	南牧場	南東・強風	晴	西	海上10m カラシラサギ4羽と
ダイサギ	7羽	2005. 9.26	8:30	北牧場	東・弱風	曇	北西	海上30m
	60羽	2005.10.23	17:50	田原湿地	北東・中風	曇	西	陸上40m
チュウサギ	21羽	2005. 9.18	9:51	久部良ミト	南東・中風	晴	—	休息していた
カラシラサギ	4羽	2005. 9.23	10:33	南牧場	南東・強風	晴	西	海上10m コサギ3羽と
アオサギ	5羽	2005.10.14	16:53	南牧場	北・強風	晴	西	海上20m
コハクチョウ	7羽	2003.11.23	10:40	空港南畑	北東・弱風	曇	西	地上30m
	7羽	2003.11.23	10:46	空港南畑	北東・弱風	曇	西	地上30m
チョウゲンボウ	1羽	2005.11.17	10:48	南牧場	北東・強風	曇	西	海上15m
コチドリ	1羽	2005.11. 8	8:58	東崎	南・中風	晴	東	海上40m
ムナグロ	1羽	2005. 9.20	8:21	東崎	東・中風	晴	東	海上50m
イワツバメ	2羽	2005.11. 8	7:01	東崎	南・中風	曇	東	海上40m
ツメナガセキレイ	11羽	2005.11. 8	7:10	東崎	南・中風	曇	東	海上70m
ハクセキレイ	2羽	2005. 9.25	6:40	東崎	東・弱風	晴	東	海上40m
サンショウクイ	13羽	2005. 9.15	8:21	東崎	南東・弱風	晴	北東	海上50m
	11羽	2005. 9.15	8:30	東崎	南東・弱風	晴	北西	海上60m
	9羽	2005. 9.15	8:34	東崎	南東・弱風	晴	北西	海上60m
	1羽	2005. 9.20	6:24	東崎	東・中風	晴	北東	海上40m
	100羽	2005. 9.20	8:28	東崎	東・中風	晴	南東	海上40m
	11羽	2005. 9.20	8:54	東崎	東・中風	晴	東	海上50m
メジロ	9羽	2005. 9.25	7:16	東崎	東・弱風	晴	東	海上40m
	2羽	2005. 9.25	7:45	東崎	東・弱風	晴	東	海上40m
	8羽	2005. 9.25	8:46	東崎	東・弱風	晴	南東	海上40m
マヒワ	23羽	2005.10.27	7:33	東崎	東・弱風	晴	東	海上15m
	120羽	2005.11. 8	7:07	東崎	南・中風	曇	東	海上20m
カラムクドリ	13羽	2005. 9.18	9:20	久部良港	南東・中風	晴	西	海上10m

表Ⅲ-12．秋に渡っていった鳥

種名	個体数	年月日	時間	場所	風向・強さ	天気	渡去方向	備考
アマサギ	60+羽	2004.10. 9	14:03	久部良中学校	北・強風	晴	西	海上30m
ダイサギ	1羽	2005.10.14	15:40	祖納港	北・強風	晴	北西	海上数m チュウサギ5羽と
	6羽	2005.10.14	16:40	南牧場	北・強風	晴	西	海上3～4m
チュウサギ	5羽	2005.10.14	15:40	祖納港	北・強風	晴	北西	海上数m ダイサギ1羽と

種名	数	年月日	時刻	場所	風	天気	方向	備考
コサギ	13羽	2004.9.28	13:30	西崎	北北西・強風	晴	西	海面近く
アオサギ	1羽	2003.9.28	7:32	東崎	北・中風	晴	東	海上20m
	6羽	2004.9.25	18:40	田原湿地	北西・中風	曇	南	宇良部岳より高い
	8羽	2004.10.20	18:17	田原湿地	北西・強風	晴	東	地上100m
コハクチョウ	14羽	2003.11.24	7:50	祖納水田	無風	曇	南	地上100m
ミサゴ	1羽	2004.10.5	7:10	東崎	北北東・強風	晴	東	海上30m
ハチクマ	1羽	2004.10.7	6:45	東崎	北北東・強風	晴	東	地上50mに上昇後 海上で降下し海面近く
アカハラダカ	50+羽	2004.10.6	8:15	久部良岳南	北北東・強風	晴	南東	高空
	1羽	2004.10.7	6:45	東崎	北北東・強風	晴	東	地上50mに上昇後 海上で降下し海面近く
	5羽	2004.10.28	7:20	テインダハナタ	北北西・中風	晴	―	上昇後見えなくなる
	48羽	2005.9.18	8:20	満田原水田	南東・中風	晴	東	宇良部岳上空50m
	9羽	2005.9.18	8:30	満田原水田	南東・中風	晴	東	宇良部岳上空50m
	40羽	2005.9.19	10:00	南帆安	南東・弱風	晴	東	宇良部岳上空200m
	135羽	2005.9.22	8:50	南帆安	東・強風	晴	―	宇良部岳上空200m位で雲に入り見えなくなる
	22羽	2005.9.22	9:18	南帆安	東・強風	晴	―	宇良部岳上空200m位で雲に入り見えなくなる
	7羽	2005.9.22	9:22	南帆安	東・強風	晴	―	宇良部岳上空200m位で雲に入り見えなくなる
	80+羽	2005.9.24	8:10	宇良部岳南	東・中風	晴	南	宇良部岳上空300mから海上へ出る
	100+羽	2005.9.24	8:20	宇良部岳南	東・中風	晴	南	宇良部岳上空300mから海上へ出る
	40+羽	2005.9.24	8:35	宇良部岳南	東・中風	晴	南	宇良部岳上空300mから海上へ出る
	850+羽	2005.9.24	9:23	宇良部岳南	東・中風	晴	南	宇良部岳上空300mから海上へ出る
	50羽	2005.9.26	6:55	比川	東・弱風	曇	南東	地上400m
	1,800+羽	2005.9.26	10:05	満田原水田	東・弱風	曇	南	久部良岳上空200m
	220羽	2005.9.26	11:50	宇良部岳南西	東・弱風	曇	南東	地上500m
サシバ	9羽	2004.10.21	7:56	東崎	北・中風	晴	北東	灯台の50m上
	3羽	2004.10.21	8:07	東崎	北・中風	晴	北東	灯台の80m上
	55+羽	2006.10.11	6:47	森林公園	無風	晴	東	地上300m
チゴハヤブサ	1羽	2004.10.7	6:45	東崎	北北東・強風	晴	東	地上50mに上昇後 海上で降下し海面近く
チョウゲンボウ	1羽	2003.9.30	6:50	東崎	北東・弱風	晴	東	地上200m
	1羽	2004.10.5	6:56	東崎	北北東・強風	晴	東	海上30m
	1羽	2005.9.25	6:52	東崎	東・弱風	晴	東	灯台の30m上
	1羽	2005.10.27	6:45	東崎	東・弱風	晴	東	海上100m
コチドリ	3羽	2003.9.28	7:27	東崎	北・中風	晴	東	地上20m
ムナグロ	2羽	2004.10.16	7:16	東崎	北東・強風	晴	東	海上40m
チュウシャクシギ	1羽	2005.9.14	17:00	祖納港	東・中風	晴	東	上昇後海上300m
ツバメ	10羽	2003.9.30	7:22	東崎	北東・弱風	晴	東	地上150mに上昇後
	3羽	2004.10.5	6:52	東崎	北北東・強風	晴	東	海面近く
	7羽	2004.10.16	7:05	東崎	北東・強風	晴	東	海面近く
	4羽	2004.10.16	7:14	東崎	北東・強風	晴	東	海面近く

	5羽	2005. 9.20	7:13	東崎	東・中風	晴	東	海上5m
	3羽	2005.10. 6	7:00	東崎	南東・弱風	晴	南東	海上3～4m
	2羽	2005.10. 6	7:49	東崎	南東・弱風	晴	東	海上3～4m
コシアカツバメ	2羽	2005.10. 6	6:50	東崎	南東・弱風	晴	南東	海上数m
ツメナガセキレイ	391羽	2003. 9.28	6:41～7:46	東崎	北・中風	晴	東	海面近く 1～180羽の9群
	152羽	2003. 9.30	6:24～7:10	東崎	北東・弱風	晴	東	海面近く 1～31羽の10群
	1羽	2004.10. 7	6:51	東崎	北北東・強風	晴	北西	海上40m
	10羽	2004.10. 7	7:45	東崎	北北東・強風	晴	東	海面近く
	7羽	2004.10.11	14:10	西崎	北・強風	晴	西	灯台の少し上
	7羽	2004.10.13	10:31	南牧場	北北東・強風	晴	南	海上30～40m
	15羽	2004.10.16	6:51～7:24	東崎	北東・強風	晴	東	海面近く1～6羽の4群
	79羽	2004.10.21	7:11～9:15	東崎	北・中風	晴	東	灯台の高さから海面近くへ
	7羽	2004.10.28	8:15	東崎	北北東・中風	晴	東	海面近く
	1,138羽	2005. 9.15	6:25～9:46	東崎	南東・弱風	晴	東	海上30～40m 8～200羽の28群
	450羽	2005. 9.15	6:39～7:02	東崎	南東・弱風	晴	北東	海上40m 10～190羽の4群
	50羽	2005. 9.15	6:40～7:10	東崎	南東・弱風	晴	北	海上40～60m 10羽と40羽
	56羽	2005. 9.20	6:51～8:20	東崎	東・中風	晴	東	海上10～30m 3～20羽の7群
	695羽	2005. 9.25	6:44～8:55	東崎	東・弱風	晴	東	灯台の高さから海上10～15m 8～80羽の21群
	7羽	2005. 9.30	6:42	東崎	北東・中風	晴	北東	海上10m
	205羽	2005. 9.30	6:51～8:43	東崎	北東・中風	晴	東	海上10～15m 3～31羽の15群
	8羽	2005.10.06	7:09～8:06	東崎	南東・弱風	晴	東	海上10～20m 1～3羽の5群
	3羽	2005.10.06	8:08	東崎	南東・弱風	晴	南東	海上10m
	8羽	2005.10.27	6:57	東崎	東・弱風	晴	南東	海上80m
	2羽	2005.10.27	7:44	東崎	東・弱風	晴	東	海上100m
	1羽	2005.10.27	8:33	東崎	東・弱風	晴	東	海上80m
キセキレイ	1羽	2005. 9.20	6:58	東崎	東・中風	晴	東	海上10m
	4羽	2005.10. 5	7:04	東崎	南東・弱風	晴	東	海上10m
	1羽	2005.10.27	7:06	東崎	東・弱風	晴	東	海上80m
	3羽	2005.10.27	8:02	東崎	東・弱風	晴	東	海上5m
ハクセキレイ	2羽	2004.10.16	6:55	東崎	北東・強風	晴	東	海面近く
	2羽	2004.10.28	9:00	東崎	北北東・中風	晴	北東	海面近く
マミジロタヒバリ	2羽	2003. 9.28	7:36	東崎	北・中風	晴	東	地上30m
	2羽	2004.10.28	8:15	東崎	北北東・中風	晴	東	海面近く
	3羽	2005.10.27	7:30	東崎	東・弱風	晴	南	地上20m
	3羽	2005.11. 8	7:10	東崎	南・中風	曇	南	海上70m
セジロタヒバリ	1羽	2005.10. 6	7:08	東崎	南東・弱風	晴	東	海上15m
	1羽	2005.10.27	6:55	東崎	東・弱風	晴	東	海上100m
ムネアカタヒバリ	2羽	2005.10.27	6:58	東崎	東・弱風	晴	南東	海上80m

	6羽	2005.10.27	7:21〜7:30	東崎	東・弱風	晴	南	海上80m 3羽, 3羽
サンショウクイ	5羽	2005. 9.25	6:38	東崎	東・弱風	晴	東	海上40m
ヒヨドリ	3,830羽	2003. 9.28	7:55〜8:14	東崎	北・中風	晴	東	海面近く 200〜1,680羽の4群
	1,275羽	2003. 9.30	8:18〜9:00	東崎	北東・弱風	晴	東	海面近く 35〜550羽の8群
	430羽	2003.10. 7	10:00	東崎	南・弱風	晴	東	海面近く
	3,650羽	2003.10.11	9:45	東崎	北・中風	晴	東	海面近く 3,500羽, 150羽
	320羽	2003.10.28	10:10	東崎	無風	晴	東	海面近く
	680羽	2004.10.28	8:32〜10:12	東崎	北北東・中風	晴	東	海面近く 300羽, 200羽, 180羽
	82羽	2005. 9.15	9:14〜9:30	東崎	南東・弱風	晴	東	海上30〜40m 42羽, 40羽
	670羽	2005. 9.25	7:58〜8:28	東崎	東・弱風	晴	東	海上5m 400羽, 120羽, 150羽
メジロ	46羽	2003. 9.28	6:28〜6:34	東崎	北・中風	晴	北東	地上20m 7〜21羽の4群
	55羽	2003. 9.28	6:40〜6:44	東崎	北・中風	晴	東	地上30m 30羽, 25羽
	150羽	2003. 9.28	6:44〜6:48	東崎	北・中風	晴	東北東	海面近く 7〜50羽の7群
	286羽	2003. 9.30	6:38〜8:06	東崎	北東・弱風	晴	東	地上150m 2〜43羽の15群
	26羽	2004.10.10	8:44	東崎	北北東・強風	晴	東	地上40〜50m
	5羽	2004.10.16	7:14	東崎	北東・強風	晴	東	海面近く
	72羽	2004.10.21	6:56	東崎	北・中風	晴	東	地上70〜80m
	60羽	2004.10.21	7:11〜8:15	東崎	北・中風	晴	東	海面近く 27羽, 33羽
	136羽	2004.10.21	7:37	東崎	北・中風	晴	東	灯台の40〜50m上 38羽, 76羽, 22羽
	4羽	2004.10.28	9:00	東崎	北東・中風	晴	東	海上40m
	4羽	2005. 9.15	7:02	東崎	南東・弱風	晴	東	海上50m
	25羽	2005. 9.18	9:33	久部良港	南東・弱風	晴	西	地上60m
	166羽	2005. 9.20	6:20〜8:06	東崎	東・中風	晴	東	海上60〜150m 3〜80羽の5群
	20羽	2005. 9.25	7:00	東崎	東・弱風	晴	南東	灯台の30m上
	47羽	2005. 9.25	7:20〜8:05	東崎	東・弱風	晴	東	灯台の30m上
コホオアカ	8羽	2005.11. 3	7:25	祖納水田	南東・弱風	晴	東	地上70〜80m
スズメ	50羽	2003. 9.28	7:31〜7:46	東崎	北・中風	晴	東	海面近く 20羽, 30羽
ムクドリ	14羽	2004.10.21	8:07	東崎	北・中風	晴	東	灯台の80m上

9) 夏鳥

与那国島の夏鳥は種数，個体数ともに少なく，ヨシゴイやエリグロアジサシ，クロアジサシ，ホトトギス，アカショウビン，サンコウチョウの6種だけであった。亜種リュウキュウサンコウチョウは調査期間中に観察した合計個体数が963羽と多く，人を恐れないので姿を見る機会は多かった。同じく亜種リュウキュウアカショウビンは146羽と少なかった。クロアジサシ（806羽）やエリグロアジサシ（284羽）は西崎の灯台下の崖で繁殖しているようであった。ホトトギスは72羽と少ないが，さえずっているので実際よりは多く感じられた。托卵相手は不明だがヒヨドリに追われているところを観察した。ヨシゴイは117羽で少なく，田原湿地や久部良ミト，水道タンク付近の休耕田で繁殖していた。

10) 越冬する鳥

春と秋の調査だけでは冬鳥の越冬の状況がわからないので、2005年(2005年12月～2006年2月)と2006年(2006年12月～2007年1月)の冬に調査を行った。その結果、両年とも冬は88種が越冬し、のべ種数は107種となった。片方の年だけに越冬したのは2005年、2006年とも19種であった。従って、両年とも越冬したのは69種であり、これがほぼ毎年越冬する種と考えられる。表Ⅲ-13は2年間の越冬種を年ごとに分けて表したものである。

2005年の冬は与那国島でもナベヅルやオオハクチョウが越冬し、マガンは15日以上滞在した。また、ヨタカやアカヒゲ、ノビタキ、ヤブサメ、シベリアセンニュウ、シマセンニュウ、オオヨシキリの越冬は予想外であった。これらの種とオオノスリやチョウセンウグイス、ヤツガシラは2年続けての越冬である。

2006年は新たにタカサゴクロサギやコマミジロタヒバリ、カラアカハラ、チョウセンメジロ等の珍鳥が越冬し、イイジマムシクイの越冬も確認した。シベリアセンニュウは日本初の越冬地の発見である。本種は2003年春の観察でほぼ越冬していると推測されたが、2005年の冬にそれを確認できた。

冬の渡りでの確認は少ないタゲリが、2006年2月18日9時20分に1羽、久部良港の西の海上から渡ってきた。またツバメは越冬個体の大半は幼鳥だが、成鳥雄17羽が2006年2月16日9時45分、久部良港の西の海上から渡ってきて、飛びながらさえずっているのを確認した。冬は2年間の調査であったが、更に調査を続ければまだまだ越冬する種類は増加するものと考えられる。

11) 越冬期のさえずりについて

鳥は通常、繁殖期に最もさえずり、秋にはさえずらないものと私は考えていたが、アカヒゲやシベリアセンニュウは9月に渡来すると同時にさえずりはじめた。これから越冬するにあたってのなわばり宣言的な意味があると考えたが、冬でもさえずり、春に渡去するまで続いたので驚いた。以下に2005年と2006年の冬のさえずりに関する調査結果を記す。

表Ⅲ-13. 越冬した鳥

2005年の冬のみ越冬	2005年・2006年の2年とも越冬	2006年の冬のみ越冬
ハジロカイツブリ	カイツブリ, カワウ, ゴイサギ, アカガシラサギ, アマサギ, ダイサギ, チュウサギ, コサギ, クロサギ, アオサギ, マガモ, コガモ, オカヨシガモ, ヒドリガモ, オナガガモ, ハシビロガモ, キンクロハジロ, ミサゴ, オオタカ, ハイタカ, オオノスリ, ノスリ, サシバ, ハヤブサ, チョウゲンボウ, オオバン, コチドリ, シロチドリ, ムナグロ, タゲリ, クサシギ, タカブシギ, イソシギ, ヤマシギ, タシギ, ヨタカ, カワセミ, ヤツガシラ, ツバメ, ツメナガセキレイ, キセキレイ, ヒバリ, ハクセキレイ, マミジロタヒバリ, ビンズイ, ムネアカタヒバリ, タヒバリ, アカモズ, アカヒゲ, ノゴマ, ジョウビタキ, ノビタキ, トラツグミ, アカハラ, シロハラ, ツグミ, ヤブサメ, ウグイス, チョウセンウグイス, シベリアセンニュウ, シマセンニュウ, オオヨシキリ, ムジセッカ, キマユムシクイ, メボソムシクイ, ミヤマホオジロ, アオジ, ギンムクドリ, ムクドリ	ウミウ
サンカノゴイ		タカサゴクロサギ
ヨシゴイ		メダイチドリ
ササゴイ		ツルシギ
オオハクチョウ		セイタカシギ
ヨシガモ		イワツバメ
ホシハジロ		コマミジロタヒバリ
ハイイロチュウヒ		タカサゴモズ
ナベヅル		ルリビタキ
クイナ		マミジロ
ハマシギ		カラアカハラ
アオアシシギ		マミチャジナイ
ウミネコ		カラフトムジセッカ
マキノセンニュウ		イイジマムシクイ
コヨシキリ		チョウセンメジロ
キクイタダキ		ホオアカ
オジロビタキ		コホオアカ
シメ		アトリ
ホシムクドリ		カラムクドリ

〈留鳥で冬中さえずっていた種〉
オオクイナ，ヒクイナ，キジバト，リュウキュウコノハズク，アオバズク，セッカ，メジロ

〈留鳥で冬にさえずっていた種〉
シロハラクイナ，カラスバト，キンバト，ズアカアオバト，イソヒヨドリ
※なお，キンバトとイソヒヨドリは2006年の冬中さえずっていた

〈留鳥以外で冬中さえずっていた種〉
サシバ，アカヒゲ，ノゴマ，シベリアセンニュウ，シマセンニュウ，キマユムシクイ

〈留鳥以外で冬にさえずっていた種〉
カイツブリ，ツバメ，マミジロタヒバリ，トラツグミ，アカハラ，ヤブサメ，チョウセンウグイス，マキノセンニュウ，コヨシキリ，オオヨシキリ，ムジセッカ，カラフトムシクイ，マヒワ，（インドクジャク）
※なお，ヤブサメは2006年の冬は冬中さえずっていた。インドクジャクは野鳥ではないが冬にさえずっていた。

12) 留鳥

与那国島の留鳥は21種である。西表島は34種，宮古島は22種で，この2島に比べて面積が非常に小さい島の割には多いだろう。しかし，留鳥の中にリュウキュウヨシゴイやシジュウカラ，コゲラ，ハシブトガラスがいないのはさびしい。

留鳥で圧倒的に多いのはスズメ（合計個体数251,817羽）であるが，実際のところ，与那国島はシロガシラ（97,711羽）の島で，その数はヒヨドリ（89,989羽）よりも多い。また，クイナ類とハト類がそれぞれ4種いるのも大きな特徴である。バン（6,020羽）やシロハラクイナ（2,579羽），ヒクイナ（1,530羽）は個体数が多く，姿を見る機会も多いが，オオクイナは姿よりも鳴き声での確認がほとんどであった。ハト類はキジバト（38,445羽）が最も多く，キンバト（1,707羽）やズアカアオバト（397羽），カラスバト（373羽）も姿を見る機会は多かった。小鳥類ではメジロ（28,154羽）やセッカ（22,935羽），イソヒヨドリ（3,142羽）は普通に観察できた。ジャワハッカ（8,904羽）は個体数が急激に減少し，2009年4月現在，観察個体数が1羽になってしまった。島からの絶滅は時間の問題であろう。カルガモ（8,186羽）やリュウキュウコノハズク（2,454羽）は普通に観察できるが，アオバズク（306羽）は営巣木が少なく，ミフウズラ（266羽）やオオクイナ（329羽），ズグロミゾゴイ（14羽）はノネコによる捕食で絶滅の可能性があり，早急に対策しなければならない。ツミ（460羽）は個体数の多いキンバトやスズメを捕食するので，絶滅の恐れは小さいだろう。

与那国島の留鳥はヨナクニカラスバトやチュウダイズアカアオバト，タイワンヒヨドリなど亜種が多く，特にリュウキュウツミやリュウキュウヒクイナ，リュウキュウキジバト，リュウキュウアオバズク，リュウキュウメジロなど，「リュウキュウ」が付くものが多い。

13) 繁殖していた鳥

与那国島での5年間の調査期間中に繁殖の確認ができたのは次の17種である。カルガモ，ミフウズラ，オオクイナ，ヒクイナ，シロハラクイナ，バン，キジバト，キンバト，リュウキュウコノハズク，シロガシラ，ヒヨドリ，イソヒヨドリ，セッカ，サンコウチョウ，メジロ，スズメ，ジャワハッカ。

また，確認はできなかったが繁殖していたと思われるのは次の10種である。ヨシゴイ，ツミ，エリグロアジサシ，クロアジサシ，カラスバト，ズアカアオバト，ホトトギス，オニカッコウ，アオバズク，アカショウビン。このうち珍鳥のオニカッコウは，2005年4～6月に合計13羽以上が渡来し，5月18日からペアで行動していた。本種には托卵の習性があり，ヒヨドリに托卵した可能性が高い。

「夏鳥」6種類と「留鳥」21種類のうち，ズグロミゾゴイは春に盛んに鳴いていたが，個体数が少なく，繁殖に関しては不明であった。なお，外来鳥のインドクジャクも繁殖している。

14) 留鳥，旅鳥，夏鳥，冬鳥，迷鳥の区分

調査で観察した321種を「留鳥，旅鳥，夏鳥，冬鳥，迷鳥」の5つに分けた。すんなり分類できる種が多い反面，どの区分にするか迷う種もいた。例えば，アカアシミズナギドリやハシボソミズナギドリは，陸地からの観察が難しいので観察回数は少なく，「迷鳥」とするか「旅鳥」とするか迷ったが「旅鳥」とした。アカエリカイツブリも沖縄県初記録の種なので「迷鳥」とした。クロサギは一年中いるが，繁殖していないようなので「旅鳥」とした。オオノスリやオオチドリは毎年観察されているが，与那国島以外では観察例が少ないので「迷鳥」とした。オオヨシキリは毎年越冬しているが春（4月・5月）と秋（10月）に個体数が多くなるので「冬鳥」ではなく「旅鳥」とした。

図III-11より「旅鳥」が半数以上を占め，これに「迷鳥」を加えると70%近くとなる。一方「留鳥」は10%に満たず，90%以上の鳥は何らかの形で渡りをしている鳥である。これらの点から，与那国島は渡り鳥の島であることがわかる。

2．与那国島の代表種

1）種別の観察回数の上位20種

5年間，660日の調査で必ず観察されたのはシロガシラとスズメであった。構成は留鳥が12種，旅鳥が6種，冬鳥が2種となり，これらの種が与那国島で最もポピュラーな鳥といえる。

2）種別の1日の最多羽数の上位20種

ヒヨドリやツメナガセキレイ，アカハラダカは渡りで集まった個体である。オオミズナギドリは大群で移動していた。ツバメやアマサギはねぐらの集団である。構成は旅鳥が10種，冬鳥が6種，留鳥が3種，夏鳥1種である。

3）種別の合計個体数の上位20種

スズメが最も多く，251,817羽であった。スズメは毎回観察されており，平均すると381.5羽/日となっている。次に多いツバメは105,417羽で，605日観察されたので平均すると174.2羽/日である。留鳥が8種類，旅鳥が6種類，冬鳥が6種類となった。

上記の20位までに1回でも入っている種は34種で，これが与那国島の代表種と言えるが，詳しく見るとアマサギやツバメ，シロガシラ，ヒヨドリ，アカモズ，メジロ，スズメの7種が3項目の全てに出ている。2項目に顔を出しているのはオオミズナギドリやコサギ，チュウサギ，カルガモ，コガモ，オナガガモ，キジバト，ツメナガセキレイ，キセキレイ，シロハラ，セッカ，ジャワハッカの12種。残りの15種は1項目のみである。これらの34種を区分すると，旅鳥14種（41.2%），留鳥12種（35.3%），冬鳥7種（20.6%），夏鳥1種（2.9%）となった。旅鳥が最も多かったが，留鳥の比率が予想以上に高かった。

表III-14．観察回数の上位20種

No.	種名	観察回数
1	シロガシラ	660
2	スズメ	660
3	ヒヨドリ	659
4	アマサギ	658
5	キジバト	658
6	コサギ	656
7	メジロ	655
8	チュウサギ	650
9	カルガモ	645
10	ダイサギ	643
11	セッカ	642
12	アカモズ	615
13	アオサギ	614
14	キセキレイ	606
15	ツバメ	605
16	リュウキュウコノハズク	580
17	イソヒヨドリ	562
18	バン	554
19	シロハラクイナ	526
20	ジャワハッカ	514

注 調査日数は660日

表III-15．1日の最多羽数の上位20種

No.	種名	最多羽数
1	ヒヨドリ	4,000
2	オオミズナギドリ	2,500
3	ツメナガセキレイ	2,160
4	アカハラダカ	2,075
5	ツバメ	2,000
6	アマサギ	1,894
7	スズメ	1,510
8	コムクドリ	813
9	クロアジサシ	520
10	シロガシラ	500
11	セグロアジサシ	480
12	メジロ	400
13	アナドリ	350
14	オナガミズナギドリ	350
15	シロハラ	322
16	オナガガモ	280
17	コガモ	270
18	ムネアカタヒバリ	242
19	タカブシギ	220
20	アカモズ	209

表III-16．合計個体数の上位20種

No.	種名	合計個体数
1	スズメ	251,817
2	ツバメ	105,417
3	シロガシラ	97,711
4	ヒヨドリ	89,989
5	アマサギ	58,044
6	キジバト	38,445
7	ツメナガセキレイ	30,535
8	メジロ	28,154
9	セッカ	22,935
10	コガモ	18,442
11	アカモズ	11,284
12	コサギ	10,076
13	シロハラ	9,589
14	ムナグロ	8,960
15	オオミズナギドリ	8,937
16	ジャワハッカ	8,904
17	オナガガモ	8,246
18	カルガモ	8,186
19	チュウサギ	6,832
20	キセキレイ	6,747

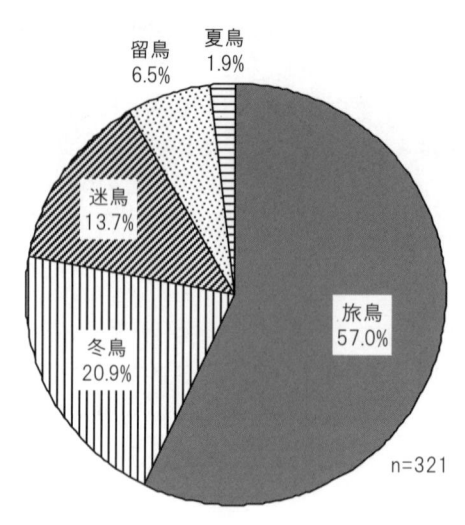

図Ⅲ-11. 渡り区分ごとの構成比

3. 珍鳥

　珍鳥の定義は難しく，人や場所により異なることも多いが，ここでは与那国島で考えられる珍鳥と，国内で一般的に記録の少ない種類を含めて珍鳥とした。春や秋，冬の3つに分けたのは与那国島を訪れる人達の便宜を図ったつもりである。予想通り，春の珍鳥が35種で一番多く，秋は27種，冬は10種であり，多くの珍鳥が出現するのが与那国島の鳥相の特徴である。

　なお，春・秋・冬共に出現したベニバトやタカサゴモズ，セジロタヒバリ，ギンムクドリ，春・秋に出現したシベリアムクドリとオウチュウ，春・冬に出現したクロウタドリ，秋・冬に出現し越冬したナベヅル，春のみ出現したキガシラセキレイ，秋のみ出現したクロツラヘラサギやコクガン，コハクチョウ，アマミヤマシギ，オオアジサシ，冬のみ出現したマガンやヒシクイ，オオハクチョウ等の記録は，種々の理由により割愛した

表Ⅲ-17. 春の珍鳥一覧表

No.	種名	観察期間	最多羽数	備考
1	アカオネッタイチョウ	2004.4/14	1	成鳥
2	オオグンカンドリ	2003.4/27、2004.5/30・6/2	1	2003年雌成鳥。2004年若鳥
3	タカサゴクロサギ	2003.5/4、2004.5/25・5/30・6/18	1	2003年雄成鳥。2004年雌雄成鳥
4	カラシラサギ	2003.4/27～5/15	4	1羽を除いて成鳥夏羽
		2004.3/31・4/15・4/19	2	
		2005.4/12～5/27	7	時々観察され成鳥夏羽、合計18羽以上
5	アカノドカルガモ	2005.4/18	1	
6	オオノスリ	2002～2005.3月～6月	3	3日に1度位観察。2004年は4個体
7	マダラチュウヒ	2004.4/2	1	雄成鳥
8	アカアシチョウゲンボウ	2004.4/29～5/1	1	雄成鳥
9	ヒメクイナ	2003.4/13～4/20	2	夏羽
		2004.3/9～4/30	2	夏羽、時々観察された
		2005.3/20	1	
10	レンカク	2005.5/11～6/4	2	夏羽2羽。合計5羽
11	オオチドリ	2002.3/18～3/20・3/25～3/27	2	合計3羽
		2003.3/23～/29・4/5～4/10	1	合計2羽、雄成鳥夏羽

		2004.3/23～4/14	17	合計 40 羽以上
		2005.3/13～3/25	17	合計 24 羽以上、ほとんどが雄成鳥夏羽
12	ヒメウズラシギ	2005.5/9	1	春の記録は珍しい
13	ヘラシギ	2003.4/14～4/17	1	成鳥冬羽
14	オニアジサシ	2003.3/19～3/20	1	成鳥夏羽
15	オオジュウイチ	2004.4/27、2005.4/29・5/17	1	成鳥、幼鳥、成鳥
16	オニカッコウ	2005.4/5・5/15～6/9	5	雄10羽以上、雌3羽以上渡って来た
17	バンケン	2004.4/26	1	幼鳥
18	ヒマラヤアナツバメ	2003.5/7～5/11	8	合計 11 羽
		2004.5/5～5/6	3	合計 5 羽
		2005.3/30・4/5・4/29～5/25	16	合計 58 羽
19	ヨーロッパアマツバメ	2002.4/24、2003.4/26、2005.4/13	3	合計 6 羽
20	タイワンショウドウツバメ	2002.4/4～4/6、2003.5/15、2004.5/5	1	
21	ニシイワツバメ	2004.5/5	2	
22	ムジタヒバリ	2004.4/19	1	成鳥
23	クロヒヨドリ	2004.3/23	1	
24	クロジョウビタキ	2004.4/11	1	雄成鳥夏羽
25	クロノビタキ	2004.3/30～4/1・4/13	1	雄成鳥、雌成鳥
26	ヤマザキヒタキ	2005.3/19～3/20	1	雄成鳥
27	イナバヒタキ	2005.4/21～4/24	1	
28	ハシグロヒタキ	2005.5/4～5/6	1	雄成鳥夏羽
29	ノドグロツグミ	2004.4/3	1	雌（亜種ノドアカツグミ）
30	チョウセンウグイス	2002～2005．3/中～4/中	21	ほぼ毎日囀っていた
31	シベリアセンニュウ	2002～2005．3/上～5/中	7	囀りでの確認が多かった
32	ズグロチャキンチョウ	2002.4/11・4/17	1	幼鳥
		2003.4/17	1	雄成鳥夏羽へ換羽中
		2005.4/10～4/11・5/6	1	雄成鳥夏羽、雌成鳥夏羽
33	チャキンチョウ	2004.5/25～5/26	1	雄成鳥夏羽
34	コウライウグイス	2005.5/21	1	成鳥
35	カンムリオウチュウ	2004.4/28～5/1	5	成鳥夏羽　9羽以上渡って来た

表Ⅲ-18. 秋の珍鳥一覧表

No.	種名	観察期間	最多羽数	備考
1	アカアシカツオドリ	2005. 9/25	1	幼鳥
2	タカサゴクロサギ	2004. 11/9・11/19	1	雄成鳥
3	カラシラサギ	2003. 10/1~2, 2005. 9/23	8	10月の8羽は夏羽から冬羽へ移行中
4	ナベコウ	2005. 11/18	1	幼鳥
5	オオノスリ	2003~2005. 9~11月	1	時々観察
6	マダラチュウヒ	2004. 10/5~8	1	雌成鳥
7	アカアシチョウゲンボウ	2004. 10/5・10/11, 2005. 9/24・10/8	1	10/8は雄成鳥，他は雌成鳥
8	ヒメクイナ	2003. 10/5・10/9・10/27・11/2~24	4	
		2004. 10/13~11/26	2	時々観察
		2005. 10/23・10/27・11/22	1	
9	レンカク	2005. 10/17	1	冬羽
10	ソリハシセイタカシギ	2003. 11/13~12/14	1	幼鳥
11	オニアジサシ	2004. 10/26~27, 2005. 11/19	1	
12	ヒマラヤアナツバメ	2004. 11/19, 2005. 9/21	1	
13	ナンヨウショウビン	2003. 9/20	1	
14	タイワンショウドウツバメ	2004. 11/10, 2005. 11/25	1	
15	ハシグロヒタキ	2003. 9/23~25・9/29	1	幼鳥
16	ノドグロツグミ	2003. 10/26・11/13~14, 2005. 11/3~5	1	全て亜種ノドアカツグミ
17	チョウセンウグイス	2003~2005. 9/下~11/下	9	かなりの頻度で観察
18	シベリアセンニュウ	2003~2005. 9/中~11/下	6	かなりの頻度で観察
19	モウコムジセッカ	2005. 11/10~26	2	6回観察
20	チョウセンメジロ	2004. 11/6~11	2	雌
21	ズグロチャキンチョウ	2003. 10/7・10/30・11/15・11/17	1	10/7は雌若鳥，他は幼鳥
		2004. 10/1・10/27	1	雄成鳥冬羽に移行中，幼鳥
		2005. 11/3・11/6	1	雌成鳥
22	チャキンチョウ	2005. 10/29~11/3	1	雌
23	ユキホオジロ	2005. 11/20~23	1	雄成鳥冬羽
24	バライロムクドリ	2003. 10/2・10/7・10/30	1	幼鳥
		2004. 9/24~28・10/23	1	幼鳥
25	コウライウグイス	2003. 9/23~30	2	成鳥
		2004. 9/28~29	1	成鳥
		2005. 9/7・9/12	2	9/7幼鳥，9/12幼鳥と成鳥
26	カンムリオウチュウ	2004. 10/13・10/15・10/27・10/30	1	成鳥
		2005. 10/11	1	成鳥
27	ハイイロオウチュウ	2004. 9/29~30・10/4~12	4	10羽以上渡って来た
		2005. 10/4~5	1	

表Ⅲ-19. 冬の珍鳥一覧表

No.	種名	観察期間	最多羽数	備考
1	アオツラカツオドリ	2005.12/9	1	幼鳥
2	タカサゴクロサギ	2006.12/27, 2007.1/2・1/4・1/5・1/7	1	雄成鳥
3	オオノスリ	2005.12/16～2006.2/15	2	9回観察，3羽越冬
		2006.12/28～2007.1/24	1	8回観察，2羽越冬
4	ソリハシセイタカシギ	2003.12/1～14, 2005.12/9	4	成鳥3羽，幼鳥1羽
5	タイワンショウドウツバメ	2007.1/19	1	
6	サバクヒタキ	2006.2/28～3/5	1	雄成鳥夏羽
7	チョウセンウグイス	2005.12/1～2006.2/28	16	ほぼ毎日観察
		2006.12/14～2007.1/30	13	ほぼ毎日観察
8	シベリアセンニュウ	2005.12/1～2006.2/28	8	ほぼ毎日観察
		2006.12/14～2007.1/30	4	かなりの頻度で観察
9	モウコムジセッカ	2005.12/18	1	
10	チョウセンメジロ	2007.1/5・1/14	1	

4．新たな発見
（※注　種名の前の数字はリストと一致する）

1）日本初記録の鳥
261.モウコムジセッカ
(Phylloscopus armandii) Yellow-streaked Warbler
　2005年11月10に田原湿地で「チャッチャッ」と鳴いていたので探すと，一見ムジセッカではなく，カラフトムジセッカと思われたが，よく見るとそのいずれでもなかった。11月12日にも観察したが不明のままで終わり，11月15日に本種を香港で観察・撮影した真木広造氏と一緒に観察し，モウコムジセッカと判断した。更に11月19日，23日，26日，12月18日にも観察し，26日は久部良ミト近くで別の個体を見ることができた。
　本種の外見は，カラフトムジセッカとムジセッカの中間のようであった。大きさは近くにいたムジセッカより明らかに大きく，カラフトムジセッカ（以下，カラムジ）より少し小さく感じた。体型はカラムジに似ているが，尾羽は明らかに短い。嘴は細長くムジセッカに近い。目の大きさはカラムジよりも少し小さく感じた。上面の体色はカラムジに近い赤褐色で，ムジセッカの灰褐色とは明らかに異なる。眉斑はカラムジのように見えた。正面を向くと喉は白く，両側に比べて淡色で，黄色っぽく見える胸から腹には細かい縦斑があるが，よほど近くないと見えない。下尾筒は栗色であった。足の大きさや太さはカラムジに近い。

　本種の地鳴きはホオジロ類に似た「チッ」という声で，「チャッチャッ」と鳴く声で探すとそこにいたので本種が鳴いたものと思っていたが，鳴いているところは1回も観察していない。田原湿地で本種を観察していると，近くには必ずムジセッカがいたのでムジセッカが警戒音として「チャッチャッ」と鳴いた可能性も高い。

2）沖縄県初記録の鳥
　3.アカエリカイツブリ
　15.ヒメウ
　163.シラコバト
　170.セグロカッコウ
　239.サバクヒタキ
　281.チョウセンメジロ
　283.コジュリン
　297.シベリアジュリン
　299.ユキホオジロ
　以上の9種類であったが，いちばん嬉しかったのはユキホオジロ（2005年11月20～23日）であった。

3) 与那国島初記録の鳥　　　　　　　　　以下の81種類であった。

4.アナドリ	7.アカアシミズナギドリ	9.アカオネッタイチョウ
12.アカアシカツオドリ	21.タカサゴクロサギ	22.ミゾゴイ
36.クロツラヘラサギ	37.コクガン	38.マガン
39.ヒシクイ	40.オオハクチョウ	41.コハクチョウ
47.トモエガモ	58.ハチクマ	68.マダラチュウヒ
73.アカアシチョウゲンボウ	77.ナベヅル	78.クイナ
80.ヒメクイナ	84.ツルクイナ	88.ハジロコチドリ
99.ヨーロッパトウネン	103.ヒメウズラシギ	104.アメリカウズラシギ
108.コオバシギ	109.オバシギ	111.ヘラシギ
113.キリアイ	120.メリケンキアシシギ	124.オグロシギ
125.オオソリハシシギ	129.コシャクシギ	131.アマミヤマシギ
138.ソリハシシギ	141.トウゾクカモメ	142.シロハラトウゾクカモメ
145.オオセグロカモメ	149.ミツユビカモメ	150.ハジロクロハラアジサシ
152.オニアジサシ	153.オオアジサシ	154.ハシブトアジサシ
155.アジサシ	156.ベニアジサシ	157.エリグロアジサシ
158.マミジロアジサシ	160.コアジサシ	161.クロアジサシ
168.オオジュウイチ	174.オニカッコウ	177.コノハズク
179.オオコノハズク	182.ヒマラヤアナツバメ	184.ヒメアマツバメ
187.ヤマショウビン	189.ナンヨウショウビン	194.ヒメコウテンシ
195.コヒバリ	197.ショウドウツバメ	201.コシアカツバメ
202.ニシイワツバメ	212.ヨーロッパビンズイ	214.セジロタヒバリ
220.クロヒヨドリ	223.タカサゴモズ	225.ヒレンジャク
227.コマドリ	230.オガワコマドリ	232.クロジョウビタキ
236.イナバヒタキ	238.ハシグロヒタキ	243.カラアカハラ
254.シベリアセンニュウ	258.コヨシキリ	267.センダイムシクイ
272.キビタキ	273.ムギマキ	285.ホオアカ
293.チャキンチョウ	301.カワラヒワ	303.アカマシコ

4) シベリアセンニュウの越冬地，ほか

　2002年3月に調査を開始したときから，時々さえずりを聞き，姿も見たが，本種だと確認できたのは2002年5月1日であった。与那国島へは9月上〜中旬ごろに渡来し，越冬して5月中〜下旬ごろに渡去する冬鳥で，毎年渡ってくることが判明した。日本で初めての越冬地の発見であった。また，渡来と共にさえずり始め，渡去するまでさえずっていることもわかり驚いた。

　そのほかの種について，現時点でわかっていることや今後の解明が期待できることを挙げる。

● 与那国島で越冬するアカヒゲはトカラ列島からの個体であり，奄美大島ではないことがわかった。

● アカハラダカやハチクマの渡りルートに与那国島が含まれていることが判明したので，今後の渡りの解明に役立つものと思われる。

● アマミヤマシギは2005年10月23日に1羽が水道タンク付近で観察された。私は奄美大島以外では沖縄本島で見ているので期待はしていたが，与那国島で見られたのは幸運であった。

● 留鳥である亜種タイワンヒヨドリと亜種リュウキュウメジロは渡らないものと考えられていたが，両種とも春・秋に比べて冬の個体数が目立って少ない。亜種タイワンヒヨドリでは約2/3，亜種リュウキュウメジロでは約6割が渡っているものと考えられる。

● ヨタカは道路中央に止まり，フライングキャッチで虫を捕えることがわかった。木の枝からもフライングキャッチしていることが考えられるので，ぜひ観察したい。

● 珍鳥であるオニカッコウが，2005年4月5日〜6月9日まで，少なく見積もっても雄10羽，雌3羽の合計13羽

以上が渡来し，5月16日からはペアで行動していた。本種は托卵の習性があり，托卵相手はヒヨドリの可能性があるのではないかと考えた。雄はヒヨドリを追いかけていたが，雌は逆にヒヨドリに追われていた。5月18日はペアで行動して托卵の機会を狙っているように思われたので，繁殖した可能性が高い。

● 珍鳥のアカノドカルガモが2005年4月18日に1羽見つかった。今までに見た事のない羽色のカモで，体上面は灰色味のある褐色でのっぺりしていた。日本ではまだ写真撮影されていないカモなので，その場にいた全員で写真を撮影した。

● 日本海の対馬や舳倉島，粟島，飛島のデータから，与那国島ははるか南西の島なので春の渡りは早く，秋の渡りは遅いものと考えていた。ところが，春は3月上旬～6月中旬まで，秋は8月中旬～11月下旬までと，春も秋も早くから遅くまで，長い期間渡りが行われていた。2005年の秋は9月3日から調査を開始したが，亜種シマアカモズやツメナガセキレイはすでに渡来していた。そしてアカハラダカは9月7日，シベリアセンニュウは9月9日，アカヒゲは9月21日が初認日であった。

5）渡りの方向

春に渡来する鳥は，与那国島の南側の久部良港，西崎，南牧場，カタブル浜，クルマエビ養殖場，比川浜に上陸することが多い。南の海上から渡ってくるのはアマサギやコサギ，ダイサギ，アオサギでフィリピンからの渡りと考えられる。また，久部良付近ではゴイサギやアオサギ，ハジロクロハラアジサシ，クロハラアジサシが西の海上から渡来し，これらは台湾からと考えられる。祖納港のササゴイも同様に台湾から渡来したものと考えられる。

春に渡去する鳥のうち，田原湿地周辺から多く渡った種（ゴイサギやアマサギ，ダイサギ，コサギ，アオサギ，ムラサキサギ，ハチクマ，アカハラダカ，ツミ，ハイタカ，オオノスリ，チョウゲンボウ，サシバ，ダイゼン，タカブシギ，ツバメチドリ，ハジロクロハラアジサシ，クロハラアジサシ，ハリオアマツバメ，アマツバメ）は，北，または北東方向への渡りが多く，ツバメとツメナガセキレイは北，または北西方向への渡りが多かった。

秋に渡来する鳥のうち，ダイサギやコサギ，カラシラサギ，アオサギ，コハクチョウ，チョウゲンボウ，カラムクドリは西から来たので，台湾からと考えられる。東から渡来したのはコチドリやムナグロ，イワツバメ，ツメナガセキレイ，ハクセキレイ，メジロ，マヒワで西表島方面から来た。

秋に渡去する鳥のうち，コハクチョウやアカハラダカ，マミジロタヒバリ，ムネアカタヒバリは南への渡りが多く，フィリピン方面に向かうと考えられる。アマサギやダイサギ，コサギは西の台湾へ渡って行った。そのほかのアオサギやミサゴ，ハチクマ，チゴハヤブサ，チョウゲンボウ，コチドリ，ムナグロ，チュウシャクシギ，ツバメ，ツメナガセキレイ，キセキレイ，ハクセキレイ，セジロタヒバリ，サンショウクイ，ヒヨドリ，メジロ，コホオアカ，スズメ，ムクドリの多くが東へ渡っていった。東にはすぐ西表島，石垣島があり，さらに東には宮古島がある。なぜ秋に東崎から東方向へ多くの鳥が渡って行くのかは謎であり，発信機を付けて追跡したいものである。

与那国島は台湾の東111kmにあるので，よく晴れた日には台湾の山々が見える。鳥はもっと視力があるので，いつも台湾から与那国島を眺めているのだろう。オオジュウイチやバンケン，タイワンショウドウツバメ，クロヒヨドリ，コシジロキンパラ（アミハラ），オウチュウは台湾から渡来したものと思われる。また，私のリストにはないが，オナガバトやミミジロチメドリ，クロエリヒタキ，チャバラオオルリ，ミヤマビタキも台湾から渡来したと考えられる。

6）天候と渡りの鳥たちとの関係

与那国島の春は天候が急変することが多く，たった2～3日の滞在ですら，飛行機が欠航することが多かったが，2002年～2005年までの4年間の春の天候は非常に安定していた。欠航は2002年～2004年は1回/年であったが，2005年は大雨が多く4回欠航した。雨量は2002年は少なくなかったが，水田の水は不足していた。そのほかの年では雨や曇りの日が多く，十分に水があった。そのため，シギ・チドリの種類数は2002年が21種類で少なかったが，水の多かった2003年（42種類），2004年（48種類），2005年（53種類）は多くの種が観察された。また，合計種数も2002年は147種類で少なかったが，雨や曇りの日が多かった2003年（193種類），2004年（220種類），2005年（214種類）は多かった。

この結果については，「晴れていれば与那国島に降りないで渡っていってしまい，雨や曇りのときには与那国島に降りた」とも言える。しかし，晴れていても与那国島に降りる個体はいるので確率の問題とも考えられ，そういった傾向が強いとしたほうがよいかもしれない。また，与那国島ではいつも風があり，春でも強風の日が多い。鳥は追い風を利用して渡る場合が多いが，逆風の中

を渡るものをしばしば観察しているので，風は雨に比べれば影響は小さいと考える。以下，年度順に天候と関係あると思われる渡りの事例を紹介する。

2002年3月29日にツバメが80羽以上，北東の中風のときに北へ渡った。2003年5月5日にアマサギの朝のねぐらからの飛び立った1,070羽で，ねぐらに戻った32羽。従って1,038羽が渡った渡考えられる。また，同日のツバメのねぐら入りが1,500羽以上で，翌日のねぐら入りが約300羽なので，1,200羽以上が渡ったことになる。両日共，南南東の中風で，天候は5日が曇り，6日が晴れである。このようなねぐらの出入りから推測したアマサギやツバメの渡りのデータはあるが，いつ，何羽で，どの方向へ渡ったかは不明なので，渡りの一覧表には載せていない。2003年4月24日に台風の影響による北北東の暴風雨の中，コオバシギやヒバリシギ，キョウジョシギ，ソリハシシギが各1羽，サルハマシギ5羽，セイタカシギ10羽，コアオアシシギ2羽，トウネン27羽が，15時58分にはコムクドリが200羽以上渡ってきた。

2004年は降水量が少なかったが，雨の日は多く，渡りにはよくない年と思われた。4月3日に次々と渡来し，17羽も観察されたオオチドリが3月23日〜4月14日までほぼ毎日観察できたのは，曇りや雨の日が多く，渡っていけなかったからであろう。また，クロウタドリは4月5日に14羽も観察された。4月27日は大雨の降る前の午前中に，小鳥類（ノビタキ3羽，コホオアカ10羽，シマアオジ2羽，アオジ22羽，ビンズイ60羽，マミジロタヒバリ4羽，メボソムシクイ1羽，ツメナガセキレイ6羽，オウチュウ4羽，コマミジロタヒバリ1羽）が南牧場に大量に入り，オウチュウは付近を含めて探すと23羽も見つかった。雨が止むとヤマショウビンやオオジュウイチが見つかり，ツメナガセキレイの70羽以上の群れも入った。5月5日に雨で渡ってきたのはニシイワツバメ2羽，ヒマラヤアナツバメ3羽，タイワンショウドウツバメ1羽であった。

2005年3月18日は，1日中北北東の強風が吹き荒れ，翌19日にはヤマザキヒタキ雄夏羽が見つかった。3日間雨が降った翌日の3月30日にはセイタカシギが24羽入り，翌31日は70羽以上が新たに入った。4月17日の夕方からは大雨が降り，18日10時に止んだ。するといつもは水のない牧草地に水がたまって池となり，アカノドカルガモが発見された。5月15日ごろの天候は比較的安定していたが，この日からオニカッコウが4週間近く観察された。5月18日は雷を伴う雨が降り，翌19日にレンカク2羽が現れた。島に北北東の風が吹くと，寒くて雨が多くなるので鳥が降り，南南東の風が吹くと，晴れの日が増えて暑くなり，鳥は次々と渡って行った。

秋は台風でどんな鳥がやって来るか大いに期待していて，2003年秋に超大型の風台風の14号に遭遇した。しかし，速度が自転車並だったので，9月10日に島に到着する予定が，石垣島で2泊してやっと9月12日に到着した。9月に入って雨らしい雨は降らず，水田は乾田であった。したがってシギ・チドリ類は少なかった。9，10月とも雨は少なく，天候は安定し，この時期にナンヨウショウビンやバライロムクドリ，ハシグロヒタキ，コウライウグイス，ソリハシセイタカシギなどの珍鳥が渡って来た。11月に入ってから雨が降り，水田に水がたまるようになったがもうシギ・チドリの渡りは終わっていた。

2004年秋は雨と台風と強風の日が多く，前年とは異なっていた。9月29日は台風が通過して朝から穏やかな天気となり，オウチュウ3羽やハイイロオウチュウ2羽，コウライウグイス1羽，ヤマショウビン1羽が渡ってきた。北からの強風の中，メジロやツメナガセキレイ，ハクセキレイ，ツバメ等の小鳥は次々と渡っていった。体は北を向いているが東へ東へ移動していた。うまく風に乗れるのに感心し，渡りの途中で急に風向きが変わっても対応できるのはさすがであった。

2005年の秋はできるだけ早く島に入ろうと9月2日に到着した。台風の影響で木々やサトウキビの葉は吹き飛ばされてしまい，開けた環境になっていた。水田は水が十分にあってシギ・チドリ類は多く，実った二番穂をスズメやキジバトが食べに集まっていた。9月7日，台風14号が輪島近くに移動して風が多少弱まり，アカハラダカやチゴハヤブサ，チョウゲンボウ，ツバメチドリ，コウライウグイス，ノビタキ，サメビタキ，キマユムシクイ，マミジロキビタキが観察された。翌8日はヨタカやブッポウソウ，オオノスリを観察し，島の秋の渡りは本当に早いと実感したが，これが例年なのであった。9月10日，台風15号が宮古島の南南東にあり，オオアジサシ2羽が入ってクルマエビ養殖場でクルマエビを食べていた。9月15日，昨夜からの雨が止んで南東の風も弱まり，1,638羽以上のツメナガセキレイが東崎から東，または北東方向へ渡っていった。9月24日，前日午後から風が少し弱まり，アカハラダカが1,070羽南へ渡り，シギ・チドリ類も減っていた。ツバメも前日のねぐら入りが1,100羽で，この日が400羽なので，700羽は渡ったようである。9月26日，東の風が弱くアカハラダカ2,070羽が南，または南東方向へ渡った。9月2日〜30日までに晴れた日が20日，曇りの日は9日間であった。雨が少なく暑い9月だったので，水の残ったたった1枚の

水田にシギ・チドリ類やカモ類が集まった。畑に水分があった9月前半は鳥が多かったが，水がなくなるにしたがって鳥も少なくなった。水がないと虫がいないのであろう。渡ってきてもすぐに渡去してしまった。11月14日から毎日北風が強くなり，11月17日ナベヅル，11月18日ナベコウ，11月19日オニアジサシ，11月20日ユキホオジロ，11月23日コクガンとウミネコなど各1羽が北風に乗って次々と渡ってきた。2005年の秋は毎日暑かったが，11月15日の午後から急に寒くなった。この年は2003年や2004年の秋とは異なる気候であったが，鳥は3年とも基本的に同じ種が多く確認された。秋の3年間で259種類が確認され，3年間とも出現したのは152種類（58.7%）であった。

7）心残りの種

　与那国島で調査していると今までに聞いたことのない声を何回も聞いた。声のする方向を探したが姿を見られなかった。鳴き声を文字で表現するのは難しいが，私なりに声を表現した。そのほかにどう記録すべきか迷った心残りの種がいくつかあるので下に記す。

- 2003年4月11日，田原湿地で4時1分に「プイー」「ピウイー」などと飛びながら盛んに鳴いていた。小笠原の父島で夜明け前に鳴きながら飛び回っていたオナガミズナギドリを思い出したが，声は異なり，むしろオオミズナギドリに近い気がしたがわからずじまいだった。
- 2005年4月16日，水道タンク付近で6時に「コッカオコッカオ」と大きな声で鳴いた。その後鋭い「ピィピィピィピィピィ」を発する。大きい鳥だと思うが見当が付かなかった。
- 2005年5月13日，田原湿地で日没後の19時35分に「ピウピール」を10回以上鳴く，山側で大きな声であった。これも大きい鳥と思うが見当が付かなかった。
- 2003年10月1日，田原湿地で日の出前のまだ暗い6時8分に「ミー」または「ニー」の音を1声ずつ区切って鳴きながら飛んでいたのはタゲリの可能性があったが，記録上は不明とした。
- 2003年11月14日，森林公園で8時に「ヒンルールールールー」という弱い声を聞いた。シマゴマのようで，春に声はしばしば聞いていたが，秋は聞いたことがなく，春に確認しようと考えていたができなかった。アカヒゲやシベリアセンニュウは一年中さえずっているので，シマゴマの可能性が高い。
- 2003年9月30日，田原湿地の近くで6時50分に「プルプルプルー」と2羽が鳴きだした。持参していたシマクイナのテープの声を流すと近くで1羽，遠くで1羽が反応して鳴いたので，合計3羽はいた。ついでにヒメクイナとヒクイナのテープも流したが反応はなかった。シマクイナはカイツブリに似た声で，翌日も「プルルルルー」と異なる声で鳴いたのでテープを流すと3羽とも反応した。10月4日までの4日間テープに反応し，いつも3羽いたようだ。なお10月2日は鳴いていなかったのでテープを流すと，3羽とも反応した。姿は見られなかったが，シマクイナの可能性がある。
- 2004年5月4日，田原湿地で6時8分に水田の畦に近い草地に降りた鳥は，嘴が長く黒く見え，腹部は白く，横縞が多数あり，タシギよりも大きく，次列風切羽の先に白線が出ない。翼の先はヤマシギほど丸くなく，体形はヤマシギほど太っていない。上面は全体的にオリーブ色でジシギ類の上面の色とは異なって見え，直感的にアオシギと思った。飛んだのを見ただけなので念のため，吉成才丈氏（株式会社日本鳥類調査）に調べてもらうと，「山形県で4月初旬まで，インターネットでは4月まで滞在するという情報がある」との返事であった。今でもこの鳥はアオシギだと思っている。
- 2005年5月20日，田原湿地の山側から6時47分に「カッカッカッコウ　カッカッカッコウ」とセグロカッコウの声が聞こえたので懸命に探したが見つからなかった。セグロカッコウは西表島や対馬，舳倉島等で十数回以上鳴き声を聞いているが，姿は一度も見ていない。そのときほかの人は鳴き声と姿を見ているので100%セグロカッコウなのだが，「姿を見ていないのでセグロカッコウかどうか判らないよ」と言われてしまいそうなので，リストには加えなかった。しかし調査が終了し，リストの完成後にセグロカッコウの声と姿を観察したので本種を加えて再修正した。
- 2007年1月22日，24日，26日，28日，与那国嵩農道で7時23分～43分の間に決まって鳴きはじめる正体不明の鳥の声は，「キリキリキリキリ」または「ヒリヒリヒリヒリ」または「キビキビキビキビ」と聞こえた。最初はサンショウクイかと思ったが，どうも違う声だとわかった。鳴いている方へゆっくり近づくと声は止まり，鳥の動きもなかった。BIRDER21（9）Sep.2007，p.13に上田秀雄氏が「アカハラダカが「キビキビキビキビ…」とくり返し鳴いた」と書かれていたので，鳥友の今野紀昭氏からアカハラダカのテープを借りて聞いてみると，確かにアカハラダカであった。1月30日に帰京したので，その後の動向はわからないが，越冬した可能性があるのでリストに追加した。
- 2003年5月9日，満田原水田で8羽以上のヒマラヤアナツバメが，コシアカツバメ20羽以上，ヒメアマツバ

メ1羽と入り乱れて飛翔していた。そのとき，腰が暗褐色で全体的に暗色の個体を私は勝手に幼鳥だと思い，腰の淡色の個体を成鳥と区分していた。ところが，2007年4月にマレーアナツバメと同時に観察され，最初はヒマラヤアナツバメとされていた個体が，どうもヒマラヤアナツバメよりも黒すぎるので写真を調べてみると，ムジアナツバメになったと真木広造氏からの電話で最近わかった。私がヒマラヤアナツバメの幼鳥とに考えていた個体は，実はムジアナツバメであった可能性が高く，真木氏も以前与那国島で腰が暗色の個体を観察したことがあるとのことである。

5．その他
1）観察ポイント
　与那国島の観察ポイントは多く，至るところにある。そのほとんどが年間を通してのポイントであるが，中には季節によって鳥の出現度合いが変化する場所もある。また，島の環境は変化しており，今回取りあげた場所が良好な観察ポイントであり続けるとは限らない。

〈祖納・東崎（アガリザキ）地区周辺〉
　島の探鳥地でまず押さえておきたい地区である。この地区だけで調査で記録された種の85％以上が観察出来る。特に田原湿地は最もよいポイントだ。
①田原湿地とその周辺，祖納水田と近くの牛舎
　田原川の南側にある田原湿地はアシやセイコノヨシ，イボタクサギ，水生植物，マングローブのある湿地でシロガシラやツバメ，ジャワハッカ等，多くの種のねぐらになっている。タカサゴクロサギやヒメクイナ，タカサゴモズ，セジロタヒバリ，チョウセンウグイス，シベリアセンニュウ，ムジセッカ，コホオアカが観察されたポイントである。
　祖納水田は田原川の南に広がる水田で，シギ・チドリ類やサギ類，クイナ類，セキレイ類が多い。ツルクイナやレンカク，キガシラセキレイ，オガワコマドリ，チャキンチョウ，シベリアジュリン，オウチュウの記録があり，ナベヅルが越冬した。近くの牛舎はベニバトやムクドリ類，ツグミ類が集まり，高台なので見通しがよい。
②与那国小・中学校と祖納のゴミ捨場
　防風林に囲まれた小・中学校は，ヤツガシラやクロウタドリが多く，ガジュマルの実に集まるギンムクドリ，カラムクドリも多い。亜種ノドアカツグミやクロヒヨドリの記録がある。ゴミ捨場はセキレイ類，ムクドリ類，ツグミ類が多く，ハジロコチドリ，ヨーロッパアマツバメ，ズグロチャキンチョウの記録がある。
③測候所から東崎へかけての牧草地
　測候所はヤツガシラやクロウタドリが多く，イソヒヨドリやツグミ類もいる。牧草地はコシャクシギが好み，マミジロタヒバリやミフウズラ，セッカ，ノビタキ，亜種シマアカモズ，ツバメチドリが多い。オオチドリはボタンボウフウ（長命草）の畑に入る。ウズラやチャキンチョウの記録もある。
④東崎とその周辺，割目（バリミ）からアヤミハビル館までの水田（南帆安）
　東崎は東牧場の東端にある。どの牧場も牛馬の放牧場となっていて，アダンやソテツがまばらにあり，地面はコウライシバが生えている。東崎は渡りの鳥が見られる場所でヒヨドリやメジロ，ツメナガセキレイ等が渡っていく。オオチドリやツメナガセキレイ，ムネアカタヒバリ，ヒバリ等は草に隠れて見えないときもある。コヒバリやヒメコウテンシの記録もある。
　割目には牛馬の放牧場とサトウキビ畑が広がる。オオチドリ，ツグミ類，タヒバリ類が多く，ムジタヒバリ，ヤマザキヒタキ，亜種ノドアカツグミの記録がある。割目から南帆安までは水田とサトウキビ畑が多い。チョウゲンボウやオオノスリが多く観察され，ナンヨウショウビン，チョウセンメジロ，イイジマムシクイの記録がある。
⑤宇良部岳の水道タンク付近と北西にある峠
　宇良部岳からの森林の続きで樹木が多く，水道タンク付近はヤマシギやヨタカ，オオクイナ，アカヒゲ，ヤブサメのポイント。アマミヤマシギ，コウライウグイス，カンムリオウチュウ，マミジロキビタキの記録がある。峠はアカハラダカやミサゴがよく止まっている。
⑥宇良部岳山頂までの道路
　道は森林に覆われていて，道脇の森林からアカヒゲのさえずりが聞かれる。上空にはタカ類が飛び，アカハラダカの渡りのポイントである。
⑦祖納港と浦野墓地
　祖納港ではカラシラサギ，オオチドリ，ムナグロ，シロチドリ，メダイチドリ等。墓地はチュウシャクシギやイソヒヨドリが好む環境でクロジョウビタキやサバクヒタキの記録がある。
⑧立神岩
　カラスバトの集団繁殖地で4月中旬～夏に集まってくる。ウミガメがよく見られる場所で，沖には仲之神島があるので海鳥を探す。エリグロアジサシも飛んでいる。
⑨新造成地とため池
　新造成地はサトウキビ畑が広がり東側は森林がありオオジュウイチやオニカッコウの記録がある。ため池はカモ類を狙ってオオタカがよく出現し，オジロビタキやム

ジセッカが越冬した。

〈久部良地区周辺〉
与那国島でいちばん大きな池である久部良ミトがある。満潮時には海水が流れ込むため，汽水域になる。避難港では海鳥が多く観察される。

①久部良ミトと周辺のため池
久部良ミトはクイナ類，カイツブリ，サギ類が多い。冬はカモ類が最も集まる場所で，マガンやオオハクチョウが越冬し，オオヨシゴイやタイワンショウドウツバメの記録がある。ため池にはコガモやオナガガモ，ハシビロガモ，シマアジ等が入る。

②久部良ゴミ捨場と近くの牛の放牧場
ゴミ捨場はツバメ類やムクドリ類，セキレイ類，ツグミ類が多く入る。亜種メンガタハクセキレイやヒメコウテンシ，ツメナガホオジロ，ズグロチャキンチョウの記録がある。牛の放牧場はコチドリ，ムナグロ，タゲリ，セキレイ類，ムクドリ類，ツグミ類が多く，アカマシコやオオチドリの記録がある。

③避難港と西崎（イリザキ），久部良港や小・中学校，公民館となりの神社
避難港の沖ではカツオドリやアジサシ類，ミズナギドリ類が見え，アカオネッタイチョウやオオグンカンドリの記録がある。西崎下の崖はクロアジサシやエリグロアジサシの繁殖地である。「フェリー よなくに」の港の久部良港はカジキの水揚げ港でもあり，台湾から渡ってくる鳥が観察できる。クロサギはいつもいて，ムナグロやオオメダイチドリ等のシギ・チドリ類，冬はカモメ類が入る。ヒメウやヨーロッパトウネン，イナバヒタキ，ハシグロヒタキの記録がある。

小・中学校ではヤツガシラやクロウタドリが多く，オウチュウ，カンムリオウチュウの記録がある。神社はガジュマルやギランイヌビワの実がなり，カラスバトやクロウタドリ，亜種ノドアカツグミ，ヤツガシラ，シベリアムクドリ，オオルリ等が観察された。

④満田原（マンタバル）の水田地帯
広い水田が広がり，サギ類，シギ・チドリ類，アジサシ類が入る。クサツノネムの林はシマノジコやコホオアカ，メボソムシクイが集まる。レンカクやオニアジサシ，オニカッコウ，ニシイワツバメ，ヒマラヤアナツバメの記録がある。

⑤満田原水田から西崎へ行く峠
アカアシチョウゲンボウのポイントでアカハラダカやヒタキ類が多く，ハイイロオウチュウやシマノジコの記録がある。

⑥南牧場
春はフィリピンから渡ってくるシラサギ類の仲間に出会う機会が多い。沖では海鳥が見られ，オオチドリやアカアシチョウゲンボウ，オウチュウ，クロノビタキの記録がある。

⑦桃原（トウバル）牧場
ベニバトが多く見られる場所で，牛糞のある場所にはアカガシラサギやカラアカハラが定着したことがある。セキレイ類，ツグミ類，ムクドリ類が多く，ミドリカラスモドキやシラコバトの記録がある。

〈比川地区周辺〉
海岸線がのび，シギ・チドリ類やカモメ，アジサシ，ミズナギドリ類の適地。多くの種類が観察される水田はコンパクトな広さで探鳥しやすい。

①比川浜と比川小学校，比川浜近くの水路
比川浜にはテレビドラマで有名になった「Drコトー診療所」がある。カラシラサギのポイントで，コクガンやヒシクイの記録がある。小学校や水路周辺はヤツガシラやタカサゴモズの好きな場所である。

②クルマエビ養殖場，カタブル浜
クルマエビ養殖場はアジサシ類が入り，オオアジサシやアオツラカツオドリ，ユキホオジロ，ヒメコウテンシの記録がある。カタブル浜はシギ・チドリ類の集まる場所であるが，周りの景色に溶け込んでいて見つけにくい。

③比川の水田地帯
シギ・チドリ類やアジサシ類，クイナ類，ホオジロ類が多く観察できる。アカガシラサギが大量に入ったこともある。サンカノゴイやクロツラヘラサギ，ナベコウ，ヒメクイナ，ソリハシセイタカシギ，レンカク，タカサゴモズ，ヨーロッパビンズイ，キガシラセキレイの記録がある。

④樽舞湿地
田原湿地よりも広く，景色は最高であるが，湿地に近づけないので鳥の生息状況はわからない。タカ類やカモ類が多く，オオハクチョウが越冬したことがある。

⑤イランダ線
ヤマシギやヨタカ，アオバズク，カラアカハラ，ミヤマホオジロ等がよく観察された場所である。

〈森林公園周辺〉
渡り途中の鳥が多いが，林の中に入れないのでなかなか探せない。ゆっくり探せば多くの種が見つかるだろう。アカヒゲやヤブサメ，ヨタカ，ヤマシギ等の越冬種が多い。

①森林公園
　ヨナグニサンの生息地であり，クバや亜熱帯の森にはメジロ，ヒヨドリ，サンコウチョウ，タカ類が多く，特にアカハラダカがよく観察された。ズアカアオバト，ブッポウソウが電線に止まっていることがあり，バンケンやオウチュウ，カンムリオウチュウの記録がある。

②与那国嵩農道
　日の出前はヤマシギやヨタカ，アオバズクの多く，早朝はアカヒゲやノゴマ，ヤブサメが見やすい。ハト類やオオクイナが鳴いていることが多い。ヒマラヤアマツバメやヨーロッパアマツバメ，イイジマムシクイ，オニカッコウの記録がある。

〈与那国空港周辺〉
　滑走路近くにはシギ・チドリ類が降りている。北牧場は広く，危険な場所があるので探鳥時には充分な注意が必要。

①空港南水田，空港南畑や斜面林
　水田にはソリハシセイタカシギ，アカガシラサギ，ヒマラヤアマツバメの記録がある。畑にはマミジロタヒバリやコマミジロタヒバリ，ツメナガセキレイが隠れている。高台で見通しがよいので台湾方面からコハクチョウの群れが渡ってくるのが観察できたことがある。

②空港と北牧場
　空港はツバメチドリやセキレイ類が多い。北牧場は広く，亜種ノドアカツグミの記録がある。

③焼却場と豚糞置場
　豚糞置場は水たまりがある小さな湿地で，タシギやクサシギ，ツメナガセキレイ，アカハラ，シロハラ，ビンズイ等が多い。

④コンクリート工場近くの水田
　オシドリやヘラシギ，キガシラセキレイの記録がある。

⑤コスモ石油から比川へ行く途中の水田
　セイタカシギやクサシギ，アカガシラサギが多い。

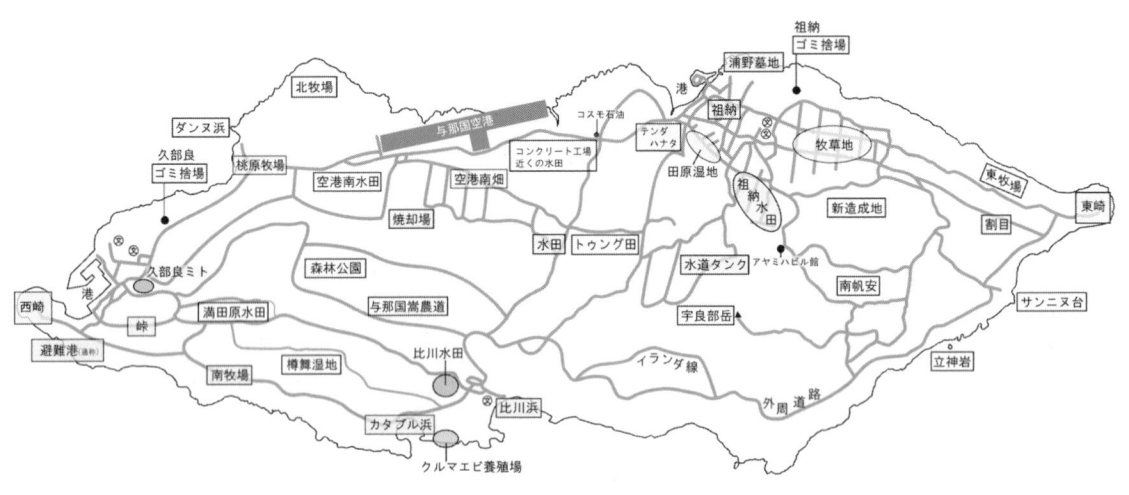

図Ⅲ-12．与那国島の主な探鳥地

2）ある1日の動き

　ここでは調査期間中のある1日（2005年11月26日）の動きを，朝起きて探鳥を開始してから終了まで記す。

　いつも通り3時30分に起床。すでにリュウキュウコノハズクが2羽鳴いている。朝食を済ませ，天気予報を見て5時30分に下宿を出た。田原湿地でしばらく留まり，鳴き声に耳を傾ける。この日は与那国嵩農道に行く日なので5時50分に出発した。リュウキュウコノハズクのペアが「コホッ」，「ニヤッ　ニヤッ」と鳴き交わしていた。コスモ石油の先の坂で雨が降り出し，雨宿りをしていたので与那国嵩農道に着いたのは6時50分であった。この日は日の出が7時11分，日の入りは17時59分なのでまだ暗いが，ヒヨドリが鳴いている。ヨタカを探したが見つからなかった。ヤマシギが道路端に1羽，上空を1羽飛んだ。6時53分，アカヒゲが鳴きはじめ，地鳴きによる確認8羽，さえずりが6羽，姿を見たのが1羽だった。7時2分，メジロとノゴマが鳴きだし，7時18分，ウグイスとヤブサメが鳴いて出現した。周囲が明るくなり，ひと通り鳥を確認できたので比川水田へ向かった。

　7時35分に比川水田に着くと，ムジセッカが2羽鳴いて出現。アマサギが16羽ねぐらの木に止まっていた。7時38分，ツメナガセキレイが鳴いて飛んだ。キマユムシクイ，ゴイサギ，アオアシシギを見ていると，7時51分，ミヤマホオジロ雄が1羽出た。比川部落でギンムクドリ雄1羽，その近くでキマユムシクイが忙しそうに動きまわっていた。比川浜ではミサゴが海上を飛んでいた。クルマエビ養殖場で8時

18分，クロサギ黒色型が2羽飛んだ。池にはキンクロハジロが入っていて，草地にはマミチャジナイとビンズイがいた。満田原水田に行く途中でハイタカが飛んだ。満田原水田では，タゲリ7羽がフワフワと飛んでいた。久部良ミトのカモ類は揃っていて，キンクロハジロ33羽，スズガモ2羽，オナガガモ197羽，ホシハジロ3羽，ハシビロガモ5羽，ヒドリガモ19羽，オオバン4羽，カイツブリ5羽，奥の方でクロツラヘラサギ1羽が採食していた。9時53分，オオタカ雌の幼鳥が1羽飛び，裏側の草の生えているところでカラフトムジセッカのような鳥が動いたので，近づいてよく見るとモウコムジセッカであった。10時15分，久部良港ではコチドリ5羽，シロチドリ9羽，ムナグロ18羽，コガモが150羽以上いた。ゴミ捨場近くの牛舎ではマミジロタヒバリが1羽。桃原牧場はムクドリやツグミ，タヒバリ，ハクセキレイ，スズメ等いつものメンバーであった。空港南水田と空港南畑を通り，12時過ぎに下宿に戻ってシャワーを浴び，昼食を食べて休憩に入った。

14時に出発して祖納地区をまわる。与那国小・中学校からゴミ捨場，牧草地，東崎，割目を見たが，目ぼしい種はいなかった。南帆安に15時44分に着くと，チョウセンウグイスが鳴いて出現。クサシギも飛び出し，羽がボロボロのオオノスリが飛んでくれた。祖納水田で17時に稲の二番穂をさかんに食べているナベヅルが健在であることを確認した。田原湿地では4羽のオオヨシキリが鳴き，1羽が見えた。17時21分，シベリアセンニュウが1羽さえずり，別の1羽もさえずった。18時01分，11月10日から確認されている日本初記録のモウコムジセッカが出現したので，久部良ミトの1羽を加えて2羽目となった。こんな珍鳥が2羽も見られたので今日は運がいい。

モウコムジセッカの識別は難しく，ムジセッカとカラフトムジセッカの中間型であるとやっと識別できたころには逃げられてしまい，写真は撮れなかった。18時06分，ジャワハッカ12羽がセイコノヨシにねぐら入り。18時07分，リュウキュウコノハズクが2羽鳴き出し，しばらく観察して18時20分に調査を終了した。辺りはもう真っ暗である。本日新たに確認した種はミヤマホオジロで，調査で確認した種はこれでトータル220種となった。

3）与那国島での生活

当初，島内で最も鳥が多い田原湿地に近い，祖納部落内の複数の民宿に2泊ずつし，いちばん気に入った民宿で長期間滞在する計画であった。たまたまヨナグニウマを飼っている「与那国馬ゆうゆう広場」で鳥を見ながら昼食を食べていたとき，そこで働く小林氏と話をする機会があった。彼は「俺のいる民宿は自炊できるし，一部屋空いているので来ないか」と言って，大家さんに手配してくれた。別の民宿に6泊し，まだ1週間も経たないうちに新しい民宿「ひがし荘」へ移る。ここは自炊に必要なものは全て揃っていた。私は専業主婦である妻のおかげで台所に立ったことがなかったが，そこにいた20代のカップルに料理を教わった。民宿は7部屋で9人も滞在しているが，生活はバラバラで，台所で出会うことは少なかった。最初は時々外食していたが，慣れてくるとだんだん自炊で間に合わせた。この民宿には2006年2月までいたが，売却されてしまったので，それ以降は民宿「どなん地球遊人」で過ごした。ここでは夕食は「こみね旅館」で食べ，朝・昼だけ自炊した。それまでの食事は朝・夕がご飯で，昼はパンか麺類である。時間をかけたくなかったので，ほとんどの食料は東京から送ったものであった。フェリー「よなくに」は週2回しか来ないため，食料品を売っている祖納の「スーパー福山」では，16時までに買わないと売り切れてしまう。調査時間中に行くのは困難だったので，「仲嵩農園」で野菜を，米や地元の野菜を農協で買うことが多かった。スーパーの商品の値段は東京の約2倍であった。

与那国島の日の出と日の入りは東京に比べて遅い。例えば探鳥に適した春（5月3日）は日の出6時12分，日の入り19時18分で，秋（10月10日）は日の出6時43分，日の入り18時26分である。ちなみに，冬（1月1日）の日の出は7時32分，日の入りは18時11分であった。調査の出発時間は1年を通して変わらず，朝の4時に起床，5時30分ごろには調査に出発し，終了は日の入り後30〜40分ぐらいであった。滞在場所から田原湿地までは1分もかからないが，まだ外はまっ暗なので，外灯の下で準備体操をしながら鳴き声に耳を傾けた。田原湿地からスタートするときはねぐらからの朝の飛び立ちが終了するまで調査し，その後東崎まで行って12時に下宿に戻った。与那国嵩農道からスタートするときは，日の出前に現地に到着し，ヤマシギやヨタカを探しながら日の出を待った。その後比川と久部良経由で12時過ぎに下宿に戻った。午後の調査から戻り，夕食後ははその日の鳥を集計してその日の様子をメールするとだいたい22時ごろになった。時々ラジオを聞くが，新聞，テレビがないので世の中の動きはわかりにくかった。

調査は自転車で行うため雨の日がいちばん困った。出かけるときに雨が降っていれば，田原湿地と祖納水田の見える「構造改善センター」で待ち，途中で雨になった場合，比川では「振興総合センター」，久部良では「久部良中学校」か公民館，祖納では「与那国小・中学校」や「測候所」，「東崎」で待機し，牛舎も時々利用した。雨が1日中降ることは少ないが，全身ずぶぬれになることも何回かあった。島には路線バスが1日7便あり，どこでも乗り降り自由で1

回100円なのでよく利用した。雨のときも久部良までバスを利用してから徒歩で調査し，帰りは桃原牧場あたりからバスで戻った。

調査を開始してすぐ，与那中学校教頭でバードウォッチャーの本成尚氏に会った。氏からは「中学校はいつでも入って探鳥してよい」と言われ，中庭で鳥を見ているときにコーヒーをごちそうになることもあった。さらに，これから鳥を覚えたいという民宿「奥作」の仲嵩剛君を紹介してくれた。彼は島の生まれで動植物に興味があり，昆虫や植物は勉強したが，鳥はこれからと言う30代の青年であった。さっそく私に弟子入りし，彼が暇な時には彼の車に乗せてもらって調査した。彼は運転中でも私より目がよく（視力は私の1.5に対して3.0はあると言っていた），鳥を先に見つけられるだけでなく，遠くまでよく見えていた。また，島に転勤で来ていた森河隆史氏と，島に住みはじめた森河貴子さんの車にはしばしば乗せてもらった。特にアカノドカルガモ等の珍鳥が出たときや，雨の日は迎えに来てくれたので助かったし，毎日どこかで会えたので鳥情報がもらえた。ほかにも，久部良中学校に赴任した庄山守氏からはバンディング情報や中学校への出入りで便宜を図ってくれた。春と秋に写真を撮りに来ていた真木広造氏からはナンヨウショウビン等の情報をもらい，識別の勉強もできた。鳥の映像撮影をしている佐藤進氏からも鳥情報がもらえた。町の人は皆親切で，私が鳥を見ているのを知って時々話しかけて来た。牛舎へは毎日出入りしていたので，牛の世話をしている人と牛や鳥の話をした。

フェリーや飛行機の欠航や，島で誰かが亡くなったときにはスーパーの食料が買い占められることがあった。台風の強風のときは下宿が揺れていたのでどうなるか心配したが大丈夫だった。気温が高い与那国では半ズボンとTシャツでほぼ1年中過ごせるが，風もあるので快適であった。

4）**生息環境の悪化**

2002年3月から5年間の調査で島を訪ねる毎に，年々環境が悪くなっている。せっかくの自然を壊している与那国町行政の気がしれない。観光だけが生きる道なのに住民はそれに気付いていないが残念である。車も年々増えているが，バスもタクシーもレンタカーもあるので，こんなに狭い島で車は不要ではないかと思う。たった1kmを歩けばいいのに，小・中学校への送迎に車を使っているのには驚いた。

あるとき，比川で道路工事をしていたので何の工事かと聞くと，歩道を加えて道を少し掘り下げる工事だと答え，歩道を新たに加える点を強調していた。比川から祖納まで3年かけて進めるとのことだが，この5年間，歩道を歩いている住民や観光客を私は1人も見ていない。

2006年田原湿地の隣にある「与那国馬ゆうゆう広場」に大きな白い建物を作っていた。これは中山間地域総合整備工事（活性化施設）なるもので，私が帰京した2006年3月8日にはすでに完成していたが，完成日は2006年3月10日と書かれていた。その後，2006年12月13日に再び訪れると完成日が2007年3月と改められていて，中は使用されていなかった。結局，完成後1年間使用しないで放置していただけの「箱物」であったと思われる。

久部良ミトの湿地帯と水道タンク付近のため池とその続きの湿地帯は埋め立てで畑になり，ここにいたカワセミやバン，クイナ，サギ類だけでなく，水生昆虫や湿地性植物が全滅してしまった。また，与那国小学校隣の貯水地も埋め立てられた。久部良ミト近くの山側や空港南畑の山側の林を切って道路を作っていたほか，土地改良工事と称して祖納水田奥の湿地帯で水田を開発したり，久部良ミト近くの新造成地ではサトウキビ畑を作っていたが，サトウキビや米を作る人がいないのに，開発だけが先行しているように感じた。

イヌやネコを飼っている人が増えて野犬や野良猫が年々増加している。野良猫は島内の2つのゴミ捨場に多く，一見して10匹以上いた。ツバメやハクセキレイ，ツメナガセキレイ，トカゲ等を食べているのを何度も見たし，牧草地にも進出しているのでミフウズラも捕食されるだろう。また，野犬によるニワトリの被害も出ている。これらのゴミ捨場ではゴミは分別されず，生ゴミもプラスチックだけでなく，大型家具や電気器具も一緒に捨てられている。車もあちこちに放棄されているので，観光地としては失格だ。焼却場がやっとできたが今後改善されるかどうかはまだわからない。

島にたくさんいたタイワンツチイナゴはサトウキビの害虫とされ，2003年8月から駆除目的で執拗に撒かれた農薬の影響で現在は絶滅状態である。このタイワンツチイナゴを餌としている鳥は多く，オオノスリ，ノスリ，サシバ，ハイイロチュウヒ，チュウヒ，ハヤブサ，チョウゲンボウ等の猛禽類をはじめ，サギ類，シギ・チドリ類，アジサシ類，フクロウ類，カワセミ類，小鳥類等，多くの種がこの虫を採食していた。タイワンツチイナゴの減少により，せっかく島に渡っても餌がないのでそのまま通過したり，滞在日数が少なくなるものと考えられる。農薬により昆虫やバッタ類，クモ類が減少し，生物界のバランスが大きく崩れてしまったのは問題である。

以上，いろいろなことを述べたが，行政は町民のために大切なお金を使い，住民は環境をよくする努力を1人1人が惜しまないことが，島の環境の保全にとって重要なことではないだろうか？

Ⅳ 種別調査結果

● **カイツブリ目** PODICIPEDIFORMES
○ **カイツブリ科** PODICIPEDIDAE

　カイツブリ科はカイツブリ，ハジロカイツブリ，アカエリカイツブリの3種，のべ1,147羽が観察された。最も多いのがカイツブリで1,128羽（98.3％），次いでハジロカイツブリ18羽（1.6％），アカエリカイツブリ1羽（0.1％）であった。

1. カイツブリ　*Tachybaptus ruficollis*

　島では10月中旬ごろに飛来し，5月上旬ごろに渡去する冬鳥である。なお，2004年は4月30日が越冬個体の終認日であったが，それとは別に6月5日〜17日まで1羽が滞在した。この個体は南の越冬地から北上中の個体と思われる。観察場所はほとんどが久部良ミトであったが，樽舞湿地や比川水田，クルマエビ養殖場でも少数が観察された。平均個体数1.7羽/日。

・最多羽数25羽（2007.01.15）　久部良ミト

2. ハジロカイツブリ　*Podiceps nigricollis*

　稀な冬鳥で，5年間の調査では久部良ミトで1羽が2005年12月15日〜2006年1月17日まで滞在し越冬した。

3. アカエリカイツブリ　*Podiceps grisegena*

　調査期間中に下記の1例がある迷鳥で，沖縄県初記録の種である。

| 2006.12.14 | 冬羽1羽 | 久部良ミト |

なお，2006年10月12日に樽舞湿地で森河貴子氏が1羽を観察している

● **ミズナギドリ目** PROCELLARIIFORMES
○ **ミズナギドリ科** PROCELLARIIDAE

　ミズナギドリ科はアナドリ，オオミズナギドリ，オナガミズナギドリ，アカアシミズナギドリ，ハシボソミズナギドリの5種，11,156羽が観察された。オオミズナギドリが最も多い8,937羽。次いでオナガミズナギドリ（1,341羽），アナドリ（873羽），その他（2種：5羽）である。

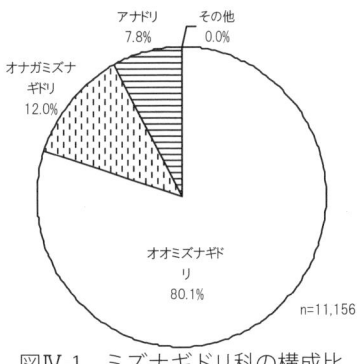

図Ⅳ-1. ミズナギドリ科の構成比

4. アナドリ　*Bulweria bulwerii*

　ほとんどが春（4，5月）に観察され，オオミズナギドリやオナガミズナギドリ，セグロアジサシ等との混群が多かった。夏（6月）や秋（9月），冬（2月）も観察されたが，個体数は1〜2羽で少なかった。与那国島初記録の種である。春の全記録の7例を下記する。

2003.4.28	5羽	ダンヌ浜沖	2005.4.24	300羽	立神岩沖
2004.4.5	350羽以上	南牧場沖を西から東へ	2005.5.7	50羽	比川浜沖
2004.4.15	30羽以上	クルマエビ養殖場沖	2005.5.7	30羽	避難港沖
2005.4.23	100羽	避難港沖			

5. オオミズナギドリ　*Calonectris leucomelas*

　本種の1日の平均個体数は2月が最も多く148.3羽/日であった。春（3〜5月）と夏（6月）は16羽/日前後で，秋（9，10月）はほとんど観察されなかった。避難港沖での観察例が多かったが，クルマエビ養殖場沖や久部良港沖，立神岩沖，ダンヌ浜沖等でも観察された。個体数の多い順に4例を示す。春の渡りは早く2月上旬ごろである。

2006.2.3	2,500羽以上	南牧場の中央から避難港沖を西から東へ	2006.2.16	900羽以上	避難港沖
2005.5.31	1,300羽以上	避難港沖	2005.5.29	800羽以上	避難港沖

（注）西表島の南西約16kmの仲之神島では上記のアナドリやオオミズナギドリが繁殖し，7，8月にも観察されている。

6. オナガミズナギドリ　*Puffinus pacificus*

本種は春（3～5月），夏（6月），秋（9，10月），冬（1，2月）に観察されたが，個体数は春を除いて少ない。春の1日の平均個体数は4.1羽/日で夏は2.1羽/日である。観察場所はオオミズナギドリと同様。個体数の多い順に5例を示す。

2004.4.13	350羽以上	避難港沖	2005.4.24	150羽以上	立神岩沖
2004.4.15	250羽以上	避難港沖	2005.9.4.	150羽以上	避難港沖
2004.5.7	150羽以上	避難港沖			

7. アカアシミズナギドリ　*Puffinus carneipes*

調査期間中に下記の3例がある旅鳥で，与那国島初記録の種である。

2005.6.2	1羽	避難港沖	2006.2.4	2羽	避難港沖
2005.9.4	1羽	避難港沖			

8. ハシボソミズナギドリ　*Puffinus tenuirostris*

調査期間中に下記の1例がある旅鳥である。

2006.1.21	1羽	クルマエビ養殖場沖

● ペリカン目　PELECANIFORMES
○ ネッタイチョウ科　PHAETHONTIDAE

9. アカオネッタイチョウ　*Phaethon rubricauda*

調査期間中に1例ある迷鳥で，与那国島初記録。2004年4月14日，前日に見たクロノビタキの雌を探したが見つからなかったので，避難港から海上のカツオドリやオオミズナギドリを見ていたら，コサギのような白い鳥を見つけ，それがアカオネッタイチョウであった。同行していた仲嵩氏に「アカオネッタイチョウがいる」と伝え，スコープで観察した。尾羽の赤色は見えなかったが，尾羽の長い成鳥で，上記の海鳥と同じ海域を飛んでいた。小笠原で観察経験はあるが，与那国島で見られるとは思わなかった。

2004.4.14	成鳥1羽	避難港沖

○ カツオドリ科　SULIDAE

カツオドリ科はカツオドリ，アオツラカツオドリ，アカアシカツオドリの3種，142羽が観察された。最も多いのがカツオドリで140羽（98.6%），次いでアオツラカツオドリとアカアシカツオドリで各1羽（0.7%）である。

10. カツオドリ　*Sula leucogaster*

ほぼ1年を通して観察されたが，個体数が多いのは春（4，5月）で，観察場所は避難港が最も多く，次に石垣島から与那国島に向かうフェリー「よなくに」の周りを飛ぶのを東崎や祖納港で観察した。ダンヌ浜沖やクルマエビ養殖場沖でも観察された。アジサシ類やミズナギドリ類と群れている場合が多かった。個体数の多い5例を示す。

2004.5.30.	22羽	避難港沖	2003.5.15	8羽	ダンヌ浜沖
2004.4.13	15羽以上	避難港沖	2005.10.29	8羽	ダンヌ浜沖
2002.4.27	15羽以上	東崎沖でフェリーに付く			

11. アオツラカツオドリ　*Sula dactylatra*

調査期間中に1例ある迷鳥。2005年12月9日にクルマエビの養殖場の沖を飛翔する幼鳥を確認した。石垣島からフェリー「よなくに」で来島したバードウォッチャーからその出現を聞いていた。これまで海岸線に出るたびに，水平線まで探していたが出会えなかっただけに「今日はついている」と思わず言ってしまった。嘴は大きく黄色味がかっており，頭と尾が暗色，首～背中は淡色，下面は尾羽と風切羽を除いて白かった。

| 2005.12.9 | 幼鳥1羽 | クルマエビ養殖場沖 |

12. アカアシカツオドリ　*Sula sula*

調査期間中に1例ある迷鳥で，与那国島初記録。2005年9月25日，東崎の秋の渡りを観察しようと田原湿地を早めに出発した。駐車場に到着したが，真っ暗だったのでしばらく待機し，ゆっくりと自転車を押して灯台を目指した。6時25分，灯台にカツオドリ類が止まっていたが暗くてよく見えず，ゆっくり近づくとアカアシカツオドリの幼鳥だったので，あわててデジカメで撮影する。嘴はピンク色で足も薄いピンク色だった。運悪く観光客が東崎の日の出を見に来たので，東の海上に飛び去ってしまった。灯台に止まって寝ていたものと思われる。なお，この日の日の出は6時43分であった。

| 2005.9.25 | 幼鳥1羽 | 東崎の灯台で休んでいた |

○ ウ科　PHALACROCORACIDAE

ウ科はカワウ，ウミウ，ヒメウの3種，243羽が観察された。最も多いカワウが181羽（74.5%）。次いで，ウミウ59羽（24.3%），ヒメウ3羽（1.2%）である。

13. カワウ　*Phalacrocorax carbo*

当地では10月上旬に飛来し，3月下旬に渡去する冬鳥である。多くは幼鳥で，成鳥は少なかった。観察場所はほとんどが久部良ミトであったが，田原湿地やクルマエビ養殖場でも少数が観察された。

最多羽数　11羽（2004.11.28）　久部良ミト

14. ウミウ　*Phalacrocorax capillatus*

当地では10月中下旬～4月上旬に観察される冬鳥である。ほとんどが幼鳥で，成鳥は少なかった。観察場所はクルマエビ養殖場沖を中心とする比川浜沖やカタブル浜沖の海岸線であった。久部良港や西崎下，祖納港でも少数が観察された。

・最多羽数　5羽（2006.12.29）　クルマエビ養殖場沖

15. ヒメウ　*Phalacrocorax pelagicus*

調査期間中に下記の2例がある。沖縄県初記録の種で，稀な冬鳥と思われる。

| 2004.11.17 | 1羽 | 森林公園上空を北から南へ | 2006.12.29 | 2羽 | 久部良港 |

○ グンカンドリ科　FREGATIDAE

16. オオグンカンドリ　*Fregata minor*

調査期間中に3例ある迷鳥で，いずれも避難港沖で観察された。2003年4月27日はアジサシ類やミズナギドリ類とともに見つかり，オオミズナギドリを襲っていた。翼開長がオオミズナギドリの2倍ぐらいあるのでオオグンカンドリと識別し，スコープで見ると胸の辺りが白く，頭は白くないので雌成鳥と思われた。2004年5月30日はカツオドリやセグロアジサシ，エリグロアジサシを観察中に，ひときわ大きなグンカンドリが飛んでいるのに気づいた。翼開長はカツオドリの1.5倍ぐらいあり，頭と顔，胸から腹が白っぽく，幼鳥と思われた。6月2日には同一と思われる個体を観察した。

| 2003.4.27 | 雌成鳥1羽 | 避難港沖 | 2004.6.2 | 幼鳥1羽 | 避難港沖（2004.5.30と同一と思われる） |
| 2004.5.30 | 幼鳥1羽 | 避難港沖 | | | |

● コウノトリ目　CICONIIFORMES
○ サギ科　ARDEIDAE

　サギ科はサンカノゴイ，ヨシゴイ，オオヨシゴイ，リュウキュウヨシゴイ，タカサゴクロサギ，ミゾゴイ，ズグロミゾゴイ，ゴイサギ，ササゴイ，アカガシラサギ，アマサギ，ダイサギ，チュウサギ，コサギ，カラシラサギ，クロサギ，アオサギ，ムラサキサギの18種，89,902羽が観察された。最も多いアマサギが58,044羽（64.6％）。2位以下はコサギ10,076羽（11.2％），チュウサギ6,832羽（7.6％），ダイサギ6,328羽（7.0％），アオサギ6,085羽（6.8％），その他（13種）2,537羽（2.8％）である。

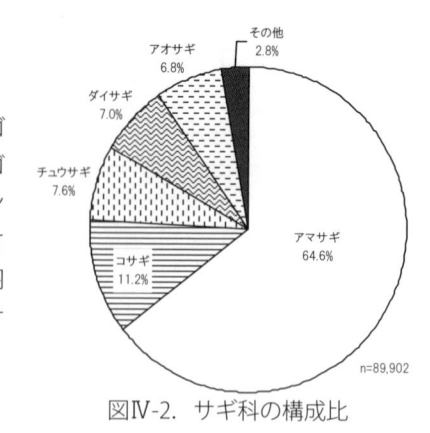

図Ⅳ-2．サギ科の構成比

17. サンカノゴイ　*Botaurus stellaris*
　6月を除く年中，少数が観察された。越冬しない年もあるが冬鳥と思われる。2005～2006年にかけては3羽が越冬した。越冬場所は田原湿地や比川水田，南帆安である。この場所以外に久部良ミトでの観察例もある。観察総数46羽。
・最多羽数　2羽（2006.1.15／1.19／1.29）田原湿地／比川水田／南帆安

18. ヨシゴイ　*Ixobrychus sinensis*
　個体数は少ないが一年中観察された。2005～2006年にかけて越冬が確認されたので，冬鳥の可能性もあるが，2004～2006年まで3年連続して6月に観察されているうえに，2004年には雌雄ペアで行動しているのが田原湿地や久部良ミト，水道タンク付近の休耕田の3ヶ所で観察され，雄の鳴き声を時々聞いたので繁殖したものと考えられる。2005年も繁殖の可能性があり，夏鳥と思われる。（なお，2006年6月は森河隆史・貴子氏の観察）。生息場所は田原湿地が最も多く，久部良ミトと水道タンク付近の休耕田が次に多かった。そのほかに祖納水田や比川水田でも観察された。観察総数117羽。
・最多羽数　6羽（2004.5.31）田原湿地3羽，水道タンク付近の休耕田2羽，祖納水田1羽

19. オオヨシゴイ　*Ixobrychus eurhythmus*
　2004年6月7日に久部良ミトで雌雄がペアで飛んだり，採食していたので繁殖の可能性はあるが，旅鳥と思われる。調査期間中に下記5例がある。

2003.9.26	雄1羽	田原湿地	2004.6.7	雌雄ペア	久部良ミト
2004.4.6	雄1羽	田原湿地	2005.11.11	雌1羽	久部良ミト
2004.5.23	雄1羽	久部良ミト			

20. リュウキュウヨシゴイ　*Ixobrychus cinnamomeus*
　冬（12～2月）を除いて観察されたが，個体数は合計21羽と少ない。観察場所は田原湿地が最も多く，次いで祖納水田，久部良ミト，空港南水田の順であった。旅鳥と思われる。
・最多羽数　雄2羽（2004.9.27）田原湿地

21. タカサゴクロサギ　*Ixobrychus flavicollis*
　迷鳥であり珍鳥の本種は11回観察され，越冬も確認された。与那国島初記録の種である。2003年5月4日は10時ごろから大雨で雷も鳴っていた。夕方，雨が止むことを願って祖納水田に出かけた。水田には黒い塊のようなものがあり，見るとタカサゴクロサギの雄成鳥であった。大きさはゴイサギ大で体形はササゴイに近い。目は赤く，長い嘴は黄黒色で先端は黒い。足は黄色味の強い黄緑色。胸は茶褐色で黒色の縦斑は目立たず，上面は頭から背，尾にかけて黒かった。飛び方はゆっくりでぎこちなく，飛ぶと上面は黒く，足の先が尾羽を越えていた。農道で虫を捕食していた。ライフリストが増えたので，ウキウキしながら観察したが，その後は10回観察したが，目の前から飛び出したり，飛び去る姿を見るだけで，ゆっくり観察する機会はなかった。

2003.5.4	雄成鳥1羽	祖納水田

2004.5.25・30	雄成鳥1羽	田原湿地，同一個体かどうかは不明
2004.6.18	雌成鳥1羽	田原湿地
2004.11.9・19	雄成鳥1羽	田原湿地，同一個体かどうかは不明
2006.12.27	雄成鳥1羽	祖納水田と田原湿地の田原川
2007.1.2・4・5・7	雄成鳥1羽	祖納水田と田原湿地の田原川　同一個体

　なお，2006年11月3日に森河夫妻により観察，撮影された個体は，私が12月27日に観察した場所のすぐ近くであり，撮影された個体の体色や特徴等から同一個体と思われた。

22．ミゾゴイ　*Gorsachius goisagi*
　下記3例があり，旅鳥と思われる。与那国島初記録の種である。

2004.10.26	1羽	比川水田と満田原水田間の道路	2007.1.10	1羽	水道タンク付近
2005.3.19	1羽	南帆安			

23．ズグロミゾゴイ　*Gorsachius melanolophus*
　春（3～5月）と夏（6月）だけの観察だが，本種は留鳥である。「ボーボー」という鳴き声は3月下旬～6月上旬にかけて聞かれた。観察場所は森林公園と森林公園入口の牛舎付近で多く，新造成地付近でも確認された。観察総数は14羽で，見る機会は少なかった。

24．ゴイサギ　*Nycticorax nycticorax*
　1年を通して観察され，越冬の確認もあるが旅鳥と思われる。春は626羽（55.8%），秋は421羽（37.5%）で春のほうが観察数は多い。観察総数1,122羽，平均個体数1.7羽/日。観察場所は田原湿地が最も多く，次が久部良ミトである。森林公園や比川水田，南牧場等でも観察された。
・最多羽数　21羽（2004.3.25）　森林公園20羽，田原湿地1羽

25．ササゴイ　*Butorides striatus*
　ゴイサギと同様に1年を通して観察され，越冬の確認もあるが旅鳥と思われる。観察場所は大半が田原湿地である。観察総数は169羽と少ない。春は104羽（61.5%），秋は49羽（29.0%）で春のほうが多い。
・最多羽数　12羽（2003.4.25）　祖納の下宿11羽，田原湿地1羽：この群れは夜に飛来し，翌日は1羽も観察されなかったので，夜の間に渡って行ってしまったと考えられる。

26．アカガシラサギ　*Ardeola bacchus*
　ゴイサギと同様に1年を通して観察され，越冬の確認もあるが旅鳥である。本種は比較的珍しい種であるが，島での観察頻度は高く，特に春が457羽（70.9%）で多かった。2006～2007年にかけて越冬したのは2羽で，桃源牧場の牛糞置場と空港南水田であった。観察場所は水田が多かったが，牧草地でも時々見られた。
・最多羽数　40羽（2005.4.13）　比川水田29羽，満田原水田2羽，空港南水田4羽，コンクリート工場近くの水田5羽

27．アマサギ　*Bubulcus ibis*
　最も個体数の多いサギで，1年を通して観察され，越冬もしているが旅鳥である。平均個体数は春がいちばん多く，特に5月（239.8羽/日）が多い。次に秋と夏が75羽/日前後で，冬は22.0羽/日と少なかった。ねぐらは祖納水田の奥や田原湿地，空港南水田，久部良ミト，比川水田等にあった。個体数の把握はねぐら入りや，ねぐらからの飛び立ちのときにカウントするのが楽であった。昼間は分散しているので大きな群れは見られなかった。春の渡りは4月中旬～5

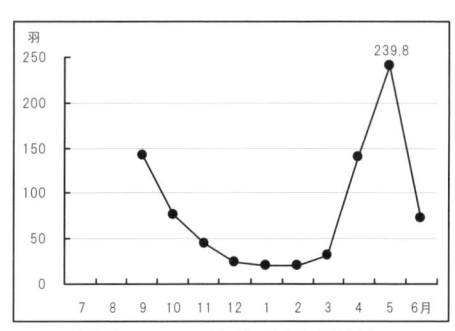

図Ⅳ-3．アマサギの平均個体数

月下旬で，特に4月下旬と5月上旬が多かった．秋の渡りは9月中旬～10月中旬で，特に多いのは9月下旬と10月上旬であった．個体数の多い5例を示す．

2003.9.21	1,894羽	田原湿地の飛び立ち1,134羽，東崎760羽
2003.5.5	1,070羽	祖納水田奥の飛び立ち
2003.4.25	857羽	祖納水田奥のねぐら入り
2005.5.10	830羽	田原湿地のねぐら入り650羽，比川水田80羽，満田原水田60羽，久部良ミト40羽
2005.4.28	700羽以上	田原湿地のねぐら入り

28. ダイサギ　*Egretta alba*

　1年を通して観察され，越冬もしているが旅鳥である．平均個体数は春が最も多く，特に4月（19.5羽/日）が多い．次に夏と秋が7.6羽/日，冬は2.8羽/日と少なかった．ねぐらは上記のアマサギと同じで，ここにはチュウサギ，コサギも加わった4種類がねぐらにしている．アオサギが入るときもあった．春の渡りの最盛期は4月上～中旬．観察場所は久部良ミトや祖納水田，田原湿地が多かった．

・最多羽数　155羽（2005.4.1）　祖納水田87羽，久部良ミト44羽，その他24羽

29. チュウサギ　*Egretta intermedia*

　1年を通して観察され，越冬もしているが旅鳥である．平均個体数は春が多く，特に4月（17.5羽/日）が多い．次に冬の11.2羽/日．夏と秋は8羽/日前後であった．春の渡りで特に多いのは4月上～中旬であった．観察場所は水田が多く，祖納水田や比川水田，満田原水田，空港南水田，久部良ミト等であった．

・最多羽数　123羽（2003.4.10）　祖納水田88羽，比川水田，満田原水田他35羽

30. コサギ　*Egretta garzetta*

　アマサギに次いで2番目に多いサギで，1年を通して観察でき，越冬もしているが旅鳥である．春の渡りで多いのは3月下旬～5月上旬で，4月上～下旬が特に多かった．平均個体数は4, 5, 6月が多く，秋と冬は少ない．シラサギ3種（ダイサギ，チュウサギ，コサギ）は秋の渡りではっきりとしたピークを示さなかった．観察場所は祖納水田がいちばん多く，田原湿地，久部良ミト，比川水田，満田原水田，空港南水田等，広い範囲で観察された．

・最多羽数　129羽（2005.5.8）　久部良ミト60羽，祖納水田45羽，その他24羽

31. カラシラサギ　*Egretta eulophotes*

　春（3～5月）と秋（9, 10月）に島を通過する旅鳥である．春の個体はすべてきれいな夏羽であった．夏（2004.6.11）にも1例あるが，この個体は夏羽への移行中であった．ちょうど島に飛来したところで休息中と思われる個体を，春に比川浜沖の海上の岩の上で5例，15羽も観察した．そのほかに南牧場の海に面した岩場でも観察した．秋はクルマエビ養殖場前の海岸の岩場で休んでいるのを観察し，南牧場では海面上をコサギ3羽と本種4羽が比川浜方向へ飛ぶのが見られた．観察場所はこのほかに比川水田，クルマエビ養殖場，ダンヌ浜，祖納港，浦野墓地の西側の海岸の岩場等，いろいろな場所で観察された．観察総数56羽．春の渡りのほうが秋よりも多かった．

・最多羽数　8羽（2003.10.1～2）　クルマエビ養殖場前の海岸の岩場．祖納ゴミ捨場の海岸．同一個体

32. クロサギ　*Egretta sacra*

　1年を通して観察され，少数が越冬しているが留鳥ではなく，旅鳥と思われる．つがいかどうかは不明だが，白色型と黒色型の個体が一緒に飛翔する様子を与那国空港（2005.6.4），南牧場の海岸（2003.9.25），カタブル浜（2003.11.22）の3回観察した．観察場所は主に比川浜～クルマエビ養殖場～カタブル浜にかけての海岸と久部良港であった．祖納港でも観察され，時には比川水田に入っていた．調査期間中に230羽が観察され，このうち黒色型187羽（81.3%），白色型43羽（18.7%）で黒色型のほうが多い．白色型がもっと多いと考えていたが意外と少なかった．

・最多羽数　5羽（2005.9.9）　カタブル浜黒色型4羽，祖納港黒色型1羽

33. アオサギ　*Ardea cinerea*

1年を通して観察され，越冬もするが旅鳥である。平均個体数は春が最も多く，特に3月（17.0羽/日）が多い。秋は9.1羽/日，冬は8.6羽/日とそれ程変わらないが，夏は0.5羽/日と少ない。春の渡りは3月中旬～4月上旬に多かった。シラサギ3種同様に，秋にはあまりはっきりしたピークを示さなかった。観察場所は比川水田やクルマエビ養殖場，比川浜等，比川地区が多かった。次に久部良ミトや祖納水田であった。

・最多羽数　130羽（2003.3.11）　祖納水田83羽，満田原水田15羽，その他32羽

34. ムラサキサギ　*Ardea purpurea*

冬（12～2月）を除いて観察される旅鳥で，特に春の渡りが多い。観察場所は田原湿地が最も多かった。これは田原湿地にねぐらがあり，朝の飛び立ちやねぐら入りのときに観察されたからである。祖納水田や祖納の牧草地，南帆安の水田，樽舞湿地等でも観察された。観察総数97羽。

・最多羽数　2羽（2004.4.2）　田原湿地1羽，樽舞湿地1羽。2羽が8例ある。

○ コウノトリ科　CICONIIDAE

35. ナベコウ　*Ciconia nigra*

2005年11月18日に1例だけある迷鳥。比川水田の農道に入り，前方を見ると黒い大きな鳥が飛んでいる。昨日見たナベヅルかと思ったが，よく見るとナベコウの幼鳥に見えた。何回も比川水田の上空を旋回していたが，降りずに樽舞湿地の方向へ飛び去った。急いで真木氏と仲嵩氏に知らせる。しばらくして真木氏から樽舞湿地に降りていると連絡が入った。そこへ仲嵩氏が車で駆けつけたので，自転車を載せ，樽舞湿地へ向かった。降りていたナベコウはやはり幼鳥で，嘴，足ともに赤色ではなく緑褐色で，嘴は灰色味，足は黄色味がある。警戒心が強く，すぐに飛び立って旋回しているとチョウゲンボウやハヤブサに攻撃されていた。一緒に飛んだアオサギよりも翼開長は大きく，地上に降りた姿もアオサギに比べて大きくズングリしていた。その後も飛んだり降りたりしていたが，採食を始めたので引き上げた。前日に仲嵩氏と「ナベヅルの次はナベコウだね」と話をしていたので，予想が当たり，うれしい出現であった。

| 2005.11.18 | 幼鳥1羽 | 比川水田 |

○ トキ科　THRESKIORNITHIDAE

36. クロツラヘラサギ　*Platalea minor*

秋（9，11月）に観察される旅鳥である。秋に飛来した1個体が2005年12月2日まで滞在した記録がある。観察場所は久部良ミト，比川水田，祖納水田，満田原水田，樽舞湿地，南牧場のため池等であった。観察総数32羽，与那国島初記録の種である。

・最多羽数　4羽（2005.11.3）　祖納水田2羽，比川水田1羽，満田原水田1羽

● カモ目　ANSERIFORMES
○ カモ科　ANATIDAE

カモ科はコクガン，マガン，ヒシクイ，オオハクチョウ，コハクチョウ，オシドリ，マガモ，カルガモ，アカノドカルガモ，コガモ，トモエガモ，ヨシガモ，オカヨシガモ，ヒドリガモ，オナガガモ，シマアジ，ハシビロガモ，ホシハジロ，キンクロハジロ，スズガモの20種，42,858羽が観察された。

最も多いのがコガモで18,442羽（43.0%）。以下，オナガガモ8,246羽（19.2%），カルガモ8,186羽（19.1%），キンクロハジロ3,690羽（8.6%），ヒドリガモ1,893羽（4.4%），ハシビロガモ1,452羽（3.4%），その他（14種）949羽（2.2%）である。

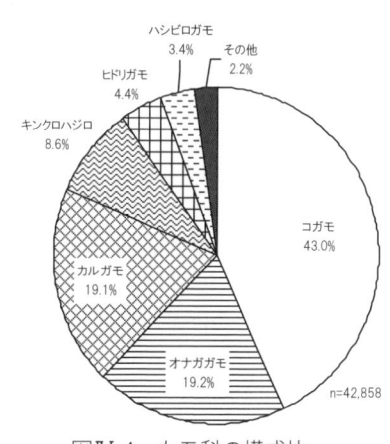

図Ⅳ-4．カモ科の構成比

37. コクガン　*Branta bernicla*
調査期間中に下記の1例がある。与那国島初記録の種である。

| 2005.11.23 | 幼鳥1羽 | 比川浜 |

38. マガン　*Anser albifrons*
2007年1月19日～2月2日まで幼鳥1羽が，久部良ミトに滞在した。私が帰京し，その後森河貴子氏が島を離れていた2月3日～10日の間に渡去した。稀な冬鳥で，与那国島初記録の種である。

39. ヒシクイ　*Anser fabalis*
調査期間中に下記の1例がある。与那国島初記録の種である。

| 2006.12.30 | 1羽 | 比川浜 |

40. オオハクチョウ　*Cygnus cygnus*
2006年1月3日～2月6日に幼鳥1羽を17回観察した。最初は樽舞湿地で確認したが久部良ミトの間を行き来していることがわかった。その後、庄山守氏から2005年12月26日に上原巽氏が樽舞湿地で確認していたとの話を聞いた。稀な冬鳥であり，与那国島初記録の種である。

41. コハクチョウ　*Cygnus columbianus*
成鳥8羽と幼鳥6羽の合計14羽が2003年11月23日に西から飛来し，南帆安の水田に降りた。その日のうちに祖納の水田に移動してねぐらとし，翌24日の朝に南へ渡っていった。与那国島初記録の種である。

42. オシドリ　*Aix galericulata*
4，10，12月に観察された旅鳥である。観察場所は比川水田が一番多く，田原湿地や久部良ミト，コンクリート工場近くの水田等で観察された。観察総数は13羽と少ない。
・最多羽数　3羽（2005.12.11）　久部良ミト雄2羽，比川水田雄1羽

43. マガモ　*Anas platyrhynchos*
冬鳥であるが個体数は多くない。観察総数385羽。多く観察されたのは樽舞湿地で，久部良ミトや田原湿地では少なかった。
・最多羽数　23羽（2006.2.8）　樽舞湿地21羽，久部良ミト2羽

44. カルガモ　*Anas poecilorhyncha*
春，夏，秋は田原湿地と祖納水田で主に観察されたが，冬になると樽舞湿地や久部良ミトにも入るようになった。平均個体数は1月（21.1羽/日）が多く，冬は秋より多くなっている。本種は留鳥であるが1月になると渡ってくる個体がいるものと思われる。
・最多羽数　150羽以上（2006.1.7）　樽舞湿地80羽以上，久部良ミト60羽，田原湿地10羽

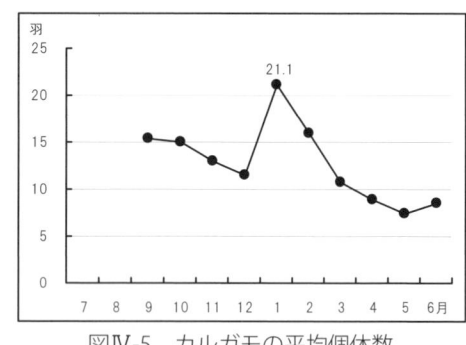

図Ⅳ-5．カルガモの平均個体数

45. アカノドカルガモ　*Anas luzonica*
2005年4月18日に1例のある迷鳥。昨夜からの大雨が10時近くになって止んだ。下宿で昼食中に増田貴子氏から「カルガモに似ているけど，見たことのない鳥がいる。確認してほしいので車で迎えに行きます」と電話があった。車内で「全体の色は？ 嘴の色は？ 足の色は？」と聞いているうちに現場に到着。スコープで見るとアカノドカルガモであった。一生に一度しか見られないような珍鳥である。「アカノドカルガモは日本で写真撮影されていないので，写真を撮るように」と氏に言って，私も遠かったがデジカメで撮影した。

体上面は灰色味がかった褐色で，色味はのっぺりしていて今までに見たことのない羽色のカモであった。嘴は大きく，青灰色で先端は黒かった。頭上は黒く，顔と喉は赤茶色。過眼線ははっきりした黒色で，嘴上部につながっている。目は大きく，虹彩は赤茶色で，中央部分は黒っぽく見えた。眉斑は赤茶色で目の上は切れていた。このときは水に浮いていたので足の色と，なぜか翼鏡が見えなかったが，引き続き観察した人が，足は黒色，翼鏡は緑色であったと教えてくれた。場所は立神岩近くの牧草地で，いつも水のないところだが，昨夜からの大雨で一時的に水がたまった場所に降りてきたものと思われる。翌朝には水がなくなり，いないだろうと思いながら暗いうちに行くと，アカノドカルガモはいなかった。そして島中を皆で探したが結局見つからなかった。

46. コガモ　*Anas crecca*

　最も個体数の多いカモで，9月中旬ごろに渡来し，翌年の4月中〜下旬に渡去する冬鳥である。平均個体数は1，2月が多い。2004年は6月にも1〜3羽が観察された。主な観察場所は久部良ミトやその近くのため池，田原湿地，新造成地のため池等であった。
・最多羽数　270羽（2006.2.10）　久部良ミト181羽，久部良ミト近くのため池20羽，新造成地のため池69羽

47. トモエガモ　*Anas formosa*

　調査期間中に下記の1例がある。与那国島初記録の種である。

| 2005.10.25 | 雌1羽 | 満田原水田 |

48. ヨシガモ　*Anas falcata*

　越冬の確認もあるが，旅鳥と思われ，10〜1月に観察された。ほとんどが久部良ミトで観察されたが，樽舞湿地でも確認された。観察総数は79羽と少ない。
・最多羽数　7羽（2003.11.18）　久部良ミト雄4羽，雌3羽。同数の記録が9例ある

49. オカヨシガモ　*Anas strepera*

　冬鳥として主に久部良ミトで観察されたが，樽舞湿地や田原湿地でも確認された。12〜2月のみの確認で平均個体数は2羽程度で少ない。観察総数237羽。
・最多羽数　12羽（2006.12.24）　久部良ミト8羽，樽舞湿地4羽

50. ヒドリガモ　*Anas penelope*

　冬鳥として大半が久部良ミトで観察された。個体数の多い12月や1月の平均個体数は10羽程度。
・最多羽数　45羽（2005.11.22／2005.12.7）　久部良ミトのみ

51. オナガガモ　*Anas acuta*

　コガモの次に多いカモで，冬鳥として主に久部良ミトで観察されたが時々樽舞湿地でも確認された。平均個体数が多かったのは11月〜2月の間であった。
・最多羽数　280羽（2005.11.22）　久部良ミト

52. シマアジ　*Anas querquedula*

　春（3〜5月）と秋冬（9〜1月）に主に田原湿地と久部良ミトで観察されたが，コスモ石油から比川へ行く途中の水田や比川水田，久部良ミト近くのため池等でも確認された。観察総数は49羽で少ない。
・最多羽数　4羽（2004.4.1〜4.10）　4回観察され久部良ミトで2回，久部良ミト近くのため池1回，比川水田1回

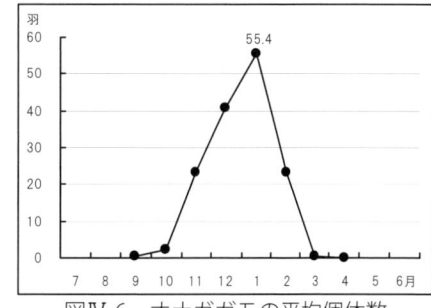

図Ⅳ-6．オナガガモの平均個体数

53. ハシビロガモ　*Anas clypeata*
冬鳥として主に久部良ミトで観察されたが，樽舞湿地や田原湿地でも確認された。
・最多羽数　45羽（2005.12.7）久部良ミト

54. ホシハジロ　*Aythya ferina*
冬鳥として主に久部良ミトで観察された。観察総数は95羽で少ない。
・最多羽数　4羽（2005.11.14, 15）いずれも久部良ミト

55. キンクロハジロ　*Aythya fuligula*
冬鳥として主に久部良ミトで観察されたが，少数が樽舞湿地でも確認された。久部良ミトの個体群は変動が少なく，2005年は50羽，2006年は35羽程度が観察された。
・最多羽数　69羽（2006.1.3）久部良ミト

56. スズガモ　*Aythya marila*
旅鳥としてほとんどが秋（10, 11月）に観察され，個体数は1～2羽と少なかった。久部良ミトでのみ確認された。観察総数は32羽と少ない。
・最多羽数　雌2羽（2003.11.26と2005.11.21～26）4回観察

● タカ目　FALCONIFORMES
○ タカ科　ACCIPITRIDAE
　タカ科はミサゴ，ハチクマ，トビ，オオタカ，アカハラダカ，ツミ，ハイタカ，オオノスリ，ノスリ，サシバ，ハイイロチュウヒ，マダラチュウヒ，チュウヒの13種，9,207羽が観察された。
　最も多いのがアカハラダカで5,502羽（59.8%）。以下，サシバ1,508羽（16.4%），ミサゴ1,132羽（12.3%），ツミ460羽（5.0%），その他（9種）605羽（6.6%）である。

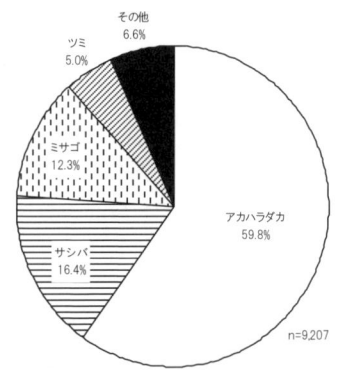

図Ⅳ-7．タカ科の構成比

57. ミサゴ　*Pandion haliaetus*
冬鳥として9月に渡来し，つがいで飛んでいる様子がしばしば目撃された。鳴きながら上昇と下降をくり返すディスプレイ・フライトをつがいで行う様子も何回か確認された。田原湿地，久部良ミト，比川浜にそれぞれ1つがい生息していたため，2年連続で6羽以上が越冬したことになる。観察場所はその他に東崎やクルマエビ養殖場，カタブル浜，南牧場，樽舞湿地，久部良港，北牧場，ダンヌ浜，祖納港等あらゆる場所で確認された。
・最多羽数　6羽（2003.11.22のほか5例（省略））　南帆安2羽，空港南水田2羽，久部良ミト1羽，比川浜1羽，

58. ハチクマ　*Pernis apivorus*
多くは秋（9, 10月）に通過する旅鳥（45羽；91.8%）であるが，4月下旬に2羽，2004年6月6日に1羽，2005年12月9日に1羽の記録もある。個体数は少なく，成鳥が2羽（4.1%）で幼鳥は47羽（95.9%）であった。また，暗色型は5羽（10.2%）で全て幼鳥だった。観察場所は森林公園が多く，満田原水田，南牧場，宇良部岳でも確認された。与那国島初記録の種である。
・最多羽数　幼鳥9羽（2004.10.3）森林公園

59. トビ　*Milvus migrans*
調査期間中に下記3例があり，旅鳥と思われる。

2004.4.23	1羽	アヤミハビル館	2005.10.27	1羽	東崎
2005.4.27	1羽	森林公園			

60. オオタカ　*Accipiter gentilis*

夏を除き観察され，越冬の確認もあるが，旅鳥と思われる。成鳥は11羽（13.3%）で少なく，幼鳥は72羽（86.7%）で多かった。観察場所は祖納水田と田原湿地で特に多く，次が森林公園や比川水田，祖納の牧草地，満田原水田，南帆安，水道タンク付近で，たまに観察されたのは久部良ミト，測候所，割目，南牧場である。

・最多羽数　2羽（2003.4.1ほか6例（省略））　祖納水田雌成鳥1羽，測候所雌幼鳥1羽

61. アカハラダカ　*Accipiter soloensis*

春（4，5月），秋（9，10月）に通過する旅鳥である。秋は5,386羽（97.9%）で，春の108羽（2.0%）に比べ圧倒的に多い。渡りの最盛期は9月中～下旬で，9月の観察数は5,126羽（93.2%）であった。2005年9月下旬に本種の大群を見たが，毎年かなりの個体数が渡っているものと推察される。秋の渡りは南方向，または南東方向へ向かい，その方向にはフィリピンがある。2007年1月に同一個体の1羽が4回確認されたので越冬した可能性もある。観察場所は森林公園がいちばん多かった。次が宇良部岳周辺（含む宇良部岳の北西にある峠），満田原水田から西崎へ行く途中の峠，満田原水田，比川部落，イランダ線入口，立神岩等である。個体数が多かった2例を以下に挙げる

| 2005.9.26 | 2,075羽以上 | 満田原水田1,800羽以上，比川部落200羽以上，宇良部岳南西70羽，その他5羽 |
| 2005.9.24 | 1,127羽以上 | 宇良部岳（渡った個体：1,070羽以上，渡らなかった個体：7羽，不明：50羽） |

62. ツミ　*Accipiter gularis*

当地には留鳥として亜種リュウキュウツミ（A.g.iwasakii）が生息する。平均個体数は多い順に秋1.1羽/日，春0.7羽/日，夏0.3羽/日，冬0.2羽/日である。春と秋は亜種ツミ（A.g.gularis）が渡りで与那国島を通過するので平均個体数が増えたと考えられる。亜種リュウキュウツミと識別できた雄成鳥と思われる個体は8羽で，この雄とのつがいと考えられる雌が5羽いたので，合計13羽（2.8%）は少なくともいたことになる。スズメやキンバトを追っているのをしばしば見かけたが，捕えたケースは少なかった。観察場所は田原湿地がいちばん多く，次が森林公園であった。久部良ミト近くの牛舎，水道タンク付近，与那国嵩農道，南帆安，割目，満田原水田，祖納の牧草地等，あらゆる場所で観察された。

・最多羽数　8羽以上（2002.4.19）　久部良ミト

63. ハイタカ　*Accipiter nisus*

春，秋，冬に観察され，越冬の確認もあるが旅鳥と思われる。秋は10月上旬～11月下旬にかけて通過し，春は3月上旬～4月下旬にかけて通過する。平均個体数が多いのは春が3月，秋は11月でこの時期が渡りの最盛期と考えられる。観察総数は175羽で少ない。観察場所は森林公園と田原湿地がいちばん多く，次が祖納水田，南帆安，割目，満田原水田，東崎，祖納の牧草地で久部良ミトや比川水田，桃源牧場，宇良部岳の北西にある峠等，あらゆる場所で確認された。

・最多羽数　3羽（2004.3.31／2005.3.25）　森林公園2羽，田原湿地1羽／南帆安3羽

64. オオノスリ　*Buteo hemilasius*

迷鳥でかつ，珍鳥の本種は島では毎年少数が越冬しているため，9月～翌年6月までは観察のチャンスはあるが3～4日に一度程度しか会えない。総個体数は2～4程度で少なく，観察総数は172羽。越冬個体数は2005年12月～2006年は3羽，2006年12月～2007年は2羽であった。これらの個体は飛翔時の風切羽や尾羽の欠損状況，全体の体色から個体識別が可能であった。本種の飛翔時はノスリと比べて翼開長が大きく，翼幅が広く，ノスリのように翼先が狭くなることがないので，体形が異なってみえる。通常は上空を飛んでいるのに気付く場合が多かったが，電柱や木に止まっている場合もあった。タイワンツチイナゴを地上で捕獲し，樹上や電柱上で食べているのを何回か観察した。観察場所は一定していなかったが南帆安での観察がいちばん多かった。

・最多羽数　3羽（2002.4.19のほか3例（省略））　久部良ミト2羽，南帆安1羽

65. ノスリ　*Buteo buteo*

　10月中〜下旬に渡来する冬鳥であるが，2003年は1羽も観察できなかった。当地ではオオノスリよりも個体数が少なく，観察総数80羽はオオノスリの半分以下である。観察場所は比川水田がいちばん多く，ほかは満田原水田や空港南水田，南帆安，樽舞湿地等である。

・最多羽数　3羽（2006.1.21のほか2例（省略））　比川水田1羽，空港南水田1羽，樽舞湿地1羽

66. サシバ　*Butastur indicus*

　秋は9月下旬ごろに渡来し，春は4月下旬〜5月上旬に渡去する冬鳥である。平均個体数は春が最も多い3.2羽/日で，秋は2.0羽/日と冬（1.5羽/日）より多い。平均個体数が多い月は，春は3月（6.5羽/日），秋は10月（2.7羽/日）である。春は秋以上に多くの個体が島に渡ってきてから北上していることになる。実際春の渡りの観察例は多いが，秋の観察例は少なかった。島で越冬する個体数は2005年，2006年ともに20羽程度と考えられる。
　暗色型の1個体が2004年10月29日〜2005年4月8日までアヤミハビル館近くの南帆安で時々観察されたので越冬したものと考えられる。越冬個体の行動範囲は個体識別ができていないのではっきりしないが，止まっている場所にはいつでも止まっている場合が多く，おそらくは同一個体と思われる。例えば，暗色型個体の止まり木は決まっていて，行動範囲は狭く限られていたので，ほかの個体も同様と考えられる。本種は2羽が接近しても争う場面を観察していないので，性質が穏やかでのんびりしているようである。
　観察場所は田原湿地がいちばん多く，次が森林公園と与那国中学校である。久部良ミトや空港南水田，満田原水田，比川水田，東崎，南帆安，水道タンク付近等，あらゆる場所で観察された。
　最多羽数　40羽（2003.3.27）　与那国中学校27羽，田原湿地8羽，その他5羽

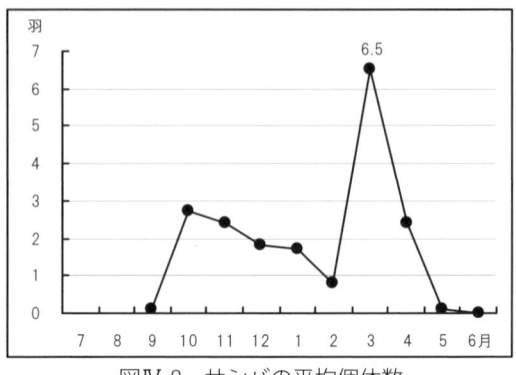

図Ⅳ-8．サシバの平均個体数

67. ハイイロチュウヒ　*Circus cyaneus*

　9〜3月にかけて観察された冬鳥である。観察総数は26羽で少ない。観察されたのは全て雌成鳥で，同時に複数個体が出現したことはなかった。2005年は越冬したが，毎年越冬するとは限らない。祖納水田と祖納の牧草地で多く観察され，南帆安，割目，浦野墓地，水道タンク下水田，満田原水田等でも出現した。

68. マダラチュウヒ　*Circus melanoleucos*

　迷鳥で調査期間中に下記5例がある珍鳥である。本種は与那国島初記録の種である。

2004.4.2	雄成鳥1羽	樽舞湿地	2004.10.7	雌成鳥1羽	満田原水田　10/5と同一個体
2004.10.5	雌成鳥1羽	満田原水田	2004.10.8	雌成鳥1羽	満田原水田　10/5と同一個体
2004.10.6	雌成鳥1羽	祖納水田　10/5と同一個体			

69. チュウヒ　*Circus spilonotus*

　主に春（3，4月）と秋（9〜11月）に観察され，旅鳥と思われる。個体数は1〜2羽，観察総数は12羽と少ない。樽舞湿地と祖納水田で多く観察され，田原湿地や祖納の牧草地，比川水田，満田原水田，久部良ミト等でも観察された。

・最多羽数　2羽（2005.11.18）　樽舞湿地　雄1羽，雌1羽

○ ハヤブサ科　FALCONIDAE

　ハヤブサ科はハヤブサ，チゴハヤブサ，コチョウゲンボウ，アカアシチョウゲンボウ，チョウゲンボウの5種，3,909羽が観察された。
　最も多いチョウゲンボウが3,324羽（85.0％）。以下，ハヤブサ537羽（13.7％），チゴハヤブサ39羽（1.0％），その他（2種）は9羽（0.2％）となる

70. ハヤブサ　*Falco peregrinus*
　9月下旬ごろに渡来し，5月に渡去する冬鳥である。島で越冬する個体数は2005年，2006年とも6～7羽と考えられた。その内訳は成鳥の2つがいと，それ以外の個体2～3羽である。つがいのディスプレイも時々観察された。田原湿地の崖にねぐらがあったので田原湿地での観察がいちばん多く，次が東崎，祖納水田，割目である。与那国嵩農道や満田原水田，久部良ゴミ捨場，空港南水田，南牧場，樽舞湿地等でも観察された。
・最多羽数　5羽（2003.10.10）　田原湿地2羽，東崎2羽，満田原水田1羽

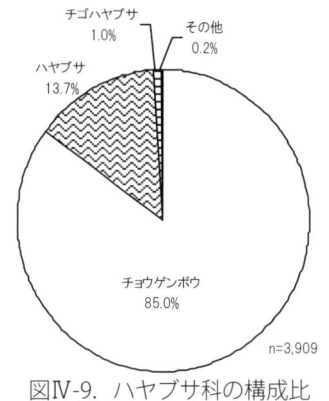

図Ⅳ-9．ハヤブサ科の構成比

71. チゴハヤブサ　*Falco subbuteo*
　春（4，5月）と秋（9，10月）に観察される旅鳥である。観察総数は春2羽，秋37羽で少ない。森林公園と田原湿地で多く観察された。
・最多羽数　3羽（2003.10.7／2004.10.11）　田原湿地1羽，祖納の牧草地1羽，東崎1羽／森林公園2羽，アヤミハビル館1羽

72. コチョウゲンボウ　*Falco columbarius*
調査期間中に下記2例があり，旅鳥と思われる。

| 2003.3.11 | 雌成鳥1羽 | 久部良ミト | 2005.12.8 | 雌成鳥1羽 | 祖納水田 |

73. アカアシチョウゲンボウ　*Falco amurensis*
　春（4，5月）と秋（9，10月）に少数が観察される迷鳥である。調査期間中に下記の7例があり，与那国島初記録の種である。4月29日，南牧場での出現は西崎に近く，秋の満田原水田から西崎へ行く峠では3例とも西方向から飛来し，東方向へ飛んでいる。いずれも西崎に近く，その西は台湾であるため，春秋ともに台湾から渡ってきた可能性が高い。

2004.4.29	雄成鳥1羽	南牧場	2004.10.11	雌成鳥1羽	満田原水田から西崎へ行く峠
2004.4.30	雄成鳥1羽	割目　4/29と同一個体	2005.9.24	雌成鳥1羽	アヤミハビル館近くの南帆安
2004.5.1	雄成鳥1羽	割目　4/29と同一個体	2005.10.08	雄成鳥1羽	満田原水田から西崎へ行く峠
2004.10.5	雌成鳥1羽	満田原水田から西崎へ行く峠			

74. チョウゲンボウ　*Falco tinnunculus*
　9月上旬ごろに渡来，春は4月中旬ごろに渡去する冬鳥である。平均個体数は10月が9.8羽/日で最も多く，11月は9.0羽/日。冬（12～2月）は5羽/日程度で安定している。そして3月になると7.6羽/日に増加する。これらのことは，10月と11月に島に渡ってきた個体が更に渡っていくことを意味する。そして3月は越冬地から再び島へ渡ってくる個体で増加する。島での越冬個体数は2005年，2006年ともに30羽程度と考えられる。本種はなわばり意識が強く，ミサゴやオオタカ，ハイタカ，オオノスリ，ノスリ，サシバ，ハヤブサ，ハイイロチュウヒ，ハシブトガラスを「キーキー」と鳴きながら攻撃していた。島中どこにでもいたが，特に多く観察されたのは田原湿地から東崎までの範囲である。
・最多羽数　35羽（2003.11.23）　車で島をほぼ一周しての観察総数

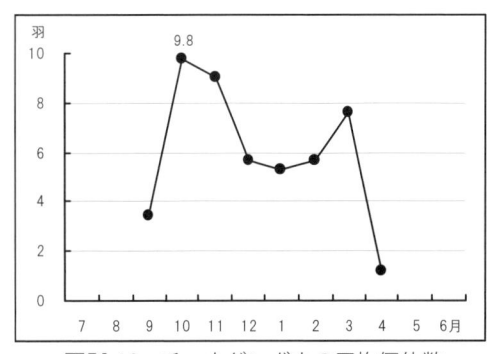

図Ⅳ-10．チョウゲンボウの平均個体数

● キジ目　GALLIFORMES
○ キジ科　PHASIANIDAE

75. ウズラ　*Coturnix japonica*
調査期間中に下記の5例があり，旅鳥と思われる。

2003.4.8	1羽	祖納の牧草地	2005.9.26	1羽	森林公園の草地
2003.11.11	1羽	祖納の牧草地	2007.1.10	1羽	祖納の牧草地
2004.10.21	1羽	祖納の牧草地			

● ツル目　GRUIFORMES
○ ミフウズラ科　TURNICIDAE

76. ミフウズラ　*Turnix suscitator*
留鳥であるが観察する機会は少ない。繁殖期は春から秋と思われる。初めて雌の鳴き声を聞いた日とつがいでの行動を最後に観察した日を年度順に並べると下表のようになった。2007年1月19日につがいを観察しているので，一年中繁殖している可能性もある。祖納の牧草地での観察例がいちばん多い。観察場所は島中にあり，道路に出てくるときもあった。1〜4羽の雛を連れて歩いている雄を時々見かけた。

雌の鳴き声「トウトウトウ」を始めて聞いた日	つがいでの行動の最終観察日
2002.3.19	—
2003.3.31	2003.11.8
2004.3.29	2004.10.24
2005.3.20	2005.10.25
—	2007.1.19

　サシバやチョウゲンボウと本種の関係は，本種の繁殖活動が活発になる4月中，下旬にサシバやチョウゲンボウが渡去するので，これらの猛禽がいなくなるとミフウズラが出てくると考えてしまう。しかし，秋（9月）にサシバやチョウゲンボウが渡ってきても，本種の出現には影響が出ない。また，冬の本種はひっそりと暮らしているものと思われ，観察の機会は少ない。以上により，サシバやチョウゲンボウの存在とミフウズラの出現には関係がないものと考えられる。観察総数266羽。

・最多羽数　7羽（2002.4.29／2004.5.24）　水道タンク付近　雄1羽＋雛4羽，祖納の牧草地1羽，田原湿地1羽／宇良部岳北西の峠付近3羽，祖納の牧草地雄1羽＋幼鳥3羽

○ ツル科　GRUIDAE

77. ナベヅル　*Grus monacha*
　下記の記録がある稀な冬鳥で，与那国島初記録の種である。2005年11月17日に祖納水田を自転車で移動中に水田に黒いかたまりが見え，それがナベヅルであった。遠かったがデジカメで撮影し，すぐに島内にいるバードウォッチャー5名に連絡する。島内でツル類の出現は期待していなかった。この個体は稲の二番穂や，タイヌビエ（単子葉植物）の種子を盛んに食べていた。幼鳥ではないが，頭の赤色部はなかった。翌年2月21日ごろになると，出てきたばかりのカエルやタニシ等の動物性タンパク質を食べるようになり，渡りに必要なエネルギーを蓄えているように思われた。この個体の行動範囲は狭く，祖納水田の外へ出たのは1回だけであった。3月4日の夕方まで滞在していたが，翌5日の南からの強風に乗って渡っていったものと思われる。

2005.11.17〜2006.3.4	若鳥1羽	祖納水田で越冬

○ クイナ科　RALLIDAE
　クイナ科はクイナ，オオクイナ，ヒメクイナ，ヒクイナ，シロハラクイナ，バン，ツルクイナ，オオバンの8種11,158羽が観察された。
　最も多いバンが6,020羽（54.0%）。以下，シロハラクイナ2,579羽（23.1%），ヒクイナ1,530羽（13.7%），オオバン589羽（5.3%），オオクイナ329羽（2.9%），その他（3種）は111羽（1.0%）である。

78. クイナ　*Rallus aquaticus*

10月中旬ごろに渡来し，4月中旬に渡去する冬鳥である。なかなか姿を見せないので観察回数は少ない。田原湿地と比川水田でほとんどが観察されたがコスモ石油から比川へ行く途中の水田でも見られた。観察総数18羽（1羽が18回）。与那国島初記録の種である。

79. オオクイナ　*Ralina eurizonoides*

留鳥だが姿を見るのは難しく，大半が鳴き声での確認であった。声の表現は難しいが近くだと「クークルルクルルクルルルー」，遠いと「コーコロコロコロコロ」と聞こえた。声は一年中聞かれ，朝夕に1羽が鳴き出すと近くの個体も鳴くことが多かった。水道タンク付近では一度に4羽が鳴き，田原湿地と与那国嵩農道では3羽が鳴いた。朝は日の出20分前〜日の出後20分以内に，夕方は日の入り後20分以内に鳴くのがほとんどであった。鳴き声が多く聞かれた場所は，順に田原湿地，与那国嵩農道，水道タンク付近，祖納水田，森林公園であった。そのほかに与那国中学校，空港南水田，比川部落付近等である。

・最多羽数　5羽（2004.6.2）　田原湿地2羽，与那国嵩農道2羽，森林公園1羽

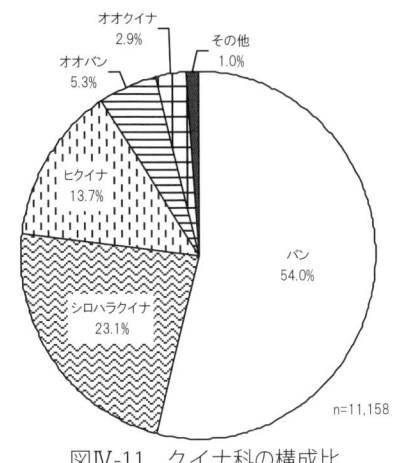

図Ⅳ-11. クイナ科の構成比

80. ヒメクイナ　*Porzana pusilla*

なかなか観察する機会のない珍鳥であるが，春（3，4月）と秋（10，11月）に観察された旅鳥である。田原湿地での観察がほとんどだが，比川水田でも出現した。田原湿地の道路脇の水路（田原川）はよい観察場所で，特に2003年は植生がヨウサイ（エンサイ）4割，ハイキビ5割，ホテイアオイ1割程度となっており，本種にとって最もよい環境と思われた。私から2〜3mの近距離でジャンボタニシの稚貝と思われる小さな貝や稚魚を捕食する様子が観察された。羽づくろいをしたり，水浴びも行っていたが，車の音がすると急いで物陰に隠れた。鳴きながら歩いて出現する場合と，近くから飛んで来る場合があった。

鳴き声はさまざまで，飛びながら小鳥のような「チュッチュッ」または「チッチッ」と鳴いて着地し，その後「クークー」または「キューキュー」と鳴くことが多かった。「キョッキョッキョッ」や「コッコッコッ」と「トットットッ」の中間音，「ポッポッポッ」等，弱く小さい声でも鳴き，ヒクイナのきれいな声とは異なっていた。「グーグー」や「ギューギュー」等の濁った声や「ポロポロポロ」と鳴くのも聞いた。観察総数は88羽で少ない。与那国島初記録の種である。

・最多羽数　4羽（2003.11.10と2003.11.12）　いずれも田原湿地

81. ヒクイナ　*Porzana fusca*

島には留鳥として亜種リュウキュウヒクイナ（*P.f.phaeopyga*）が生息する。平均個体数は冬（12〜2月）が最も多く（2.9羽/日），以下，秋（9〜11月）2.6羽/日，春（3〜5月）1.9羽/日，夏（6月）の1.8羽/日と続く。春と比べて秋のほうが多く，さらに冬がいちばん多いため，亜種ヒクイナ（*P.f.erythrothorax*）が越冬している可能性が高い。しかしどちらの亜種かの確認はできなかった。

2004年5月3日に田原湿地でふ化後2〜3日の雛2羽を連れたつがいを観察した。田原湿地では朝夕にカイツブリに似た声を1羽が出すと，同調してあちらこちらから鳴き出すのでカウントは比較的容易であった。ほとんどが田原湿地での観察であったが，祖納水田や比川水田でも観察された。

・最多羽数　14羽（2003.11.9）　田原湿地

82. シロハラクイナ　*Amaurornis phoenicurus*

島では留鳥として生息する。平均個体数が多いのは夏（6月）の9.3羽/日と春（4，5月）の8羽前後であり，秋（9〜11月）は1.4羽/日と冬（12〜2月）は1.2羽/日で少ない。これは春と夏が繁殖期で，活発に動き回ってよく鳴くので，観察の機会が多いからである。観察場所は田原湿地や祖納水田，比川水田奥のブタ小屋で多く観察された。比川浜近

くの水路や久部良ミトもよい観察場所であった。また，水のない場所でも観察する機会は多くどこでも出現した。
・最多羽数　21羽（2004.5.28）　島内全域

83．バン　*Gallinula chloropus*
　島では留鳥として生息する。平均個体数は冬が最も多い14.6羽/日で，春9.6羽/日，秋6.2羽/日，夏がいちばん少ない0.5羽/日である。5月中旬～10月中旬ごろまで個体数が極端に少なくなった。これは多くの個体が繁殖活動に入って草の中に潜み，外から見えない場所に移動したためと思われる。11月から個体数が増加しはじめ，1月に最大になることから，島に渡ってきて越冬する個体がいる可能性が高い。バンはホテイアオイの葉が好きなようで食べているのをしばしば観察した。観察場所は久部良ミトや比川水田，田原湿地が特に多く，樽舞湿地や祖納水田でも観察された。
・最多羽数　66羽（2007.1.5）　比川水田32羽，久部良ミト31羽，田原湿地3羽

84．ツルクイナ　*Gallicrex cinerea*
　春（4月）と秋（11月）に通過する旅鳥である。調査期間中に下記5例があり，与那国島初記録の種である。

2003.4.28	雄夏羽1羽	祖納水田	2004.4.12	雄夏羽1羽	祖納水田
2003.11.15.	雄冬羽1羽	田原湿地	2005.11.14	1羽（死体）	西崎灯台下
2003.11.18	雄冬羽1羽	田原湿地（11/15と同一個体）			

85．オオバン　*Fulica atra*
　9月から冬にかけて渡来し，徐々に数を増やして越冬する。春は4月上旬ごろに渡去する冬鳥である。年によっては5月まで少数が留まる。越冬個体数は10羽以内で少なく，2001年の冬は越冬しなかった。久部良ミトで越冬するので観察個体のほとんどは久部良ミトであったが，比川水田と水道タンク下の水田でも少数が観察された。
・最多羽数　10羽（2007.1.1）　久部良ミトの越冬個体

● チドリ目　CHARADRIIFORMES
○ レンカク科　JACANIDAE

86．レンカク　*Hydrophasianus chirurgus*
　調査期間中に下記の7例がある迷鳥。夏羽の個体が飛びながら「ピューピュー」と鳴いた。2005年5月11日に祖納水田を観察していたとき，前日に雨が降った影響で，1ヶ所だけ自転車では入れないほどぬかるんでいた場所があった。仕方なく大きく迂回して逆方向から歩いていった。下宿近くの水田で，目の前の稲の中から尾の長いきれいな夏羽の個体が突然飛んだ。その後，水田の奥に降りて稲に付いている昆虫をついばんでいたが，急に飛び，林の陰で見えなくなった。しかし夕方には再び観察できた。いつか出会えるのではと期待していた夏羽のレンカクが4年目にやっと出現した。想像以上にきれいな個体を1日に2度も見ることができてうれしい日であった。

2005.5.11	夏羽1羽	祖納水田	2005.6.2	冬羽1羽	比川水田（5/27と同一）
2005.5.19	夏羽1羽＋夏羽に移行中1羽	満田原水田	2005.6.4	冬羽1羽	比川水田（5/27と同一）
2005.5.27	冬羽2羽	比川水田	2005.10.17	冬羽1羽	祖納水田
2005.5.31	冬羽1羽	比川水田 5/27と同一個体			

○ タマシギ科　ROSTRATULIDAE

87．タマシギ　*Rostratula benghalensis*
　調査期間中に下記の2例があり旅鳥と思われる。

2005.5.8	雌1羽	祖納水田	2005.5.9	雌1羽	祖納水田（5/8と同一個体）

○ チドリ科　CHARADRIIDAE

　チドリ科はハジロコチドリ，コチドリ，シロチドリ，メダイチドリ，オオメダイチドリ，オオチドリ，ムナグロ，ダイゼン，ケリ，タゲリの10種，16,195羽が観察された。

　最も多いムナグロが8,960羽（55.3％）。以下，シロチドリ3,327羽（20.5％），コチドリ2,752羽（17.0％），タゲリ502羽（3.1％），メダイチドリ233羽（1.4％），その他（5種）421羽（2.6％）である。

図Ⅳ-12．チドリ科の構成比

88．ハジロコチドリ　*Charadrius hiaticula*
　調査期間中に下記の1例がある数少ない旅鳥。与那国島初記録の種である。

| 2004年 4月 8日 | 夏羽1羽 | 祖納のゴミ捨場 |

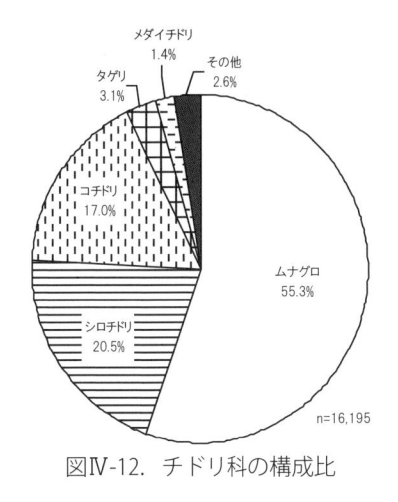

89．コチドリ　*Charadrius dubius*
　秋の渡来は7月から始まっているのではっきりしなかったが，春は4月中旬にほとんどが渡去する冬鳥と思われる。平均個体数は3月が9.5羽/日で最も多く，島に渡来する個体が多いことを示す。9月は5.8羽/日で，島を通過する個体がいる事を示している。よく観察されたのは祖納水田と久部良港で，次が比川水田や久部良中学校，桃原牧場，久部良ゴミ捨場近くの牛の放牧場等である。与那国空港の拡張工事用地に2006年1月25日に60羽の群れが入り，29日まで40羽以上が観察された。
・最多羽数　66羽（2004.3.26）　比川水田35羽，祖納水田20羽，久部良小学校5羽，その他6羽

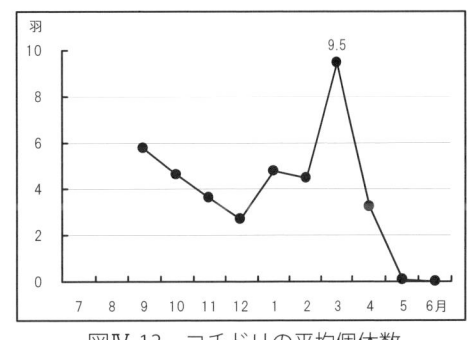

図Ⅳ-13．コチドリの平均個体数

90．シロチドリ　*Charadrius alexandrinus*
　9月中～下旬に渡来し，春は4月下旬～5月上旬ごろに渡去する冬鳥である。平均個体数は9月（1.7羽/日）から徐々に増加し，翌年2月に最大の17.4羽/日になる。冬（12～2月）の平均個体数は11.3羽/日となった。観察場所は久部良港やカタブル浜，与那国空港が特に多く，次が祖納港や比川浜，比川水田，祖納水田，久部良中学校である。
・最多羽数　87羽（2006.1.29／2006.2.3）　与那国空港87羽／与那国空港78羽，久部良港9羽

91．メダイチドリ　*Charadrius mongolus*
　越冬の確認もあるが，春・秋に通過する旅鳥と思われる。春（3～5月）は159羽（68.3％），秋（9～11月）は58羽（24.9％）で春の渡りのほうが多い。観察場所は久部良港とカタブル浜が特に多く，比川浜や祖納港でも観察された。
・最多羽数　15羽（2003.4.6）　カタブル浜

92．オオメダイチドリ　*Charadrius leschenaultii*
　春・秋に通過する旅鳥であり，春（3～5月）は164羽（96.5％），秋（9，10月）は6羽（3.5％）で春のほうが圧倒的に多い。大半は久部良港で観察されたが，カタブル浜，比川浜，東崎，祖納港，祖納水田でも観察された。
・最多羽数　23羽（2004.4.4）　久部良港10羽，カタブル浜7羽，その他6羽

93．オオチドリ　*Charadrius asiaticus*
　毎年春に渡って来る珍鳥であり，迷鳥でもある。オオチドリは人気があり，与那国島は日本一のオオチドリの渡来地なので，本種を目的に島を訪れるバードウォッチャーは多い。渡来は春（3，4月）のみで秋は渡来しない。主な観察場所は東崎の牧草地や割目，久部良ゴミ捨場近くの牛の放牧場であった。その他に浦野墓地や祖納の長命草の畑，南牧場でも観察された。年度別の渡来状況は下記の通りである。観察総数は161羽。

渡来日	合計渡来数	2004.3.23～4.14	40羽以上
2002.3.18～3.27	3羽	2005.3.13～3.25	24羽以上
2003.3.23～4.10	2羽		

・最多羽数　17羽（2004.4.3／2005.3.15）東崎の牧草地16羽, 久部良ゴミ捨場近くの牛の放牧場1羽／割目16羽, 浦野墓地1羽

94. ムナグロ　*Pluvialis fulvsa*

　秋の渡りは8月から始まり, 越冬して5月上～中旬にかけて渡去する冬鳥である。平均個体数は9月から増加して12月がピークとなる。そして1月に12月の1/3程度に減少する。このことは12月に観察される個体の多くは島で越冬しないで通過すること示している。春の群れは2～3日滞在すると渡去し, また別の群れが渡来するようであったが, 2004年3月14日に見られた85羽の群れは, 3月26日まで久部良港の芝生の上で観察された。久部良港での観察が最も多く, 次が祖納港や久部良ゴミ捨場近くの牛の放牧場, 割目, 久部良中学校であった。そのほかに祖納の牧草地や桃原牧場でも観察された。

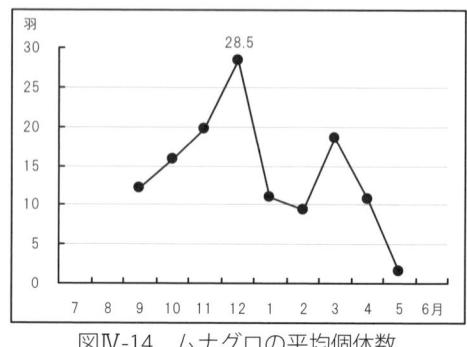

図Ⅳ-14. ムナグロの平均個体数

・最多羽数　123羽（2005.10.24）久部良ゴミ捨場近くの牛の放牧場40羽, 割目35羽, 久部良港26羽, 桃原牧場22羽

95. ダイゼン　*Pluvialis squatarola*

　主に春秋に通過する旅鳥である。春（3, 4月）の個体数は65羽（82.3％）, 秋（9～11月）は8羽（10.1％）なので, 春のほうが秋より圧倒的に多いが, 観察総数は79羽で少ない。6月や冬（12, 1月）の記録もある。久部良港とクルマエビ養殖場前の海岸の岩場でほとんどが観察された。

・最多羽数　40羽（2002.4.30）　東崎の海面上を北東へ渡る

96. ケリ　*Vanellus cinereus*

　春（3, 4月）と秋（11月）に観察された旅鳥である。比川水田と祖納水田での観察が多かったが, イベント広場や久部良ミト, 久部良ゴミ捨場近くの牛の放牧場等で同じ1個体が10回観察された。

97. タゲリ　*Vanellus vanellus*

　春（3～5月）は13羽（2.6％）で少なく, 秋（10, 11月）は223羽（44.4％）, 冬（12～2月）は266羽（53.0％）となるので冬鳥と思われる。2006年2月18日に久部良港で西の海上から1羽が渡来した。久部良ゴミ捨場近くの牛の放牧場と祖納の牧草地が主な観察場所であった。祖納水田や割目, 桃原牧場等でも観察された。

・最多羽数　39羽（2005.12.9）　久部良ゴミ捨場近くの牛の放牧場33羽, 祖納の牧草地6羽

○ シギ科　SCOLOPACIDAE

　シギ科はキョウジョシギ, ヨーロッパトウネン, トウネン, ヒバリシギ, オジロトウネン, ヒメウズラシギ, アメリカウズラシギ, ウズラシギ, ハマシギ, サルハマシギ, コオバシギ, オバシギ, ミユビシギ, ヘラシギ, エリマキシギ, キリアイ, ツルシギ, アカアシシギ, コアオアシシギ, アオアシシギ, クサシギ, タカブシギ, メリケンキアシシギ, キアシシギ, イソシギ, ソリハシシギ, オグロシギ, オオソリハシシギ, ダイシャクシギ, ホウロクシギ, チュウシャクシギ, コシャクシギ, ヤマシギ, アマミヤマシギ, タシギ, ハリオシギ, チュウジシギ, オオジシギ, コシギの39種,

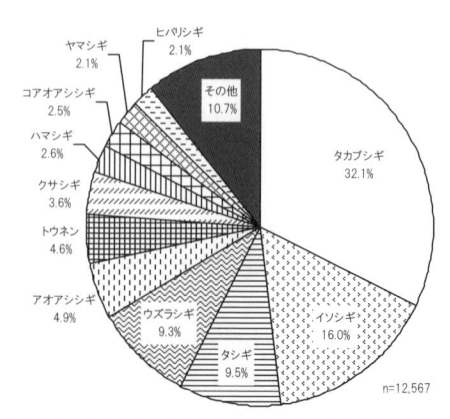

図Ⅳ-15. シギ科の構成比

12,567羽が観察された。
　最も多いタカブシギが4,037羽（32.1％），以下，イソシギ2006羽（16.0％），タシギ1,188羽（9.5％），ウズラシギ1,163羽（9.3％），アオアシシギ611羽（4.9％）と続く。

98．キョウジョシギ　*Arenaria interpres*
　春（4，5月）と秋（9，10月）に通過する旅鳥で，春は19羽（57.6％），秋は14羽（42.4％）記録された。観察総数は33羽で少ない。観察場所は一定しておらず，カタブル浜やクルマエビ養殖場，比川浜，比川水田，南牧場，久部良港，久部良中学校，田原湿地，祖納水田，祖納の牧草地等に分散している。
・最多羽数　3羽（2003.9.17／2005.4.23）　南牧場3羽／比川浜2羽，久部良中学校1羽

99．ヨーロッパトウネン　*Calidris minuta*
　春（4，5月）と秋（9〜11月）に通過する旅鳥である。春は5羽（33.3％），秋は10羽（66.7％）。観察総数は15羽で少ない。観察場所は祖納水田や比川水田，久部良港でいずれも1羽で観察された。与那国島初記録の種である。

100．トウネン　*Calidris ruficollis*
　春（3〜5月）と8〜10月に通過する旅鳥である。春は440羽（76.5％），秋は128羽（22.3％）で春のほうが秋よりも多い。6, 11, 12月にも少数が観察された。観察総数は575羽で少ない。観察場所は祖納水田やカタブル浜，比川水田，桃原牧場，久部良港等であった。
・最多羽数　31羽（2003.4.24）　祖納水田

101．ヒバリシギ　*Calidris subminuta*
　春（4，5月）と8〜10月に通過する旅鳥である。春は26羽（9.8％），秋は239羽（89.8％）で秋のほうが圧倒的に多い。観察総数は266羽で少ない。水田を好み，祖納水田や比川水田，南帆安の水田，満田原水田で多く観察された。久部良ミトや桃原牧場，南牧場のため池，久部良ゴミ捨場，空港南畑のため池，立神岩付近のため池等でも観察された。
・最多羽数　31羽（2005.9.20）　祖納水田26羽，その他5羽

102．オジロトウネン　*Calidris temminckii*
　春（3，4月）と秋（9〜11月）に通過する旅鳥で，12月の記録もある。春は152羽（87.9％），秋は16羽（9.2％）で春の方が圧倒的に多い。主に祖納水田と久部良港で観察された。比川水田，久部良ミト，ゴミ焼却場近くの水溜り，コンクリート工場近くの水田等でも観察された。
・最多羽数　12羽（2004.3.30／2004.4.1）　久部良港8羽，祖納水田4羽／祖納水田10羽，久部良港2羽

103．ヒメウズラシギ　*Calidris bairdii*
　調査期間中に下記1例がある迷鳥。春の記録は珍しいと思われる。与那国島初記録の種である。

2005.5.9	1羽	祖納水田

104．アメリカウズラシギ　*Calidris melanotos*
　調査期間中に下記6例がある旅鳥である。与那国島初記録の種である。

2004.9.28, 30, 10.1	幼鳥1羽	祖納水田	2005.5.7, 8, 10	夏羽1羽	比川水田

105．ウズラシギ　*Calidris acuminata*
　春（3〜5月）と8〜11月に通過する旅鳥である。春は1,120羽（96.3％），秋は35羽（3.0％）で春のほうが圧倒的に多い。6月上旬に8羽（0.7％）の記録もある。与那国島を代表するシギの1つ。祖納水田と比川水田でほとんどが観察され，コンクリート工場近くの水田や田原湿地でも少数が観察された。

- 最多羽数　81羽（2005.4.4）　祖納水田

106．ハマシギ　*Calidris alpina*
　春（3，4月），秋（9～11月），冬（12～2月）に観察され，越冬の確認もあるが，旅鳥と思われる。春は30羽（9.0%），秋は260羽（78.8%）で秋のほうが多い。観察総数は330羽で少ない。祖納水田と久部良港で多く観察されたが，比川水田や与那国空港，久部良中学校，満田原水田，祖納港，桃原牧場等でも観察された。
- 最多羽数　18羽（2005.11.18）　久部良港15羽，祖納水田3羽

107．サルハマシギ　*Calidris ferruginea*
　春（3～5月）と秋（9，10月）に通過する旅鳥。春は50羽（90.9%），秋は5羽（9.1%）で春のほうが圧倒的に多い。祖納水田で最も多く観察され，次が久部良ミトや空港南畑のため池であった。祖納の牧草地や比川水田，満田原水田等でも観察された。
- 最多羽数　夏羽4羽，冬羽1羽（2003.4.24，25）　両日共祖納水田

108．コオバシギ　*Calidris canutus*
　春（4，5月）に通過する旅鳥であり，調査期間中に下記の8例がある。与那国島初記録の種である。

| 2003.4.24～5.2（7日） | 成鳥夏羽1羽 | 祖納水田 | 2005.5.5 | 1羽 | 比川浜 |

109．オバシギ　*Calidris tenuirostris*
　春（4月）に通過する旅鳥である。観察総数は31羽で少ない。主に祖納水田やクルマエビ養殖場前の海岸，カタブル浜で観察された。久部良中学校や祖納港でも見られた。与那国島初記録の種である。
- 最多羽数　6羽（2003.4.8）　祖納水田4羽，クルマエビ養殖場前の海岸2羽

110．ミユビシギ　*Crocethia alba*
　春（3，4月）と秋（9，10月）に通過する旅鳥である。調査期間中に下記の5例がある。

2004.4.5	冬羽1羽	カタブル浜	2004.9.24	冬羽1羽	祖納水田
2005.3.14	冬羽1羽	カタブル浜	2005.10.24	冬羽1羽	久部良ゴミ捨場近くの牛の放牧場
2003.10.7	冬羽1羽	祖納水田			

111．ヘラシギ　*Eurynorhynchus pygmeus*
　春に通過する迷鳥で，調査期間中に下記の4例がある。与那国島初記録の種である。

| 2003.4.14 | 成鳥冬羽1羽 | 祖納水田 | 2003.4.15～17（3日） | 成鳥冬羽1羽 | コンクリート工場近くの水田 |

112．エリマキシギ　*Philomachus pugnax*
　春（3，4月）と秋（9，10月）に通過する旅鳥。観察総数は21羽で少ない。祖納水田や満田原水田，比川水田で主に観察されたが，祖納港や空港南水田，久部良ミト，久部良ゴミ捨場近くの牛の放牧場等でも見られた。
- 最多羽数　雄4羽，雌1羽（2004.9.26）　満田原水田

113．キリアイ　*Limicola falcinellus*
　春に通過する旅鳥で，調査期間中に下記の3例がある。与那国島初記録の種である。

| 2004.4.4 | 夏羽1羽 | 祖納水田 | 2005.4.3，4 | 1羽 | 祖納水田 |

114．ツルシギ　*Tringa erythropus*
　春（3，4月）や秋（9～11月）に観察され，12月の確認もあるが旅鳥と思われる。観察総数は39羽と少ない。比川水田と祖納水田で多く観察されたが，満田原水田や久部良ミト，南牧場，祖納のゴミ捨場でも観察された。

・最多羽数　3羽（2004.3.24）　祖納のゴミ捨場

115. アカアシシギ　*Tringa totanus*
　主に春と秋に通過する旅鳥である。春（3～5月）は93羽（42.5％），秋（9～11月）は121羽（55.3％）で，12月にも5羽の観察例がある。秋の渡りは8月から始まっている。観察総数は219羽で少ない。比川水田と祖納水田，満田原水田でほとんどが観察されたが，コンクリート工場近くの水田やコスモ石油から比川へ行く途中の水田，久部良ミト等でも観察された。
・最多羽数　9羽（2003.4.6）　祖納水田6羽，比川水田3羽

116. コアオアシシギ　*Tringa stagnatilis*
　3～6月と8～11月に通過する旅鳥である。春は222羽（70.3％），秋は91羽（28.8％）で春のほうが多い。観察総数は316羽。祖納水田や比川水田，満田原水田でほとんどが観察されたが南帆安や久部良ミト，空港南畑のため池，南牧場のため池，久部良ゴミ捨場，コンクリート工場近くの水田，コスモ石油から比川へ行く途中の水田，満田原水田から西崎へ行く峠の水田等でも観察された。
・最多羽数　11羽（2003.4.6）　祖納水田6羽，比川水田5羽

117. アオアシシギ　*Tringa nebularia*
　主に春（3～5月）と秋（9～11月）に観察され，夏（6月）や冬（12，1月）の記録があり，越冬の確認もあるが旅鳥と思われる。春は260羽（42.6％），秋は282羽（46.2％）で春と秋の個体数はほとんど変わらない。秋の渡りは8月から始まる。夏は23羽（3.8％）で冬は46羽（7.5％）。最も多く観察されたのは祖納水田で，次いで比川水田や満田原水田，久部良ミト，南帆安で，空港南水田やコスモ石油から比川へ行く途中の水田等でも観察された。
・最多羽数　13羽（2005.4.17）　満田原水田

118. クサシギ　*Tringa ochropus*
　春（3，4月），秋（9～11月），冬（12～2月）に観察され，越冬の確認もあるが，旅鳥と思われる。多いのは秋で296羽（64.6％），春は89羽（19.4％），冬は73羽（15.9％）となっている。秋の渡りは8月から始まる。観察総数は458羽で少ない。多く観察されたのは南帆安や比川水田，祖納水田，田原湿地，満田原水田であった。次にコスモ石油から比川へ行く途中の水田や水道タンク下の水田，満田原水田から西崎へ行く峠の水田，新造成地のため池，空港南畑のため池。そのほか，空港南水田や割目，コンクリート工場近くの水田，立神岩近くのため池，比川水田から満田原水田に行く途中の水田等，いろいろな場所で観察された。
・最多羽数　10羽（2003.4.12）　比川水田5羽，コスモ石油から比川へ行く途中の水田4羽，祖納水田1羽

119. タカブシギ　*Tringa glareola*
　一年中観察され，毎年少数が越冬するが旅鳥と思われる。本種は最も個体数の多い，島を代表するシギである。春（3～5月）は2,810羽（69.6％），秋（9～11月）は1,190羽（29.5％）で春のほうが秋よりも多い。秋の渡りは7月から始まる。冬（12～2月）は36羽（0.9％）で少ない。主に祖納水田で観察され，次に比川水田や満田原水田，水道タンク下の水田，南帆安であった。そのほかに田原湿地や久部良ミト，コンクリート工場近くの水田，コスモ石油から比川へ行く途中の水田等でも観察された。
・最多羽数　220羽以上（2003.4.4）　祖納水田

120. メリケンキアシシギ　*Heteroscelus incanus*
　調査期間中に下記の1例があり，旅鳥と思われる。与那国島初記録の種である。

| 2005.5.7 | 1羽 | カタブル浜 |

121. キアシシギ　*Heteroscelus brevipes*
　春（3～5月）と秋（9～11月）に通過する旅鳥で，春は110羽（47.8%），秋は120羽（52.2%）でほとんど変わらない。秋の渡りは8月から始まる。観察総数は230羽で少ない。多く観察されたのはカタブル浜や祖納水田，比川水田である。比川浜や南帆安，南牧場，久部良港，クルマエビ養殖場，コスモ石油から比川へ行く途中の水田等でも観察された。
・最多羽数　10羽（2003.4.30と2004.5.6）　いずれもカタブル浜

122. イソシギ　*Actitis hypoleucos*
　9月～翌年6月まで観察され，毎年10～15羽程度が越冬しているので冬鳥と思われる。本種は島で2番目に個体数の多いシギである。平均個体数が多いのは秋（4.3羽/日）で，次が冬（2.6羽/日），春（2.5羽/日）と続く。秋の渡来は早く，7月から始まる。特に多く観察されたのは田原湿地と比川水田である。次に祖納水田や久部良港，クルマエビ養殖場，カタブル浜，久部良ミトと続く。満田原水田や桃原牧場，コスモ石油から比川へ行く途中の水田，祖納港，比川浜，比川浜近くの水路，久部良のゴミ捨場等，どこでも観察された。
・最多羽数　18羽（2004.3.27／2004.4.1）　祖納水田6羽，久部良ミト7羽，その他5羽／田原湿地8羽，その他10羽

123. ソリハシシギ　*Xenus cinereus*
　春（3～5月），夏（6月），秋（9月）に観察されたが，旅鳥と思われる。春は31羽（72.1%），秋は7羽（16.3%）で春のほうが秋より多いが，観察総数は43羽と少ない。主に比川水田と祖納水田で観察された。田原湿地や久部良ミト，満田原水田，クルマエビ養殖場でも観察された。
・最多羽数　3羽（2005.6.2）　比川水田

124. オグロシギ　*Limosa limosa*
　春（4，5月）に通過する旅鳥で，観察総数は14羽と少ない。祖納水田と比川水田でほとんど観察されたが，満田原水田でも確認された。与那国島初記録の種である。
・最多羽数　2羽（2005.5.4／2005.5.8）　いずれも祖納水田1羽，比川水田1羽

125. オオソリハシシギ　*Limosa lapponica*
　春（4，5月）に通過する旅鳥で，観察総数は19羽で少ない。カタブル浜での観察がほとんどであったが，比川水田や久部良港，久部良ミト，祖納の牧草地でも確認された。与那国島初記録の種である。
・最多羽数　2羽（2005.4.23～5.9）　いずれもカタブル浜で4回観察

126. ダイシャクシギ　*Numenius arquata*
春・秋に通過する旅鳥であり，下記の3例がある。

2003.3.11	1羽	満田原水田	2005.9.15	1羽	祖納水田
2005.9.11	1羽	田原湿地			

127. ホウロクシギ　*Numenius madagascariensis*
　春（3～5月）に通過する旅鳥であり，観察総数は17羽で少ない。主にカタブル浜と満田原水田で観察されたが比川浜や避難港，久部良中学校，祖納水田でも確認された。
・最多羽数　2羽（2003.3.20）　満田原水田

128. チュウシャクシギ　*Numenius phaeopus*
　主に春（4，5月）と秋（9，10月）に通過する旅鳥である。観察総数は41羽で少ない。春は16羽（39.0%）。秋は24羽（58.5%）で春と秋でそれほど変わらない。主に祖納水田や祖納港，東崎で観察されたが，田原湿地や浦野墓地，比川浜，南牧場，カタブル浜でも確認された。
・最多羽数　5羽（2005.4.16／2005.10.12）　祖納港／浦野墓地

129. コシャクシギ　*Numenius minutus*
　春（4月）に通過する比較的珍しい旅鳥である。観察総数は80羽で少ない。主に祖納の牧草地で観察されたが，割目や東崎，南牧場，祖納水田でも確認された。与那国島初記録の種である。
・最多羽数　12羽（2004.4.16）　祖納の牧草地

130. ヤマシギ　*Scolopax rusticola*
　秋の10月中〜下旬に渡来し，4月中旬ごろに渡去する冬鳥である。本種は観察時間が決まっているうえに，その時間が短いので苦労した。日の出前であれば薄暗い時間帯で，ねぐらに戻ってきたところや道路に降りているところ，夕方は日の入り後にねぐらから飛び立つところを観察した。ちなみにヨタカもヤマシギと同様の出現パターンである。こういった動きのため，観察総数は269羽で少ない。最も多く観察できたのはイランダ線で次が水道タンク付近，与那国嵩農道，森林公園と続く。そのほかに与那国中学校，田原湿地，桃原牧場等であった。
・最多羽数　12羽（2005.11.4）　イランダ線10羽，宇良部岳の北西にある峠1羽，与那国嵩農道1羽

131. アマミヤマシギ　*Scolopax mira*
　調査期間中に下記の1例がある迷鳥。与那国島初記録の種である。

| 2005.10.23 | 1羽 | 水道タンク付近 |

132. タシギ　*Gallinago gallinago*
　8月に渡来し，春は4月下旬〜5月上旬ごろに渡去する冬鳥である。観察総数は1,188羽でそれほど多くはないが，島を代表するシギの1つである。田原湿地と比川水田で多く観察され，祖納水田，満田原水田，焼却場近くの豚糞置場，水道タンク下の水田，南帆安，祖納の牧草地と続く。そのほかに与那国中学校や久部良中学校，久部良ミト，空港南畑のため池等，いろいろな場所で確認された。
・最多羽数　19羽（2004.10.14）　田原湿地9羽，比川水田8羽，満田原水田2羽

133. ハリオシギ　*Gallinago stenura*
　春（3〜5月）や秋（9〜11月），冬（12，1月）に観察されたが，春（38羽）や秋（29羽）に比べて冬（4羽）は少なく，旅鳥と思われる。秋の渡りは8月から始まる。観察総数は71羽で少ない。本種の識別は難しいので，確実な場合のみ採用した。田原湿地での観察例がいちばん多く，次に比川水田や祖納水田，久部良小・中学校であった。そのほかに与那国中学校や浦野墓地，割目，コンクリート工場近くの水田，満田原水田，桃原牧場，祖納水田近くの牛舎，北牧場，空港南畑のため池，久部良のゴミ捨場等で観察された。
・最多羽数　6羽（2005.4.15）　比川水田

134. チュウジシギ　*Gallinago megala*
　春（3〜5月）や秋（9〜11月），冬（1月）に観察された。春（44羽）や秋（21羽）に比べて冬（1羽）は少なく，旅鳥と思われる。秋の渡りは8月から始まる。観察総数は66羽で少ない。本種の識別は難しいので，確実な場合のみ採用した。比川水田や祖納水田，田原湿地で多く観察された。次に満田原水田や久部良のゴミ捨場，南帆安，与那国中学校であった。そのほかにコンクリート工場近くの水田やコスモ石油から比川へ行く途中の水田，空港南水田，久部良ミト，空港南畑のため池，比川浜近くの水路等で観察された。
・最多羽数　8羽（2005.4.17）　祖納水田5羽，久部良中学校2羽，空港南水田1羽

135. オオジシギ　*Gallinago hardwickii*
　春（3〜5月）や秋（9〜10月）に通過する旅鳥である。春は88羽（59.5%），秋は60羽（40.5%）で春と秋がそれほど変わらない。春は3月下旬〜4月上旬ごろに渡りが始まる。「ズビー　ズビー」と鳴きながら飛び廻るディスプレイフライトが，2005年4月21日と4月28〜30日に田原湿地から祖納水田にかけて19時45分ごろに観察された（各1羽）。同じ年の秋9月17〜20日まで，毎日1〜3羽が田原湿地上空で19時〜19時40分ごろまで鳴きながらディスプレイ

フライトを行う様子も観察した。最も多く観察されたのは祖納の牧草地で次が田原湿地と祖納水田であった。そのほかに割目やコンクリート工場近くの水田，与那国中学校，樽舞湿地，比川水田でも観察された。
- ・最多羽数　10羽以上（2003.4.5）　祖納の牧草地4羽，樽舞湿地2羽以上，与那国中学校2羽，比川水田2羽

136. コシギ　*Lymnocryptes minimus*
調査期間中に下記の1例がある迷鳥。

| 2004.4.20 | 1羽 | 田原湿地 |

○ セイタカシギ科　RECURVIROSTRIDAE

137. セイタカシギ　*Himantopus himantopus*
　9～6月まで観察され，越冬も確認したが旅鳥と思われる。平均個体数は秋（9～11月）が6.5羽/日で最も多く，春（3～5月）は3.5羽/日，夏（6月）は2.1羽/日で，冬（12～2月）は最も少ない1.3羽/日である。秋の渡来は8月から始まる。観察総数は2,630羽で，島では多いシギの1つである。亜種オーストラリアセイタカシギ（H.h.leucocephalus）が2005年の9月3～5日に祖納水田，10月11日に久部良ミト，10月12日に空港南水田で各1羽観察された。観察場所は多く，どの水田でも観察された。特に多く観察されたのは祖納水田や久部良ミト，田原湿地，南帆安，満田原水田であった。次に比川水田，満田原水田から西崎へ行く峠の水田，コスモ石油から比川へ行く途中の水田，空港南水田，コンクリート工場近くの水田，樽舞湿地，久部良のゴミ捨場近くの牛の放牧場等である。
- ・春の最多羽数　70羽（2005.3.31）　　　祖納水田
- ・秋の最多羽数　57羽（2004.9.26）　　　16ヶ所の合計羽数

138. ソリハシセイタカシギ　*Recurvirostra avosetta*
秋・冬に観察された迷鳥で下記の記録がある。与那国島初記録の種である。

| 2003.11.13～12.14 | 幼鳥1羽 | 空港南水田20回以上，祖納水田2回（終認は仲嵩剛氏による） |
| 2005.12.09 | 成鳥3，幼鳥1羽 | 比川水田 |

○ ヒレアシシギ科　PHALAROPODIDAE

139. アカエリヒレアシシギ　*Phalaropus lobatus*
春・秋に通過する旅鳥で下記の8例がある。

2004.3.31	冬羽1羽	久部良ミト	2005.5.7	冬羽1羽	カタブル浜
2005.3.13	冬羽3羽	祖納水田2羽，比川水田1羽	2004.10.23	冬羽1羽	比川水田
2005.3.14	冬羽3羽	比川水田	2005.9.5	冬羽1羽	田原湿地
2005.3.18・19	冬羽1羽	祖納水田			

○ ツバメチドリ科　GLAREOLIDAE

140. ツバメチドリ　*Glareola maldivarum*
　春（3～5月）や夏（6月），秋（9，10月）に観察された旅鳥である。春は855羽（96.5％），秋は16羽（1.8％）で春のほうが秋より圧倒的に多い。3月上～中旬に島に第1陣が飛来する。最盛期は4月で，観察総数886羽は多くないが，春の渡りを実感させてくれる種である。2002年～2005年の春には午前中に北～北東方向へ渡っていく様子が何回も観察された。最も多く観察されたのは祖納の牧草地で，次いで与那国空港や祖納水田，久部良のゴミ捨場，祖納ゴミ捨場，与那国小学校，東崎。そのほかに田原湿地，空港南水田，空港南畑，焼却場，森林公園等で観察された。
- ・最多羽数　40羽（2002.4.19）　焼却場13羽，その他27羽

○ トウゾクカモメ科　STERCORARIIDAE

141．トウゾクカモメ　*Stercorarius pomarinus*
調査期間中に下記1例がある。与那国島初記録の種である。

| 2002.4.27 | 1羽 | カタブル浜 |

142．シロハラトウゾクカモメ　*Stercorarius longicaudus*
調査期間中に下記1例がある。与那国島初記録の種である。

| 2005.4.20 | 1羽 | 比川浜でコアジサシを襲っていた |

○ カモメ科　LARIDAE

　カモメ科はユリカモメ，セグロカモメ，オオセグロカモメ，カモメ，ウミネコ，ズグロカモメ，ミツユビカモメ，ハジロクロハラアジサシ，クロハラアジサシ，オニアジサシ，オオアジサシ，ハシブトアジサシ，アジサシ，ベニアジサシ，エリグロアジサシ，マミジロアジサシ，セグロアジサシ，コアジサシ，クロアジサシの19種，5,379羽が観察された。カモメの仲間は予想を越える7種類も記録されたが個体数は少なかった。

　最も多いのがセグロアジサシで2,394羽（44.5%）。以下，クロハラアジサシ1,075羽（20.0%），クロアジサシ806羽（15.0%），エリグロアジサシ284羽（5.3%），マミジロアジサシ241羽（4.5%）と続く。

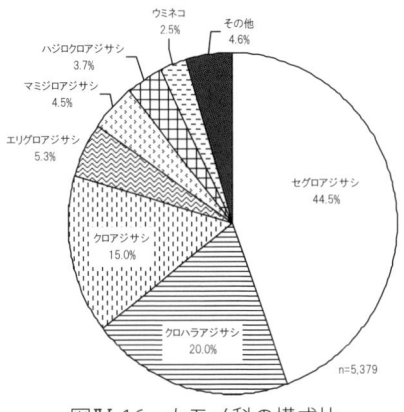

図Ⅳ-16．カモメ科の構成比

143．ユリカモメ　*Larus ridibundus*
　春（3，4月）や秋（10，11月），冬（12，1月）に観察された。冬鳥と思われる。観察総数は30羽で少なく，全て幼鳥であった。ほとんどが久部良港での観察であったが，久部良ミトや比川水田，クルマエビ養殖場でも観察された。
・最多羽数　幼鳥4羽（2006.1.13）　久部良港2羽，久部良ミト2羽

144．セグロカモメ　*Larus argentatus*
　春（4月）や秋（11月），冬（12〜2月）に観察された。島では冬鳥である。観察総数は12羽と少なく，成鳥は3回観察された。ほとんどが久部良港で観察したが，空港南水田とクルマエビ養殖場でも各1回観察された。
・最多羽数　幼鳥2羽（2006.1.13）　久部良港

145．オオセグロカモメ　*Larus schistisagus*
　11月に1回，1月に7回観察された冬鳥である。観察総数は8羽で少ない。観察したのは全て幼鳥で，全て久部良港で各1羽が観察された。与那国島初記録の種である。

146．カモメ　*Larus canus*
島では冬鳥で，12月と1月の記録がある。調査期間中に下記の5例がある。

2005.12.22	成鳥1羽	クルマエビ養殖場沖	2006.1.15	幼鳥1羽	久部良港
2006.1.7	幼鳥1羽	久部良港	2006.1.17	幼鳥1羽	久部良港
2006.1.13	幼鳥1羽	久部良港			

147．ウミネコ　*Larus crassirostris*
　11〜4月まで観察された冬鳥である。カモメ類は観察数が少ない中，本種は観察総数が136羽と多かった。成鳥は25羽（18.4%），幼鳥は111羽（81.6%）で幼鳥が大部分を占める。越冬は毎年ではなく，年により少数が越冬する。

ほとんどが久部良港での観察であるが，比川浜やクルマエビ養殖場，カタブル浜，祖納港でも確認された。
・最多羽数　成鳥1羽，幼鳥9羽（2006.1.13）　久部良港

148．ズグロカモメ　*Larus saundersi*
調査期間中に下記の1例がある。

| 2003.3.21 | 幼鳥1羽 | クルマエビ養殖場 |

149．ミツユビカモメ　*Rissa tridactyla*
調査期間中に下記の1例がある。与那国島初記録の種である。

| 2003.3.10 | 成鳥1羽 | 久部良港 |

150．ハジロクロハラアジサシ　*Chlidonias leucopterus*
春（5月），夏（6月），秋（9，10月）に観察された旅鳥である。春は137羽（69.5％），夏は35羽（17.8％），秋は25羽（12.7％）。春の渡来は5月上旬から始まることが多く，春は75％以上が成鳥夏羽のきれいな個体で，5月下旬から冬羽の個体が多くなり，6月はすべて冬羽であった。秋の個体もすべて冬羽であった。本種とクロハラアジサシの混群が祖納の牧草地でタイワンツチイナゴ等のバッタ目の昆虫を食べているのを何回も観察した。観察総数は197羽。多く観察されたのは祖納水田と満田原水田で，次に田原湿地や比川水田，祖納の牧草地，与那国小学校脇の貯水池（現在は埋められてなくなっている），クルマエビ養殖場，久部良ミト等で観察された。与那国島初記録の種である。
・最多羽数　夏羽12羽，冬羽20羽（2004.5.23）　満田原水田18羽，祖納水田10羽，田原湿地4羽

151．クロハラアジサシ　*Chlidonias hybridus*
春（3〜5月），夏（6月），秋（9〜11月），冬（1月）に観察された旅鳥である。観察総数は予想より多かった。春は404羽（37.6％），秋は632羽（58.8％）で春より秋のほうが多い。春の渡来は3月下旬〜4月上旬に始まる。春は大半が成鳥夏羽で（89.3％），冬羽の個体は少なかった。秋の渡来は8月から始まる。祖納水田と田原湿地での観察が特に多く，次がクルマエビ養殖場や祖納の牧草地，久部良ミト，満田原水田，比川水田，桃原牧場，南帆安等いろいろな場所で観察された。
・春の最多羽数　夏羽33羽，冬羽7羽（2004.5.23）　祖納水田30羽，満田原水田7羽，久部良ミト3羽
・秋の最多羽数　50羽以上（2005.10.9）　クルマエビ養殖場

152．オニアジサシ　*Hydroprogne caspia*
春，秋に観察された迷鳥であり，下記の5例がある。与那国島初記録の種である。

2003.3.19	成鳥夏羽1羽	与那国小・中学校入口	2004.10.27	夏羽から冬羽へ移行中1羽	比川水田（10/26と同一）
2003.3.20	成鳥夏羽1羽	カタブル浜（3/19と同一）	2005.11.19	冬羽1羽	祖納水田
2004.10.26	夏羽から冬羽へ移行中1羽	満田原水田			

153．オオアジサシ　*Thalasseus bergii*
調査期間中に下記の2例がある迷鳥。与那国島初記録の種である。

| 2005.9.10 | 成鳥夏羽2羽 | クルマエビ養殖場 | 2005.9.11 | 成鳥夏羽1羽 | クルマエビ養殖場 |

154．ハシブトアジサシ　*Gelochelidon nilotica*
4〜6月と9月に観察された旅鳥であり，下記の7例がある。観察された個体はすべて成鳥夏羽のきれいな個体であったが，日本国内で成鳥夏羽の個体の記録は珍しいものと思われる。タイワンツチイナゴを牧草地で捕えて水田に戻

り，水に浸ける動作をくり返してから飲み込むのを何回も目撃しているので，タイワンツチイナゴが主食と思われた。与那国島初記録の種である。

2003.4.15	成鳥夏羽2羽	カタブル浜と祖納水田	2005.5.11	成鳥夏羽1羽	祖納水田
2003.4.16	成鳥夏羽1羽	祖納水田	2005.6.8	成鳥夏羽1羽	比川水田
2005.4.16	成鳥夏羽1羽	祖納港	2005.9.9	成鳥夏羽1羽	比川水田
2005.5.10	成鳥夏羽1羽	祖納水田			

155．アジサシ　*Sterna hirundo*

春（5月）と秋（9，10月）に観察された旅鳥である。観察総数は43羽で少ない。観察場所は春が避難港沖で，秋はクルマエビ養殖場でのみ観察された。春は亜種アジサシ（*S.h.longipennis*）のみであったが，秋は大半が足の赤い亜種アカアシアジサシ（*S.h.minussensis*）となった。また，9月はすべて成鳥夏羽だが，10月になると冬羽への換羽中の個体や幼鳥が加わった。与那国島初記録の種である。
・最多羽数　成鳥夏羽12羽以上（2005.5.7）　避難港沖

156．ベニアジサシ　*Sterna dougallii*

春（5月）と秋（9月）に観察された旅鳥である。春は106羽（99.1％），秋は1羽（0.9％）で春が圧倒的に多い。調査期間中に下記の4例がある。与那国島初記録の種である。

| 2004.5.7 | 成鳥夏羽80羽以上 | 避難港沖 | 2005.5.17 | 成鳥夏羽11羽 | クルマエビ養殖場沖 |
| 2004.5.24 | 成鳥夏羽15羽以上 | クルマエビ養殖場沖 | 2005.9.9 | 成鳥夏羽1羽 | 比川水田 |

157．エリグロアジサシ　*Sterna sumatrana*

5，6月と9月に観察された夏鳥である。西崎の灯台下の崖と立神岩付近で，雌への求愛給餌や交尾を何回も観察しているうえに，6月はいつ行っても西崎灯台の崖の上部で抱卵していて動かない個体が見られたので，繁殖しているものと考えられた。観察場所は西崎の灯台付近が最も多く，次が避難港沖や立神岩でクルマエビ養殖場沖でも観察された。与那国島初記録の種である。
・最多羽数　成鳥夏羽48羽以上（2004.5.30）　避難港沖40羽以上，西崎の灯台付近8羽

158．マミジロアジサシ　*Sterna anaethetus*

5，6月に観察された旅鳥である。春の渡来は5月上旬〜中旬に始まる。避難港沖で最も多く観察され，クルマエビ養殖場沖，西崎灯台沖，カタブル浜沖と続く。与那国島初記録の種である。
・最多羽数　110羽以上（2005.5.7）　クルマエビ養殖場沖

159．セグロアジサシ　*Sterna fuscata*

4〜6月に観察された旅鳥である。与那国島の南東40km付近にある仲之神島ではセグロアジサシやマミジロアジサシ，クロアジサシ等が繁殖しているため，観察総数が多いのもうなずける。春の渡来は4月下旬〜5月上旬に始まる。避難港沖で最も多く観察された。次にクルマエビ養殖場沖，西崎灯台沖，ダンヌ浜沖と続く。
・最多羽数　480羽（2005.5.31）　クルマエビ養殖場沖300羽，避難港沖180羽

160．コアジサシ　*Sterna albifrons*

春（4月）と秋（9，10月）に観察された旅鳥であり，下記の8例がある。観察総数は23羽で少ない。与那国島初記録の種である。

2003.4.15	夏羽1羽	比川浜	2005.9.23	1羽	クルマエビ養殖場沖
2004.4.8	夏羽14羽	比川浜	2005.9.30	1羽	祖納港
2005.4.20	夏羽1羽	比川浜	2005.10.10，11	1羽	クルマエビ養殖場沖
2005.9.11	3羽	クルマエビ養殖場沖			

161. クロアジサシ　*Anous stolidus*

4～6月や9，10月に観察されており，夏鳥と思われる。春・秋に避難港沖やクルマエビ養殖場沖で観察される場合が多かったが，6月に入ると西崎灯台下の崖を出入りしている個体や，ペアで飛翔したり休息している個体を多く観察しているので繁殖しているものと考えられる。与那国島初記録の種である。

・最多羽数　520羽以上（2003.9.17）　避難港沖500羽以上，西崎灯台付近20羽以上

● ハト目　COLUMBIFORMES
○ ハト科　COLUMBIDAE

ハト科はカラスバト，シラコバト，ベニバト，キジバト，キンバト，ズアカアオバトの6種，40,995羽が観察された。最も多いキジバトが38,445羽（93.8%）。以下，キンバト1,707羽（4.2%），ズアカアオバト397羽（1.0%），カラスバト373羽（0.9%），その他（2種）73羽（0.2%）と続く。

162. カラスバト　*Columba janthina*

留鳥であるが，秋・冬は観察の機会が少ない。当地に生息しているのは亜種ヨナクニカラスバト（*C.j.stejnegeri*）とされているが，亜種カラスバトとの違いはよくわからなかった。立神岩が本種の集団繁殖地で，集まり具合は年によって異なるが4月中～下旬から繁殖が始まる。交尾や抱卵の様子は観察できたが，ガジュマルの木が邪魔をして卵や雛の確認はできなかった。　5～6月は立神岩での観察がほとんどであったが，そのほかの月は与那国嵩農道や南帆安，森林公園，久部良公民館の隣の神社での確認が多かった。そのほかに水道タンクや新造成地，祖納の牧草地，東崎，比川水田，比川水田と満田原水田の間，満田原水田，満田原水田から西崎へ行く峠で観察された。

・最多羽数　41羽（2004.6.16）　立神岩

163. シラコバト　*Streptopelia decaocto*

調査期間中に下記の1例がある迷鳥である。沖縄県初記録の種である。

| 2004.5.23 | 成鳥1羽 | 桃源牧場 |

164. ベニバト　*Streptopelia tranquebarica*

3～6月や9～11月，1月に観察された旅鳥で，きれいでかわいい本種はバードウォッチャーに人気がある。個体数が多かったのは春（3～5月）の32羽と，秋（10, 11月）の29羽であった。桃原牧場や久部良ゴミ捨場近くの牛舎，久部良ミト脇の牛舎，祖納水田近くの牛舎等，特に牛舎での観察例が多く，次いで田原湿地や南帆安，祖納ゴミ捨場脇の林，久部良ミト，与那国中学校，そのほかに比川水田や祖納の下宿近く，東崎，森林公園，空港南畑，久部良小・中学校，南牧場，クルマエビ養殖場等で観察された。キジバトと一緒にいる場合もあった。

・最多羽数　成鳥雄2羽，雌タイプ3羽（2003.5.16）　桃原牧場

165. キジバト　*Streptopelia orientalis*

留鳥だが平均個体数の変動は大きく，夏（6月）が112.2羽/日で最も多く，次に春（3～5月）の80.4羽/日，秋（9月～11月）38.7羽/日，冬（12月～2月）35.2羽/日と少なくなる。3～6月にかけては個体数が増加しているが，9～11月は減少し，12月と1月は再び増加している。このことは留鳥と考えられている本種が渡りをしている可能性が高いことを意味している。当地に生息しているのは亜種リュウキュウキジバト（*S.o.stimpsoni*）とされている。しかしながら冬季には明らかに亜種キジバト（*S.o.orientalis*）と考えられる個体が少数ではあるが群れの中で観察されている。

牛舎では40羽以上の群れが観察されているが，最大の群

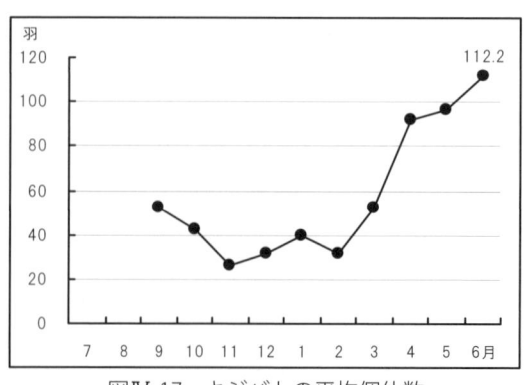

図Ⅳ-17．キジバトの平均個体数

れは2006年1月25日に観察した祖納水田近くの牛舎の73羽であった。個体数の多い牛舎を順に並べると，祖納水田近くの牛舎，桃原牧場，久部良ゴミ捨場近くの牛舎，久部良ミトわきの牛舎となり。祖納部落や比川部落もよい観察場所であった。ねぐらは田原湿地の奥の林にあり，毎朝30羽前後が飛び出してきた。そのほかに本種は島内全域で観察された。なお，新造成地で2004年4月26日にヒマワリの実に約80羽が集まっていた。
・最多羽数　180羽以上（2004.6.7と2005.4.22）　祖納水田53羽，その他127羽。祖納水田近くの牛舎38羽，その他142羽

166. キンバト　*Chalcophaps indica*

　留鳥だが平均個体数の変動は大きい。最も多いのは夏（6月）で13.1羽/日。次に春（3～5月）で4.2羽/日，秋（9～11月）と冬（12～2月）は0.6羽/日で少ない。島を代表する種で，春から夏の繁殖期は姿を見る機会が多くなる。「ウーウー」や「ウオットウオット」と鳴く声で生息を確認できた。秋と冬は森林内で静かにしているものと思われる（冬は時々弱々しく鳴いていた）。個体数が多かったのは与那国嵩農道や森林公園，田原湿地で次に水道タンク付近や久部良ミト，桃原牧場，祖納の牧草地等であった。

・最多羽数　35羽（2004.6.11）　森林公園25羽，その他10羽

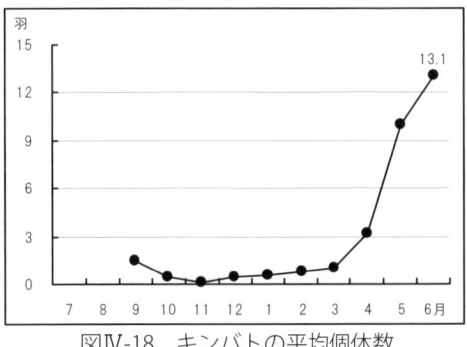

図Ⅳ-18．キンバトの平均個体数

167. ズアカアオバト　*Sphenurus formosae*

　留鳥であるが，春（3～5月）から夏（6月）は鳴き声よりも姿での確認が多くなり，特に繁殖期の5,6月は個体数が多かった。秋（9～11月）や冬（1月）はほとんどが鳴き声での確認になり，個体数も少なかった。2004年6月4日に水道タンク付近のリュウキュウマツに雄がギンネムの枯れ枝をくわえて枝先の葉が込み合っているところに運んでいた。キジバトよりも作りのしっかりした巣であった。2004年6月15日に森林公園で観察した雄には，頭上にかなりはっきりした赤色部があり，その後も数回観察した。多く観察されたのは森林公園で，次いで水道タンク付近や与那国嵩農道であった。そのほかに久部良ミトや焼却場，比川水田と満田原水田間の道路，祖納の牧草地の林等で観察された。

・最多羽数　10羽（2004.5.27／2004.6.2／2004.6.5）　いずれも森林公園

● **カッコウ目**　CUCULIFORMES
○ **カッコウ科**　CUCULIDAE

　カッコウ科はオオジュウイチ，ジュウイチ，セグロカッコウ，カッコウ，ツツドリ，ホトトギス，オニカッコウ，バンケンの8種，134羽が観察された。
　最も多いのがホトトギスで72羽（53.7%）。以下，オニカッコウ35羽（26.1%），ツツドリ9羽（6.7%），カッコウ8羽（6.0%）。その他（4種）10羽，7.5%である。

168. オオジュウイチ　*Cuculus sparverioides*

　調査期間中に3例がある迷鳥で，与那国島初記録の種である。2004年4月27日に南帆安で本種を見たとの連絡が入ったので，雨が降ったり止んだりしている天気であったが，仲嵩氏の車で1時間以上待ち，やっと姿を現した。喉は白く，胸は赤褐色，背中は茶色でアイリングは黄色。尾羽は太く長い。尾羽先端の黒い帯は太く，ほかの2本は細かった。成鳥と思われる。キリの木に止まったが，横に止まるのではなく，上体が起きていて縦に止まっている。しばらくして飛び去ったが，ハイタカ雌に近い体型で，大きさはオオタカ雄に近い。

図Ⅳ-19．カッコウ科の構成比

　2005年4月29日，前日に本種らしい鳥を見たとの情報があり，明るくなった新造成地の山際で待つと，約1時間後に林の上を飛んでいる姿を観察したが，4回ほど飛んだ後で林の奥に消えた。尾羽は長く，黒いバンドが3～4本見え

た。上面は茶褐色，胸～腹に縦斑があり，幼鳥と思われた。
　2005年5月17日，森林公園へ行く途中，コスモ石油のガソリンスタンドを過ぎた坂道で大きな鳥が飛んだ。体型から本種ではないかと思い，飛び込んだ林にゆっくり近づいた。するともう一度飛び，尾羽のバンド，胸の茶色，灰黒色の上面が見えたので本種の成鳥と確認した。

2004.4.27	成鳥1羽	南帆安	2005.4.29	幼鳥1羽	新造成地
2005.5.17	成鳥1羽	コスモ石油から比川へ行く最初の坂道			

169. ジュウイチ　*Cuculus fugax*

調査期間中に下記の4例がある旅鳥。

2003.5.11	2羽	満田原水田	2003.10.10	1羽	満田原水田
2005.5.2	1羽	田原湿地	2005.10.7	1羽	水道タンク付近

170. セグロカッコウ　*Cuculus micropterus*

調査期間中に下記の1例がある旅鳥。沖縄県初記録の種である

2005.5.20	1羽	田原湿地

171. カッコウ　*Cuculus canorus*

春・秋に通過する旅鳥であり，下記の8例がある。

2005.4.30	1羽	宇良部岳の北西にある峠	2005.5.15	1羽	祖納水田
2005.5.1	1羽	比川水田と満田原水田間の道路	2003.10.6	1羽	南牧場
2005.5.13	1羽	割目	2004.10.3	1羽	祖納の牧草地
2005.5.14	1羽	田原湿地	2005.10.3	1羽	比川水田と満田原水田間の道路

172. ツツドリ　*Cuculus saturatus*

春・秋に通過する旅鳥であり，下記の9例がある。

2003.4.10	1羽	東崎	2005.5.12	1羽	森林公園
2004.5.2	1羽	宇良部岳の北西にある峠	2004.10.4	1羽	満田原水田
2005.4.14	1羽	南帆安で鳴く	2005.9.29	1羽	水道タンク
2005.4.30	赤色型1羽	宇良部岳の北西にある峠	2005.10.8	1羽	満田原水田
2005.5.11	1羽	祖納の牧草地			

173. ホトトギス　*Cuculus poliocephalus*

　4月に渡来する夏鳥で，10月上・中旬が終認となる。2005年は4月からさえずっていた。2004年と2005年のさえずり個体数は両年とも最多の4羽であった。托卵相手は不明だが，本種がヒヨドリに追われているところを観察している。なお，赤色型を5羽（6.9％）観察した。　水道タンク付近や森林公園，田原湿地，祖納水田，コスモ石油から比川へ行く途中で多く観察されたが，さえずりでの確認が多かった。そのほかに宇良部岳の北西にある峠，空港南畑，満田原水田，比川水田，比川水田と満田原水田間，祖納の牧草地，南帆安，新造成地，与那国嵩農道等，いろいろな場所で観察された。

・最多羽数　赤色型1羽，3羽（2004.6.11）　森林公園
・最多羽数　　　　　　　4羽（2005.5.31）　田原湿地3羽，森林公園1羽

174. オニカッコウ　*Eudynamys scolopacea*

　2005年4～6月に観察された迷鳥である。4月5日に満田原水田の久部良ミト寄りの林から「コウエル　コウエル」という声を聞いて探したが見つからず，森林公園入口や与那国嵩農道でも鳴いていたが探せなかった。5月15日，鳴き声を追って30分も探し続けたが見つからなかった。5月16日，新造成地で5時35分にヒヨドリが鳴くとすぐに本種

が「コウエル　コウエル」と鳴きはじめ，30回以上も続けて鳴いたが，暗くて姿は見えない（この日の日の出は6時4分）。6時13分に2羽が一度に鳴く。6時28分，直線的な飛行で私の頭上を通過し，反対側の林へ雄が飛んだ。羽ばたきは割と浅くて早く，飛ぶスピードは遅かった。6時58分，「ピッピッピッピッ」と飛びながら鳴いていた雄が枝に止まる。全体的に黒いが濃い青色が入っている。嘴は黄緑色の入った象牙色で目は赤い。サトウキビ畑から近づいてデジカメで見ると上面に斑点があり，腹と尾は横縞があった。この個体は雌だったので，雌が鳴いているのかと思ったら，隣に雄がいた。近くにいるヒヨドリよりも大きく，太っている。雄は「カワウ　カワウ　カワウ」と弱い声で鳴いた。ここまでで観察を止めていつものルートに戻ると，少し離れた田原湿地で本種が3ヶ所で鳴いているのが聞こえた。夕方は17時27分より鳴きはじめ，見ると枝に止まっている。この日は4羽を確認した。

　2005年5月15日〜6月9日まで1〜5羽が新造成地を中心に祖納の牧草地，南帆安，割目，祖納水田にかけて観察され，鳴き声だけでなく姿もよく見られた（5月27日は鳴き声のみ確認）。

　本種には托卵の習性があり，与那国島ではヒヨドリの可能性があるのではないかと考え，ヒヨドリとの関係が気になっていた。5月18日以降オニカッコウはペアで行動し，雄はヒヨドリを追い払っていたが，雌は逆にヒヨドリに追われているのを何回も観察した。繁殖した可能性が高いと思われる。私は6月10日に帰京したが，この期間中，少なく見積もっても雄10羽，雌3羽の合計13羽以上が渡来したことになる。その後，2006年10月10日に水道タンク付近で本種の声を10声以上聞いた。与那国島初記録の種である。

・最多羽数　雄成鳥3羽，雌2羽（2005.5.20）　新造成地

175. バンケン　*Centropus bengalensis*

　調査期間中に1例があり，台湾から飛来したものと思われる。2004年4月26日，小鳥の渡りを期待して早朝から満田原森林公園へ出かけたとき，私の5mくらい先で本種が左の林から道路を横切り，ゆっくり15m以上滑空して林の中に入った。最初はハイタカかと思ったが，それよりも大きい。尾羽は長くて太く，黒色の横線がたくさんあった。上面全体は一様に赤褐色で，翼先は丸く，初列風切の1本1本が開いて見え，翼幅は広かった。嘴は淡色で大きく太い。胸から腹部は薄い褐色に見えた。台湾の野鳥図鑑に本種の飛んでいる図があり，体型はまったく同じであった。またタイの図鑑にでていた体色から幼鳥と判断した。調査前に，渡来する可能性のある珍鳥リスト38種類を作って，心待ちにしていた鳥の1つで，ぜひ見たい鳥だったので，予想が当たってうれしかった。

| 2004.4.26 | 幼鳥1羽 | 森林公園 |

● フクロウ目　STRIGIFORMES
○ フクロウ科　STRIGIDAE

　フクロウ科はコミミズク，コノハズク，リュウキュウコノハズク，オオコノハズク，アオバズクの5種，2,779羽が観察された。

　最も多いのがリュウキュウコノハズクで2,454羽（88.3%）。以下，アオバズク306羽（11.0%），その他（3種）19羽（0.7%）となる。

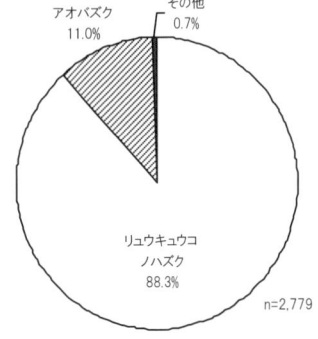

図Ⅳ-20．フクロウ科の構成

176. コミミズク　*Asio flammeus*

春・秋に観察された旅鳥で，下記の3例がある。

| 2003.3.18 | 1羽 | 南牧場 | 2004.10.20 | 1羽 | 森林公園 |
| 2003.11.21 | 1羽 | 森林公園入口の牧草地 | | | |

177. コノハズク　*Otus scops*

春に観察された旅鳥で下記の3例がある。古い話だが1982年3月26日に石垣島でコノハズクの声を一度に3羽も聞いたので，当地でも聞かれるのではないかと考えていた。予想通り3年続けて鳴いた。与那国島初記録の種である。

| 2003.03.17 | 1羽 | 田原湿地 | 2005.05.22 | 1羽 | 新造成地 |
| 2004.03.27 | 1羽 | 田原湿地 | | | |

178. リュウキュウコノハズク　*Otus elegans*

留鳥だが，鳴き声での確認がほとんどである。平均個体数は夏が7.7羽/日で最も多く，次いで春4.6羽/日，秋3.3羽/日となり，冬は弱々しく鳴くので1.8羽/日と少なくなる。鳴くのは日の入り後から日の出前のため，島全ての個体数を把握できていない。このデータは田原湿地周辺とコスモ石油から与那国嵩農道までの間の範囲である。

・最多羽数　14羽（2004.6.7／2004.6.11）　田原湿地7羽，コスモ石油～久部良ミト7羽／田原湿地7羽，コスモ石油～森林公園7羽

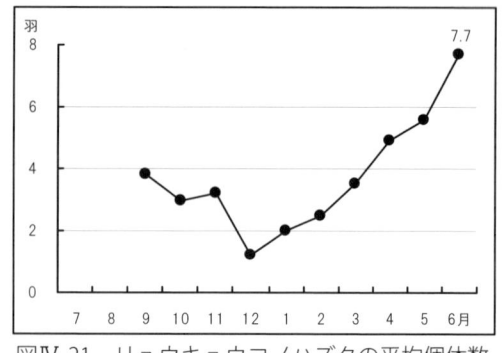

図IV-21．リュウキュウコノハズクの平均個体数

179. オオコノハズク　*Otus lempiji*

3～6月と10，11月に観察されたが，旅鳥と思われる。観察総数は13羽で少ない。ほとんどが田原湿地で確認されたが，森林公園や祖納の下宿での確認もあった。与那国島初記録の種である。

・最多羽数　2羽（2002.3.19）　祖納の下宿

180. アオバズク　*Ninox scutulata*

9～6月まで毎月観察されている。当地では留鳥で一年中鳴くが，冬（12～2月）は鳴く頻度が減り，探すのが難しくなるため個体数が少なかった。逆に個体数が多いのは3～6月の繁殖期であった。よく観察されたコスモ石油から比川へ行く最初の坂道付近や与那国嵩農道，イランダ線，新造成地，水道タンク付近等では繁殖しているものと思われる。そのほかの観察場所は田原湿地や与那国中学校，祖納の部落，森林公園等である。

・最多羽数　4羽（2005.4.12のほか5回（省略））　田原湿地2羽，祖納部落2羽。

● ヨタカ目　CAPRIMULGIFORMES
○ ヨタカ科　CAPRIMULGIDAE

181. ヨタカ　*Caprimulgus indicus*

4，6月と9～1月に観察された。2年連続して越冬したので冬鳥と思われる。越冬場所は与那国嵩農道と水道タンク付近である。本種の越冬は国内初と思われる。秋（9～11月）が最も多い25羽（65.8％）で，次が冬（12，1月）の9羽（23.7％）であった。観察総数は38羽と少ない。

2005年4月24日，田原湿地で日の出前の5時35分に「キョッキョッキョッ…」と鳴いた一例以外は姿での確認である。本種が道路の中央に止まり，フライングキャッチで虫を捕るのを観察できたのは大きな収穫であった。上記の越冬場所以外での観察はイランダ線や森林公園，コスモ石油近くの沖縄電力事務所等であった。

・最多羽数　2羽（2005.11.3）　水道タンク付近
・最多羽数　雄1羽，雌1羽（2005.11.13）　与那国嵩農道

● アマツバメ目　APODIFORMES
○ アマツバメ科　APODIDAE

アマツバメ科はヒマラヤアナツバメ，ハリオアマツバメ，ヒメアマツバメ，アマツバメ，ヨーロッパアマツバメの5種，1,043羽が観察された。

最も多いのがアマツバメで637羽（61.1％）。以下，ヒメアマツバメ245羽（23.5％），ハリオアマツバメ79羽（7.6％），ヒマラヤアナツバメ76羽（7.3％），ヨーロッパアマツバメ6羽（0.6％）である。

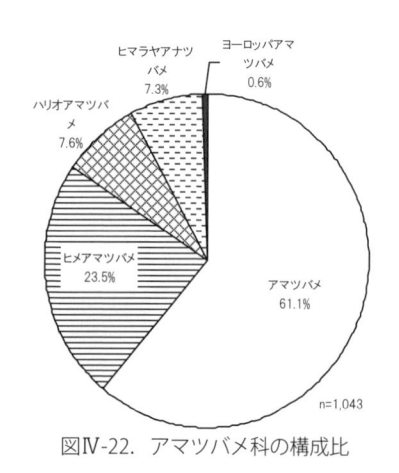

図IV-22．アマツバメ科の構成比

182. ヒマラヤアナツバメ　*Collocalia brevirostris*

　春（3～5月）と秋（9，11月）に観察された迷鳥で，個体数は少ないが，春はほぼ毎年渡来している。春は74羽（97.4%），秋は2羽（2.6%）で春が圧倒的に多い（特に5月）。単独で飛ぶときもあったが，イワツバメやツバメ，コシアカツバメ，ヒメアマツバメ，アマツバメ，ハリオアマツバメの中の1～5種類と混群で飛んでいる場合も多かった。
　アマツバメやヒメアマツバメのように上面は黒くなく，全体的に薄い茶褐色で，喉から腹部は白っぽい淡褐色。ヒメアマツバメと大きさはそれほど変わらないが，尾羽は長く見え，先端は少し凹んでいる。腰は成鳥が淡色，幼鳥は上面の色とほとんど変わらなかった。左右によく動きながら飛び，小刻みに早く浅いはばたきと滑翔が主である。翼下面の初列風切～三列風切の先は下から見ると透けて見える。田原湿地に夕方やってきた群れは私の手が届きそうな近くを飛び，まるで小型のコウモリのような飛び方をしながら，寝る前の採食をしているようであった。
　多く観察されたのは満田原水田の山側や田原湿地，与那国嵩農道，焼却場の山側で，そのほかに樽舞湿地や森林公園等でも観察された。与那国島初記録の種である。
・最多羽数　16羽以上（2005.5.4）　田原湿地14羽以上，満田原水田1羽，焼却場1羽

183. ハリオアマツバメ　*Hirundapus caudacutus*

　春（4，5月）と秋（9～11月）に通過する旅鳥である。春は38羽（48.1%），秋は41羽（51.9%）で春と秋はほとんど変わらない。多く観察されたのは森林公園で，次に満田原水田，東崎，水道タンク付近と続く。そのほかに久部良港や久部良ミト，南牧場，与那国嵩農道，比川水田と満田原水田間，祖納水田，祖納のゴミ捨場等で観察された。
・最多羽数　7羽（2005.4.29）　森林公園

184. ヒメアマツバメ　*Apus affinis*

　3～6月と9，11月に観察された旅鳥で，春の記録が大半を占める（236羽（96.3%））。春の渡来は3月中旬ごろから始まる。最も多く観察されたのは満田原水田で，次に田原湿地，東崎，比川水田，久部良ゴミ捨場であった。そのほかは森林公園や与那国中学校，祖納の牧草地，空港南水田等であった。与那国島初記録の種である。
・最多羽数　50羽以上（2004.5.5）　満田原水田

185. アマツバメ　*Apus pacificus*

　3～6月と9～11月に観察された旅鳥である。春は565羽（88.7%），秋は55羽（8.6%）で春のほうが秋より圧倒的に多い。島への渡来は春が3月中～下旬から，秋は9月上～中旬からである。多く観察されたのは森林公園や満田原水田，田原湿地で，祖納の牧草地や久部良ミトが続く。そのほかに東崎や祖納水田，祖納ゴミ捨場，水道タンク，宇良部岳の北西にある峠，比川水田，比川浜，樽舞湿地，久部良港，久部良ゴミ捨場で観察された。
・最多羽数　78羽（2005.5.15）　田原湿地

186. ヨーロッパアマツバメ　*Apus apus*

　春のみ記録のある迷鳥で，調査期間中に下記の3例がある。本種はアマツバメと大きさはほぼ同じであるが，腰が白くない点で識別する。以前中国の北京を訪れたとき，天安門広場で多数を観察した。

2002.4.24	1羽	祖納ゴミ捨場	2005.4.13	3羽	与那国嵩農道
2003.4.26	2羽	森林公園			

● ブッポウソウ目　CORACIIFORMES
○ カワセミ科　ALCEDINIDAE

　カワセミ科はヤマショウビン，アカショウビン，ナンヨウショウビン，カワセミの4種，697羽が観察された。
　最も多いのがカワセミで541羽（77.6%）。以下，アカショウビン146羽（20.9%），その他（2種）10羽（1.4%）である。

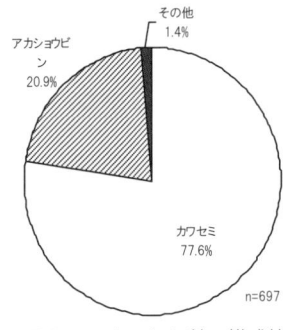

図IV-23．カワセミ科の構成比

187. ヤマショウビン　*Halcyon pileata*

春（4，5月）や秋（9月）に通過する旅鳥で，下記の9例がある。本種は大部分がタイワンツチイナゴを採食し，ほかにナキヤモリ（ホオグロヤモリ）やカニも食べていた。与那国島初記録の種である。

2003.4.28	1羽	トゥング田	2004.5.5	1羽	与那国中学校（5/4と同一）
2003.4.29	1羽	トゥング田（4/28と同一）	2004.5.27	1羽	久部良ミト
2004.4.27	1羽	ナーマ浜（西崎入口）	2005.4.24	1羽	ナーマ浜（西崎入口）
2004.4.28	1羽	南帆安	2004.9.29	1羽	田原湿地
2004.5.4	1羽	田原湿地にねぐら入り			

188. アカショウビン　*Halcyon coromanda*

4月中旬に渡来し，9月下旬〜10月上旬に渡去する夏鳥である。当地に飛来して繁殖しているのは亜種リュウキュウアカショウビン（*H.c.bangsi*）で，鳴き声は亜種アカショウビン（*H.c.major*）と異なり「フィレロローフィレロロー　フィレェ　フィレェ　フィレロロー」等と聞こえる。日の出前の田原湿地で鳴き声が毎日のように聞かれ，夕方も時々鳴いた。次いで森林公園や与那国嵩農道，水道タンク，祖納水田，そのほかに南帆安や宇良部岳の北西にある峠，新造成地，桃原牧場，久部良ミト，満田原水田等でも観察された。
・最多羽数　4羽（2005.5.27）　森林公園

189. ナンヨウショウビン　*Halcyon chloris*

調査期間中に1例の珍鳥で，与那国島初記録の種である。2003年9月20日，本種がいるとの連絡を受けて南帆安に急行すると，牛舎脇の枯れ木に止まっているのを見つけた。周辺は牛の放牧場でため池が3ヶ所ある。上面はコバルトブルーで，体下面や後頸は白く，嘴は長く黒色であった。よく見ると頭部は緑色味のある青色で，前頭に少し白い部分があった。胸に少しうろこ模様があり，足は黒かった。翌日の早朝には姿がなく，たった半日の滞在であった。

2003.9.20	1羽	南帆安

190. カワセミ　*Alcedo atthis*

8月に渡来し，越冬して5月末までに渡去する冬鳥である。島にいる個体数は全部で10羽以内と考えられる。主に田原湿地と祖納水田の田原川沿いで観察され，次に比川水田や久部良ミトであった。
・最多羽数　3羽（2002.3.29のほか15例（省略））　田原湿地2羽，祖納水田1羽

○ ブッポウソウ科　CORACIIDAE

191. ブッポウソウ　*Eurystomus orientalis*

春（4，5月）と秋（9，10月）に観察された旅鳥である。観察総数は30羽で少ない。春は4月下旬〜5月上旬，秋は8月から渡りが始まる。主に森林公園で観察された。次に比川水田や新造成地，比川水田と満田原水田間，イランダ線で，そのほかに樽舞湿地や水道タンク，比川浜，立神岩等で観察された。
・最多羽数　成鳥3羽（2004.10.11）　イランダ線2羽，比川水田1羽

○ ヤツガシラ科　UPUPIDAE

192. ヤツガシラ　*Upupa epops*

春（3，4月）や秋（9月），冬（12〜2月）に観察されたが，旅鳥と思われる。春は330羽（72.7％），冬は122羽（26.9％），秋は2羽（0.4％）で，春は冬や秋に比べて多い。少数が越冬しているが，春は渡り途中の群れが次々に渡来する。観察総数は454羽である。
　春の終認は4年間の調査で4月6〜13日の範囲に入り，渡りの時期が早い種であることを確認した。2006年2月2日に祖納ゴミ捨場近くの牛舎前の道路で観察された個体は，嘴で砂や小石を腹に運んで砂浴びをしていた。最も多く観察

されたのは与那国中学校の校庭と中庭で，次が測候所と与那国小学校であった。比川小学校周辺や久部良中学校，田原湿地，祖納の牧草地，祖納のゴミ捨場等でも観察された。そのほかに割目や外周道路，カタブル浜付近，イベント広場等でも確認された。

・最多羽数　16羽（2003.3.22）　与那国中学校6羽，測候所5羽，その他5羽

● キツツキ目　PICIFORMES
○ キツツキ科　PICIDAE

193．アリスイ　*Jynx torquilla*

春（3，4月）や秋（10，11月）に観察されたが旅鳥である。観察総数は12羽で少ない。よく観察されたのは与那国小学校と割目で，次にイベント広場や与那国中学校中庭，東崎，祖納の下宿（ひがし荘）の防風林であった。いずれも1羽で観察された。

● スズメ目　PASSERIFORMES
○ ヒバリ科　ALAUDIDAE

ヒバリ科はヒメコウテンシ，コヒバリ，ヒバリの3種，504羽が観察された。

最も多いのがヒバリで490羽（97.2%）。以下，ヒメコウテンシ12羽（2.4%），コヒバリ2羽（0.4%）である。

194．ヒメコウテンシ　*Calandrella cinerea*

春，秋，冬に観察された旅鳥で，下記の11例がある。与那国島初記録の種である。

2003.4.6～8	1羽	久部良ゴミ捨場（3回：同一）	2005.11.10, 14	1羽	東崎と割目（同一）
2003.4.26	1羽	東崎	2006.1.7～17	1羽	クルマエビ養殖場（4回：同一）
2004.11.1	2羽	クルマエビ養殖場			

195．コヒバリ　*Calandrella cheleensis*

秋に観察された旅鳥で，下記の2例がある。与那国島初記録の種である。

2004.10.30, 31	1羽	東崎（同一個体）

196．ヒバリ　*Alauda arvensis*

10～4月まで観察され，越冬も確認したが，旅鳥と思われる。秋の渡来は10月下旬～11月上旬に始まり，春の渡去は3月上旬ごろから始まる。亜種はわからないが，関東地方で見られる個体よりも大きく太っていて，体色は暗色で嘴は太短い。警戒心が強く，すぐに飛んでしまうので観察しづらかった。最も多く観察されたのは東崎の牛馬の放牧地で，次に祖納の牧草地，祖納水田であった。そのほかはクルマエビ養殖場前の草地，久部良ゴミ捨場近くの牛の放牧場，割目の放牧場，与那国空港等である。

・最多羽数　52羽（2003.10.31）　祖納水田に42羽の群れがいて，少し離れたところに3羽と7羽がいた。

○ ツバメ科　HIRUNDINIDAE

ツバメ科はショウドウツバメ，タイワンショウドウツバメ，ツバメ，リュウキュウツバメ，コシアカツバメ，ニシイワツバメ，イワツバメの7種，107,642羽が観察された。

最も多いのがツバメで105,417羽（97.9%）。以下，コシアカツバメ945羽（0.9%），イワツバメ766羽（0.7%），その他（4種）514羽（0.5%）である。

197．ショウドウツバメ　*Riparia riparia*

4～6月と9～12月に観察され，旅鳥と思われる。春は373羽（74.7%），秋は102羽（20.4%）で春のほうが秋より

も多い。観察総数は499羽で少ない。多く観察されたのは田原湿地や祖納水田，比川水田，満田原水田であった。次に南牧場や久部良ミトでその他に比川浜や樽舞湿地，与那国嵩農道，久部良中学校，祖納の牧草地で観察された。与那国島初記録の種である。
・最多羽数　64羽（2005.5.10）満田原水田25羽，祖納水田25羽，比川水田10羽，その他4羽

198. タイワンショウドウツバメ　*Riparia paludicola*

春，秋，冬に観察された迷鳥で下記の8例がある。本種はショウドウツバメに似ているが，体が少し小さく，胸の帯がない点が異なる。また，飛び方はゆっくりで滑空することが多いのも特徴である。本種は台湾に普通に生息しているので，時には与那国島にやってくるものと考えられる。

2002.4.4～6	1羽	祖納ゴミ捨場や牧草地，祖納水田（同一個体）	2004.11.10	1羽	水道タンク付近
2003.5.15	1羽	田原湿地奥のテンダハナタ	2005.11.25	1羽	久部良ミト
2004.5.5	1羽	満田原水田	2007.1.19	1羽	久部良ミト

199. ツバメ　*Hirundo rustica*

9～6月まで一年中観察されているが，旅鳥と思われる。越冬個体数は年により変動するが，2005～2006年の冬は20羽程度，2006～2007年の冬は45羽程度が越冬した。越冬個体はほとんどが幼鳥である。春の渡りの第1陣が与那国島に渡ってくるのは2月中旬ごろで雄の成鳥である。秋の渡りは早く7月から始まる。平均個体数が多いのは秋の9，10月で次に春の4月であった。観察総数は10万羽を超え，スズメの次に多い。与那国島を代表する種である。

2005年5月5日のねぐら入りは1,500羽であったが，翌6日のねぐら入りは300羽であった。従って6日の昼間に1,200羽以上が渡去したと考えられる。この日は南東の風が強く，渡りには絶好の条件であった。ねぐら入り個体数の違いや，昼間北方向へ渡る個体群を何回も観察しているので，本種は夜ではなく昼間渡って行くものと考えられる。

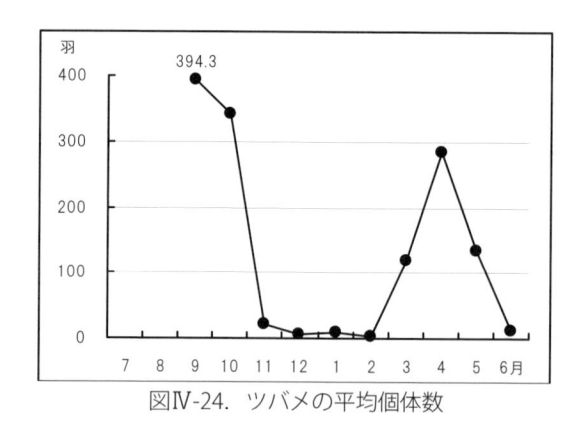

2002年春，2003年春，2004年春，2003年秋は田原湿地奥のアシ原をねぐらにしていた。田原湿地北のサトウキビ畑は2004年秋，2005年秋，理由はわからないが，2005年春は両方のねぐらを利用していた。ねぐら入りは日の入り後で，朝の飛び立ちは日の出前のまだ暗いうちから，鳴きながら飛び出していった。

春，秋のツバメは小さな集団で行動しているので島中で観察されたが，夕方のねぐら入りのときは大きな群れとなり，田原湿地に集まった。冬は春，秋と異なり，久部良ミトでの観察がほとんどでねぐらは見つからなかった。亜種アカハラツバメ（*H.r.saturata*）は春には時々観察され，2004年5月21日は亜種ツバメ（*H.r.gutturalis*）39羽の中に亜種アカハラツバメが10羽混じっていた。個体数の多い順に7例を示す。

図Ⅳ-24. ツバメの平均個体数

2005.10.15	2,000羽以上	田原湿地北のサトウキビ畑にねぐら入り
2005.10.16	1,800羽以上	田原湿地北のサトウキビ畑にねぐら入り
2005.10.17	1,700羽以上	田原湿地北のサトウキビ畑から朝の飛び立ち
2003.5.2	1,700羽以上	田原湿地奥のアシ原にねぐら入り
2003.4.27	1,500羽以上	田原湿地奥のアシ原にねぐら入り
2003.5.5	1,500羽以上	田原湿地奥のアシ原にねぐら入り
2005.10.9	1,500羽以上	田原湿地北のサトウキビ畑にねぐら入り

200. リュウキュウツバメ　*Hirundo tahitica*

4月にごく少数が観察された。旅鳥と思われる。下記の5例がある。

2002.4.23～29	成鳥1羽	祖納交番と田原湿地の間で4回観察（同一）
2003.4.3	1羽	与那国中学校中庭

201. コシアカツバメ　*Hirundo daurica*

　3～6月と9～12月に観察された旅鳥である。春（3～5月）は429羽（45.4%），秋（9～11月）は447羽（47.3%）で，春と秋は同じように渡来する。夏（6月）は68羽（7.2%），冬（12月）は1羽の記録のみである。個体数が多いのは5月と10月で，少ないのは9月と12月，3月である。春の渡来は3月中旬～4月上旬に始まり，秋は9月中旬～10月上旬である。多く観察されたのは比川水田や満田原水田，田原湿地，森林公園であった。次に南牧場や東崎，祖納水田，水道タンク。その他に立神岩，イランダ線，与那国嵩農道，クルマエビ養殖場，久部良ミト，満田原水田から西崎への峠，桃原牧場，空港南水田，祖納の牧草地，南帆安，割目等いろいろな場所で観察された。与那国島初記録の種である。

・最多羽数　80羽（2005.11.1）　比川水田

202. ニシイワツバメ　*Delichon urbica*

　調査期間中に下記1例がある迷鳥。以前舳倉島（石川県）で観察したことがある珍鳥で，2004年5月5日に満田原水田でコシアカツバメやイワツバメ，ツバメと共に飛んでいる2羽を観察した。大きさはイワツバメより大きく，体下面はイワツバメより白く，真っ白に見える。腰の白色部の幅は尾の先端の黒色部の3～4倍もあり，よく目立つ。尾の切れ込みはイワツバメより深い。与那国島初記録の種である。

203. イワツバメ　*Delichon dasypus*

　3～6月と9～1月に観察され，越冬の確認もあるが，旅鳥と思われる。春（3～5月）は323羽（42.2%），秋（9～11月）は295羽（38.5%）で春と秋は同じように渡来する。冬は144羽（18.8%）で少ない。春の渡来は3月中～下旬に始まるが，秋の渡来は9月中旬から10月上旬で年による変動が大きい。多く観察されたのは満田原水田と与那国嵩農道，森林公園，田原湿地であった。次に比川水田や水道タンク，比川小学校，樽舞湿地，カタブル浜，久部良ゴミ捨場近くの牛の放牧場，久部良港，東崎等である。

・最多羽数　90羽以上（2005.10.31）　満田原水田50羽以上，与那国嵩農道40羽以上

○ セキレイ科　MOTACILLIDAE

　セキレイ科はイワミセキレイ，ツメナガセキレイ，キガシラセキレイ，キセキレイ，ハクセキレイ，マミジロタヒバリ，コマミジロタヒバリ，ムジタヒバリ，ヨーロッパビンズイ，ビンズイ，セジロタヒバリ，ムネアカタヒバリ，タヒバリの13種46,445羽が観察された。

　最も多いツメナガセキレイが30,535羽（65.7%）以下，キセキレイ6,747羽（14.5%），ハクセキレイ2,712羽（5.8%），ムネアカタヒバリ2,521羽（5.4%），マミジロタヒバリ2,443羽（5.3%），その他（8種）1,487羽（3.2%）である。

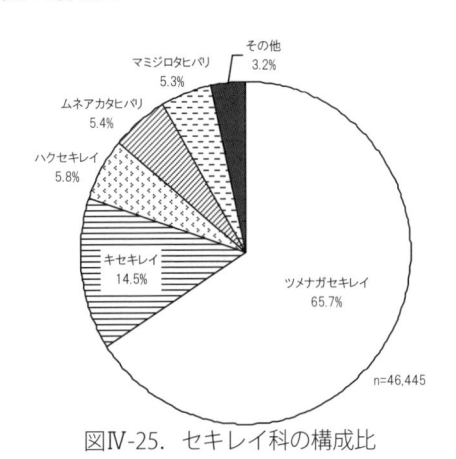

図Ⅳ-25. セキレイ科の構成比

204. イワミセキレイ　*Dendronanthus indicus*

春，秋に観察された旅鳥で下記の2例がある。

2002.4.12	1羽	森林公園付近の車道	2003.11.1	1羽	空港南畑の牛舎

205. ツメナガセキレイ　*Motacilla flava*

　9～6月まで観察され，毎年越冬しているが旅鳥と思われる。秋の渡来は早く，8月中旬から始まっている。与那国島を代表する種の1つで，平均個体数は春が15.7羽/日，秋が116.0羽/日春に比べ，秋が圧倒的に多い。最も多かっ

たのは9月（282.6羽/日）で，それ以降は10月（111.9羽/日），11月（26.7羽/日）と次第に少なくなり，12月（4.7羽/日）から更に1月（3.9羽/日），2月（1.9羽/日）にかけて減少が続いた。越冬個体数は20～30羽程度で少ない。

年度ごとに春と秋の平均個体数の関係をみると，春の平均個体数が多ければ秋も多く，春が少なければ秋も少ないことがわかった（下表）。

年	春（3月～5月）	秋（9月～11月）	秋/春
2003	20.9羽/日	136.0羽/日	6.51倍
2004	7.6羽/日	56.8羽/日	7.47倍
2005	26.0羽/日	146.5羽/日	5.63倍

亜種は春の3月中が亜種キマユツメナガセキレイ（*M.f.taivana*）が大半だが，4月上～中旬になると亜種マミジロツメナガセキレイ（*M.f.simillima*）がほとんどを占めた。春の3～5月の個体数の割合は亜種マミジロツメナガセキレイが90％以上で，亜種キマユツメナガセキレイは10％以下である。亜種キタツメナガセキレイ（*M.f.macronyx*）は毎年数羽程度。個体数が多いのは4月上旬～5月中旬だが，渡来しても次々と渡去してしまい，年により個体数の変動は大きく，最盛期は4月下旬～5月上旬であった。秋の場合は亜種マミジロツメナガセキレイが99％以上を占める。亜種キマユツメナガセキレイは9月から観察されるが，個体数は少ない。そして11月下旬にはほとんどが亜種キマユツメナガセキレイになるが全体では1％以下である。亜種キタツメナガセキレイは更に少なく，ごく少数しか観察されなかった。

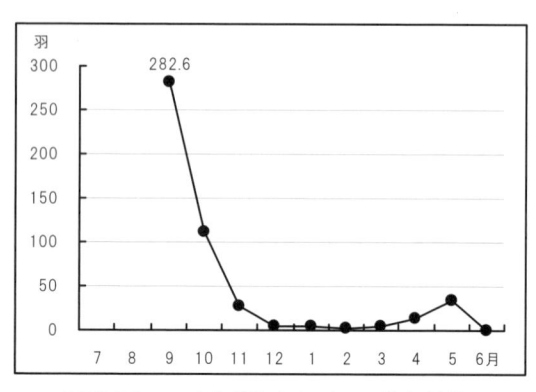

図Ⅳ-26．ツメナガセキレイの平均個体数

冬の2年間で亜種のわかった個体の割合は。亜種キマユツメナガセキレイ442羽（97.6％），亜種マミジロツメナガセキレイ10羽（2.2％），亜種キタツメナガセキレイ1羽（0.2％）で圧倒的に亜種キマユツメナガセキレイが多い。冬の個体数は少なく，最盛期がはっきりしなかった。

全島的に見られたが，特に多かったのは秋が東崎で冬は牛舎だった。春の渡りは田原湿地から夕方，北～西方向へ鳴きながら渡っていった。秋の渡りは東崎から午前中の早い時間に東方向へ渡っていく個体が多かった。なぜ南ではなく東方向なのかは不思議である。

- 春の最多羽数　353羽（2005.05.10）　田原湿地238羽，満田原水田65羽，比川水田25羽，その他25羽。
- 秋の最多羽数　2,160羽以上（2005.9.15）　東崎1,740羽，その他420羽
- 秋の2番目に多い羽数　1,850羽以上（2003.9.13）　祖納の牧草地200＋100羽，その他1,550羽（島中どこへ行っても200羽以下の群れが見られた）

206. キガシラセキレイ　*Motacilla citreola*

春に観察された旅鳥であり，下記の13例（17羽）がある。

日付	個体	場所	日付	個体	場所
2002.4.18	雄成鳥夏羽1羽	コンクリート工場近くの水田	2004.4.15	雄成鳥夏羽1羽	比川水田
2002.4.19	雄成鳥夏羽2羽	コンクリート工場近くの水田	2004.4.16	雄成鳥夏羽2羽	比川水田
2002.4.20	雄成鳥夏羽2羽，雌成鳥夏羽1羽	コンクリート工場近くの水田	2004.4.17	雄成鳥夏羽1羽	比川水田
2002.4.21	雌成鳥夏羽1羽	コンクリート工場近くの水田	2005.4.17	雄成鳥夏羽1羽	祖納水田
2002.4.22	雌成鳥夏羽1羽	コンクリート工場近くの水田	2005.4.19	雄成鳥夏羽1羽	祖納水田（別個体）
2002.4.28	雌第1回夏羽1羽	祖納水田	2005.4.23	雄成鳥夏羽1羽	クルマエビ養殖場
2002.4.29	雌第1回夏羽1羽	田原湿地			

207. キセキレイ　*Motacilla cinerea*

　9～6月まで観察され，冬鳥と思われる。平均個体数は秋が最も多い17.4羽/日。次に冬の8.6羽/日，春の6.3羽/日と続く。秋の渡りは早く，8月から始まる。個体数が多いのは9月と10月で越冬個体数は20～30羽であった。春の渡りは少なく，5月には終了して，6月は1羽しか観察されなかった。与那国島を代表する種の1つである。

　ねぐらは田原湿地のマングローブ林にあり，2005年10月4日にねぐらからの飛び立ちをカウントすると55羽であった。田原湿地に近い祖納地区を除いてこの日は15羽をカウントしたが，行動範囲が不明なのでこの15羽を加えないで合計55羽とした。水辺を好むため，観察場所は田原湿地が最も多く，次に各水田や久部良ミトであった。2ヶ所のゴミ捨場や牛舎，豚糞置場は餌が多いのでよく集まっていた。東崎は渡りのときに集まる場所で，秋はツメナガセキレイと同様に東方向へ渡っていった。

・最多羽数　55羽（2005.10.4）田原湿地のねぐらからの飛び立ち

208. ハクセキレイ　*Motacilla alba*

　9月～6月まで観察されたが，冬鳥である。観察総数は思っていたより少ない。平均個体数は春が最も多い6.3羽/日で，以下，冬の3.0羽/日，秋の2.7羽/日となる。越冬個体数は10～20羽程度であった。個体数が多いのは3月中旬～4月上旬で，その中でも3月中～下旬が特に多かった。4月中～下旬には少なくなり，5月上旬になるとほとんど見られなくなった。

亜種名	春		秋		冬	
	個体数	比率（％）	個体数	比率（％）	個体数	比率（％）
ハクセキレイ（*M.a.lugens*）	314	19.6	453	85.8	356	95.7
ホオジロハクセキレイ（*M.a.leucopsis*）	1,137	71.2	75	14.2	16	4.3
タイワンハクセキレイ（*M.a.ocularis*）	127	7.8	—		—	
シベリアハクセキレイ（*M.a.baicalensis*）	13	0.8	—		—	
メンガタハクセキレイ（*M.a.personata*）	7	0.4	—		—	
合計	1,598		528		372	

　上表は亜種の判明した個体数とその比率を表している。春は亜種ハクセキレイより亜種ホオジロハクセキレイのほうが圧倒的に多い。以下，亜種タイワンハクセキレイ，亜種シベリアハクセキレイ，亜種メンガタハクセキレイの順であった。亜種メンガタハクセキレイは2005年3月25日～4月1日まで久部良ゴミ捨場で観察された。秋は亜種ハクセキレイが亜種ホオジロハクセキレイを逆転し，冬は亜種ハクセキレイが亜種ホオジロハクセキレイを圧倒した。亜種の増減を見ると春の渡りでは，3月中は亜種ホオジロハクセキレイが大半を占めるが，4月に入ると亜種ハクセキレイの比率が高くなり，4月中旬からは亜種タイワンハクセキレイの比率が上がるが個体数は減少している。

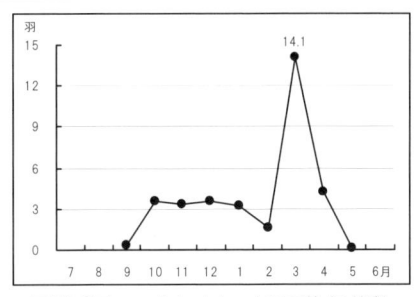

図Ⅳ-27．ハクセキレイの平均個体数

　一方，秋の渡りでは9月～10月上旬まで亜種ホオジロハクセキレイが大部分を占めるが，個体数は少ない。10月中旬から亜種ハクセキレイが圧倒的に多くなった。秋に個体数が多いのは10月中旬～11月下旬だった。冬の個体数は増減が少なく一定していた。2005年の冬は12月～2月17日まで亜種ハクセキレイばかりであったが，2月18日に初めて亜種ホオジロハクセキレイを観察した。2006年冬は12月25日まで亜種ハクセキレイばかりであったが，12月26日に初めて亜種ホオジロハクセキレイを観察した。

　島中で観察されたが，特に多かったのは祖納と久部良のゴミ捨場と牛舎のある放牧場であった。

・最多羽数　81羽（2004.3.30）　全島で

209. マミジロタヒバリ　*Anthus novaeseelandiae*

　9～5月まで観察された冬鳥である。秋の渡来は9月下旬ごろで春の渡去は5月上旬ごろが多い。越冬個体数は2005年

冬が50羽程度で，2006年冬は30羽程度であった。最盛期は10，11月で次に1～3月であった。観察総数はそれほど多くないが，与那国島は定期的にある程度の個体数が観察できるので貴重である。

秋の渡りは東崎で観察され，東方向と南方向への渡りであった。2006年1月1日に割目の放牧場で観察された個体はさえずりながら上昇と下降をくり返すディスプレイフライトをしていた。主な観察場所は祖納の牧草地，東崎，割目の放牧場やサトウキビ畑で多く，次に空港南畑や南牧場であった。時々行った北牧場は行けば必ず観察できた。

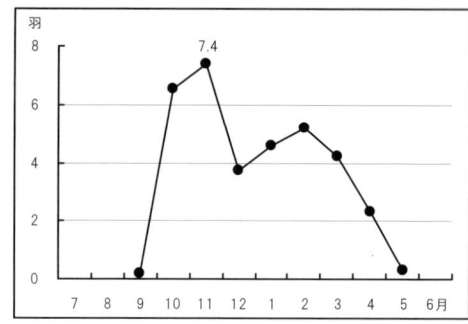

図IV-28. マミジロタヒバリの平均個体数

・最多羽数　48羽（2005.12.30）　割目の放牧場39羽，祖納の牧草地9羽

210.　コマミジロタヒバリ　*Anthus godlewskii*

10～1月と3，4月に観察され，越冬も確認したが旅鳥と思われる。本種はマミジロタヒバリよりも珍しく，少数が毎年渡来し，マミジロタヒバリと一緒に行動していることが多かった。特に電線に並んで止まり，かなり長い時間動かないので識別は比較的楽であった。生息環境はマミジロタヒバリと同様，コウライシバの牧草地や刈り取られた牧草地を好んでいた。春（3，4月）は1～3羽と少ないが毎年渡来し，秋（10，11月）は少数が年により渡来する。越冬は毎年ではないが，2006年の冬は3羽程度が越冬した。観察総数は36羽で少ない。多く観察されたのは祖納の牧草地や東崎，割目の放牧場であった。次いで割目の刈り取られたサトウキビ畑や空港南畑，カタブル浜付近の道路脇，与那国空港等である

・最多羽数　3羽（2007.1.17）　東崎

211.　ムジタヒバリ　*Anthus campestris*

2004年4月19日に割目の放牧場で成鳥1羽を観察した。当日は東崎でオオメダイチドリの夏羽2羽やムナグロ12羽を観察後，割目でマミジロタヒバリのよく出る放牧場へ行き，マミジロタヒバリ5羽の群れの中にひときわ白い個体を見つけた。一緒にいた小原伸一氏の600mm望遠レンズ等で観察すると，頭から背中にかけて薄いバフ白色で顔は白っぽく，背中の縦斑は見えずヌメッとしていた。嘴は黒く細長く見え，胸の縦斑はなかった。体下面の白が強い成鳥であった。大きさや草の中から顔を出す姿勢はマミジロタヒバリと同じだが，歩いているときはタヒバリに近い姿勢だった。体色は明らかにマミジロタヒバリよりも淡色（白色）であった。

（注）4月16，17日に真木広造氏が本種を東崎で見ており，間違いないとの連絡が入っていた。真木氏は以前カザフスタンで観察している。

212.　ヨーロッパビンズイ　*Anthus trivialis*

2004年4月19日に比川水田で1羽が観察された1例だけであり，迷鳥と思われる。なお，同じ水田には前々日までキガシラセキレイがいた。ビンズイと比べて全体的に褐色味が強く，緑色味はない。嘴は太く厚みがある。胸の縦斑は黒く細かい。背中の縦斑は黒褐色ではっきりしている。腹部は白っぽい。与那国島初記録の種である。

213.　ビンズイ　*Anthus hodgsoni*

9～5月まで観察された冬鳥である。秋の渡来は9月中旬～10月中旬で，春の渡去は4月中旬～5月中旬とバラツキが大きい。平均個体数が多いのは冬の12月（3.6羽/日）と1月（3.1羽/日）で，春の4月（3.1羽/日）も多いが，これは越冬個体ではなく，渡りで島に立ち寄った個体と思われる。秋の個体数は少ない。観察総数は999羽で多くない。2005年12月2日に割目のブッシュで86羽がねぐら入りしたのを観察した。観察場所は焼却場近くの豚糞置場やイベント広場，田原湿地，水道タンク付近，桃原牧場で特に多く，その次に南牧場，空港南畑，久部良ゴミ捨場，比川浜付近で，このほかにも各地で確認された。

・最多羽数　89羽（2004.4.28）　田原湿地ほか多数

214. セジロタヒバリ　*Anthus gustavi*

　春（3〜5月），秋（9〜11月），1月に観察された旅鳥である。春は6羽（7.9%），秋は65羽（85.5%）で春より秋のほうが多いが，最盛期は9月下旬〜10月中旬で，多くても1日5羽程度であった。観察総数は76羽で少ないが，本種はなかなか観察する機会の少ない鳥なので定期的に渡来する与那国島は貴重である。2006年冬は3羽程度が越冬した可能性が高い。ねぐらは田原湿地にあり，飛び立ち時には「チュッチュッチュッ」と鳴き，ねぐら入りのときも鳴きながら飛んでいることが多かった。2005年10月6日と27日に東崎から各1羽が東へ渡っていった。

　ねぐらのある田原湿地での観察が半数程度を占め，次いで森林公園や祖納の牧草地，水道タンク下の農道，田原湿地北側のサトウキビ畑，東崎等であった。そのほかにススキが両脇に生えている農道で見る場合もあった。与那国島初記録の種である。

・最多羽数　5羽（2005.10.5／2005.10.7）　田原湿地3羽，田原湿地北側のサトウキビ畑2羽／田原湿地5羽

215. ムネアカタヒバリ　*Anthus cervinus*

　9〜4月に観察され，春や秋の渡りの個体数が多い。越冬個体数は少ないが冬鳥と思われる。秋の渡来は9月下旬〜10月上旬で春の渡去は4月中旬〜5月上旬である。春（3，4月）は1,490羽（59.1%），秋（9〜11月）は770羽（30.5%）で春のほうが秋よりも多い。越冬個体数は2005年の冬は40羽程度で2006年は10羽程度であった。

　春と秋の渡来数や越冬個体数は年によりバラツキが大きい。最大の群れは2004年3月30日に祖納水田で雨の中を鳴きながら西方向から渡ってきた120羽以上の群れで水田に降りた。本種だけの群れで行動している場合が多かったが，タヒバリやマミジロタヒバリ，ツメナガセキレイと群れているときもあった。牛馬の放牧場や水田，サトウキビ畑，雑草の生えた畑等を好んだので，観察場所は東崎や割目，祖納水田，南牧場等であった。

・最多羽数　242羽（2004.3.30）　祖納水田120羽以上，割目48羽，南牧場30羽，東崎24羽，祖納の牧草地20羽

216. タヒバリ　*Anthus spinoletta*

　10〜4月に観察され，越冬する冬鳥である。秋の渡来は10月中旬〜11月上旬で，春の渡去は3月下旬〜4月中旬である。越冬個体数は2005年冬が40羽程度，2006年は20羽程度であった。観察総数は355羽で，ムネアカタヒバリよりも少ない。観察場所は主に与那国空港西側の空港拡張地や祖納水田，東崎で，そのほかに桃原牧場や久部良ゴミ捨場近くの牛の放牧場，コスモ石油から比川へ行く途中の水田等である。

・最多羽数　35羽（2006.2.3／2006.2.5）　コスモ石油から比川へ行く途中の水田／与那国空港西側の空港拡張地

○ サンショウクイ科　CAMPEPHAGIDAE

217. サンショウクイ　*Pericrocotus divaricatus*

　春（3〜5月）と秋（9〜11月）に観察された旅鳥である。春は127羽（11.6%），秋は965羽（88.4%）で春よりも秋のほうが圧倒的に多い。春の最盛期は4月上〜下旬で，秋は9月中旬〜10月上旬である。島に渡ってくる亜種を確認すると，亜種リュウキュウサンショウクイは12羽（1.5%）と少なく，ほとんどが亜種サンショウクイ782羽（98.5%）であった（下表）。

亜種名　＼　月	4月	5月	9月	10月	11月	合計（%）
亜種サンショウクイ（*P.d.divaricatus*）	31羽	1羽	736羽	14羽		782羽（98.5%）
亜種リュウキュウサンショウクイ（*P.d.tegimae*）			4羽		8羽	12羽（1.5%）

　観察総数1,092羽のうち，794羽（72.7%）の亜種が判明した。この結果から，亜種リュウキュウサンショウクイも個体数は少ないものの，渡りをしていることが明らかになった。群れの大きさは亜種リュウキュウサンショウクイが1羽〜5羽で小さく，亜種サンショウクイは30羽〜45羽の群れが5回観察され，いちばん大きな群れは100羽（2005.9.20）であった。ねぐら入りは田原湿地や水道タンク付近で観察され，2005年9月26日に田原湿地で46羽がねぐら入りした。

　春の渡りは2003年4月3日に久部良港で北西方向の海上から鳴きながら16羽が渡来した1例のみだが，秋の渡りでは

東崎で最大100羽の群れが2005年9月20日に南東方向の海上から渡来したほか6例がある。本種は夏（6〜8月）に1羽も観察されていないので繁殖はしていない。

観察場所は田原湿地が最も多く，次に森林公園や与那国嵩農道，東崎である。そのほかに与那国中学校や祖納のゴミ捨場，久部良ミト，久部良中学校，水道タンク付近，比川水田，満田原水田，祖納水田，カタブル浜等，いろいろな場所で観察された。

- 最多羽数　164羽（2005.9.20）　東崎

○ ヒヨドリ科　PYCNONOTIDAE

ヒヨドリ科はシロガシラ，ヒヨドリ，クロヒヨドリの3種，187,701羽が観察された。

最も多いシロガシラが97,711羽（52.1%）。以下，ヒヨドリ89,989羽（47.9%），クロヒヨドリ1羽（0.0005%）である。

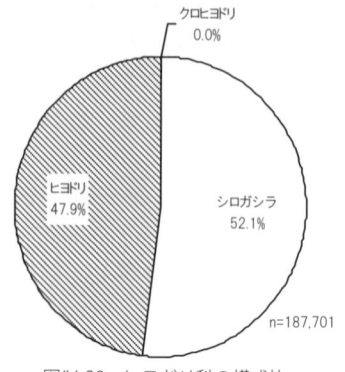

図Ⅳ-29．ヒヨドリ科の構成比

218．シロガシラ　*Pycnonotus sinensis*

与那国島を代表する留鳥であり，スズメ，ツバメに次いで個体数が多い。1日の平均個体数は148.0羽/日であった。平均個体数は春よりも秋のほうが多く，特に11月は最も多い219.0羽/日である。冬の12〜2月は110羽/日程度で安定していた。4月になるとつがいでの行動が目立ち，5月には繁殖活動が活発になって分散し，個体数は減少したが，その後は巣立ち雛に両親が餌を与えているのを観察する機会が多くなった。巣立ちの時期は年によりバラツキがあり，2003年は5月5日，2004年は5月28日，2005年は5月19日に初めて観察した。

田原湿地には最大のねぐらがあり，個体数の増減はあるが1年中利用している。ねぐらは湿地の東側にあり，セイコノヨシとイボタクサギが生えている。このねぐらからの朝の飛び立ちを2日に1回カウントしたが，飛び立つときは大半の個体が10分以内に飛び立つものの，中にはゆっくり出る個体もいるので全個体のカウントはできなかった。一方，ねぐら入りは三々五々集まり，2時間以上かかるので，こちらでも正確な個体数はつかめなかった。なお，本種のねぐらからの飛び立ちはキジバトやヒヨドリと比べて10分以上遅く，ねぐら入りは30〜60分以上も早い。田原湿地のねぐらからの飛び立ちの最多羽数を表にした。

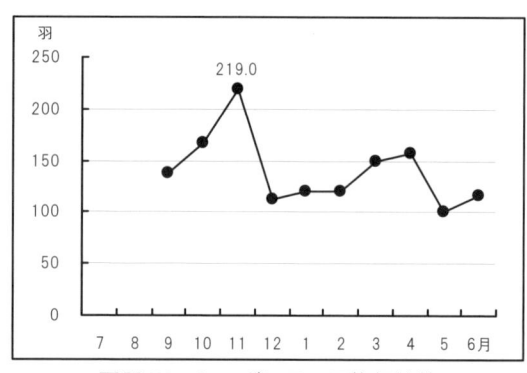

図Ⅳ-30．シロガシラの平均個体数

年	春	秋	冬
2003	4/2　159羽	11/2　140羽*	
2004	4/7　125羽	9/25　330羽	
2005	3/22　211羽	10/29　339羽	
2006			1/18　180羽
2007			1/4　153羽

＊2003年の秋のみ，ねぐらが田原湿地と田原湿地北側の道路に面したサトウキビ畑，フクギの木の3ヶ所に分散していた。11/2の個体数はすべてサトウキビ畑からの飛び立ち

田原湿地から飛び立った個体の大半が北方向の祖納の住宅地へ向かい，一部が与那国小・中学校方向へ向かった。9月のねぐら入りや朝の飛び立ちでは，全体の約6割が今年生まれの幼鳥であった。2006年12月21日，早朝のねぐらからの分散をカウントしていると，大半が2羽ずつ飛び出してくることに気付いた。そこで1月19日までに羽数別に5回カウントした。羽数のパターンは1羽〜4羽で，5羽以上が一度に飛び出すことはなかった。合計378羽のうち，2羽での飛び出しが128回（67.7%），1羽が38回（10.0%），3羽が16回（12.7%），4羽が9回（9.5%）であった。これにより，本種は冬季にはペアを組んで行動していることがわかった。

田原湿地以外のねぐらは，2004年秋に比川水田のセイコノヨシに150羽程度，同じくコスモ石油から比川へ向かう途中の牛舎に110羽程度。2005年秋に南帆安のサトウキビ畑に100羽程度が集まっていた。秋は群れでの行動が目立ち，比川水田や森林公園，祖納のゴミ捨場，桃原牧場等では30～40羽の群れが観察された。ガジュマルやギランイヌビワの実を食べに，久部良の神社には45羽～60羽程度が集まった。アサガオに似たエンサイ（クウシンサイ）の白い花をシロガシラが食べているのをしばしば観察した。

　観察場所は田原湿地が最大で，次にねぐらのある比川水田や，コスモ石油から比川へ向かう途中の牛舎，南帆安である。そのほかに祖納の集落やゴミ捨場，森林公園，桃原牧場，久部良の神社，小・中学校が目立ったが，本種は島中で観察された。

・最多羽数　500羽以上（2004.11.16／2004.11.18）　田原湿地200羽，コスモ石油から比川へ向かう途中の牛舎110羽，南帆安20羽，その他170羽／田原湿地200羽，南帆安50羽，桃原牧場50羽，その他200羽

219. ヒヨドリ　*Hypsipetes amaurotis*

　島に生息しているのは留鳥の亜種タイワンヒヨドリ（*H.a.nagamichii*）とされている。平均個体数が多いのは秋の9月（230.1羽/日）と10月で，特に渡り最盛期の10月は304.5羽/日と最大になる。11月（70.5羽/日）も渡りは続くが，10月に比べ急激に減少する。秋の渡りが終了すると，冬の12～2月は42羽～49羽/日で安定している。そして，3月（79.2羽/日）から春の渡りが始まり，6月（186.6羽/日）まで個体数が増加する。渡りは5月上旬で終了するものと思われ，5月下旬には巣立ち雛が観察されて6月の個体数増加につながる。個体数は秋が最大で冬は最少になり，春に再び増加することから，秋にどこかの越冬地に渡り，春に戻って来るものと考えられる。もちろんすべてのヒヨドリが渡るわけではないが，越冬する平均個体数は44.4羽/日，春の平均個体数は131.2羽/日なので，単純に計算すると島に1/3が残り，2/3の大部分が渡っていくものと考えられる。

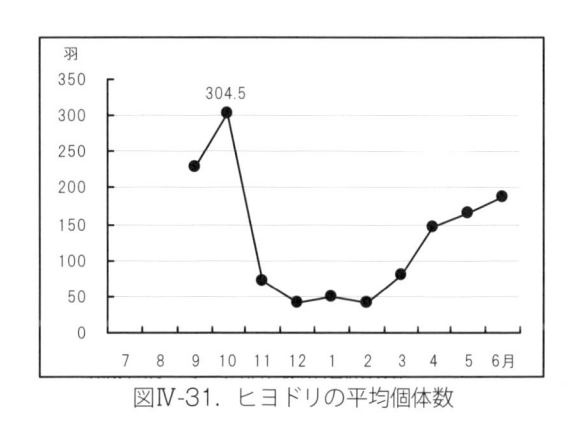

図Ⅳ-31．ヒヨドリの平均個体数

　秋の渡りでは，どこから渡来したかわからないが，島のヒヨドリが渡去する以上の個体が島に渡来し，さらに越冬地へ渡って行く個体が多い。秋に島に渡来する亜種は島にいる亜種タイワンヒヨドリと体色がよく似ていて区別が難しい。ただ，東京で見られる亜種ヒヨドリ（*H.a.amaurotis*）を，春は2005年5月3日に1羽，秋は2004年10月30日に1羽，同年11月30日に2羽観察している。冬になればもっと増えるのではと期待したが，1羽も観察されなかった。秋は大群が時々観察され，1000羽以上の群れは6例あるので下記する。

2003.9.28	1,680羽以上	東崎	東方向へ渡る	2004.10.10	1,700羽以上	東崎	渡らなかった
2003.9.28	1,600羽以上	東崎	東方向へ渡る	2004.10.16	2,100羽以上	東崎	渡らなかった
2003.10.11	3,500羽以上	東崎	東方向へ渡る	2004.10.21	2,400羽以上	東崎	渡らなかった

　なぜ秋に越冬地へ向かう個体が東崎から東方向へ渡るのかわからないが，東へ渡ると西表島や石垣島にすぐ到着し，さらに東へ進めば宮古島がある。そして秋に島を通過して越冬地に向かった個体は，春は別のルートを通り，島に戻って来ないものと考えられる。理由としては以下のことが考えられる。
① 春に与那国島から渡っていった群れが見られなかった
② 春は個体数の増加が少なく，大きな群れが観察されなかった
③ 春に渡って来た群れは2002年4月13日に南牧場で120羽以上と，同日に西崎で20羽以上を観察しているが，両種とも亜種タイワンヒヨドリで南西方向（台湾方面）から渡ってきた2例のみである。
④ 群れていた100羽と25羽，渡ろうとしたが渡らなかった130羽以上の群れは亜種タイワンヒヨドリと思われた。

　ただし，40羽以上のある群れでは，体色が亜種ヒヨドリと亜種タイワンヒヨドリの中間で，頭と胸から腹はかなり灰色味を帯びていた。個体数が多いのは森林公園なので時々カウントをした。その結果は次の表のようになった。

年	春	秋	冬
2004	191.1羽/日	95.8羽/日	
2005	128.3羽/日	87.7羽/日	11.5羽/日
2006		50.0羽/日	

年により平均個体数の変動は大きいが，繁殖期にたくさんいたヒヨドリは秋に渡り，冬になるとさびしくなる。森林公園で20羽以上の群れは1回も観察していないので，渡りの群れは森林公園を通らず，海岸線を通過しているものと考えられる。森林公園の次に多いのは田原湿地で，ねぐらもあった。本種はどこにでも出現したので，このほかでは特に多い場所はない。ただし，秋の渡りのときには東崎に群れが集まっていた。

・最多羽数　4,000羽以上（2003.9.28）　東崎3,830羽以上，その他170羽

220. クロヒヨドリ　*Hypsipetes madagascariensis*

調査期間中に下記の1例がある迷鳥。いつものコースで早朝から田原湿地でシベリアセンニュウやムジセッカを観察後，与那国小学校の前でギンムクドリを見ているとヒヨドリ体形の鳥がいるのに気付いた。よく見ると全身黒色で尾はヒヨドリより短く，嘴は赤くて細長く先がとがっていた。本種は台湾では普通種で多く観察しており，いつかは与那国島にやって来るだろうと考えていた。与那国島初記録の種である。

2004.3.23	1羽	与那国小学校

○ モズ科　LANIIDAE

モズ科はチゴモズ，アカモズ，タカサゴモズの3種，11,417羽が観察された。
最も多いアカモズが11,284羽（98.8％）。以下，タカサゴモズ132羽（1.2％），チゴモズ1羽（0.009％）である。

221. チゴモズ　*Lanius tigrinus*

調査期間中に下記の一例がある。旅鳥と思われる。

2005.5.20	雌成鳥1羽	割目

222. アカモズ　*Lanius cristatus*

9～6月まで観察された冬鳥である。秋の渡来は早く8月中旬から始まっている。与那国島を代表する種の1つで，平均個体数は秋（9月～11月）が多く，特に9月は64.2羽/日で突出している。9～12月にかけて個体数は減少しているが，これは島に渡来した個体が，さらに渡って行ったものと考えられる。冬（12～2月）は9.5羽/日～13.8羽/日とほぼ安定している。1～4月は徐々に減少し，5月になると渡り途中の個体が島を通るので少し増加する。5月下旬に越冬個体は渡去するが，2004年と2005年の6月上旬に各1羽を観察した。観察した個体はすべて亜種シマアカモズ（*L.c.lucionensis*）であった。ただし，亜種カラアカモズ（*L.c.cristatus*）と思われる個体が2003年秋と2005年春に数回観察されたが，野外での識別は非常に困難であり，断定するには至らなかった。

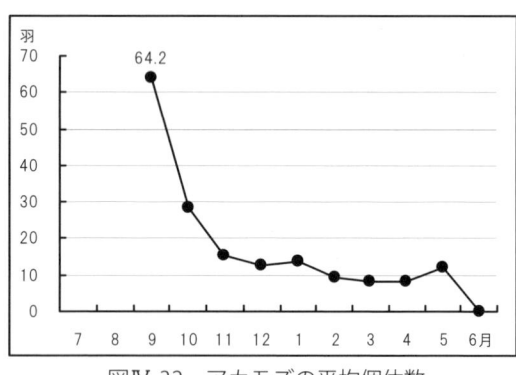

図Ⅳ-32．アカモズの平均個体数

「はやにえ」を冬に数回観察し，全てバッタ目の昆虫であった。本種は警戒心が強く，すぐ草やぶに隠れてなかなか近くで見られなかった。なわばりは狭く，いつも決まった枝に止まっていたが，争うことはほとんどなかった。

2003年9月14～25日は春に比べて個体数が多く，100羽以上観察する日が多かった。これらは越冬個体ではなく，さらに渡って行く個体であり，雄成鳥と雌成鳥，当年生まれの幼鳥がそれぞれ1/3ずつを占めていた。一方，2005年5月7～11日は，越冬個体ではなく渡来した個体が多く観察され，雄成鳥のきれいな個体が95％程度を占めていた。

ねぐらは田原湿地にあり，10羽程度がセイコノヨシやイボタクサギに1羽ずつ分かれてねぐら入りした。島中で観察できたが，特に多かったのは田原湿地から東崎までの祖納地区の防風林や草やぶであった。森林公園は個体数の多い秋でも10羽以内で少なかった。
・最多羽数　209羽（2003.9.15）　祖納地区73羽，その他136羽

223. タカサゴモズ　*Lanius schach*

9～1月と3，4月に観察され，越冬の確認もあるが旅鳥と思われる。ほぼ毎年1～3羽が渡来する。調査期間中に越冬の記録が3例あるので下記する。与那国島初記録の種である。

	初認	終認	場所	羽数
①	2003.9.13 ～	2004.3.21	田原湿地	1羽
②	2003.10.4 ～	2004.3.10	田原湿地	1羽
③	2006.10.1 ～	2007.1.16	比川水田	1羽

本種のねぐらは田原湿地にあり，2羽が近くで生活していた。この2羽はなわばり争いで時々追いかけっこをしていたが，1週間で決着がついた後は争わなくなった。朝起きたときと夕方のねぐら入りのときに「ビービー」または「ギーギー」と鳴くことが多く，1羽が鳴きだすともう1羽も鳴くので確認は容易であった。近くに亜種シマアカモズがいたが，争うのを一度も観察しなかった。餌はカマキリやバッタの仲間が多く，次にトンボをフライキャッチしていた。ホオグロヤモリ（ナキヤモリ）も1例ある。2004年の春に渡来した個体は，2羽でねぐら入りを見届けた翌朝は姿を見せなかったので2羽とも夜に渡ったものと考えられる。観察場所は上記のほかに与那国小学校～祖納の牧草地までの間やトゥング田，祖納水田であった。
・最多羽数　2羽（2003.10.4ほか27回（省略）　田原湿地

○ レンジャク科　BOMBYCILLIDAE

224. キレンジャク　*Bombycilla garrulus*

3月に観察された旅鳥。2003年3月13～25日まで，1羽が8回確認された。場所は与那国小学校入口前でガジュマルの実を食べに来ていた。

225. ヒレンジャク　*Bombycilla japonica*

3，4月に観察された旅鳥である。2003年3月13日～4月29日まで，1～9羽が頻繁に観察された。3月20日までは1羽で，キレンジャク1羽と行動を共にしていた。3月22日に8羽の群れが渡来し，9羽の群れとなった。そして3月30日に8羽，4月10日に7羽となり，そのまま4月29日まで7羽が観察された。この群れは最初，与那国小学校入口前のガジュマルの実や祖納集落のフクギの実に集まっていたが，4月18日に久部良ミト近くに移動してそのまま4月29日まで滞在した。与那国島初記録の種である。
・最多羽数　9羽（2003.3.22～29まで8回（省略）　与那国小学校入口前

○ ミソサザイ科　TROGLODYTIDAE

226. ミソサザイ　*Troglodytes troglodytes*

10，11月に観察された旅鳥であり，調査期間中に下記の2例がある。

2003.11.14	2羽	森林公園	2004.10.26	1羽	祖納の牧草地

○ ツグミ科　TURDIDAE

ツグミ科はコマドリ，アカヒゲ，ノゴマ，オガワコマドリ，ルリビタキ，クロジョウビタキ，ジョウビタキ，ノビタキ，ヤマザキヒタキ，イナバヒタキ，クロノビタキ，ハシグロヒタキ，サバクヒタキ，イソヒヨドリ，トラツグミ，マミジロ，カラアカハラ，クロツグミ，クロウタドリ，アカハラ，シロハラ，マミチャジナイ，ノドグロツグ

ミ，ツグミの24種，22,498羽が観察された。
　最も多いシロハラが9,589羽（42.6%）。以下，イソヒヨドリ3,142羽（14.0%），ノゴマ2,422羽（10.8%），ツグミ2,029羽（9.0%），アカヒゲ1,983羽（8.8%），アカハラ1,377羽（6.1%），その他（18種）1,956羽（8.7%）である。

227. コマドリ　*Erithacus akahige*
　調査期間中に下記の1例がある旅鳥である。与那国島初記録の種である。

| 2004.3.28 | 雄1羽 | 割目でさえずり |

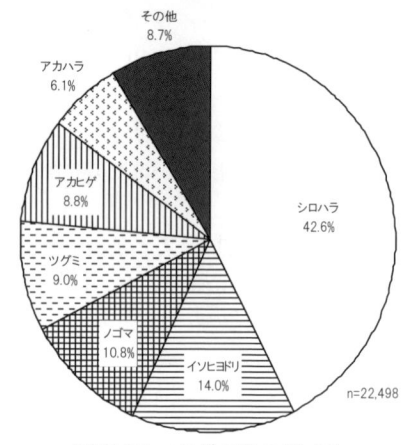

図Ⅳ-33．ツグミ科の構成比

228. アカヒゲ　*Erithacus komadori*
　9月下旬に渡来し，翌年4月上旬ごろに渡去する冬鳥である。平均個体数は11月が最も多い8.9羽/日で，12月には6.3羽/日に減少する。このことは島に渡来した個体が，さらに渡っていくことを示している。越冬後の3～4月に繁殖地のトカラ列島へ向け渡去する。
　当初，さえずりは繁殖の進行とともに減少し，秋にはさえずらなくなるものと考えていた。ところが本種は9月に渡来すると同時にさえずりはじめた。これから越冬するためのなわばり宣言的な意味合いだと考えたが，冬になってもさえずりは続き，春に渡去するまでさえずっていた。そして繁殖期の4,5月にはトカラ列島の中之島や平島では盛んにさえずっている。これでは本種は一年中さえずっていることになる。島で留鳥のセッカやキジバトは一年中繁殖しているので，一年中さえずっていても不思議ではないが，本種のさえずりの意味合いは異なっており，興味深い出来事であった。トカラ列島で繁殖した個体の越冬地は与那国島であることがわかっているが，渡りの経路はまだ明らかになっていない。しかし，宮古島では春は3，4月，秋は10，11月に通過することが知られているため（宮古野鳥の会・25周年記念誌），春秋ともに宮古島を経由している可能性が高い。
　亜種は島で早朝道路に出て採食する姿を多く観察でき，すべて亜種アカヒゲ（*E.k.komadori*）であった。なお，島には亜種ウスアカヒゲ（*E.k.subrufus*）が存在していることになっているが（1921年10月採集の1羽の標本がある），春～秋に観察されず，繁殖期にも見られていないことから亜種アカヒゲの越冬個体と考えられる。姿もさえずりも美しいので人気のある種である。地鳴きは「ツーツー」「ヒーヒー」「シィー」「グルル」等，いろいろな声を出す。
　観察場所は林と水のある場所にはどこにも生息していたが，特に多かったのは与那国嵩農道や水道タンク付近，森林公園，森林公園から久部良ミト間，これらの場所には各々10羽以上が生息していた。次に田原湿地の水源付近，久部良ミト，空港南水田の山側，比川浜の山側等であった。
・最多羽数　48羽（2005.10.28）　与那国嵩農道27羽，その他21羽

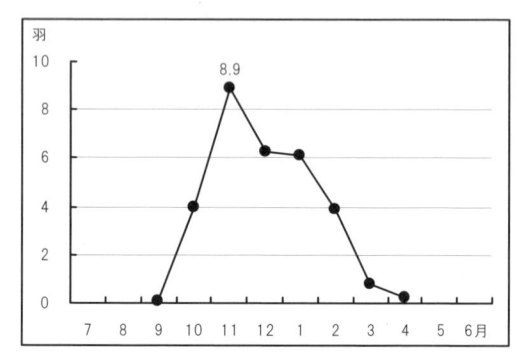

図Ⅳ-34．アカヒゲの平均個体数

229. ノゴマ　*Luscinia calliope*
　9～5月まで観察された冬鳥である。秋の渡来は9月下旬～11月上旬まで続き，年により時期のバラツキは大きい。春の渡去も同様に4月中旬～5月下旬で一定していない。平均個体数が最も多いのは12月の13.0羽/日で，次が1月の9.5羽/日となり，越冬個体数が多い。2月になると渡りが始まり，個体数が減少する。秋に渡来してから11月中旬まではぐぜっているが，11月下旬から春に渡去するまでさえずっている。冬は良くさえずっていたので姿を見る機会も多かった。最もよく観察されたのは与那国

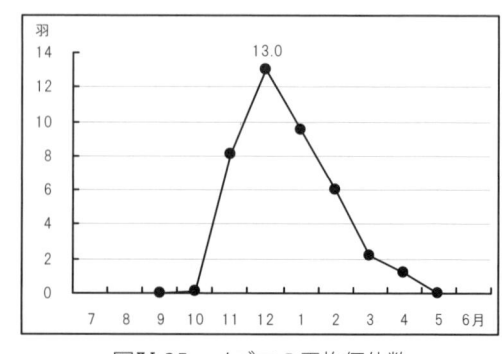

図Ⅳ-35．ノゴマの平均個体数

嵩農道である。次に田原湿地や森林公園，水道タンク付近で，そのほかに島中どこでも観察された。
・最多羽数　41羽（2005.12.2）　与那国嵩農道13羽，その他28羽

230．オガワコマドリ　*Luscinia svecica*
調査期間中に下記の3例があり，旅鳥と思われる。本種は与那国島初記録の種である。

2003.11.23	雌1羽	久部良ミト近く	2006. 2.15	1羽	南帆安
2005.10.29	雌1羽	祖納水田			

231．ルリビタキ　*Tarsiger cyanurus*
春（3，4月）や秋（10，11月），冬（12，1月）に観察され，越冬の確認もあるが旅鳥と思われる。春は11羽（3.3%），秋は28羽（8.4%）と少なく，冬は296羽（88.4%）で多い。2006年は越冬個体が多かったが，2005年は越冬しなかった。観察総数は335羽で少ない。
　2004年11月19日に久部良ミトと満田原水田間の林でさえずっていた。外見は雌タイプであったが当年生まれの雄と思われた。2006年冬の越冬個体は与那国嵩農道や森林公園，水道タンク付近，宇良部岳にそれぞれ4羽以上，祖納の牧草地には2羽が越冬していた。
・最多羽数18羽（2006.12.27）　与那国嵩農道3羽，比川近くの坂道3羽，その他12羽

232．クロジョウビタキ　*Phoenicurus ochruros*
　雄成鳥夏羽1羽が2004年4月11日に浦野墓地の祖納港寄りで観察された。珍鳥であり迷鳥である。この日の夕方まで観察されたが，翌朝には姿がなかったので夜間に渡ったものと思われる。与那国島初記録の種である。

233．ジョウビタキ　*Phoenicurus auroreus*
　10月中〜下旬に渡来し，翌年3月下旬〜4月中旬に渡去する冬鳥である。観察総数は990羽で少ない。多く観察されたのは祖納水田近くの牛舎や水道タンク付近，樽舞湿地，東崎，新造成地，森林公園等であったが，島中広く分布していた。
・最多羽数　15羽（2005.11.11）　森林公園3羽，その他12羽

234．ノビタキ　*Saxicola torquata*
　9月上旬〜10月上旬に渡来し，翌年4月中旬〜5月中旬に渡去する冬鳥である。2005年に初めて冬の調査を行い，本種の越冬を確認し，予想外の種の越冬に驚いた。翌年も越冬したので毎年越冬していると考えられた。観察総数は286羽で少ない。越冬場所は年により違ったが，4〜5羽が越冬したので下記する。観察場所は上記の越冬地のほかにイベント広場，西崎入口，南牧場，満田原水田等である
・2005年；田原湿地・雄1〜2羽，比川水田・雄1羽，祖納の牧草地・雄1羽，水道タンク付近の牧草地・雄夏羽1羽
・2006年；田原湿地・雄1羽，祖納水田・雄1羽＋雌1羽，満田原水田から南牧場に行く途中の放牧地・雌1羽
　最多羽数　6羽（2004.3.31）　西崎入口3羽，その他3羽

235．ヤマザキヒタキ　*Saxicola ferrea*
　雄成鳥1羽が2005年3月19日に割目で観察された。珍鳥であり迷鳥である。眉斑は白く，顔は黒いきれいな個体であった。地鳴きは「ピーピーピー」で，シロガシラに対する警戒音は「ジージー」，時々は「ヒーヒー」と聞こえた。翌日も「ピーピーピー」と鳴いて出現したが，晴れて少し時間が経った9時30分ごろには声がしなくなり渡っていったと思われる。したがって本種は昼に渡ると思われる。なお，島で観察した同日（3月19日）に石垣島の石垣市でも雄1羽が小林雅裕氏によって撮影されたと新聞に写真入りで載っていた（八重山新聞4月14日付）。その個体も翌日は見られなかったとのことであるが，珍鳥の本種が同時に観察されているので，渡りルートになっている可能性が高いと考えられる。

236. イナバヒタキ　*Oenanthe isabellina*
　本種は迷鳥で，2005年4月21日に久部良港で見つかった。大きさはサバクヒタキ類としては大きく，立ったときの姿勢は立派だった。毎日久部良港へ出かけて観察し，5日目の4月25日午後には見つからなかった。早朝行った人は確認しているので，昼間渡ったものと思われる。与那国島初記録の種である。

237. クロノビタキ　*Saxicola caprata*
　2004年3月30日〜4月1日まで雄成鳥，同年4月13日には雌成鳥が各1羽南牧場で観察された。珍鳥であり，迷鳥である。雄の大きさはノビタキ程度で，嘴と目は黒く，頭〜上面，尾は黒茶色，頭〜胸も黒い。腹は汚白色で，足は黒色，翼には細長い白斑があるが止まっていると隠れてしまい，見えないことが多い。上尾筒と下尾筒は白い。尾を上下によく振って「ピゥピゥピゥ」とコチドリのような，しかしそれよりもよく通る金属的な声で鳴いている。生息場所は南牧場の東西にかなり離れていたが，環境はアダンとソテツが生えていてゴツゴツした岩があり，地面はコウライシバに覆われている点では同じような環境であった。アダンのよく目立つ上部に止まって鳴きながら餌を探し，地面に降りてアオムシや昆虫を捕獲，またアダンの枝に戻って鳴く動作をくり返していた。時々ジョウビタキに追われて逃げていたが，飛ぶと翼の白斑は大きくなり，上尾筒の白と合わせてよく目立った。時折，アダンの林の中に入って出てこないときもあった。この雄個体は4月1日夕方までいたが，翌日の早朝にはいなくなったので，天気のよい夜に渡ったものと思われる。4月1日は大雨の後に天気が回復して南風となったが，4月2日の朝は強い北風に変わっていた。
　4月13日に観察した雌個体は，前日にビデオに撮られていたが，種を識別できてなかったらしい。しかし，ビデオを見た人達は本種の雌の可能性があると考え，早朝から探して確認したと連絡を受けた。私が駆けつけたときはアダンの木に止まっていて，雄と全く同じ環境で「ピゥピゥピゥ」と3回続けて鳴いたが，雄に比べて声は小さかった。体色は全体的に暗色で，上面は灰黒色，風切羽は黒色で細く白い翼帯が2本あり，尾は凹形で上下とも黒色だった。胸から腹は赤色味のある茶褐色で，腹部は少々白っぽかった。上面下面ともに薄い茶褐色の縦斑があり，嘴，目，足は黒色。飛ぶと上尾筒の栗色は見えるが，翼の斑は見えなかった。発見日は晴れで弱い南東の風だったが，北風が強まった翌日に姿は確認されなかった。13日の17時過ぎまで確認しているので雄と同様，夜間に渡ったようである。
　これらの結果から，雄も雌も天気の悪化するのを予測して，天気のよいうちに渡っていったようである。多くの小鳥は雄が先に渡り，雌は後から渡るといわれているが，本種もその通りであったことは興味深い。

238. ハシグロヒタキ　*Oenanthe oenanthe*
　調査期間中に3例ある珍しい旅鳥である。2003年9月23〜25日まで南牧場で幼鳥1羽が観察された。そして9月29日にも久部良のゴミ捨場で幼鳥が1羽観察された。この2羽はよく似ていたが，肩羽の模様が違っていることから別個体で，2羽とも肩羽が黒くなりかけていることから当年生まれの幼鳥と思われた。鳴き声は「チッチッ」または「テイッテイッ」と聞こえ，一声ずつ区切って鳴いていた。
　3例目は2005年5月4日，久部良港で雄成鳥夏羽のきれいな個体が観察された。今まで冬羽や幼鳥の個体は多く観察しているが，夏羽の美しい個体は今から25年以上前の対馬で一度見ただけであり，久し振りの対面であった。本種の雄の夏羽は国内ではほとんど記録がないものと思われる。この個体は4月21日に発見されたイナバヒタキと全く同じ場所にいた。尾羽は地面に着かず，移動後に上体を上に反らせる姿勢はイナバヒタキと同じであった。本種はホッピングとウォーキングを両方するが，大半はホッピングであった。一方のイナバヒタキはほとんどウォーキングだったのがおもしろかった。両種とも次から次へとイモムシを探して食べ，暑い日差しを避けて石や木材の日陰に休んでいる場合が多かった。9月に観察した幼鳥も日差しを避けて岩陰にいるときが多かった。この個体を初めて観察したとき，遠くでイソヒヨドリがさえずっているのかと思ったが，本種が口を開けてぎぜっていた。この声は「ヒーツーチュッチュッチュッヒーヒー」と聞こえ，毎日聞かれた。この個体はイソヒヨドリのなわばりの中にいたので，時々イソヒヨドリ雄に追われて逃げていた。5月6日の18時過ぎまでいたのに，翌7日の早朝6時前には姿を消していた。したがって夜の間に渡ったものと思われる。与那国島初記録の種である。

239. サバクヒタキ　*Oenanthe deserti*
　冬季調査の最終日となる2006年2月28日，ほぼ夏羽の雄成鳥1羽が祖納港で確認された。まだ冬なのに春の渡りは

早いと実感した。その後，3月5日夕方まで滞在を確認したが，翌6日早朝には見られなかった。したがって，南の強風を利用して夜に渡ったものと思われる。発見場所がチョウゲンボウの採食場であったため心配していたが，チョウゲンボウが飛来すると墓石の上にふせて難を逃れる様子を観察した。沖縄県初記録の種である。

240．イソヒヨドリ　*Monticola solitarius*

留鳥だが平均個体数の変動は大きい。5，6月は1羽/日程度で，最も多い10月（8.5羽/日）の1/8以下になってしまう。見つけやすい鳥なので見逃すとは考えられず，どこかに渡った可能性が高い。さえずりは一年中聞かれたが，2005年冬にはさえずらないときもあった。繁殖が最も早かったのは2005年4月9日，与那国中学校で当年生まれの幼鳥を1羽観察した。

2002年4月9日，亜種アオハライソヒヨドリ（*M.s.pandoo*）のつがいが南牧場にいて，全身青い雄が雌に向かって尾を上げ，翼を垂らして鳴きながらディスプレイをしていた。その後，南牧場で4月24日に雄1羽を観察，2年後の2004年3月14日〜4月17日には久部良港で雌と思われる個体を1羽観察した。そして2004年3月16日，28日に空港南畑で雄と思われる個体が観察された。体型は亜種イソヒヨドリ（*M.s.philippensis*）よりもスマートであった。

観察場所は海岸近くの久部良港や南牧場，祖納港，浦野墓地，比川浜に多く，内陸では与那国小・中学校や測候所であった。

・最多羽数　28羽（2003.10.13）　久部良港4羽，その他24羽

241．トラツグミ　*Zoothera dauma*

春（3，4月）や秋（10，11月），冬（12，1月）に観察され，2年続けてごく少数が越冬したが，旅鳥と思われる。観察総数は23羽で少ない。独特の「ヒイー」と鳴く声を1月に2回，3月に3回，昼間に聞いたが，本州では初夏〜夏のイメージだったので，時期がずれているように感じた。2007年1月10日，祖納水田で見た個体は10分以上もの間，片足で地面を叩くだけではなく，腰から尾羽を上下に振りながら踊るように次々と虫を食べていた。観察場所は森林公園が最も多かった。次が水道タンク付近や与那国嵩農道，宇良部岳で，そのほかは田原湿地や祖納水田を含む祖納地区であった。

・最多羽数　2羽（2003.11.14）　森林公園

242．マミジロ　*Turdus sibiricus*

春（4月）や秋（11月），冬（12月）に観察され，越冬の確認もあるが旅鳥と思われる。観察総数は4羽で少ないが，なかなか観察しづらい種であるので実際はもっと渡来しているものと考えられる。すべての確認個体を下記する。

2003.4.11	雄成鳥1羽	森林公園でさえずり	2007.1.17	雄1羽	水道タンクへ行く途中の坂道
2004.11.23	雄1羽	森林公園	2007.1.25	雌1羽	森林公園（森河貴子氏）
2006.12.20	雄1羽	森林公園（森河貴子氏）	2007.1.26	雌1羽	森林公園

243．カラアカハラ　*Turdus hortulorum*

春（4月）や秋（11月），冬（12，1月）に観察され，越冬の確認もあるが旅鳥と思われる。観察総数は12羽で少ない。桃原牧場で2006年12月31日〜2007年1月18日まで6回観察された。本種の与那国島での越冬は初めてである。この個体は牛糞置場で採食していたので，越冬中のアカガシラサギと共に観察されることもあった。桃原牧場以外では久部良の神社やイランダ線，与那国小・中学校付近，東崎下の駐車場の芝生にいて，いつも1羽で観察された。与那国島初記録の種である。

244．クロツグミ　*Turdus cardis*

春（3，4月）や秋（11月）に渡来する旅鳥で，観察総数は9羽と少ない。観察場所は森林公園や久部良公民館隣の神社，与那国小学校付近，祖納ゴミ捨場，桃原牧場，田原湿地であった。

・最多羽数　2羽（2004.4.2）　森林公園雄1羽，田原湿地雌1羽

245. クロウタドリ　*Turdus merula*

　春（3，4月）と冬（12，1月）に観察され，時々越冬するが旅鳥と思われる。本種は比較的珍しい種だが，島では毎年春には記録される。最盛期は3月下旬～4月上旬で，観察総数は166羽と多くはない。なぜか大半が雄成鳥で雌は1割以下であった。2004年4月4日，与那国小・中学校入口の小さな公園で観察した7羽もすべて雄成鳥であった。ガジュマルの実が好きで久部良公民館隣の神社や与那国中学校の中庭で採食しているのをよく見かけた。田原湿地がねぐらになっていたので，朝夕に時々1～2羽を観察した。

　観察場所は上記の場所で多く，ほかに与那国小・中学校の校庭や久部良小学校，桃原牧場，祖納の牧草地，久部良ミト，久部良ゴミ捨場，割目，測候所等であった。

・最多羽数　14羽（2004.4.5）　祖納の牧草地5羽，与那国小・中学校入口の小さな公園4羽，田原湿地1羽，桃原牧場2羽，久部良ミト1羽，久部良ゴミ捨場1羽といろいろな場所で観察された。

246. アカハラ　*Turdus chrysolaus*

　11～5月に観察された冬鳥である。11月上～中旬に渡来し，4月中旬～5月上旬に渡去する。平均個体数は11月が5.7羽/日で最も多く，冬の12，1月は3羽/日台で安定している。年による渡来数や越冬個体数の変動は大きく，2005年は10羽程度，2006年は20羽程度が越冬した。

　さえずりは11月や12月にも聞いたが，3月中～下旬から本格的にさえずりはじめ，渡去するまでほぼ毎日早朝と夕方に聞こえた。ねぐらは田原湿地の南側の林内にあり，ねぐら入りや早朝ねぐらから出てくる個体を観察した。

　割目の牛の放牧場や森林公園，田原湿地，祖納の集落が特に多く，水田や牧場，小・中学校の校庭等，いろいろな場所で観察された。

・最多羽数　60羽（2004.11.30）　コスモ石油から比川へ行く途中の水田5羽，その他55羽

247. シロハラ　*Turdus pallidus*

　10～5月に観察された冬鳥である。10月中旬～11月中旬に渡来し，4月上旬～5月上旬に渡去する。平均個体数は1月が47.8羽/日で最も多く，12月や11月も多い。年による渡来数の変動はアカハラ以上に大きく，秋の1日の最多羽数は最も少ない2003年が7羽/日に対し，2004年は322羽/日であった。なお，春の1日の最多羽数は最も少ない2002年が5羽/日に対し，2005年が56羽/日であった。越冬個体数も変動が大きく，2005年が10羽程度だったが，2006年は200羽程度が越冬した。与那国島を代表する小鳥の1つである。

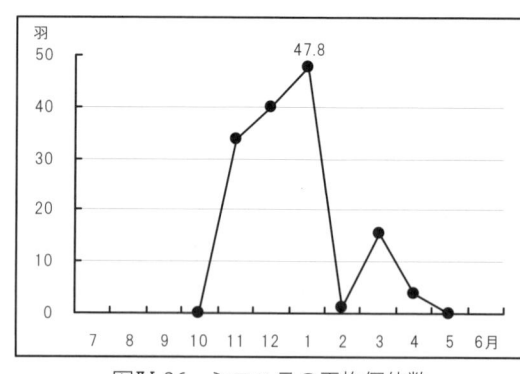

図Ⅳ-36．シロハラの平均個体数

　2004年秋は11月17日から個体数が増加し，島中にあふれていた。そして翌2005年の秋はツグミやアカハラ等とともに個体数は少なかった。2006年12月25日，祖納水田近くでカーブミラーをさかんに攻撃していた。2003年3月18日，与那国中学校のガジュマルで数羽が「キョロン　チィー」「キョロンホイリーチィー」とアカハラより弱い声でさえずっていた。

・最多羽数　322羽以上（2004.11.23）　与那国嵩農道10羽以上，その他312羽
・2番目に多い数　314羽以上（2004.11.28）　田原湿地6羽，その他308羽以上

248. マミチャジナイ　*Turdus obscurus*

　3月と10～1月まで観察され，越冬の確認もあるが旅鳥である。観察総数は102羽で少ない。本種は秋の渡り鳥のイメージが強く，通過するものと思っていたが，2006年冬，久部良中学校の校庭で雄が1羽越冬した。春は2004年3月31日に森林公園で1羽を観察した。2003年11月12日に久部良の公民館近くのクワの実に本種の雌雄各1羽が来ていた。このとき，クワの実を食べにシロガシラ60羽，ヒヨドリ20羽，メジロ2羽，ギンムクドリ，ホシムクドリ，シマアカモズ各1羽も集まっていた。

　本種はいろいろな環境に出現し，多く観察されたのは久部良公民館隣の神社や水道タンク付近，森林公園，久部良

中学校，焼却場近くの豚糞置場であった。そのほかに田原湿地や桃原牧場，久部良ミト付近，与那国小学校，割目，与那国嵩農道，カタブル浜，クルマエビ養殖場，比川小学校，イベント広場等である。
・最多羽数　10羽　（2004.11.20）　水道タンク付近雄5羽，雌2羽，当年生まれの幼鳥3羽

249．ノドグロツグミ　*Turdus ruficollis*

春（4月）と秋（10，11月）に観察された。比較的珍しい種類であるが旅鳥と思われる。現在まで記録されたのは全て亜種ノドアカツグミ（T.r.ruficollis）である。10月26日に観察された個体は警戒心が強く，ホッピングとウォーキングで次第に遠ざかってしまった。嘴は黒く，下嘴の基部は黄黒色，眉斑は薄い褐色で上面はのっぺりした灰黒色。中央尾羽は灰黒色で，そのほかの尾羽は茶褐色だが，横から見ると外側尾羽の付け根は赤褐色。下尾筒は白地に赤褐色のうすい斑がある。足は灰黒色。胸から脇腹に黒い縦斑があり，胸には赤褐色の斑が少しある。11月13日の個体は下尾筒が白い以外は前述の個体とよく似ていて，いずれも亜種ノドアカツグミの雌成鳥と思われる。シロハラ，ツグミ，マミチャジナイ等と行動を共にしており警戒心の弱い個体であった。翌14日まで観察された。
調査期間中に下記の6例がある。

2004. 4.3	雌1羽	東崎からサンニヌ台へ行く途中の電線	2003.11.14	雌成鳥1羽	久部良公民館隣の神社（11/13と同一）
2003.10.26	雌成鳥1羽	与那国小学校校庭	2005.11.3	雄若鳥1羽	北牧場
2003.11.13	雌成鳥1羽	久部良公民館隣の神社	2005.11.5	雄若鳥1羽	北牧場

なお，1982年3月21日に久部良岳付近で雄成鳥1羽を観察している。

250．ツグミ　*Turdus naumanni*

10〜4月に観察された冬鳥である。10月下旬〜11月中旬に渡来し，4月上旬〜中旬に渡去する。平均個体数は1月が8.8羽/日で一番多く，12月（8.5羽/日）や2月（5.9羽/日）も多い。年による渡来数の変動は大きく，秋の合計渡来数は2003年が188羽に対し，2005年はたったの5羽であった。越冬個体数も2006年の50羽程度に対して，2005年は20羽程度が越冬した。亜種が識別された個体の割合を下記する。

種／季節	春	秋	冬	合計
ツグミ	297羽（96.4%）	302羽（89.6%）	944羽（86.4%）	1,543羽（88.8%）
ハチジョウツグミ	11羽（3.6%）	35羽（10.4%）	149羽（13.6%）	195羽（11.2%）

与那国島は亜種ハチジョウツグミ（*T.n.naumanni*）の割合が多いといわれているが，実際に調査すると春〜秋のトータルで亜種ツグミ（*T.n.eunomus*）が88.8%，亜種ハチジョウツグミは11.2%となった。この割合は本州と比べると明らかに多い。しかし，年ごとにみると2005年冬は亜種ハチジョウツグミが129（40.6%），亜種ツグミは189羽（59.4%），逆に2004年秋は亜種ハチジョウツグミが1羽（0.6%），亜種ツグミが165羽（99.4%）となり，年によるバラツキが大きい。

島内全域で観察され，主な生息環境は牛馬の放牧場や学校の校庭，水田，牛舎，林道等であった。特に集まっていたのは割目の牛の放牧場である。
・最多羽数　51羽　（2005.3.19）　割目の牛の放牧場45羽，その他6羽

○ ウグイス科　SYLVIIDAE

ウグイス科はヤブサメ，ウグイス，チョウセンウグイス，シベリアセンニュウ，シマセンニュウ，ウチヤマセンニュウ，マキノセンニュウ，コヨシキリ，オオヨシキリ，ムジセッカ，モウコムジセッカ，カラフトムジセッカ，キマユムシクイ，カラフトムシクイ，メボソムシクイ，エゾムシクイ，センダイムシクイ，イイジマムシクイ，キクイタダキ，セッカの20種，31,861羽が観察された。

最も多いセッカが22,935羽（72.0%）。以下，キマユムシクイ2,150

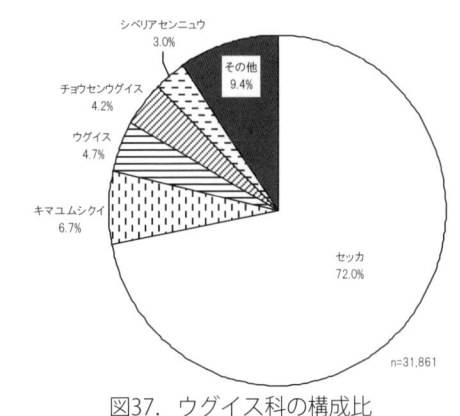

図37．ウグイス科の構成比

羽（6.7%），ウグイス1,508羽（4.7%），チョウセンウグイス1,323羽（4.2%），シベリアセンニュウ940羽（3.0%），その他（15種）3,005羽（9.4%）である。

251. ヤブサメ　*Urosphena squameiceps*

　10～3月と5月（1羽のみ）に観察され，毎年越冬しているので冬鳥と思われる。観察総数は400羽で多くはないが，人前に出てくることが少なく，確認の難しい鳥なので個体数はもっと多いと考えられる。確認できた渡来と渡去の時期は，渡来が10月下旬～11月中旬で，越冬後の渡去は3月下旬であった。2005年5月19日に森林公園でさえずっていた1羽は越冬個体ではなく，島を通過した個体と思われる。

　本種の越冬には驚いたが，さらに驚いたのは越冬中にさえずっていたことである。もちろん春に比べれば弱く，それほど頻繁ではないが冬の間中さえずりが聞こえた。秋に渡来して，春に渡去するまでさえずっていたので，繁殖期を含めて1年中さえずっていることになる。越冬個体数は2005年，2006年とも与那国嵩農道が7～8羽，水道タンク付近が7～8羽，森林公園が5羽程度で，合計20羽程度が越冬していたと考えられる。観察場所は上記の3ヶ所が主であった。

・最多羽数　10羽（2004.11.28）　与那国嵩農道（さえずり4羽，姿1羽，地鳴き5羽）

252. ウグイス　*Cettia diphone*

　10～4月まで観察された冬鳥である。10月下旬～11月中旬に渡来し，越冬後4月上～中旬に渡去する。渡来数は年により変動が大きく，秋の観察総数は2003年が11羽で2004年は436羽。春は2004年が38羽で2005年は198羽。冬は2005年が160羽で2006年は527羽であった。越冬個体数は2005年が10羽以内で2006年は30羽程度であった。

　「チャッチャッ」と鳴く声での確認がほとんどで，警戒心が強く，なかなか姿を見せなかった。越冬後，渡去する前にしばらくさえずるものと思っていたが，1回もさえずりを聞かなかった。

　観察場所は与那国嵩農道や森林公園，水道タンク付近が特に多かった。そのほかに田原湿地や祖納水田，比川水田，満田原水田，樽舞湿地，久部良ミト，空港南水田，新造成地，割目，南帆安等，いろいろな場所で観察された。

・最多羽数　52羽（2004.11.23）　与那国嵩農道7羽，その他45羽

253. チョウセンウグイス　*Cettia diphone borealis*

　9～5月まで観察された冬鳥である。平均個体数は2月と3月が5.4羽/日程度と多く，1月（2.7羽/日）の2倍である。1月中～下旬にさえずりはじめ，2月になると毎日さえずりが聞かれるので確認できる個体数が増えているものと考えられ，両月の生息数は同じと推測される。5月に3羽観察されているが，この個体は5月27～31日まで同一個体がさえずっていたものである。島で越冬していた個体は4月22日に渡ってしまっているので別の越冬地から渡来したと思われる。実際に姿を見たり，さえずりを聞くことが多かったので，ウグイスより個体数が多く感じられた。越冬個体数は2005年，2006年とも20羽程度であった。

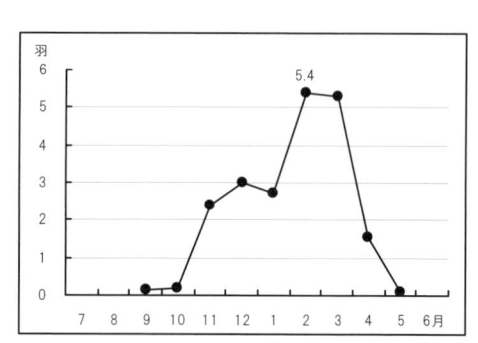

図Ⅳ-38．チョウセンウグイスの平均個体数

　ウグイスに比べて体が大きく，頭部が赤褐色で全体的に赤褐色味が強く，嘴は太く短い。足は太くがっしりしている。またウグイスより動作が鈍く，警戒心が少ないので目の前に現れることも多かった。本亜種は亜種タイワンウグイス（C.d.canturians）とともにウグイスの一亜種として考えられているが，形態的にウグイスと異なる点が多いことから別種として扱った。島では亜種タイワンウグイスも越冬していると考えられているが，確認できなかった。

　さえずりは4月に渡去するまで続く。ウグイスに比べて張りがなく（高低がなく），一本調子で「ホーホケケチョ」で終わり，「ケキョケキョ…」とは続かない。地鳴きは「ジッジジッ」または「ジッ」。そのほかに「プルルルー」または「プルプルプルー」と鳴いた。

　観察場所は田原湿地とその周辺で多く，田原湿地から祖納のゴミ捨場にかけての林縁ややぶで観察された。そのほかに与那国嵩農道や水道タンク付近であった。

・最多羽数　21羽（2004.3.20）　田原湿地10羽，その他11羽

254. シベリアセンニュウ　*Locustella certhiola*

　9～5月まで観察された冬鳥で珍鳥である。島へは9月上～中旬ごろに渡来し，越冬後5月中～下旬ごろに渡去する。田原湿地は日本で初めての越冬地の発見であった。越冬個体数は2005年が20羽程度，2006年は10羽程度と思われ，それほど多くはなかった。

　田原湿地で2002年3月17日から数回，さえずりや姿で観察していたが，すぐにヒメガマやイグサの中に入ってしまい，種を特定できなかった。調査最終日の5月1日には早朝から3ヶ所以上でさかんにさえずっていた。そのうちの1羽を必死で探し，ホテイアオイからイボタクサギの根本に飛び込んだところでやっと全身を見ることができ，本種であることが判明した。ほとんどのバードウォッチャーが見たことのない珍鳥で，もちろん私も初めての鳥であった。

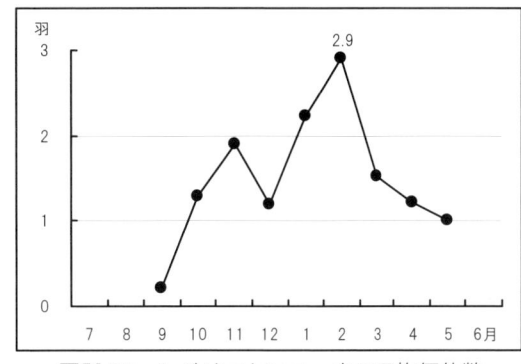

図Ⅳ-39．シベリアセンニュウの平均個体数

　9月に渡来すると同時にさえずりはじめ，5月に渡去するまでさえずっていた。繁殖地でもさえずっているはずなので，1年中さえずっていることになる。田原湿地以外では祖納水田奥のセイコノヨシで2003年4月30日に3羽以上，5月9日に祖納水田の田原湿地に近いセイコノヨシでも2羽がさえずっていた。田原湿地には5羽以上いたので，2003年春はさえずっていた雄だけで10羽以上いたことになる。ほかには比川水田で2005年11月21日に1羽，南帆安のサトウキビ畑で2005年12月26日に1羽，2005年冬に田原湿地の東側で6羽，西側では3羽がさえずっていた。田原湿地より広い樽舞湿地にも生息している可能性が強いと考え，何回か出かけたが空振りだった。さえずりは「チイイイイーチュビチュビチュビ」で，地鳴きは「チチチチー」または「チイイイー」や「チッチッチッチッ」と高い声だった。

　2004年4月27日，成鳥が久部良中学校の窓ガラスにぶつかった。この個体はすぐに元気になったため足環を付けて，写真撮影後に庄山守氏が放鳥している。島で越冬している個体はいつも同じ場所にいて，大きく移動しないことからこの個体はほかの越冬地から渡ってきたものと考えられたため，貴重な記録となった。2006年10月1日にも久部良部落で1羽が窓ガラスに当たって落鳥した。

　2005年10月4日，幼鳥がイボタクサギの中をウォーキングで移動し，「トゥトゥトゥルトゥルトゥル」と鳴きながら自分より大きいスズメを追い払っていた。なわばりを主張しているようでおもしろかった。同様にムジセッカを追い払う様子も観察でき，このようなときには全身が観察できる。2006年12月30日には逆にノゴマの雄に追われた成鳥を確認した。

　2003年4月21日にさえずりながら出てきた個体は，第1回冬羽から成鳥羽へ換羽中で，中央尾羽を含めて尾羽が半数以上ない個体であったが，5月12日には完全換羽したきれいな個体になっていた。第1回冬羽のときと換羽後のさえずりは全く同じであった。この成鳥は明瞭な細く白い眉斑，黒い上嘴と黄褐色の下嘴をもち，喉は白く，目は黒っぽい。背は薄い褐色の地に黒い明瞭な縦斑があり，胸から腹は淡褐色で斑はなく，下尾筒は胸より濃い褐色。尾はくさび型で黒く，中央尾羽2枚を除いて尾羽は先端が白い。足は黄褐色。体形はスズメよりちょっと小さくほっそりしていた。幼鳥は胸に細かい黒褐色の縦斑がある。2003年秋は成鳥よりも幼鳥が多かったが，2004年～2006年は成鳥のほうが多かった。

　観察場所はほとんどが田原湿地である。観察総数は940羽で多くはないが，なかなか見やすいところに出ないので実際にはもっと個体数が多いものと考えられる。与那国島初記録の種である。

・最多羽数　雄8羽（2006.1.26）　田原湿地東側5羽，西側3羽。雨が止んで一斉にさえずりはじめた。

255. シマセンニュウ　*Locustella ochotensis*

　9～5月に観察された冬鳥である。夏の北海道で見たことがあるが，与那国島で越冬しているとは予想外で，さらに，さえずりも秋の渡来時点から冬中，春の渡去までさえずるのがわかって驚いた。繁殖地では当然さえずっているので，本種は一年中さえずっていることになる。秋の渡来は9月中～下旬で渡去は5月上旬～下旬であった。越冬個体数は正確にはわからないが，2005年は10羽程度，2006年は数羽程度と思われる。田原湿地で2005年9月14日に「チュウチュウチュルチュルチュルチュル」と10分以上もさえずっていた。地鳴きは「チチチチッ」でシベリアセ

ンニュウよりも低い声であった。観察総数は296羽で少ない。
　田原湿地以外での観察は2007年1月7日に久部良ミトでの1羽だけである。なお，2005年5月11日に久部良の民家に入ってきた個体を，庄山守氏が足環を付けて放鳥している。
・最多羽数　7羽（2005.12.20）　田原湿地7羽

256．ウチヤマセンニュウ　*Locustella pleskei*

　春（3，5月）と秋（10，11月）に観察され，旅鳥と思われる。三宅島では見慣れているが，ほかの場所では与那国島が始めてであった。調査期間中に下記の5例がある。ススキとジンジャー類の生えているところで1羽がさえずりに近いぐぜりで「チュッチュッルッチュチュ」と長い間鳴いていた。
　シマセンニュウよりも大きく見え，嘴は長く，足も長くがっしりしている。嘴は肉色で上嘴は黒っぽい。眉斑ははっきり白く，淡褐色の過眼線がある。尾を含む上面は淡褐色，足は肉色，尾羽も長く見えた。与那国嵩農道入口付近でよく観察した。

2002. 3.16	1羽	与那国嵩農道入口	2004.10.28	1羽	田原湿地
2004. 3.12	1羽	田原湿地	2005.11.21	1羽	クルマエビ養殖場の海岸
2005. 5.11	1羽	祖納水田			

257．マキノセンニュウ　*Locustella lanceolata*

　9～1月まで観察され，越冬の確認もあるが旅鳥と考えられる。秋だけでなく冬もさえずっていた。調査期間中に下記の8例がある。

2003.10.31	1羽	祖納の牧草地	2005.12.16	1羽	田原湿地　さえずり
2003.11.2	1羽	田原湿地　さえずり	2006.1.16	1羽	田原湿地　さえずり
2004.10.5	1羽	田原湿地	2006.1.18	1羽	田原湿地　さえずり
2005.9.9	1羽	田原湿地　さえずり	2007.1.4	1羽	田原湿地北側のサトウキビ畑　さえずり

258．コヨシキリ　*Acrocephalus bistrigiceps*

　春（4，5月）や秋（10，11月），冬（12，2月）に観察され，越冬の確認もあるが旅鳥である。観察総数は16羽（1個体が16回）で少ない。春3回，秋8回，冬5回確認した。春の観察ではさえずっていたが，冬の2006年2月15日にも田原湿地で1羽がさえずっていた。冬でもさえずり，越冬したのは予想外であった。ほとんどが田原湿地での観察であるが，祖納水田や南帆安，割目，比川水田で各1例がある。与那国島初記録の種である。

259．オオヨシキリ　*Acrocephalus arundinaceus*

　9～6月まで観察され，毎年越冬しているが旅鳥と思われる。2005年に越冬していることがわかり驚いた。この年は10羽程度が越冬し，2006年は数羽が越冬した。観察総数は569羽で少ない。秋の渡来は9月中～下旬で春の渡去は5月下旬と思われる。2004年6月中旬に久部良ミトや南帆安で観察しているが，これは越冬個体ではなく，ほかの越冬地から島に立ち寄った個体と考えられる。春は当然さえずっているが，秋にも時々さえずっている個体がいた。冬は2006年2月26日からさえずりはじめ，私が帰京する3月8日までさえずっていた。
・最多羽数　14羽（2005.10.29）　田原湿地6羽，田原湿地北側のサトウキビ畑4羽，その他4羽

260．ムジセッカ　*Phylloscopus fuscatus*

　9～5月まで観察された冬鳥である。9月下旬～10月上旬に渡来し，越冬後4月中旬～5月上旬に渡去する。2005年の越冬場所は田原湿地7羽以上，比川水田3羽以上，久部良ミト3羽以上，祖納水田近くの牛舎や新造成地，南帆安に各1羽がいたので少なくとも16羽以上が確認されている。2006年冬は15羽程度が越冬した。冬のさえずりは比川水田で2005年12月24日に1羽が「チュイチュイチュイ」とさえずっていた。春のさえずりは早い年は4月1日から，遅い年は4月15日から聞かれ，渡去するまで続いた。
　地鳴きはウグイスと異なる「チャッチャッチャッ…」であるが，さえずりは「チュイチュイチュイ…」だけで終わ

る場合と,「チュイ」を7〜8回の後「チッチッチッ」と続くパターンを何回もくり返す場合,「チュイチュイチュイ…」をくり返して時々「チュビチュビ」を加える場合などいろいろであった。

　田原湿地での観察が最も多く,早朝または夕方に鳴いて出現した。次いで祖納水田や比川水田,久部良ミトであった。そのほかは新造成地や南帆安,クルマエビ養殖場,カタブル浜,割目等である。観察総数は804羽でそれほど多くはないが,与那国島は個体数が多く観察しやすい場所である。

・最多羽数　11羽（2005.12.23）　田原湿地7羽,その他4羽

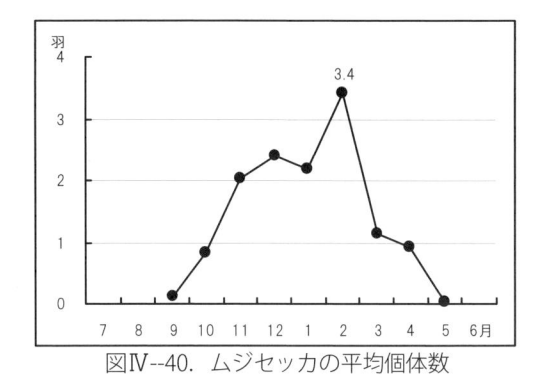

注1.　1991年12月30,31日に与那国島でムジセッカ4羽,カラフトムジセッカ5羽を観察している。詳しくは「ムジセッカ,カラフトムジセッカの越冬地」と題してBIRDER 6（8）AUG　1992に掲載

注2.　1982年3月23日に西表島の干立で観察したのが日本初記録（「野鳥」No.430号に掲載）

図Ⅳ-40. ムジセッカの平均個体数

261. モウコムジセッカ　*Phylloscopus armandii*

　2005年11月10日に田原湿地でシベリアセンニュウを探していたとき,ムジセッカが「チャッチャッ」と鳴いた。探してみると見慣れているムジセッカとは違う全体の体色が赤褐色の鳥が目に入り,最初はカラフトムジセッカと思われた。しかしよく見ると嘴が細く,体型はカラフトムジセッカのようだが尾羽はより短く,目も小さく感じた。近くにいたムジセッカと比べると明らかに大きく,体色もムジセッカの灰褐色の基調とは異なっていた。その後,田原湿地で11月12日に再び観察し,モウコムジセッカの可能性が強まり,さらに11月15日には香港で本種を観察・撮影した真木広造氏と一緒に観察して本種と断定した。その後11月19,23,26日,12月18日に観察し,合計8回も観察できた。正面を向くと喉は白く,両脇に比べて淡色で黄色っぽく見える下面（胸〜腹）には細かい縦斑があるが,よほど近くないと見えないことがわかった。

　本種はムジセッカとカラフトムジセッカの中間型であるが,前者と似ているのは嘴の形,後者に近いのは全体的な体色や眉斑,全長,足の太さ,体型等であった。地鳴きはホオジロ類に似た「チッ」を時々出した。本種は日本初記録の種である。

・最多羽数　2羽（2005.11.26）　田原湿地1羽,久部良ミトの上の道路の山側1羽

262. カラフトムジセッカ　*Phylloscopus schwarzi*

　春（3,4月）や秋（9月）,冬（12,1月）に観察され,越冬の確認もあるが,旅鳥と思われる。春の渡りは3月中旬〜4月上旬ごろで秋の渡りは9月中旬〜10月中旬ごろである。観察総数は24羽で,ムジセッカの804羽と比べて極端に少ない。

　本種の好む環境はムジセッカと似ているが,ムジセッカに比べてより乾燥した場所を好む。観察数が少ないのは,ブッシュやススキのある草地が減少して,水田やサトウキビ畑に変えられてしまったためと考えられる。観察場所は田原湿地や祖納水田,祖納水田近くの牛舎で主に観察された。

・最多羽数　2羽（2002.3.29,2004.3.27）　いずれも田原湿地

263. キマユムシクイ　*Phylloscopus inornatus*

　9〜5月まで観察された冬鳥である。9月上〜下旬に渡来し,4月中〜下旬に渡去する。5月上,中旬にも少数の記録があるが,島で越冬していた個体ではなく,ほかの越冬地から飛来した個体と考えられる。秋から春まで「チュイーチュイー」と鳴いていたので確認は容易であった。群れは作らず,個々に生活していた。越冬個体数は2005年が40羽程度,2006年が60羽程度と考えられる。観察場所は田原湿地や与那国小・中学校入口,与那国嵩農道,森林公園,比川水田から満田原水田間の道路沿い。水道タンク付近等で多かった。島中どこでも観察されたが,多少なりとも樹木がある環境を好むようである。

・最多羽数　26羽（2006.12.23）　全島で

264. カラフトムシクイ　*Phylloscopus proregulus*

調査期間中に1例あり，旅鳥と考えられる。2007年1月6日に水道タンク付近で「チョイチョイチョイチィーチィー」と早いテンポで体を上下左右に動かしながらさえずっている1羽を確認した。腰の黄色がよく目立つ個体であった。

265. メボソムシクイ　*Phylloscopus borealis*

9～5月まで観察され，越冬するが旅鳥と思われる。平均個体数は最も多い9月が5.8羽/日，それ以降10月（4.3羽/日），11月（1.5羽/日）とだんだん減少し，このほかの月は0.6羽/日以下で少ない。特に春は観察総数が9羽と少なかったが，秋は792羽で多かった。秋の渡来は9月上～中旬である。越冬個体数の把握は困難だが2005年，2006年とも10羽程度と考えられる。観察総数は857羽で多くはない。ムシクイ類が出現したときは1羽1羽確認したがほとんどが本種であった。

観察場所はギンネムに似たクサツノネムが群生していた満田原水田や田原湿地，空港南の水田等で個体数が多かった。次いで祖納水田や森林公園から久部良ミトへ通じる道路である。そのほか全島的に見られ，樹木の少ないところでの観察が多かった。

　最多羽数　26羽（2004.9.25）　田原湿地1羽，その他25羽

266. エゾムシクイ　*Phylloscopus borealoides*

秋（9，11月）に観察された旅鳥である。調査期間中に下記の4例がある。

| 2003.11.18 | 1羽 | 空港南水田 | 2005.9.26 | 1羽 | 森林公園 |
| 2004.11.23 | 1羽 | 森林公園 | 2005.11.9 | 1羽 | 満田原水田 |

267. センダイムシクイ　*Phylloscopus coronatus*

秋（9～11月）に観察された旅鳥である。調査期間中に下記の5例がある。与那国島初記録の種である。

2003.9.22	2羽	満田原水田（クサツノネムの林）	2004.11.5	1羽	水道タンク付近
2003.10.4	1羽	満田原水田（クサツノネムの林）	2005.9.17	1羽	水道タンク付近
2004.10.26	1羽	満田原水田から西崎へ行く峠			

268. イイジマムシクイ　*Phylloscopus ijimae*

5月と12，1月に観察され，越冬の確認もあるが旅鳥と考えられる。三宅島やトカラ列島の中之島で見ている本種が与那国島でも観察できた。5月にはさえずっていたが，冬はひっそりとしていた。島では過去に記録があったので，いつか出現すると心待ちにしていた。調査期間中に下記の4例がある。

| 2005.5.16 | 1羽 | 与那国小学校でさえずり | 2006.12.24 | 1羽 | 与那国嵩農道 |
| 2006.12.20 | 1羽 | 宇良部岳 | 2007.1.5 | 1羽 | 割目 |

なお，2006年12月4日に与那国嵩農道で森河貴子氏が1個体を確認している。

269. キクイタダキ　*Regulus regulus*

調査期間中に下記の1例があり冬鳥と思われる。

| 2006年1月29日 | 3羽 | 樽舞湿地 |

270. セッカ　*Cisticola juncidis*

島を代表する留鳥であり，メジロに次いで個体数が多く，22,935羽を数えた。平均個体数が最も多いのは春の4月で74.4羽/日であった。観察数が多い原因はさえずりが活発なためと考えられる。冬でも弱いがさえずりは聞かれるので，一年中さえずっている。2005年5月28日には巣立ち直後の尾羽の短い幼鳥を3羽見つけた。観察場所は牧草地や草原，放牧場にはどこにでもいたが，特に多かったのは祖納の牧草地であった。

・最多羽数　150羽（2002.4.7，4.27，4.29，4.30）　全島で

◯ ヒタキ科　MUSCICAPIDAE

ヒタキ科はマミジロキビタキ，キビタキ，ムギマキ，オジロビタキ，オオルリ，サメビタキ，エゾビタキ，コサメビタキの8種，751羽が観察された。

最も多いエゾビタキが569羽（75.8%）。以下，コサメビタキ81羽（10.8%），サメビタキ46羽（6.1%），その他（5種）55羽（7.3%）である。

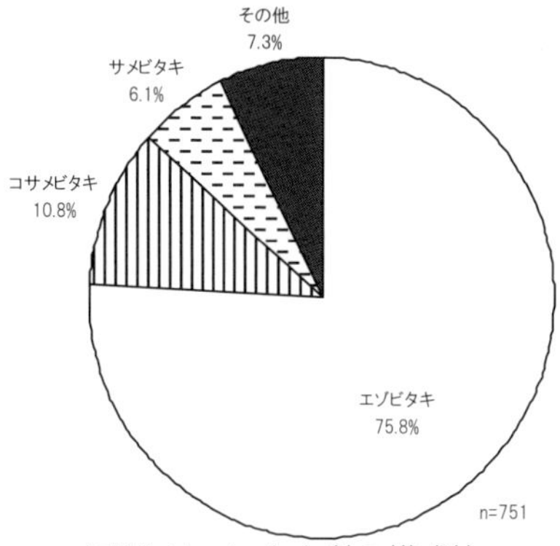

図Ⅳ-41. ヒタキ科の構成比

271．マミジロキビタキ　*Ficedula zanthopygia*
調査期間中に下記の1例がある旅鳥である。

| 2005. 9. 7 | 雌1羽 | 水道タンク付近のギンネムの木 |

272．キビタキ　*Ficedula narcissina*
調査期間中に下記の8例がある旅鳥である。日本海側の対馬や舳倉島，粟島，飛島では春と秋に多く渡っているのに与那国島ではほとんど見かけなかったため，渡りのコースから外れている可能性が高い。観察したのは全て亜種キビタキ（*F.n.narcissina*）で亜種リュウキュウキビタキ（*F.n.owstoni*）はまったく出現せず，全て秋（11月）の記録であった。カラスザンショウやヌルデの実に集まっていた。与那国島初記録の種である。

2003.11.7	雌1羽	森林公園	2005.11.11	雌1羽	森林公園
2004.11.1	雄1羽	割目近くの林	2005.11.14	雄1羽	水道タンク付近
2004.11.11	雄1羽	与那国嵩農道	2005.11.27	幼鳥1羽	水道タンク付近
2004.11.17	雄1羽	満田原水田から久部良ミトへ向う途中の林	2005.11.28	雌1羽	与那国嵩農道

なお，2004年4月29日に雌1個体を水道タンク付近で尾崎雄二氏が観察している。

273．ムギマキ　*Ficedula mugimaki*
調査期間中に下記の3例がある旅鳥である。本種もキビタキ同様，カラスザンショウを好んだが，キールンカンコノキの実にも来ていた。与那国島初記録の種である。

| 2004.11.17 | 雄幼鳥1羽 | 森林公園と久部良ミト間 | 2005.11.11 | 雄夏羽1羽 | 森林公園 |
| 2004.11.19 | 雌1羽 | 森林公園 | | | |

274．オジロビタキ　*Ficedula parva*
11月と1月～3月に観察され，越冬も確認したが旅鳥と考えられる。2006年2月28日，越冬中の個体が接近してきたムジセッカを追い払う行動を観察した。この個体のいる林には1月29日まで一度も訪れていなかったため，いつ飛来したかは不明である。私が3月8日に帰京するまでいたが，その後の様子は不明である。

| 2003.11.20 | 雌1羽 | 祖納水田近くの牛舎 |
| 2006. 1.29～3.8 | 雌1羽 | 新造成地のため池の林　この間27回確認 |

275．オオルリ　*Cyanoptila cyanomelana*
春（5月）と秋（9～11月）に観察された旅鳥である。春は1羽（5.2%），秋は18羽（94.7%）で春に比べ秋のほうが圧倒的に多い。観察総数は19羽で少ない。観察場所は森林公園が大部分で，そのほかは満田原水田の北側の林や久部良ミト，久部良公民館となりの神社，水道タンク付近，宇良部岳頂上付近であった。
・最多羽数　雄幼鳥2羽，雌成鳥1羽（2004.10.11）　森林公園

276．サメビタキ　*Muscicapa sibirica*
春（5月）と秋（9～11月）に観察された旅鳥である。春は3羽（6.5%），秋は43羽（93.5%）で春に比べ秋のほう

が圧倒的に多く，最盛期は10月である。観察場所は森林公園が大部分で，そのほかは水道タンク付近で南帆安や南牧場，久部良ゴミ捨場，比川から満田原水田間，満田原水田から西崎へ行く峠等であった。
・最多羽数　5羽（2004.10.15）　森林公園

277. エゾビタキ　*Muscicapa griseisticta*

春（4，5月）と秋（9～11月）に観察された旅鳥である。春は65羽（11.4％），秋は504羽（88.6％）で春に比べ秋のほうが多く，最盛期は9, 10月であった。観察場所は島内全域で，林とは関係なかったが，多く観察されたのは森林公園や与那国嵩農道，南牧場，空港南水田の山側等であった。
・最多羽数　33羽（2004.9.30）　島をほぼ一周して

278. コサメビタキ　*Muscicapa dauurica*

春（4，5月）と秋（9～11月）に観察された旅鳥である。春は13羽（16.0％），秋は68羽（84.0％）で春に比べて秋のほうが多く，最盛期は10月であった。観察場所は森林公園が大部分で，そのほかは満田原水田から西崎へ行く峠や桃原牧場，水道タンク付近，与那国小・中学校入口等であった。
・最多羽数　6羽（2004.10.3）　森林公園2羽，その他4羽

○ カササギヒタキ科　MONARCHIDAE

279. サンコウチョウ　*Terpsiphone atrocaudata*

3月中旬～4月中旬に渡来し，9月下旬～11月上旬に渡去する夏鳥である。島に渡来し，繁殖するのは亜種リュウキュウサンコウチョウ（*T.a.illex*）である。さえずりは「ホイチー」，または「ホイチーチー」を1～2回の後に「ホイホイホイ」を加えるのが多かった。地鳴きは「グイグイ」や「グイ，またはブイ」，「グェッまたは，ギィ」等であった。

平均個体数は5月（7.5羽/日）と6月（8.8羽/日）が多かった。9月にはほとんど渡去し，10, 11月は各1羽を観察しただけである。観察総数は936羽でそれほど多くはないが，亜種サンコウチョウ（*T.a.atrocaudata*）に比べて警戒心が弱く，すぐ近くで姿を見たりさえずったので多く感じた。秋にもさえずりは時々聞かれ，11月7日に「ホイホイホイ」と鳴いていたのを確認した。2004年5月30日には，もう一人立ちしているが，目の周りに青がなく「ウイウイ」と鳴く幼鳥1羽を観察している。

観察場所は森林公園や与那国嵩農道，田原湿地，新造成地，水道タンク付近が多く，ほかは満田原水田から西崎へ行く峠，久部良ミト，空港南水田の山側等である。小さな林でも樹木が密生していて薄暗い林を好んでいた。
・最多羽数　21羽（2005.5.17）　田原湿地3羽，その他18羽

○ メジロ科　ZOSTEROPIDAE

280. メジロ　*Zosterops japonicus*

島を代表する留鳥で，観察総数はキジバト，ツメナガセキレイに次いで多い28,154羽。平均個体数が最も多かったのは6月（75.5羽/日）で，次が9月（74.3羽/日）であった。5, 10月も50羽/日以上で多く，12～3月は10羽/日～30羽/日と多い月の4割程度である。

島で繁殖するのは亜種リュウキュウメジロ（*Z.j.loochooensis*）で，12～3月は亜種メジロ（*Z.j.japonicus*）や亜種シマメジロ（*Z.j.insularis*）が加わる。それでも繁殖期の4, 5月に比べて個体数は少ないので，留鳥とされる亜種リュウキュウメジロのうち6割程度が秋に渡っていると考えられる。どこへ渡るかはわからないが，春には島

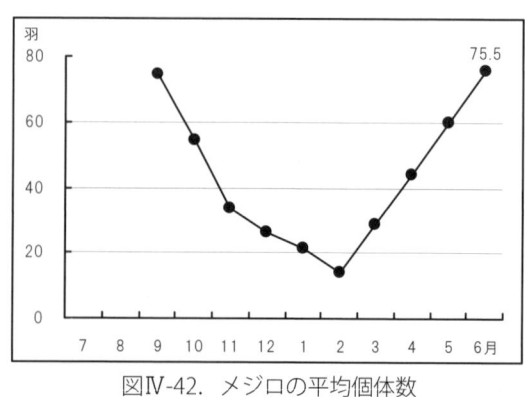

図Ⅳ-42．メジロの平均個体数

に帰るので個体数が戻る。亜種の割合が気になっていたのでできるだけ確認し，カウントした。秋と冬の亜種の割合を下記する。

秋（9〜11月）のメジロ亜種の割合

年	メジロ	リュウキュウメジロ	合計
2004年	299羽(76.7%)	91羽(23.3%)	390羽
2005年	92羽(59.4%)	63羽(40.6%)	155羽
合計	391羽(71.8%)	154羽(28.3%)	545羽

冬（12〜1月）のメジロ亜種の割合

年	メジロ	リュウキュウメジロ	シマメジロ	合計
2004年	235羽(56.6%)	180羽(43.4%)	—	415羽
2005年	161羽(56.7%)	110羽(38.7%)	13羽(4.6%)	284羽
合計	396羽(56.7%)	290羽(41.5%)	13羽(1.9%)	699羽

　表のように秋，冬ともに亜種メジロのほうが多く，リュウキュウメジロとの混群をつくる場合と単独の場合の両方が観察された。3月は亜種メジロが時々観察されたが個体数は少なく，4月になるとほとんど観察されなくなった。本種の秋の渡りは東崎から東方向へ鳴きながら渡っていったのを観察したが，亜種の確認はできなかった。多い日には1日で300羽近くが渡っていった。

　観察場所は一年を通して森林公園が多かったが，島中で観察された。秋は東崎での観察が増加した。
・最多羽数　400羽（2003.9.30）東崎から286羽が渡る。その他114羽

281. チョウセンメジロ　*Zosterops erythropleurus*

　調査期間中に下記の6例がある迷鳥である。地鳴きは鋭い「ピー」または「ピィー」を時々聞いたので，探索の手がかりになった。2006年冬の個体は越冬したものと考えられる。2004年の個体はギンネムの新芽に付いたアリマキを食べていて，11月8日までは単独で生活していた。11月9，11日はメジロ約10羽の群れの近くにいた。沖縄県初記録の種である。

2004.11.6	1羽	森林公園と久部良ミト間	2004.11.11	2羽	森林公園と久部良ミト間
2004.11.8	1羽	森林公園と久部良ミト間（11/6と同一）	2007.1.5	1羽	割目と南帆安間
2004.11.9	1羽	森林公園と久部良ミト間（11/6と同一）	2007.1.14	1羽	祖納の牧草地はずれ

　なお，2006年12月3日と5日に宇良部岳で各1羽を森河貴子氏が観察している。

○ ホオジロ科　EMBERIZIDAE

　ホオジロ科はシラガホオジロ，コジュリン，シロハラホオジロ，ホオアカ，コホオアカ，キマユホオジロ，カシラダカ，ミヤマホオジロ，シマアオジ，シマノジコ，ズグロチャキンチョウ，チャキンチョウ，ノジコ，アオジ，クロジ，シベリアジュリン，ツメナガホオジロ，ユキホオジロの18種，1,641羽が観察された。

　最も多いコホオアカが538羽（32.8%）。以下，アオジ529羽（32.2%），カシラダカ274羽（16.7%），ミヤマホオジロ84羽（5.1%），ノジコ76羽（4.6%），その他（13種）140羽（8.5%）である。

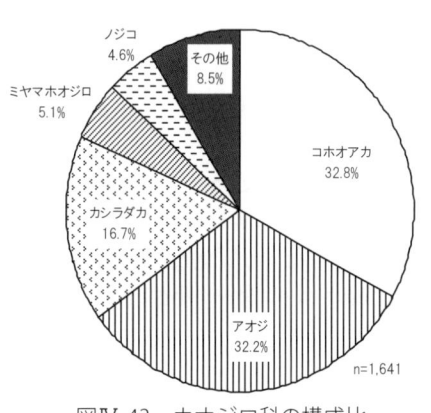

図Ⅳ-43．ホオジロ科の構成比

282. シラガホオジロ　*Emberiza leucocephalos*
調査期間中に下記の1例がある。旅鳥と考えられる。

| 2002.4.3 | 1羽 | 田原湿地 |

283. コジュリン　*Emberiza yessoensis*
調査期間中に下記の2例があり，旅鳥と考えられる。水田の中に一区画だけクサツノネムが密生しているところがあり，その中で生活していた。沖縄県初記録の種である。

| 2005.10.29 | 1羽 | 祖納水田 | 2005.10.31 | 1羽 | 祖納水田（10/29と同一） |

284. シロハラホオジロ　*Emberiza tristrami*
春（4，5月）や秋（10，11月），冬（2月）に観察された旅鳥。田原湿地では一年草のクサツノネムの実を食べていた。観察総数は9羽（2月・2羽，4月・1羽，5月・1羽，10月・2羽，11月・3羽）と少ない。冬季に観察されているので越冬個体の可能性がある。秋の観察場所は全て田原湿地であったが，冬と春は比川水田や浦野墓地，南帆安，田原湿地北のサトウキビ畑である。9例すべてが単独個体であった。

285. ホオアカ　*Emberiza fucata*
春（3～5月）や秋（10，11月），冬（12，1月）に観察され，越冬の確認もあるが旅鳥と考えられる。観察総数23羽（春6羽，秋6羽，冬11羽）で少ない。2007年1月の2個体は久部良ミトの道路でウオーキングで移動しながら単子葉植物の種子をついばんでいた。主に久部良ミトと祖納の牧草地での観察が多かった。そのほかに割目や祖納水田，比川水田，東崎等であった。与那国島初記録の種である。
・最多羽数　2羽（2005.11.2, 2007.1（4回））　祖納水田。4回は久部良ミト

286. コホオアカ　*Emberiza pusilla*
春（3～5月）や秋（9～11月），冬（12，1月）に観察され，越冬の確認もあるが旅鳥である。春は176羽（32.7％），秋は348羽（64.7％）で秋のほうが多い。冬は14羽（2.6％）である。平均個体数が多いのは11月（2.3羽/日）で，次が10月（1.7羽/日）であった。ちなみに春は4月が多かった。島では比較的珍しい種である。

春の採食場所はサトウキビ畑が多く，秋と冬はクサツノネムの生えている満田原水田や田原湿地，祖納水田が多かった。ねぐらは田原湿地のセイコノヨシを一年を通して利用し，2005年の春は6～7羽がいた。2005年11月3日，祖納水田のクサツノネムから7時25分に8羽が「チッチッ」と鳴きながら一斉に飛び立ち，地上70～80mの高さまで上昇後，東方向へ渡っていった。観察場所は田原湿地や祖納水田，比川水田，満田原水田で多く，そのほかは南帆安や祖納の牧草地，久部良ゴミ捨場近くの牛の放牧場等であった。
・最多羽数　26羽（2003.11.1）　満田原水田25羽，その他1羽

287. キマユホオジロ　*Emberiza chrysophrys*
春（3，4月）や秋（9，11月）に観察された旅鳥である。調査期間中に下記の4例がある。

| 2003.9.26 | 雌3羽 | 祖納水田近くの牛舎 | 2004.3.24 | 雄夏羽1羽 | 祖納の牧草地はずれのサトウキビ畑 |
| 2003.11.15 | 雌2羽 | 焼却場近くの畑 | 2004.4.30 | 雄，雌夏羽各1羽 | 比川水田の休耕田 |

288. カシラダカ　*Emberiza rustica*
春（3～5月）や秋（10，11月），冬（1，2月）に観察された旅鳥である。春は258羽（94.2％），秋は7羽（2.6％）で春が圧倒的に多い。ちなみに冬は9羽（3.3％）である。本種は冬鳥と思っていたが，島では春に個体数が多いことから，越冬地からの北上の際に島を通過する旅鳥と考えられる。観察場所は田原湿地や祖納水田，祖納の牧草地で多く，そのほかは森林公園や桃原牧場，比川水田等であった。
・最多羽数　23羽（2003.4.16）　田原湿地

289. ミヤマホオジロ　*Emberiza elegans*

10〜4月まで観察された冬鳥である。10月下旬〜11月上旬に渡来し，4月上旬ごろに渡去する。観察総数は84羽で少ない。越冬個体数は2005年が15羽程度，2006年は10羽程度と考えられる。本種はススキの種子が好きなようで，採食行動がしばしば観察された。また，サトウキビ畑での観察例も多かった。

多く観察されたのは比川水田の豚小屋近くのサトウキビ畑や，イランダ線のススキの生えている場所，祖納の牧草地はずれのサトウキビ畑であった。その他は田原湿地や与那国中学校，焼却炉近くの畑，森林公園，南牧場，比川水田，空港南水田，新造成地，祖納の牧草地，割目，樽舞湿地等，いろいろな場所で出現した。

・最多羽数　10羽（2006.2.10）　比川水田の豚小屋近くのサトウキビ畑

290. シマアオジ　*Emberiza aureola*

春（3〜5月）と秋（9，10月）に観察された旅鳥である。春は34羽（91.9％），秋は3羽（8.1％）で春が圧倒的に多い。観察総数は37羽で少ない。多く観察されたのは比川水田の休耕田であった。そのほかは祖納の牧草地はずれのサトウキビ畑や南牧場，コンクリート工場近くの水田，祖納水田，田原湿地，空港南畑，祖納の牧草地等である。

・最多羽数　雄7羽，雌10羽（2004.4.30）　比川水田の休耕田

291. シマノジコ　*Emberiza rutila*

春（4，5月）と秋（10月）に観察された旅鳥である。調査期間中に下記の6例がある。

2004.4.28	雄2羽，雌5羽夏羽	比川水田の休耕田	2005.5.7	雄1羽，雌1羽夏羽	久部良中学校近く
2004.4.30	雄2羽，雌5羽夏羽	比川水田の休耕田	2003.10.4	雌1羽	満田原水田
2004.5.6	雄夏羽1羽	比川水田の休耕田	2005.10.5	雄1羽	満田原水田から西崎へ行く峠

292. ズグロチャキンチョウ　*Emberiza melanocephala*

春（4，5月）と秋（10，11月）に観察された迷鳥である。春に6回，秋に8回観察され，いずれも1羽であった。春は成鳥夏羽のきれいな個体が多かったが，秋は幼鳥のほうが多かった。鳴き声は「ビュッビュッ」または「ビウビウ」であった。観察場所は祖納と久部良のゴミ捨場と桃原牧場で多く，そのほかはトウング田近くのサトウキビ畑や空港南畑，田原湿地，祖納水田，祖納の牧草地，与那国保育園，久部良中学校である。

293. チャキンチョウ　*Emberiza bruniceps*

春（5月）と秋（10月・11月）に観察された迷鳥であり，調査期間中に下記の5例がある。与那国島初記録の種である。

2004.5.25.	雄成鳥夏羽1羽	祖納の牧草地から東崎へ行く坂道
2004.5.26.	雄成鳥夏羽1羽	祖納の牧草地から東崎へ行く坂道（5/25と同一）
2005.10.29	雌成鳥1羽	祖納水田のクサツノネムの休耕田
2005.11.1.	雌成鳥1羽	祖納水田のクサツノネムの休耕田　10/29と同一個体
2005.11.3	雌成鳥1羽	祖納水田のクサツノネムの休耕田　10/29と同一個体

2004年5月25日，東崎から祖納の牧草地に向かう坂道を自転車を押して歩いていると，道路脇から赤茶色の小鳥が飛んで木に止まった。シマノジコ雄にしては大きいと思いながら探すと本種の雄成鳥夏羽であった。「チッ」と鳴いて電線に止まり，草が生い茂った歩道へ下りて，イネ科植物の種子を食べていた。嘴は太く，上嘴は鉛色，下嘴は白っぽかった。頭と顔，喉は赤茶色で胸はまばらに赤茶色。上尾筒はかなり濃い赤茶色。腹からの体下面は鮮やかな黄色で足はピンク，翼帯は薄く2本あった。翌26日も同じところにいた。

2005年10月29日，祖納水田でクサツノネムの茂る水田でコホオアカ9羽を観察していたとき，もっとよく見ようと近づくと別の1羽が目に入った。ズグロチャキンチョウのようであるが，下尾筒は黄色で腰は見えない。そのうちに翼を左右に動かし，腰の黄色が見えたので本種の雌成鳥とわかった。11月1日と3日にも同所で確認された。記録の少ない珍鳥のチャキンチョウとズグロチャキンチョウが両方見られるこの島の鳥類相のすごさを再認識した。

294. ノジコ　*Emberiza sulphurata*

　春（3〜5月）や秋（10, 11月），冬（12月）に観察された旅鳥である。春は17羽（22.4％），秋は58羽（76.3％）で春より秋のほうが多い。2004年秋は割目から東崎へ行く歩道の草地に集まっていたが，それ以外は分散していた。

　多く観察されたのは上記を除いて，祖納の牧草地はずれのサトウキビ畑や祖納水田，田原湿地，空港南水田，比川水田，与那国小・中学校であった。そのほかは祖納の牧草地や畑，ゴミ捨場，久部良公民館となりの神社，久部良ゴミ捨場近くの牛舎，満田原水田，南牧場等である。

・最多羽数　11羽（2004.10.31）　割目から東崎へ行く歩道の草地10羽，その他1羽

295. アオジ　*Emberiza spodocephala*

　9〜5月まで観察された冬鳥で，9月下旬〜10月下旬に渡来し，5月上旬〜中旬に渡去する。春は210羽（39.7％），秋は175羽（33.1％）で春と秋はそれほど変わらない。ちなみに冬は144羽（27.2％）である。越冬個体数は2005年の冬が10羽程度で，2006年の冬は20羽程度であった。本種の亜種の個体数と比率を下の表に示す。春と秋は亜種シベリアアオジ（*E.s.spodocephala*），冬は亜種アオジ（*E.s.personata*）が多いが，合計すると亜種シベリアアオジのほうが多い。

表．アオジ亜種の個体数と比率

亜種名	春		秋		冬		合計	
	個体数	比率(%)	個体数	比率(%)	個体数	比率(%)	個体数	比率(%)
アオジ	27	32.9	25	37.9	42	64.6	94	44.1
シベリアアオジ	55	67.1	41	62.1	23	35.4	119	55.9

　観察場所は田原湿地や祖納水田，祖納の牧草地，南帆安，比川水田，比川浜近くの水路で多く観察された。ほかにはカタブル浜や与那国嵩農道，イベント広場，比川水田と満田原水田間の道路，南牧場，水道タンク付近，久部良ミト等であった。

・最多羽数　雄2羽，雌20羽（2004.4.27）　南牧場に渡ってきた亜種シベリアアオジの群れ

296. クロジ　*Emberiza variabilis*

　春（4月）と秋（10, 11月）に観察された旅鳥である。春は1羽（8.3％），秋は11羽（91.7％）で秋のほうが圧倒的に多く，秋の記録の大半は11月（10羽）である。観察総数は12羽で少ない。2005年4月16日には，水道タンク付近で「ホイチーチー」と盛んにさえずっていた。観察場所は森林公園や与那国嵩農道，田原湿地，祖納の牧草地，祖納の牧草地はずれのサトウキビ畑，空港南水田，水道タンク付近，コスモ石油から比川へ行く途中の水田等であった。

　最多羽数　雌3羽（2004.11.21）　与那国嵩農道

297. シベリアジュリン　*Emberiza pallasi*

調査期間中に下記の2例がある旅鳥で，沖縄県初記録の種である。

2004.10.21	冬羽2羽	祖納の牧草地
2005.11.2	冬羽2羽	祖納水田のクサツノネムで「チュリンチュリン」と小さい声で鳴いていた

298. ツメナガホオジロ　*Calcarius lapponicus*

調査期間中に下記の2例がある旅鳥である。

2003.11.14	雌成鳥1羽	久部良ゴミ捨場隣の草地
2005.10.24	雌成鳥1羽，幼鳥1羽	桃原牧場

299. ユキホオジロ　*Plectrophenax nivalis*

　迷鳥で，沖縄県初記録の種である。2005年11月20日，雨が降り3時間以上も雨宿りをした後でクルマエビ養殖場に

行き，岩の上に小鳥を見つけた。肉眼でもユキホオジロとわかって驚いた。雄冬羽1羽で，人を恐れず3〜4mまで近づいてきた。ウオーキングで移動し，道路端の草地で地面に落ちた小さな種子を食べていた。2005年11月23日まで滞在した。

○ アトリ科　FRINGILLIDAE

アトリ科はアトリ，カワラヒワ，マヒワ，アカマシコ，コイカル，イカル，シメの7種，2,576羽が観察された。

最も多いアトリが1,205羽（46.8％）。以下，マヒワ1,178羽（45.7％），イカル95羽（3.7％），その他（4種）98羽（3.8％）である。

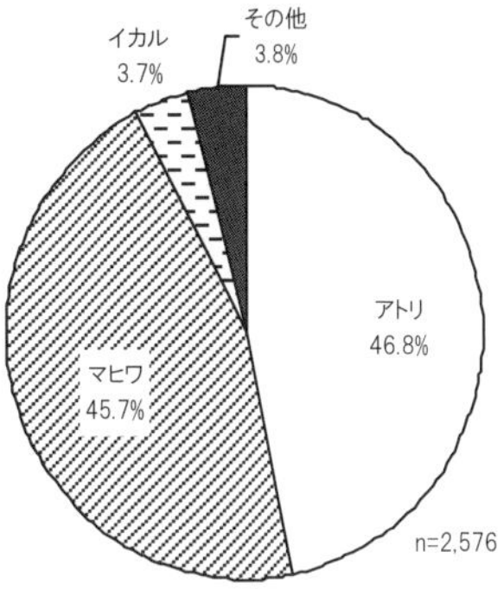

図Ⅳ-44．アトリ科の構成比

300．アトリ　*Fringilla montifringilla*

春（3，4月）や秋（10，11月），冬（12，1月）に観察され，越冬の確認もあるが旅鳥と思われる。春は615羽（51.0％），秋は399羽（33.1％），冬は191羽（15.9％）で春が観察の半数を占める。2006年冬は15羽の群れが祖納のゴミ捨場に定着して越冬したが，毎年越冬するとは限らない。最大の群れは樽舞湿地の40羽で，あとは20羽前後の群れが多かった。観察場所は祖納の牧草地や祖納ゴミ捨場，割目，祖納水田に多く，次に田原湿地や森林公園，比川水田等であった。

・最多羽数　46羽（2007.1.22）　与那国嵩農道29羽，祖納ゴミ捨場15羽，その他2羽

301．カワラヒワ　*Carduelis sinica*

春（4月）と秋（11月）に観察された旅鳥である。4月は3羽，11月は14羽で，観察総数は17羽と少ない。観察場所はサンニヌ台，コスモ石油から比川へ行く途中の水田，祖納の牧草地，田原湿地，祖納水田等であった。与那国島初記録の種である。

・最多羽数　5羽（2003.11.13）　田原湿地

302．マヒワ　*Carduelis spinus*

春（3〜5月）と秋（10，11月），冬（12月）に観察された旅鳥である。春は40羽（3.4％），秋は1,107羽（94.0％），冬は31羽（2.6％）で秋が圧倒的に多かった。特に2005年の秋は個体数が多く，100羽以上観察された日が4日あった。東崎で2005年10月27日に23羽，11月8日に120羽が東方向から渡ってきたが越冬はしなかった。アワユキセンダングサやアザミの種子，ススキの穂の種子を食べているのをしばしば観察した。

秋の観察場所は東崎や祖納のゴミ捨場，与那国中学校付近が多かった。春と冬は南牧場や与那国中学校，祖納の牧草地，森林公園，桃原牧場，カタブル浜，与那国嵩農道，イランダ線入口の外周道路等である。

・最多羽数　150羽以上（2005.10.27）　東崎

303．アカマシコ　*Carpodacus erythrinus*

調査期間中に下記の4例がある旅鳥である。鳴き声は「ピーピー」や「ティウティウ」「フィーフィー」，「チュイーチュイー」「ウィーウィー」等であった。与那国島初記録の種である。

2005.4.28	雌タイプ1羽	久部良バリ	2005.11.4	雄タイプ1羽	久部良ゴミ捨場近くの牛舎
2005.10.12	雌タイプ4羽	田原湿地北の木で	2007.1.30	雌タイプ2羽	東崎

304．コイカル　*Eophona migratoria*

春（3，4月）や夏（6月），秋（9〜11月）に観察された旅鳥である。春は5羽（15.1％），夏は3羽（9.1％），秋は25羽（75.8％）で秋が最も多かった。観察総数は33羽で少ない。田原湿地の山側にねぐら入りするのが時々観察された。祖納水田では落穂を一粒ずつ，モミを取り除いて食べていた。観察場所は田原湿地や森林公園，比川水田付近，祖納水田で多かった。その他は祖納の牧草地や祖納の部落，割目等である。

・最多羽数　5羽（2004.10.14）　比川水田4羽，その他1羽

305. イカル　*Eophona personata*

春（3〜5月）や秋（9〜11月）に観察された旅鳥である。春は9羽（9.5％），秋は86羽（90.5％）で秋が圧倒的に多い。春ばかりではなく秋もよくさえずっていた。観察場所は森林公園や与那国嵩農道，田原湿地が多かった。その他は比川水田や久部良ミト，水道タンク下，久部良中学校等である。

・最多羽数　29羽（2004.11.14）　森林公園

306. シメ　*Coccothraustes coccothraustes*

春（3，4月）や秋（9，11月），冬（12〜2月）に観察され，越冬の確認もあり，冬鳥と考えられる。春は8羽（20.0％），秋は13羽（32.5％），冬は19羽（47.5％）で冬が最も多い。観察総数は40羽で少ない。2005年の冬は5羽程度が越冬したが，2006年は越冬しなかった。観察場所は比川浜周辺や田原湿地，与那国中学校で多く，その他は祖納水田近くの牛舎や水道タンク付近，祖納の牧草地，空港南水田，樽舞湿地等である。

・最多羽数　5羽（2005.11.27）　祖納の牧草地

○ カエデチョウ科　ESTRILDIDAE

307. シマキンパラ（アミハラ）　*Lonchura punctulata*

春（3〜5月）や秋（10，11月），冬（1月）に観察され，旅鳥と考えられる。春は89羽（64.0％），秋は46羽（33.1％），冬は4羽（2.9％）で，春が最も多いが，観察総数は139羽と少ない。群れの大きさは20羽程度が3回，12羽〜16羽の群れが5回観察された。田原湿地のセイコノヨシにねぐら入りするのが数回観察され，そのときに「ピーピー」や「ヒーヒー」「フィーフィー「チーチー」等と鳴いていた。

観察場所はねぐらのあった田原湿地で最も多く観察され，次が祖納水田と満田原水田であった。その他は比川水田や与那国小学校，祖納の牧草地はずれのサトウキビ畑，トウング田である。本種は外来種とされているが（日本鳥類目録改訂第6版 2000），与那国島には台湾に生息している野生種が飛来した可能性が極めて高いため，本書では野鳥とした。

・最多羽数　20羽（2002.4.21，2004.3.15，2004.5.2）　トウング田。与那国小学校。田原湿地。

○ ハタオリドリ科　PLOCEIDAE

308. ニュウナイスズメ　*Passer rutilans*

調査期間中に下記の1例があり，旅鳥と考えられる。

| 2002.4.5 | 雄1羽 | 東崎でスズメ約20羽に混じる |

309. スズメ　*Passer montanus*

島を代表する留鳥である。観察総数は251,817羽で，観察されたすべての鳥の総個体数の1/4以上を占める。これは1日あたりで381.5羽を観察したことになるので，大変な数である。春の平均個体数は211.9羽/日に対し，秋は605.0羽/日であったので，概算すると2羽の親が4羽の雛を巣立たせたことになる。

春は80〜250羽の群れが見られたが，繁殖活動が活発になると次第に分散した。4月に入ると交尾や巣材運び等が見られるようになり，5月に入ると巣立ち雛への給餌が多くなった。

表. 四季別・年度別スズメの最多羽数

年	春	夏	秋	冬
2002	600羽			
2003	400羽		1,510羽	
2004	300羽	350羽	1,100羽	
2005	650羽	450羽	1,400羽	900羽
2006				900羽

最多の群れ	250羽	100羽	700羽	350羽

　上表から繁殖が終了した秋に個体数は最多になり，季節が進むにつれて減少し，春で最少になる様子がわかる。本種は島中にいたが，大きな群れは水田や牛舎で見られ，特に祖納水田では一年中群れをつくっていた。2003年10月7日に観察した700羽以上の群れは，9割が当年生まれの幼鳥であった。夏（6月）の群れは100羽程度でほとんどが成鳥であり，刈り取る寸前の稲穂から一粒ずつ稲を取り，もみ殻を取り除いて食べていた。桃原牧場530羽，久部良ゴミ捨場近くの牛舎450羽，南帆安の水田400羽等が最大の群れである。

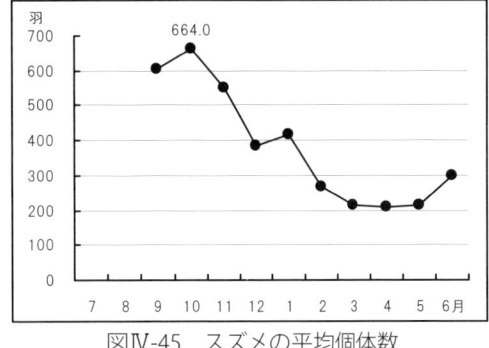

図Ⅳ-45．スズメの平均個体数

　2003年9月28日に東崎から最初は20羽以上が，次に30羽以上が東方向へ海面すれすれに渡って行った。2005年11月7日，南帆安で当年生まれの幼鳥がコガネグモの巣にかかって逃げられそうになかったので助けた。

・最多羽数　1,510羽（2003.9.25）　祖納水田600羽以上，その他910羽

○ ムクドリ科　STURNIDAE

　ムクドリ科はギンムクドリ，シベリアムクドリ，コムクドリ，カラムクドリ，ホシムクドリ，ムクドリ，バライロムクドリ，ジャワハッカの8種，21,765羽が観察された。

　最も多いジャワハッカが8,904羽（40.9%）。以下，コムクドリ6,603羽（30.3%），ギンムクドリ（3,036羽）13.9%，ムクドリ（2,558羽）11.8%，その他（4種）664羽（3.1%）である。

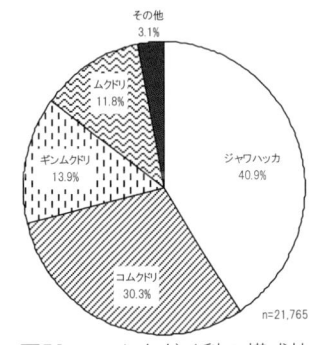

図Ⅳ-46．ムクドリ科の構成比

310．ギンムクドリ　*Sturnus sericeus*

　9～5月まで観察された冬鳥である。秋は9月中旬～11月上旬に渡来し，春は4月中旬～5月上旬に渡去する。春（3～5月）は1,812羽（59.7%），秋（9～11月）は566羽（18.7%），冬（12～2月）は658羽（21.7%）で春が約6割を占め，特に多いのは3月であった。毎年越冬し，2005年と2006年の冬は20羽程度が越冬した。本種単独の群れはほとんどなく，ほかのムクドリ類やジャワハッカ等との混群でいる場合が多かった。

　ねぐらは田原湿地にあり，夕方に集まるのを観察したが，年により田原湿地をねぐらにしないこともあった。春はデイゴの花によく集まり，菜種やタンポポに付いたアリマキを食べていた。秋はツルムラサキ，ガジュマルの実がなるころにはガジュマルに集まっていた。

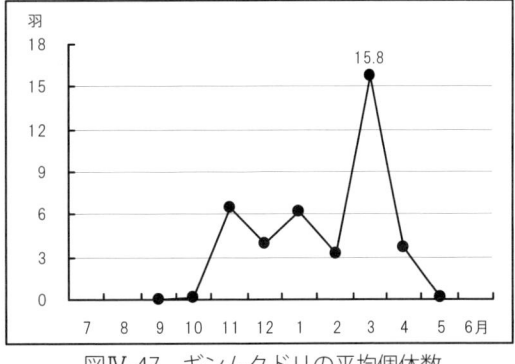

図Ⅳ-47．ギンムクドリの平均個体数

　観察場所は祖納と久部良のゴミ捨場や田原湿地，与那国小・中学校，久部良ミト脇の牛舎，割目，久部良公民館となりの神社等である。なお，ギンムクドリは初めて訪れた1979年12月29日に田原湿地北側のダイコン畑で6羽を観察・撮影した。日本初記録の種として「野鳥」404号，1980年5月号に掲載されている。

・最多羽数　84羽（2004.3.31）　全島で

311．シベリアムクドリ　*Sturnus sturninus*

　調査期間中に下記の10例がある旅鳥である。

2003.4.3	1羽	与那国中学校，ガジュマルの実をヒレンジャク8羽と食べていた

2004.4.6	1羽	イベント広場近くの電線にコムクドリ，ギンムクドリ，ムクドリとの混群
2003.9.23	幼鳥1羽	与那国小学校
2003.11.5	雄成鳥1羽	久部良公民館となりの神社
2003.11.12～15	雄成鳥1羽	久部良公民館となりの神社で3回。同一個体
2004.10.21	雌1羽	比川部落
2004.11.7	雌2羽	空港南畑　カラムクドリ雄2羽と
2005.9.25	雌1羽	与那国中学校

312. コムクドリ　*Sturnus philippensis*

　主に春（3～5月）と秋（9～11月）に通過する旅鳥で，6月と12月にも少数が観察された。春は5,340羽（80.9%），秋は1,260羽（19.1%）で春のほうが圧倒的に多く，特に4月が多かった。
　群れは100羽程度が多かったが，中には130羽，162羽，180羽もあり，最大で300羽以上の群れが2003年4月25日と2005年10月10日に観察された。大きな群れで渡来しても翌日にはいなくなってしまうことが多く，渡来しては次々と渡去してしまうようであった。ねぐらは祖納部落のフクギで，特に決まった木ではなく，その日の状況で決めているように思われた。ガジュマルの実を好み，与那国中学校や祖納水田近くの牛舎に集まっていた。
　上記の他に観察場所で多かったのは田原湿地や祖納のゴミ捨場，南帆安，空港南水田，比川部落であった。そのほかは満田原水田や祖納の牧草地，コスモ石油から比川へ行く途中の水田，久部良港などである。
・最多羽数　813羽（2003.4.25）　空港南水田300羽，与那国中学校220羽，コスモ石油から比川へ行く途中の水田162羽，その他131羽

313. カラムクドリ　*Sturnus sinensis*

　春（3～5月）や秋（9～11月），冬（12～1月）に観察され，越冬の確認もあるが旅鳥と考えられる。春は194羽（42.7%），秋は163羽（35.9%），冬は97羽（21.4%）で春と秋はそれほど変わらない。平均個体数が多いのは9月と4月であった。観察総数は454羽で少ない。
　最大の群れの大きさは13羽で，3年間1回ずつ観察された。ガジュマルの実やシマグワの実を好み，デイゴの花が咲いたときも集まっていた。2005年9月18日，久部良港で9時20分に13羽が台湾方面から渡来した。ねぐらは主に田原湿地のセイコノヨシやイボタクサギであるが，祖納部落のフクギの場合もあった。
　多く観察されたのは田原湿地や祖納のゴミ捨場，与那国小・中学校周辺であった。次いで桃原牧場や祖納部落，久部良港，久部良中学校，久部良ミト，久部良公民館となりの神社，樽舞湿地，比川水田，祖納水田近くの牛舎等，広い範囲で出現した。
・最多羽数　21羽（2004.9.25）　田原湿地13羽，その他8羽

314. ホシムクドリ　*Sturnus vulgaris*

　春（3月）や秋（10，11月），冬（12～2月）に観察され，越冬の確認もあるが旅鳥と考えられる。春は20羽（10.5%），秋は136羽（71.6%），冬は34羽（17.9%）で秋が多い。毎年少数が渡来したが，観察総数は190羽と少ない。最大の群れは10羽であった。ジャワハッカやほかのムクドリ類との混群でいる場合が多かった。
　観察場所は祖納のゴミ捨場が最も多く，次いで桃原牧場や久部良ゴミ捨場近くの牛舎であった。その他は久部良ゴミ捨場や与那国小学校，久部良中学校，祖納のゴミ捨場近くの牛舎等である。
・最多羽数　10羽（2005.10.28と2005.11.1）　桃原牧場。久部良ゴミ捨場近くの牛舎

315. ムクドリ　*Sturnus cineraceus*

　10～5月まで観察され，毎年越冬しているが旅鳥と考えられる。秋は10月上～中旬に渡来し，春は4月下旬～5月上旬に渡去する。越冬個体数は2005年が約3羽，2006年が約7羽であった。春は1,151羽（45.0%），秋は1,303羽（50.9%），冬は104羽（4.1%）で春と秋はそれほど変わらない。2004年10月21日，東崎で14羽が80m位まで上昇後，東方

向へ渡っていった。
　観察場所はゴミ捨場と牛舎によく集まっていた。祖納と久部良のゴミ捨場や桃原牧場，久部良ゴミ捨場近くの牛舎でよく見られた。その他は祖納水田近くの牛舎や久部良公民館となりの神社，久部良中学校，与那国中学校であった。
・最多羽数　84羽（2003.11.12）　久部良公民館となりの神社60羽以上，久部良ゴミ捨場20羽，その他4羽

316. バライロムクドリ　*Sturnus roseus*

　調査期間中に下記の9例がある迷鳥で，すべての記録が当年生まれの幼鳥で各1羽である。2003年10月2日，久部良ミトで電線に止まっているのを見つけた。一見するとムクドリの仲間の幼鳥タイプであるが，どの種も該当しない。全体的にバフ色で嘴は黄白色，目は黒く，目の周りは白っぽい淡色，足は黄色〜肉色。風切羽は黒っぽく，尾の上面は薄い黒色。香港とタイの図鑑に本種の幼鳥の図があり本種の幼鳥と判明した（タイの図鑑のほうに類似）。
　その後10月7日に焼却場，10月30日に桃原牧場でムクドリ25羽と地面で採食していた。2004年9月24〜28日までは田原湿地のイボタクサギをねぐらとし，カラムクドリ13羽とねぐら入りやねぐらからの飛び立ちで観察された。10月23日は祖納水田近くの牛舎の放牧地でホシムクドリ，ムクドリ，カラムクドリと地面で採食していた。

2003.10.2	幼鳥1羽	久部良ミト
2003.10.7	幼鳥1羽	焼却場
2003.10.30	幼鳥1羽	桃原牧場　ムクドリ25羽と
2004.9.24〜28	幼鳥1羽	田原湿地で5回（同一個体）カラムクドリ13羽とねぐら入りやねぐらからの飛び立ちが観察された
2004.10.23	幼鳥1羽	祖納水田近くの牛舎　ムクドリ，ホシムクドリ，カラムクドリと

317. ジャワハッカ　*Acridotheres javanicus*

　島を代表する留鳥であったが，年々減少している。本種は「日本鳥類目録改訂第6版」では外来種とされているが，島では野鳥を飼う習慣がなくカゴ抜けの可能性はないので野鳥として扱った。右図は比較可能な3年間について本種の個体数の推移を示しているが，毎年半減以上に減少している。2007年1月には2羽，調査後の2009年4月はとうとう1羽となってしまった。2005年の時点で絶滅の心配をしていたが，それが現実のものとなりつつある。ちなみに，本種は1990年3月に祖納のゴミ捨場で見つかり，その後，100羽程度まで増加した。
　調査期間中に気になっていたのが留鳥なのに個体数の増減が大きいことであった。3月上旬は群れで行動していたが，3月中旬から下旬になるとペアでの行動が目立つようになり，田原湿地のねぐらの利用が減ったことで観察数は徐々に減少し，5月にはさらに減少した。繁殖により分散して個体数の把握が困難になったためと考えた。そして10月上〜下旬から個体数が増加し，11月が秋のピークとなった。個体数の増減は島内での移動ではなく，定期的な渡りを行っている可能性が高く，台湾への渡りが考えられる。
　観察場所は田原湿地や祖納と久部良のゴミ捨場が最大の観察地点であったが，2004年の秋には久部良ゴミ捨場の群れが消滅した。その他は与那国小・中学校周辺や南牧場，立神岩等であった。
・最多羽数　100羽以上（2003.3.22）　与那国小・中学校入口30羽以上，その他70羽

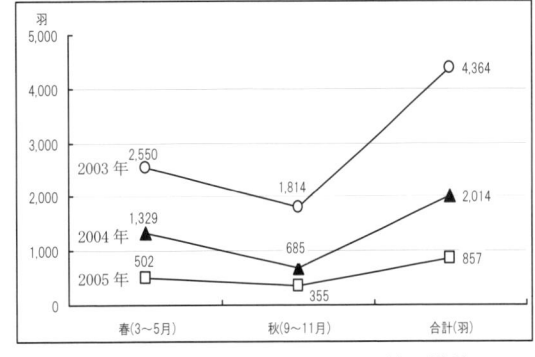

図Ⅳ-48．ジャワハッカ個体数の推移

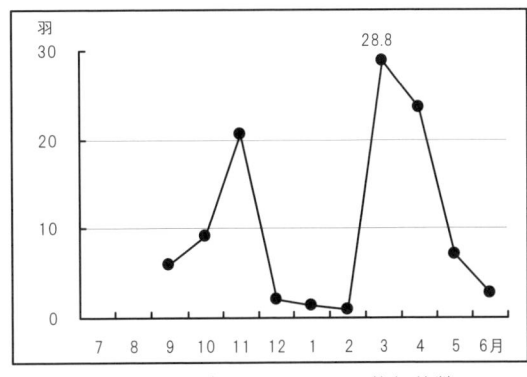

図Ⅳ-49．ジャワハッカの平均個体数

○ コウライウグイス科　ORIOLIDAE

318. コウライウグイス　*Oriolus chinensis*
調査期間中に下記の8例（10羽）がある旅鳥である。

2003.9.23	成鳥1羽，雌成鳥1羽	祖納の牧草地，カタブル浜
2003.9.30	成鳥1羽	東崎
2004.9.28	雄成鳥1羽	樽舞湿地
2004.9.29	雄成鳥1羽	仲嵩農園（桃原牧場近く）
2004.12.1	幼鳥1羽	久部良ミト，全体的に緑色味が強く，胸に縦斑あり，嘴は黒色
2005.9.7	幼鳥1羽	水道タンク
2005.9.12	成鳥1羽，幼鳥1羽	水道タンク　幼鳥の嘴は基部ピンクで先の方は黒色
2005.5.21	成鳥1羽	割目「ミイヤーミイーミイヤーミュアー」と鳴いていた

○ オウチュウ科　DICRURIDAE
　オウチュウ科はオウチュウ，カンムリオウチュウ，ハイイロオウチュウの3種，165羽が観察された。
　最も多いオウチュウが118羽（71.5%）。以下ハイイロオウチュウ24羽（14.5%），カンムリオウチュウ23羽（13.9%）である。

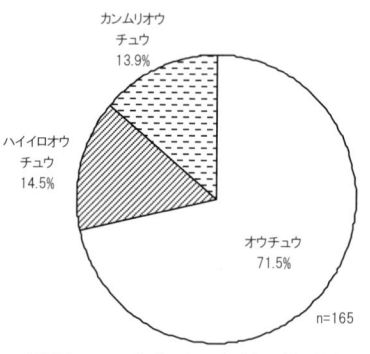

図Ⅳ-50. オウチュウ科の構成比

319. オウチュウ　*Dicrurus macrocercus*
　春（4，5月）と秋（9，10月）に通過する旅鳥である。春は114羽（96.6%），秋は4羽（3.4%）で春が圧倒的に多い。比較的珍しい種であり，これほど多く観察される場所は少ない。
　2005年5月11日，田原川で2羽がツバメやヒヨドリのような方法で水浴びをくり返していた。2005年春はオウチュウの当たり年で，少なく見積もっても37羽以上が渡来した。しかし，2002年と2003年は観察できなかった。
　観察場所は田原湿地や祖納水田，久部良中学校裏の林で特に多く，次いで森林公園や南牧場，割目，南帆安，祖納の牧草地，久部良ミト，空港南畑等であった。
・最多羽数　23羽（2004.4.27）　南牧場4羽，その他19羽

320. カンムリオウチュウ　*Dicrurus hottentottus*
　調査期間中に下記の9例（23羽）がある迷鳥である。全てきれいな成鳥であった。2004年4月28日の朝，久部良中学校の校庭の杭に止まっているのを発見。オウチュウとは尾の形が違い，大きく太っていて，冠羽も見えた。杭から地面へ降りて採食し，また杭に戻る動作をくり返していたが，キジバト2羽が飛来したのに驚き飛び去ってしまった。付近を探したが見つからず，後に水道タンク付近で別の4羽が見つかった。同日の午後，真木氏が東崎付近で2羽見ているので，この日は7羽いたことになる。
　水道タンク付近の個体は5月1日の午前中まで4羽いたのに，16時ごろには1羽となり，翌日は見られなかったので，昼間に渡ったようである。この間，久部良ミトや森林公園，南帆安で各1羽を観察した。こんなに多く渡来するとは予想外であった。2004年10月13日，森林公園でヤンバルアカメガシワと思われる黄色い花穂に止まり，昆虫を食べているのを見つけた。10月15日に再び行ってみると同じ木に止まっていた。その後，10月27日比川水田，10月30日田原湿地で各1羽が観察され，翌2005年10月11日にも田原湿地で1羽が観察された。

2004.4.28	成鳥5羽	水道タンク付近4羽，久部良中学校1羽	2004.10.15	成鳥1羽	森林公園
2004.4.29	成鳥3羽	水道タンク付近2羽，久部良ミト1羽	2004.10.27	成鳥1羽	比川水田
2004.4.30	成鳥5羽	水道タンク付近4羽，森林公園1羽	2004.10.30	成鳥1羽	田原湿地
2004.5.1	成鳥5羽	水道タンク付近4羽，南帆安1羽	2005.10.11	成鳥1羽	田原湿地
2004.10.13	成鳥1羽	森林公園			

321. ハイイロオウチュウ　*Dicrurus leucophaeus*

　調査期間中に13例（24羽）がある迷鳥である。2004年9月29日，久部良ミトから森林公園へ行く坂道で，電線に止まっているのを確認した。すぐに見失ったので探すと仲嵩農園前の枯れ木に止まっているのが見つかったが，目の周りの模様の様子から別個体であった。翌9月30日は仲嵩農園で1羽，カタブル浜近くで別の1羽を観察した。2004年10月4～12日は満田原水田から西崎へ行く峠で16羽，森林公園で2羽を確認した。10月5日は一度に4羽飛んでいたが，それぞれが飛んでは止まっていたので，5羽いた可能性もある。

　本種は灰色が強いというイメージだった。初めて見たときは，確かに上面が灰黒色で下面は灰色ではあるが，明るい感じはなく，暗い灰色という印象だった。双眼鏡で見ると目は黒色に見えるが，スコープで見ると赤っぽい暗色。顔の模様は全体が広く白い個体，目の周りにきれいな白いリングのある個体，目の前だけ三角形に白い個体，まったく白い部分のない個体などさまざまであった。目立つ枝先に止まることが多く，フライングキャッチで昆虫を食べていたが，小さい昆虫は枝先に戻る前に食べ，ギンヤンマは枝先に戻ってから丸飲みにしていた。このギンヤンマが主な食物で，ざっと数えて80匹以上飛んでいたので，次々に食べられても減ることはなかった。近くをチョウゲンボウやアカハラダカが飛ぶと「ギィーギィー」や「ギッギッ」「ジャージャー」などの声を出して飛びながら威嚇していた。12日の午前中はいたのに午後にはいなかったので，昼間渡ったものと思われる。

　2005年10月4日，水道タンク付近で飛んでいる1羽，翌5日には満田原水田で西崎へ行く峠方向から飛んできて木に止まった別の1羽を確認した。この年は峠にはギンヤンマが1匹もいなかったが，この個体は前年にギンヤンマを食べていた個体なのだろうか？

2004.9.29	2羽	仲嵩農園1羽，久部良ミトから森林公園へ行く坂道1羽	2005.10.4	1羽	水道タンク付近
2004.9.30	2羽	仲嵩農園1羽，カタブル浜1羽	2005.10.5	1羽	満田原水田
2004.10.4～12	1～4羽	満田原水田から西崎へ行く峠16羽，森林公園2羽			

　なお，2002年の春（4月）と2003年の秋（10月）にも出現したが私は観察していない。

○ 外来種　（バリケンは特にカウントしなかったが，田原湿地に2002年春から1～2羽が生息していた）

A. インドクジャク　*Pavo cristatus*

　学校で飼っていたのが台風で逃げて野生化したものである。調査開始の2002年春から存在に気付いていたがカウントはしなかった。2004年春からどの程度個体数がいるのかカウントを開始した。姿を見る機会は多かったが，やはりネコに似た「ニヤオー」という大きな声で気付くことが多かった。

　観察場所で特に多かったのは水道タンク近くの牛の放牧場や，田原湿地，南帆安の牛の放牧場（アヤミハビル館北），森林公園，与那国嵩農道であった。かなりの数がいて100羽程度はいるものと推定される。牛舎に入り込み，牛の餌（トウモロコシ等）を食べていた。観察総数403羽。
最多羽数　8羽（2004.5.23と2004.5.24）　田原湿地4羽，森林公園4羽。水道タンク近くの牛の放牧場5羽，その他3羽。

B. カワラバト（ドバト）　*Columba livia*

　2003年春と2005年春・夏のみカウントした。50羽程度の群れが数回観察された。

2003年春（3～5月）	1～67羽/日	観察総数　514羽	2005年夏（6月）	3～13羽/日	観察総数　51羽
2005年春（3～5月）	1～180羽/日	観察総数　969羽			

C. ハシブトガラス　*Corvus macrorhynchos*

　調査開始の2002年の春から1ペア＋単独の3羽が生活していた。このペアでの行動や巣材運び等は観察されているが，繁殖の確認はなく，絶滅の可能性は高い。2006年12月から2羽に減少し，別々に生活している。観察総数662羽。なお，これらの個体は仲嵩剛氏によると本州の人が飼っていた亜種ハシブトガラス（*C.m.japonensis*）であり，1997年ごろに逃げてそのまま居着いているとのことである。

V 調査で記録されなかった種

私の調査では記録されなかったが、今までの文献や鳥友の情報等で確実と思われる種類は以下の59種であった。これらを調査で記録された321種に加えると、与那国島の鳥類リストは17目57科380種となる。

観察者はできるだけ最初に発見した人を探したが、不明な場合も多くあった。またリストには抜けている種もあると考えられるので、気付いた点などがある場合は著者まで連絡いただきたい。

表V-1. 調査で記録されなかった種

No.	目名	科名	種名	年月日	羽数	場所	観察者	備考
1	カイツブリ	カイツブリ	ミミカイツブリ	1981. 2.12	1	―	―	注2
2			カンムリカイツブリ	―	―	―	―	注1
3	ペリカン	ペリカン	モモイロペリカン	1979.	―	―	―	注3
4			ハイイロペリカン	―	―	―	―	注3
5	コウノトリ	ゲンンカンドリ	コグンカンドリ	2002.10. 7	1	久部良港	真木広造	
6		コウノトリ	コウノトリ	1994. 3.19	10	樽舞湿地	宇山大樹, 他	注4
7			ヘラサギ	1982. 3.21	1	比川水田	宇山大樹	注6
8	カモ	カモ	ハイイロガン	―	―	―	―	注1
9			サカツラガン	1999. 3.	―	―	―	注3
10			アカツクシガモ	―	―	―	―	注1
11			ナンキンオシ	1972. 3.22	1	田原湿地	小澤重雄, 今井光雄	
12			アカハジロ	1994. 3.15	1	久部良ミト	五百沢日丸	雌, 注2
13			ミコアイサ	2010.3.15	1	久部良ミト	村松稔	雄
14			コウライアイサ	2010. 3.30〜4.1	1	久部良ミト	注9	雌タイプ
15			カワアイサ	2010. 3.28	1	田原湿地	真木広造	雌
16	タカ	タカ	カタグロトビ	2001. 4	1	―	―	BIRDER21 (10) 2007 P20
17			ケアシノスリ	1973.11ごろ	1	祖納	小澤重雄, 今井光雄	
18			カラフトワシ	―	―	―	―	注3
19			カタシロワシ	1997年ごろ	1	―	―	

#							
20		カンムリワシ	1979.12.27		与那国空港	宇山大樹	注5
21	ハヤブサ	ヒメチョウゲンボウ	1999. 7. 5〜 6	1	東牧場	五百沢日丸	雄夏羽
22	ツル	クイナ	2007. 1.11	1	樺舞湿地	森河貴子	
23	チドリ	シギ	1994. 3.20	1	比川水田	宇山大樹、他	注4
24		ヒメハマシギ	2006. 4.29〜05. 01	2	比川水田	森河貴子	夏羽
25		シベリアオオハシシギ	2006. 2. 1	1	比川水田	森河貴子	
26	ヒレアシシギ	ハイイロヒレアシシギ	2006. 2. 1	1	田原湿地	浜田賢治	冬羽
27	カモメ	アメリカズグロカモメ	2006. 7. 2〜20	1	久部良ミト・他	森河貴子	夏羽
28	ウミスズメ	ウミスズメ	2002. 9.12	20+	久部良港	仲嵩剛	
29		エトロフウミスズメ	2002. 9.12	5	久部良港	仲嵩剛	
30	ハト	オナガバト	2006. 3.23	1	イランダ線	森河貴子	
31	カッコウ	カンムリカッコウ	2007. 4	1	—	—	注2
32	フクロウ	トラフズク	1989. 冬	2〜3	比川水田	五百沢日丸	注7
33	アマツバメ	マレーアナツバメ	2007. 4. 7〜13	1	比川水田	—	注7
34		ムジアナツバメ	2007. 4. 7〜 9	1	比川水田	—	注3
35	カワセミ	アオショウビン	—	—	—	—	
36	ブッポウソウ	クビワコウテンシ	1989. 3.10	1	東崎	五百沢日丸	注2
37	スズメ	タイワンヒバリ	1996. 3	—	—	—	注3
38		ハマヒバリ	2009. 4. 3	1	北牧場	—	
39	サンショウクイ	アサクラサンショウクイ	2006.10.16	1	与那国国農道	佐藤進	
40	モズ	セアカモズ	2007.10	1	—	—	注5
41		モズ	1979.12.27	1	田原湿地	宇山大樹	雄、越冬の可能性あり。4月21日以降は不明
42		オオカラモズ	2009. 3.29〜 4.20	1	東崎〜割目	真木広造	
43	ツグミ	オオカラモズ	2002.12.30〜31	1	測候所付近	柳澤紀夫、柳澤かほる、柳澤秋介	
44		コルリ	2006. 4. 6	1	西崎付近	森河貴子	雄
45		ヒメイソヒヨ	2000 or 2001 10月上旬	1	久部良ミト近く	真木広造	雌
46	ウグイス	エゾセンニュウ	2006. 9.28	1	割目付近	森河貴子	
47		セスジコヨシキリ	2002.10.11	1	田原湿地	五百沢日丸	
48		キタヤナギムシクイ	2006. 9.30	1	北牧場	有山智樹、板谷浩男	バンディング
		キバラムシクイ	2006. 9.12と20	1	田原川河口集落	森河貴子	

49	ヒタキ	チャバラオオルリ	1998. 3.24		1	粗納のゴミ捨場	青木一夫	雄成鳥, 注8
50		ミヤマヒタキ	1984. 4. 1〜10		1	—	ヤザワヒデオ, オクハラミツヒコ	注2
51		ミミジロチメドリ	2006.10. 1		1	水道タンク付近	森河貴子	
52	カササギヒタキ	クロエリヒタキ	2008. 4.13〜17		1	新造成地	今井敦	雌
53	ホオジロ	オオジュリン	2007. 3. 3		1	クルマエビ養殖場	森河貴子	
54	アトリ	オオマシコ	2005.12.16		1	南牧場	ファーガス・クリスタール	雄
55		イスカ	2006. 4.14		1	久部良小学校	森河貴子	雄
56	ムクドリ	ミドリカラスモドキ	2003. 4.10		1	桃原牧場	内海孝司, 加藤陽一, 野村明	幼鳥
57		カバイロハッカ	2000. 4		1	—	—	注3
58		ハッカチョウ	1979.12.27〜30		1	田原湿地	宇山大樹	注5
59	カラス	ミヤマガラス	1986.12.26		1	—	ハラトラツジロウ, キンジョウ	注2

注1 沖縄県立博物館総合調査報告書IV－与那国島. 1989年. 「与那国島の陸上脊椎動物」 p25〜38. 沖縄県立博物館
注2 沖縄県立博物館紀要. 第22号. 1996年. 沖縄県立博物館
注3 沖縄野鳥研究会. 2002年. A Guide to the Wild Birds of Okinawa 沖縄の野鳥. 新報出版
注4 芦部達郎, 芦部良江, 磯部理美子, 宇山眞理子, 川島俊二, 土方秀行, 武田稔
注5 小山嘉一郎, 古賀光利, 出島和子, 藤門恵造
注6 海老沢修二, 小山嘉一郎, 林博彦,
注7 眞木広造, 笠野英明, 笠野ようこ, 川島俊二, 板尾啓子, 今井, 大田
注8 竹下勝久, 本若博次, 矢田孝
注9 森田眞次, 須藤敦夫, 下田敏夫, 猪早剛児

Ⅵ 要約

1. 沖縄県与那国島で2002年3月〜2007年1月まで678日間の調査を行なった。1日の調査時間は平均11時間20分であり，約7,684時間の調査結果となる。この間に321種類の野鳥を観察した。日本では最高の探鳥地の1つと言える。このほかに調査で記録されなかった種は59種なので，島で記録のある野鳥は現在380種となった。

2. 調査で記録された321種類の内訳は留鳥21種（6.5%），夏鳥6種（1.9%），冬鳥67種（20.9%），旅鳥183種（57.0%），迷鳥44種（13.7%）であった。夏鳥は極端に少なく，留鳥も少ない。旅鳥や迷鳥が多いのが島の鳥類相の特徴である。

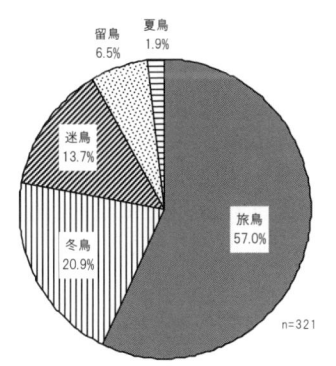

Ⅵ-1. 渡り区分

3. すべての鳥の観察総数は971,360羽で，最も多いのがスズメで251,817羽（25.9%）であった。以下，ツバメ105,417羽（10.9%），シロガシラ97,711羽（10.1%），ヒヨドリ89,989羽（9.3%），アマサギ58,044羽（6.0%）である。この上位5種で全体の62.1%を占めている。

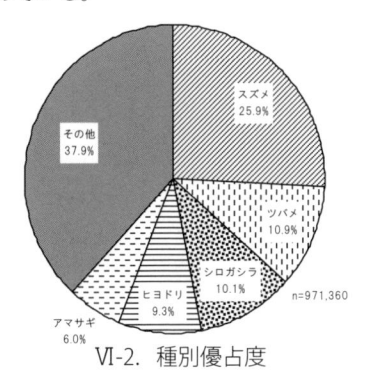

Ⅵ-2. 種別優占度

4. 日本初記録の鳥，沖縄県初記録の鳥，与那国島初記録の鳥は以下の通りである。

1） 日本初記録の鳥はモウコムジセッカ *Phylloscopus armandii*（Yellow-streaked Warbler，またはMilne-Edwards' Willow Warbler）であった。ムジセッカとカラフトムジセッカの中間型で分布は中国（満州から中央部）。越冬地は東南アジア北部（ミャンマー，タイ，中国雲南省，ラオス）である。2005年11月10日〜12月18日まで1〜2羽観察された。

2） 沖縄県初記録の鳥はアカエリカイツブリやヒメウ，シラコバト，セグロカッコウ，サバクヒタキ，チョウセンメジロ，コジュリン，シベリアジュリン，ユキホオジロの9種類であった。

3） 与那国島初記録の鳥はアカオネッタイチョウやコクガン，ナベヅル，アマミヤマシギ，オオジュウイチ，オニカッコウ，ヒマラヤアナツバメ，ナンヨウショウビン，ニシイワツバメ，クロヒヨドリ，イナバヒタキ，シベリアセンニュウ，チャキンチョウ等81種類もあった。

5. 越冬は107種を記録したが，さらに調査すれば増えるものと考えられる。特に田原湿地で毎年越冬しているシベリアセンニュウは日本初の越冬地の発見である。予想外の越冬種としてはアカヒゲやノビタキ，ヤブサメ，シマセンニュウ，オオヨシキリ，ヨタカ，イイジマムシクイ等であった。珍鳥の越冬種はオオノスリやタカサゴクロサギ，ヤツガシラ，チョウセンウグイス，コマミジロタヒバリ，カラアカハラ，チョウセンメジロ等が挙げられる。

6. 留鳥を除き，冬季（12〜2月）の間中さえずっていたのはアカヒゲやノゴマ，シベリアセンニュウ，シマセンニュウ，キマユムシクイ，サシバがあり，これらの種は繁殖期を含めると1年中さえずっていることになる。ほかに冬にさえずりが聞かれた種にはヤブサメやチョウセンウグイス，マミジロタヒバリ，マキノセンニュウ，コヨシキリ，オオヨシキリ，ムジセッカ，カラフトムシクイ，ツバメ，トラツグミ，アカハラ，マヒワ，カイツブリ等があった。

7. 秋の渡りは単純に南方向へ渡るものと考えていたが，与那国島の東の端にある東崎からツバメやツメナガセキレイ，ハクセキレイ，マミジロタヒバリ，サンショウクイ，コホオアカ，スズメ，ムクドリ等が東方向へ渡っていった。その他にチゴハヤブサやハチクマ，チョウゲンボウ，コチドリ，ムナグロ等も東方向への渡りであった。なぜ東方向へ渡るのか不思議であった。なお，東方向へ渡ればすぐに西表島に到着し，さらに東には石垣島や宮古島がある。

8. 与那国島で留鳥とされ，渡りはしないと考えられている亜種タイワンヒヨドリの2/3と亜種リュウキュウメジロの6割が，秋になると行先はわからないが渡ってしまう。そして春になると戻ってくることがわかった。

9. 渡来した方向から考えて，台湾から渡来したと考えられるのは，春はゴイサギやササゴイ，アオサギ，ハジロクロハラアジサシ，クロハラアジサシ等で，秋はコハクチョウやアオサギ，コサギ，カラシラサギ，カラムクドリ等がある。冬はタゲリであった。

10. 春に南から渡来したので，方向から考えてフィリピンから渡来したと考えられるのは，アマサギやダイサギ，コサギ，カラシラサギ，アオサギ，ホウロクシギ等がある。

11. アカハラダカは2005年9月24日に1,070羽以上が，26日にも2,070羽が南方向へ渡っていった。南へ行けばフィリピンがある。ハチクマは個体数が少ないものの，主に秋に渡来したので島は両種の渡りのルートになっていることがわかった。

12. 与那国島のアカヒゲはトカラ列島から渡来して越冬した個体で，奄美大島からではないと考えられる。なお，亜種ウスアカヒゲは島にはいない。

13. ヒタキ科で代表的な渡り鳥のキビタキ（8羽），オオルリ（19羽），ムギマキ（3羽）は，春・秋を通じて個体数が非常に少ない。日本海側の対馬や舳倉島，粟島，飛島と渡りのルートが異なっている可能性が高い。

14. アマミヤマシギが1羽ではあるが2005年10月23日に水道タンク付近で観察されたので，本種の中には渡りを行う個体がいることがわかった。

15. 与那国島は日本の南西端に位置しているので，秋の渡りは日本海側の島々と比べて遅いものと考えていたが，予想以上に早かった。例えば2005年秋の初認は，シマアカモズ（8/18），ツメナガセキレイ（8/19），アカハラダカ（9/7），シベリアセンニュウ（9/9），アカヒゲ（9/21）であった。

16. 珍鳥はたくさん出現したが，中でも特筆すべきはアカノドカルガモやオオノスリ，ナベコウ，タカサゴクロサギ，オオチドリ，ナンヨウショウビン，オニカッコウ，オオジュウイチ，バンケン，ヒマラヤアナツバメ，ヨーロッパアマツバメ，タイワンショウドウツバメ，クロヒヨドリ，ムジタヒバリ，クロジョウビタキ，クロノビタキ，ヤマザキヒタキ，シベリアセンニュウ，モウコムジセッカ等である。

17. ヨタカが道路中央に止まっているのを何回も観察したが，なぜ道の中央なのか理由はわからなかったが，見通しのよい中央から時々フライングキャッチで虫を捕えているところを観察し，採食のためであると納得した。

あとがき

　この与那国島での5年間の調査で残念だったのは，調査中に小笠原航路の船が高速船に切り替わると報道されたことであった。なぜなら高速船になると海鳥が観察できなくなるので仕方なく小笠原航路に3回乗船したために，与那国島での調査日数が減ってしまった からである（実際には高速船は出来たが採算が取れないので中止になってしまったが）。また，夏は夏鳥が少なく，渡り鳥も少ないので6月までしか滞在しなかった。当初は鳥類リストだけ作るつもりでいたのでこれで十分と考えていたが，まとめの本を出すときになってリストだけではもったいないと思い，ある程度の解析も加えるように変更した。すると全く同じ日程での調査でないので，比較するうえでの支障となってしまった。

　もっと調査日数を増やせばよかったと反省しているが，こんなに多くのデータが揃っているのであるから多少のことには目をつぶって進めることにした。そして夏の様子は与那国島在住の森河隆史氏・貴子氏，庄山守氏，仲嵩剛氏からの情報で補足させてもらった。今回の調査では1か所を重点的に調査するのではなく，島内の多くの場所を平均的に調査する必要があったため，種数と個体数をカウントすることに集中し，個々の観察時間は少なくなり，もっと観察したかった種がたくさんあった。また，東崎からの渡りの様子をもっと頻繁に見に行きたかったができなかった。また，私は鳥を見るのが大好きなため，珍鳥が出たとしても基本的に写真は撮らず，観察を続けてしまうため，飛び去ってしまってから写真に残しておけばよかったと思うことがしばしばあった。本書にあまりよい写真がないことについてはお許し願いたい。

　ただ，珍鳥の多くは私の予想していた以上に渡来したので大満足である。本書では大胆な仮説をいくつも出したり，図鑑に出ていない鳴き声や観察事項はできるだけ記入したつもりである。また，調査した全データは資料編に添付しているので，読者の皆さんがそれぞれに読んで，与那国島の鳥類相について考えていただけたら幸いである。この調査を通して私が得た大きな収穫は，地鳴きである程度識別できるようになったことと，全体的に識別レベルが向上したことである。いつの日か再び与那国島で補足調査をするつもりである。

　最後になったが調査に出発するときはいつも「行ってらっしゃい。心置きなく調査をしてくるように」と快く送り出してくれた妻の眞理子のお陰で十分に調査が行えたことを感謝している。

2010年9月　著者

協力者一覧

与那国島での調査や本書の執筆にあたり，御協力いただいたのは以下の方々です。以下の一覧は与那国島でお会いした年度順で，敬称は省略しました。お話をした人でもお名前を聞きそびれてしまった人がたくさんいますが，今となっては調べようがなく，ここに記せなかった非礼をお許し願います。

原田武四郎夫妻，樋口佳寿子，辻田記子，土方秀行・トキ子，本成尚，仲嵩剛，城間勝，多和田眞修，湯浅健，真木広造，佐藤進，笠野英明・よう子，岩崎省吾夫妻，橋本勝巳・都志恵，真下弘，川島俊二，保坂君子，如澤昌子，本多雅子，宮崎雅子，篠崎典子，髙瀬久義・民子，相宮勲，阿部佐知子，木村宏，大関義明，楠窪のり子，栗崎鋼・光子，米澤園子，池田栄子，松戸伸彦，板谷浩男，松尾，簔口清夫妻，品川喜久馬，中村克己，本若博次，西尾勲，橘映州，山形則男，叶内拓哉，天野洋祐，岡村雄三，中島菊江，吉川瑞恵，大友夫妻，鈴木夫妻，古山隆，丸山，大川，倉本，小林義和，後眞地兆布夫妻，豊田親治，瀬崎節子，半田真之・奈津子，笹原裕二，二階堂善滋，永井敬子，中野泰敬，清水昭子，十亀茂樹夫妻，王城克彦，小島渉・正明，内海孝司，野村明，加藤陽一，竹下勝久，横山幸，伊藤まい子，矢吹慎二，村松稔，司村宣祥，嵩原建二，西條実，有山智樹，仲谷竜三，須藤功，名塚透子，福田朋子，寺内裕美子，仲地邦博，佐渡山透，森岡博・由里子，小倉豪，鈴木美由紀，東浜安伸，花城正美，米城恵，根本長亮，上地矢寸志，庄山守，森百合子，根津ひさ子，久下直哉，池長裕史，米山正once，島洋子，韮澤光治，大槻静・泰子，Brian E. Daniels，小川次郎，上沖正欣，小野田そめ子，荒木意人，小林・ほか2名（岡山），植村浩・母親，勝野史雄，平野清水，古屋暁，杉坂学，四ノ宮辰二郎，富田崇仁，磯貝和秀，高橋正弘，岩本富雄，山本泰敏，池田兆一・純代，岩本和雄・庸子，小野沢千夏，松沢孝，水野洋・由紀子，武田稔，小原伸一，三島隆伸，根岸博，尾崎雄二，小野寺至，渡辺勢一，LEO S.OHTSUKI，明日香治彦夫妻，大西敏一，佐藤松範，松崎洋男・成子，川那部恒，仲地国博，友重誠・ほか1名，上原恵子，森河隆史，増田貴子（森河），新田健夫，大浜慶功，田頭，茂田良光，柿澤亮三・ほか2名，下川元三，中澤圭一，五十嵐敏明，中村聡，伊藤壽啓，伊藤啓史，宮先弘臣・ほか2名，清水博之，田上伸博，吉田輝也，大田信行，河西通，高木俊・ほか1名，西川恵美子，中尾英子，田中彰子，熊野征男，古瀬宗則，五百沢日丸・ほか2名，後藤，梅垣佑介，姉崎麻美子，林中拓也・喜久子家族，猪狩敦史・道子家族，河村洋子，杉原みつ江，伊藤幸子，高橋彬子，渡辺晋一郎・寿津子，板尾啓子，百地弘泰，矢田新平，田尻浩伸，林博彦，石川順子，宮城修，橋本幸三・美和子，森越正靖，関伸一，竹内美江・忍，松田晃源，冨樫忠志，今野紀昭，鈴木裕子，沖縄電力・金城，ファーガス・クリスタール，浜田賢治，上原巽，柳澤紀夫・かほる，柳澤秋介・里奈，井内實・はるみ，渡部良樹，市村勝也・米子，東迎高健，仲峯，糸田，仲宗，米山，マーチャン，与田夫妻　　以上257名（敬称略）

米浜レンタカー，与那国ホンダ，民宿「ひがし荘」，「奥作」，「おもろ」，「三平荘」，「中たけ」，「どなん地球遊人」，こみね旅館，与那国交通，アヤミハビル館，与那国町役場

参考文献

宇山大樹．1980．冬季における沖縄の野鳥．野鳥 No.404：40−43

宇山大樹．1983．ノドグロツグミ．野鳥No.430：30

宇山大樹．1983．ムジセッカ．野鳥No.430：30

宇山大樹．1992．ムジセッカ，カラフトムジセッカの越冬地．BIRDER Vol.6 No.8:62-63．文一総合出版

宇山大樹．2002．与那国島・春の鳥類Ⅰ（2002年3月13日〜5月1日までの観察記録）概要版．Hobby's Woorld

宇山大樹．2003．与那国島・春の鳥類Ⅱ（2003年3月10日〜5月16日までの観察記録）概要版．Hobby's Woorld

宇山大樹．2003．与那国島・秋の鳥類Ⅰ（2003年9月12日〜10月14日・10月26日〜11月26日までの観察記録）概要版．Hobby's Woorld

宇山大樹．2004．与那国島・春の鳥類Ⅲ（2004年3月9日〜5月7日・5月21日〜5月31日までの観察記録）概要版．Hobby's Woorld

宇山大樹．2005．与那国島・秋の鳥類Ⅱ（2004年9月24日〜11月30日までの観察記録）概要版．Hobby's Woorld

宇山大樹．2005．与那国島・春の鳥類Ⅳ（2005年3月10日〜5月31日までの観察記録）概要版．Hobby's Woorld

宇山大樹．2006．与那国島・秋の鳥類Ⅲ（2005年9月3日〜11月30日までの観察記録）概要版．Hobby's Woorld

宇山大樹．2006．与那国島・冬の鳥類Ⅰ（2005年12月1日〜2006年2月28日までの観察記録）概要版．Hobby's Woorld

宇山大樹．2008．与那国島・冬の鳥類Ⅱ（2006年12月14日〜2007年1月30日までの観察記録）概要版．Hobby's Woorld

沖縄県立博物館．1989．沖縄県立博物館総合調査報告書Ⅳ　与那国島：25−38．沖縄県立博物館

沖縄県立博物館．1996．最近の生息状況と参考記録を含めた沖縄県産鳥類目録．沖縄県立博物館

沖縄野鳥研究会．1986．沖縄県の野鳥．沖縄野鳥研究会
沖縄野鳥研究会．2002．沖縄の野鳥．新報出版
茂田良光．1996．ムジセッカとカラフトムジセッカ両種の識別．1996 BIRDER Vol.10 №5:46-55．文一総合出版
新浜倶楽部．1988．新浜の鳥 1966年～1968年の記録．新浜倶楽部
高野伸二．1989．フィールドガイド日本の野鳥．日本野鳥の会
高野伸二．2007．フィールドガイド日本の野鳥 増補改訂版．日本野鳥の会
台湾野鳥資訊社．1991．台湾野鳥図鑑．台湾野鳥資訊社
日本鳥学会．2000．日本鳥類目録改訂第6版．日本鳥学会
廣田行雄．2006．多摩川の鳥類 1996～2005年の記録．廣田行雄
真木広造・大西敏一．2002．日本の野鳥590．平凡社
真木広造．2007．鳥風歌 琉球列島の野鳥 真木広造写真集．みちのく映像社
宮古野鳥の会．2000．25周年記念誌．宮古野鳥の会
森岡照明・叶内拓哉・川田隆・山形則男．1995．図鑑日本のワシタカ類．文一総合出版
森河隆史・森河貴子．2008．与那国（どなん）の野鳥を訪ねて．森河隆史・森河貴子
八重山野鳥の会．1973．10周年記念誌．八重山野鳥の会
山形則男・吉野俊幸・桐原政志．2000．日本の鳥550 水辺の鳥．文一総合出版
山形則男・吉野俊幸・五百沢日丸．2000．日本の鳥550 山野の鳥．文一総合出版
山形則男・吉野俊幸・五百沢日丸．2008．日本の鳥550 山野の鳥 増補改訂版．文一総合出版
横塚眞己人．1987．原色のパラダイス イリオモテ島．月刊沖縄社
横塚眞己人．1990．原色のパラダイス イリオモテ島 改訂版．瞬報社
吉見光治．1992．豊かな亜熱帯森の仲間たち．ニライ社
与那国町教育委員会．1995．与那国島の植物．与那国町教育委員会
ALGIRDAS KNYSTAUTAS. 1993. COLLINS GUIIDE BIRDS of RUSSIA. COLLINS
Boonsong Lekagul・Philip D.Round. 1991. A guide to the Birds of Thailand. Darnsutha Press
CRAIG ROBON. 2000. A FIELD GUIDE TO THE BIRDS OF SOUTH-EAST ASIA. New Holland
Kevin Baker. 1997. WARBLERS OF EUROPE,ASIA AND NORTH AFRICA. PRINCETON
K.Phillipps・C.Y.Lam. 1994. BIRDS of HONG KONG and South China. Government Printer
KILLIAN MULLARNEY・LARS SVENSSON・DAN ZETTERSTROM・PETER J. GRANT.1999. BIRD GUIDE. COLLINS
Kennedy,Gonzales,Dickinson,Miranda,and Fisher. 2000. A Guide to the Birds of the Philippines. OXFORD
S'ALIM ALI & S.DILLON RIPLEY.JOHN HENRY.DICK 1994. A PICTORIAL GUIDE to the BIRDS of the Indian Subcontinent.BOMBAY NATURAL HISTORY SOCIETY. OXFORD
John Mackinnon & Karen Phillips. 2000. A Field Guide to the Birds of China. OXFORD
Boonsonng Lekagul・Philip D.Round. 1991. A guide to the Birds of Thailand C.Viney
Phil Chantler and Gerald Driessens. 1995. SWIFTS A Guide to the Swifts and Tree Swifts of the World. PICA PRESS SUSSEX
Hermanh Heinzel・Richard Fitter・John Parslow. 1995. COLLINS POCKET GUIDE BIRD of Britain & Europe with North Africa & the Middle East. COLLINS
HONG KONG BIRD WATCHING SOCIETY. 1995. HONG KONG BIRD REPORT 1994
Morten Strange. 2001. A Photogrophic Guide to the BIRDS OF INDONESIA. PERIPLUS
Lars Jonsson. 1992. Birds of Europe with North Africa and the Middle East. HELM
RICHARD GRIMMETT,CAROL INSKIPP TIM INSKIPP. 1999. Pocket Guide to the Birds of INDIAN suboontinent. HELM
National Geographic Society. 1983. Field Guide to the Birds of North America. National Geographic Society

VII 資料編

付表1．センサス記録
2002年春-1

No.	種名	3/13	3/14	3/15	3/16	3/17	3/18	3/19	3/20	3/21	3/22	3/23	3/24	3/25	3/26	3/27	3/28	3/29	3/30	3/31	4/1	4/2	4/3	4/4	4/5	4/6	4/7
	天候	晴	大雨	曇	曇	晴	曇	晴	晴	晴	曇	晴	雨	曇	晴	雨	曇	晴	晴	曇	曇	曇	晴	晴	曇	曇	晴
	気温	25	23	23	22	26	22	24	23	25	25	22	22	26	25	25	27	25	25	23	24	25	25	24	24	26	26
	風	弱	中	弱	中	中	強	弱	中	中	強	強	中	中	弱	中	中	中	中	中	弱	中	中	中	中	強	中
1	カイツブリ			2		2			1	1	1	1	1	1	2		1	1	2	1		1	1			1	1
10	カツオドリ			1																							
18	ヨシゴイ																			1							1
24	ゴイサギ	2	1	1			1				4	2	2		1	1		1			2	1	1		1	1	1
25	ササゴイ																										
26	アカガシラサギ																										
27	アマサギ	60	20	15	80	40	30	40	80	60	60	70	60	60	80	60	70	40	60	30	70	30	40	50	35	100	55
28	ダイサギ			3	10	18	10	15	5	10	10	5	2	20	5	10	5	3	2	10	3	6	2	3	1	2	5
29	チュウサギ			8	10	15	8	15	7	4	5	3	3	4	4	20	3	10	5	10	3	4		3	2	2	1
30	コサギ			8	12	20	15	15	6	10	8	5	5	15	12	18	5	15	10	25	10	20	10	10	8	6	7
32	クロサギ			1					1								1										
33	アオサギ		6	30	40	6	25	10	15	6	8	2	7	6	20	4	5	4	20	4	10	4	2	2	2	2	2
34	ムラサキサギ																										
44	カルガモ		2	3	10	3	9	5	15	8	10	5	8	4	10	5		6		5	10	5	5	4	5	10	7
46	コガモ			4	16		12	4	12	8	5		8		8		4										
53	ハシビロガモ			1																							
57	ミサゴ			1	2		3	4	1		3	3	2	2		2		3	2	1	3		2	2	1	2	3
60	オオタカ																						1		1		
61	アカハラダカ																										
62	ツミ																				1		2		1		
63	ハイタカ						1								2	1	2	2	1	1				2	1		
64	オオノスリ						1	2			1				1	1	1		1	1							
65	ノスリ						1											1									
66	サシバ		6	5	6	30	8	4	2	5	20	2	4	4	4	3	26	28	3		2	2	1			14	23
67	ハイイロチュウヒ							1																			
69	チュウヒ		1			1																					
70	ハヤブサ		2		2	1	2		1	1	3	2	1	3	3	2	2	2	1	2	1			2	1	1	
74	チョウゲンボウ	1	6	4	6	6	15	5	10	10	15	3	2	10	8	7	4	3	4	3							
76	ミフウズラ						1										1	1		1	1						1
78	クイナ																										1
79	オオクイナ					1											1										
81	ヒクイナ			1	1		1				2	2			3	2	2	2	2								
82	シロハラクイナ		2	2	2	2	1	2	2	2	1	2	2	5	5	7	6	10	12	8	7	7	8	10	8		10
83	バン		8	4	6	6	4	4	3	4	5	4	12	10	10	13	18	14	10	15	10	10	10	12	10	10	14
89	コチドリ		2		5	1					2	10		8													
90	シロチドリ					2			3								2		15								
91	メダイチドリ																										
92	オオメダイチドリ																	1									
93	オオチドリ					2		2					1		1												
94	ムナグロ			50		1	6		28	55	57	2	2		30		60		29	3	53	1			8		2
95	ダイゼン																										
96	ケリ																										
98	キョウジョシギ																										
100	トウネン																										
101	ヒバリシギ																										
102	オジロトウネン																										
105	ウズラシギ																								4		3
106	ハマシギ																										
109	オバシギ																										
116	コアオアシシギ							1																			
117	アオアシシギ			1				3	2									1		1							
118	クサシギ						1									2			1						1	1
119	タカブシギ			3	1	7			2	1	4	2	4	23	18		6	6	10		4	4			3	1
121	キアシシギ					1								1	1												
122	イソシギ				1	1	1				1		1	1		1	1	2		3							
125	オオソリハシシギ																										
127	ホウロクシギ																	1									
128	チュウシャクシギ																										
129	コシャクシギ																										
132	タシギ					1	1			2		1		4		3	4	3	3		3	2	3	1	3	3	3
133	ハリオシギ																									1	1
134	チュウジシギ																										
135	オオジシギ																										
137	セイタカシギ				1											1	5	5	5		4	4	4	4	4	8	9
140	ツバメチドリ						2			1	1	2		5		16	6	18		10	2		2	17	3	3	32
141	トウゾクカモメ																										
143	ユリカモメ														1												
151	クロハラアジサシ																										
162	カラスバト				1					2	1																
164	ベニバト										1																
165	キジバト	4	20	18	20	15	20	10	25	30	60	20	60	60	70	60	80	60	100	100	120	80	100	120	120	140	140
166	キンバト						1			1	2	1	1	1		1	1	1	1			1					3
167	ズアカアオバト				1																						
178	リュウキュウコノハズク	4	4	5	6	7	3	6	4	6	7	3	6	6	5	6	5	6	6		6	6	7	7	7	6	8
179	オオコノハズク					1		2																			
180	アオバズク		1	1			1	1	1							1		1		1	3	1					
183	ハリオアマツバメ																										

2002年春-2

No.	種名	期日	3/13	3/14	3/15	3/16	3/17	3/18	3/19	3/20	3/21	3/22	3/23	3/24	3/25	3/26	3/27	3/28	3/29	3/30	3/31	4/1	4/2	4/3	4/4	4/5	4/6	4/7
		天候	晴	大雨	曇	曇	晴	曇	晴	晴	晴	曇	雨	曇	曇	雨	曇	晴	曇	曇	曇	曇	曇	晴	晴	曇	曇	晴
		気温	25	23	23	22	26	22	24	23	25	25	22	26	25	25	27	25	25	23	24	25	25	24	25	24	26	26
		風	弱	中	弱	中	中	強	弱	中	中	強	強	中	中	弱	中	中	中	中	中	弱	中	中	中	中	強	中
184	ヒメアマツバメ																											
185	アマツバメ				2																		1					
186	ヨーロッパアマツバメ																											
188	アカショウビン																											
190	カワセミ					1	2	1	1	1	1	1	1	1	2	2	2	3	2	2	1	2	1	2	1	1	1	1
192	ヤツガシラ									1	1		1	1	2	2	3	2		1	1	1						
197	ショウドウツバメ																										2	1
198	タイワンショウドウツバメ																									1	1	1
199	ツバメ			200	300	100	150	200	150	200	200	150	200	250	200	300	200	200	180	250	200	150	150	200	200	150	150	150
200	リュウキュウツバメ																											
201	コシアカツバメ																										1	
203	イワツバメ													6										2				1
204	イワミセキレイ																											
205	ツメナガセキレイ						3									10							5					
206	キガシラセキレイ																											
207	キセキレイ				2	3	4	5	4	4	6	8	3	4	3	8	7	6	10	10	10	10	10	12	10	5	3	2
208	ハクセキレイ			3		8	10	10	5	6	4	4	2	8	2	10	3	4	4	5	3	5	2	5	4	1	1	
209	マミジロタヒバリ						1							6		1		1							1			5
210	コマミジロタヒバリ																											
213	ビンズイ						5		2				5		2		2					1						
215	ムネアカタヒバリ					1			2	1	1	1		1	1	10		1		40			12	1	1	1		2
216	タヒバリ															1		1										
217	サンショウクイ																					4				1		
218	シロガシラ		5	30	60	40	50	40	30	80	80	100	40	80	100	120	100	150	100	150	200	150	120	150	150	150	170	180
219	ヒヨドリ			15	30	20	30	50	20	30	40	40	20	30	50	80	70	80	60	80	100	80	80	100	100	100	120	140
222	アカモズ				3	1	1	1	3	3	4	5	1	2	3	6	4	3	4	2	2	3	3	5	5	2	4	4
223	タカサゴモズ																						1	1				
229	ノゴマ				1	1	1			1	1	3		1	2	5	3	2	2	1	1	2	2	4	1		1	
231	ルリビタキ					1																						
233	ジョウビタキ				1		1	1	1			1		1						6								
234	ノビタキ			2	1		1			1	1												1					
240	イソヒヨドリ					5			1	2	3	6			1	2			6	3	3	2	4	3	2			
243	カラアカハラ																											
244	クロツグミ															1												
245	クロウタドリ								1			1	2	2	1	1	1		1				1					
246	アカハラ			4	5	6	5	3	7	10	15	15	10	20	20	25	15	10	10	10	8		7	10	12	8	10	8
247	シロハラ			2	2	4	4	2	2	1	5	2		3	2	2	1			2		2	1	1		1		
250	ツグミ		2	1	5	4	1	2	4	4	3		5	5	5	2	3	5	4	3	2	2						
252	ウグイス			4	4	4	4	2	1	2	1	1		9	6	6	4	2	2	2			1		1			
253	チョウセンウグイス			4	4	2	3	2	4	6	5	4		9	7	8	5	4	3	3	4	4	5	1				
254	シベリアセンニュウ																											
256	ウチヤマセンニュウ				1																							
258	コヨシキリ																											
259	オオヨシキリ																						1	1	1	1		1
260	ムジセッカ			2			3	1	2			2		2				1	1	1				1			1	1
262	カラフトムジセッカ				1		1	1	1	1						1	1		2			1						
263	キマユムシクイ			4	3	1	3	1	1	1	4	4	5	8	5	19	5	5	6	9	3	7	8	8	6	5	7	6
270	セッカ			15	20	30	40	20	15	30	30	30	15	40	60	80	60	70	50	50	60	60	70	100	120	130	140	150
278	コサメビタキ																											
279	サンコウチョウ																											
280	メジロ			15	30	30	40	20	15	50	50	50	15	30	40	50	40	40	40	40	30	40	40	40	30	30	40	40
282	シラガホオジロ																1		1				1					
285	ホオアカ																											
286	コホオアカ							4	2									1										
288	カシラダカ													1				2	1				2					
292	ズグロチャキンチョウ																											
294	ノジコ																											
295	アオジ				2	1		1			1	2	2		2	1	2	1	2	2	2		1	1	2		1	1
301	カワラヒワ																											
302	マヒワ																											
306	シメ				1									1													1	
307	シマキンパラ																											
308	ニュウナイスズメ																									1		
309	スズメ		60	120	250	100	100	100	150	200	200	250	150	300	200	500	200	250	200	600	300	350	300	400	300	200	250	250
310	ギンムクドリ			20	20	6	16		14	14		1	1		6		1	8	13	17	14	14	12	8	1	3	1	1
312	コムクドリ															4	1		1			1		3		2		
313	カラムクドリ															3	3		3	5	5	3		1				
314	ホシムクドリ			1	1	1																						
315	ムクドリ			6	4	2	2	7	7	2	4	4	7	8	2	8	4	7	9	8	4	4	5	6	3	3		
317	ジャワハッカ		6	70	20	10	25	6	20	60	40	50	15	15	20	40	20	30	40	50	40	50	60	80	40	30	30	35
	個体数合計		144	622	955	645	663	682	579	953	940	1012	644	1066	995	1610	985	1248	984	1649	1279	1306	1073	1354	1244	1051	1269	1318
	種類数合計		9	38	49	44	51	50	45	52	52	46	45	50	52	47	53	56	56	61	57	50	46	48	41	40	50	48

No.	種名 / 調査日	3/13	3/14	3/15	3/16	3/17	3/18	3/19	3/20	3/21	3/22	3/23	3/24	3/25	3/26	3/27	3/28	3/29	3/30	3/31	4/1	4/2	4/3	4/4	4/5	4/6	4/7
B	カワラバト	―	―	―	―	―	―	―	―	―	―	―	―	―	―	―	―	―	―	―	―	―	―	―	―	―	―
C	ハシブトガラス			3		1	1	1	1	2	2	1				1	2	2					2				

2002年春-3

No.	種名	期日	4/8	4/9	4/10	4/11	4/12	4/13	4/14	4/15	4/16	4/17	4/18	4/19	4/20	4/21	4/22	4/23	4/24	4/25	4/26	4/27	4/28	4/29	4/30	5/1	合計
		天候	晴	雨	曇	曇	曇	晴	雨	曇	曇	曇	曇	雨	晴	晴	曇	晴	雨	雨	曇	晴	晴	晴	晴	晴	
		気温	26	22	23	22	21	23	24	26	27	26	25	25	27	27	28	27	28	22	22	24	26	27	28	28	
		風	中	強	中	強	強	中	中	中	強	中	中	中	中	中	中	中	中	中	強	強	中	中	中	中	
1	カイツブリ		2	2	1	1	1	1	1	1	1	1	1	1	1		1	1	1		1	1	1	1			42
10	カツオドリ																					15				1	16
18	ヨシゴイ							1				1				1											5
24	ゴイサギ		1	1	1			1	1	1		1		1	1	1	1	1	2	8	1	3	2	1	2	2	60
25	ササゴイ			1	1			1	2			1							1						2		9
26	アカガシラサギ						1						2	3	1	2			1	1		1			2	2	16
27	アマサギ		60	65	65	80	100	100	60	40	130	100	200	200	150	120	100	50	70	60	120	250	250	300	250	100	4415
28	ダイサギ			1	3	7	14	20	10	2	2	3	4	8	10	3	4	4	4	8	6	10	8	10	5	2	315
29	チュウサギ			2	3	8	10	8	6	8	13	5	35	40	30	5	6	8	6	8	10	20	20	20	10	7	439
30	コサギ		6	8	10	20	20	20	10	4	10	5	10	15	15	8	10	8	7	10	10	15	15	15	10	8	550
32	クロサギ						1															1		1	1	2	8
33	アオサギ		3	20	23	8	18	35	5	4	4	3	5	10	7	4	5	5	6	10	10	20	10	6	5	6	474
34	ムラサキサギ				1	1	1	1					1	1	1		1		1	1		1	1	1	1	1	15
44	カルガモ		12	13	9	5	8	7	5	6	7	7	10	8	9	7	10	13	12	12	15	15	16	10	7	5	398
46	コガモ																	1									82
53	ハシビロガモ						1				1	1	1		1				1	1	1	1	1	1	1	1	14
57	ミサゴ		2	2	2	1	2	1		1	2	2	2	2	2	1	1	1		2	1	1	1	1			83
60	オオタカ							1																			3
61	アカハラダカ									2																	2
62	ツミ					1	1			5		2	8	2	2	1		1				1	1				29
63	ハイタカ			1			1	1		1	1			1	1			1		1	1						24
64	オオノスリ					2					1		3	2		2					2		1				22
65	ノスリ																										2
66	サシバ								6																	1	209
67	ハイイロチュウヒ																										1
69	チュウヒ																										2
70	ハヤブサ		2	1	1	2	3	2	1	2		1	1		1	1	1	1			2	2	2	1		1	68
74	チョウゲンボウ																										122
76	ミフウズラ		1							1	3			2		2		3	2	1	1	7	1			2	34
78	クイナ										1																2
79	オオクイナ									1																	3
81	ヒクイナ		1		1	1		1			1				1							1					26
82	シロハラクイナ		12	12	10	6	10	12	8	10	12	10	15	13	16	14	15	14	14	13	15	10	12	13	14		420
83	バン		14	15	12	10	12	15	10	8	6	13	10	10	12	10	12	14	16	14	15	15	10	12	12		513
89	コチドリ		1										1														30
90	シロチドリ																										22
91	メダイチドリ								2																		2
92	オオメダイチドリ		2	1																							4
93	オオチドリ																										6
94	ムナグロ		52	30	5		8	7					20	2	6	13	2	4	4	5	9	9		4	2	10	579
95	ダイゼン																		2					40			42
96	ケリ																	1									1
98	キョウジョシギ																						1				1
100	トウネン																				1						1
101	ヒバリシギ					1																					1
102	オジロトウネン																1										1
105	ウズラシギ		3	7	1	1	6	4	3												1			1			34
106	ハマシギ																2	2									4
109	オバシギ							1				1															2
116	コアオアシシギ						4	10	6					1	1	1											24
117	アオアシシギ			1															1	1		1					12
118	クサシギ		1	1	1		10	3	1		2					1	1	1	2	2							32
119	タカブシギ		1	1	13	20	40	20	14	2	3	2				1	8		1	4	1	4	2				236
121	キアシシギ																	1	1	10	11	1		3	4		35
122	イソシギ		1	1		2	3		2	1		1		1						1	4		3	4	1	1	43
125	オオソリハシシギ															1	1			1	1		1	1			6
127	ホウロクシギ															1	1	1	1	1	1		1	1			9
128	チュウシャクシギ										1	1															2
129	コシャクシギ					3	1					2			3				1			3					13
132	タシギ		4	4	4		4	1		1	2	2		2	1	1		1				1					73
133	ハリオシギ															1	1	1									5
134	チュウジシギ			1			1								1					1						1	5
135	オオジシギ						1			2					1												4
137	セイタカシギ		9	8	8	3	4	3	1	5	1	4		3	2	3	1	1		1	1						117
140	ツバメチドリ				1	4			1	5		3	21	40	3				2	8	3	14	2	14	1		242
141	トウゾクカモメ																				1						1
143	ユリカモメ					1						1															3
151	クロハラアジサシ																					2					2
162	カラスバト			1																							5
164	ベニバト																										
165	キジバト		140	150	100	80	100	120	80	80	100	120	140	120	140	110	120	120	130	100	110	120	120	120	120	100	4392
166	キンバト		1			1				2	3	2	1	2	3	2	1	2	1	1	1	1		3	6	1	50
167	ズアカアオバト																	1						1	4		7
178	リュウキュウコノハズク		7	7	6	5	6	6	4	6	5	6	9	8	7	8	7	6	7	5	4	5	5	5	6	3	290
179	オオコノハズク																										3
180	アオバズク			1			1			1	1	1			1	1		1		1		1		1			26
183	ハリオアマツバメ									2									2								4

2002年春-4

No.	種名	4/8	4/9	4/10	4/11	4/12	4/13	4/14	4/15	4/16	4/17	4/18	4/19	4/20	4/21	4/22	4/23	4/24	4/25	4/26	4/27	4/28	4/29	4/30	5/1	合計
	天候	晴	雨	曇	曇	曇	晴	雨	曇	曇	曇	曇	雨	晴	晴	晴	晴	晴	雨	雨	曇	晴	晴	晴	晴	
	気温	26	22	23	22	21	23	24	26	27	26	25	25	27	28	27	28	27	22	22	24	26	27	28	28	
	風	中	強	中	強	中	中	中	強	中	中	中	中	中	中	中	中	強	中	中	中	中	中	中	中	
184	ヒメアマツバメ					2								2					7		3	1	2			17
185	アマツバメ		1		4	3				2	3				2	1	2	4	20							45
186	ヨーロッパアマツバメ																				1					1
188	アカショウビン											1	2	1	1			1	2		1	1	1			11
190	カワセミ	2	1	2	2	2	2	2	2	2	1	1	2	1	2	1	2	2	1	1	1	1	1	1	1	68
192	ヤツガシラ					1	1	1																		19
197	ショウドウツバメ				1		1			1				1					8	5	4	2	2	2		30
198	タイワンショウドウツバメ																									3
199	ツバメ	100	150	150	150	200	300	200	150	150	150	100	150	200	150	50	80	80	150	100	150	200	150	50		8140
200	リュウキュウツバメ														1				1	1	1					4
201	コシアカツバメ			2	3	4	3			1		1		1	1	1		2	1	4	1	5	4	2	1	39
203	イワツバメ				4	3		1					1						2							22
204	イワミセキレイ					1																				1
205	ツメナガセキレイ	2	2	7	5	15	3	1		10		10	1	20	6	8		1	11	20	5	5				151
206	キガシラセキレイ										1	2	3	1	1						1	1				10
207	キセキレイ	1	2	3	2	8	2	3	5	13	5	10	5	8	5	8	4	3	4	4	6	2	3	3	5	263
208	ハクセキレイ				1	1	1	1			1		2	1		1	1						1			120
209	マミジロタヒバリ				5		6		1		2				1	2	1	2		1		2				38
210	コマミジロタヒバリ										1															1
213	ビンズイ				1					1																19
215	ムネアカタヒバリ					5		2		1			1		2		2						2			91
216	タヒバリ																									2
217	サンショウクイ					4	1	2																		12
218	シロガシラ	170	180	160	130	150	150	120	120	140	140	150	140	150	130	150	150	150	130	80	150	140	150	150	80	5985
219	ヒヨドリ	120	110	110	100	120	300	80	100	110	110	120	110	120	100	120	120	120	100	80	120	120	130		70	4375
222	アカモズ	5	6	8	4	4	6	2	6	5	5	4	5	8	10	12	18	18	5	2	6	8	13	10	6	250
223	タカサゴモズ																									2
229	ノゴマ	3		1	2					1																42
231	ルリビタキ																									1
233	ジョウビタキ																									11
234	ノビタキ												1						1	1						11
240	イソヒヨドリ	3	7	5	5	1	12	1		3		5	4	8	3	2	5	8	5	4	9	6	3	1	2	146
243	カラアカハラ					1																				1
244	クロツグミ																									1
245	クロウタドリ	1		1																						13
246	アカハラ	10	12	10	8	10	10	6	2	1	5	3		1												339
247	シロハラ	1	1																							41
250	ツグミ						2						1													65
252	ウグイス		1							1																58
253	チョウセンウグイス	1	2	1	1																					98
254	シベリアセンニュウ																								3	3
256	ウチヤマセンニュウ																									1
258	コヨシキリ														1											1
259	オオヨシキリ	1	1		1	1	2	1	1		1	1	1			1				1		1				20
260	ムジセッカ	1			1	3	1	1		1	1															29
262	カラフトムジセッカ																									11
263	キマユムシクイ	4	4	3	3	4	3	2	1		3	1	1									1				165
270	セッカ	140	120	100		100	120	120	80	100	110	120	130	120	140	120	140	140	100	50	150	140	150	150	70	4335
278	コサメビタキ					1	1																			2
279	サンコウチョウ						1		1		1		3	2	1	1		2		1					3	16
280	メジロ	35	40	35	30	50	40	30		40	45	50	55	40	50	45	50	55	70	60	30	50	40	50	15	1930
282	シラガホオジロ																									1
285	ホオアカ																	1								3
286	コホオアカ				5						10							1								23
288	カシラダカ																		1							7
292	ズグロチャキンチョウ				1						1															2
294	ノジコ							1	1																	2
295	アオジ		1																		1	1				30
301	カワラヒワ																					2				2
302	マヒワ						4														3	3	3			13
306	シメ			1		1		1																		8
307	シマキンパラ													20												20
308	ニュウナイスズメ																									1
309	スズメ	300	250	200	200	250	200	150	100	120	90		250	200	200	100	150	200	150	120	200	150	200	150	100	10340
310	ギンムクドリ		1			1											1			1	1	1	1			199
312	コムクドリ	12			1		1	30	15	220	30	30	10	1	7	13	100	40		4	150	10	115	5		806
313	カラムクドリ																									25
314	ホシムクドリ																									3
315	ムクドリ	2	2	3	2	2	2	2	2		2	1	1	1	7	2		40								202
317	ジャワハッカ	40	40	35	20	30	35	20	20	10	10	10	15	20	20	20	25	15	13	15	10	15	20		12	1392
	個体数合計	1292	1290	1121	1056	1393	1619	944	879	1062	1183	1400	1336	1373	1061	1089	962	1213	947	949	1399	1438	1488	1450	719	54933
	種類数合計	46	48	46	49	61	61	47	42	47	51	52	49	48	53	49	52	47	44	52	52	51	49	52	42	2421

No.	種名 / 調査日	4/8	4/9	4/10	4/11	4/12	4/13	4/14	4/15	4/16	4/17	4/18	4/19	4/20	4/21	4/22	4/23	4/24	4/25	4/26	4/27	4/28	4/29	4/30	5/1	合計
B	カワラバト	−	−	−	−	−	−	−	−	−	−	−	−	−	−	−	−	−	−	−	−	−	−	−	−	−
C	ハシブトガラス	1			1		1										1	1	1	2	1		2			32

2003年春-1

No.	種名	期日	3/10	3/11	3/12	3/13	3/14	3/15	3/16	3/17	3/18	3/19	3/20	3/21	3/22	3/23	3/24	3/25	3/26	3/27	3/28	3/29	3/30	3/31	4/1	4/2
		天候	大雨	曇	晴	曇	晴	曇	晴	曇	晴	曇	曇	曇	曇	晴	曇	曇	晴	晴	晴	晴	晴	曇	曇	晴
		気温	15	20	21	21	23	23	24	20	26	21	20	19	20	20	21	21	22	23	25	20	20	25	26	26
		風	中	弱	強	弱	弱	中	中	弱	中	中	弱	中	強	弱	弱	中	中	中	中	中	弱	強	中	中
1	カイツブリ			1	1									1	1			1	1	1	1			1	1	
4	アナドリ																									
5	オオミズナギドリ																									
6	オナガミズナギドリ																									
10	カツオドリ																									
13	カワウ										1	1														
14	ウミウ													1			1			1						
16	オオグンカンドリ																									
21	タカサゴクロサギ																									
23	ズグロミゾゴイ																							2	1		
24	ゴイサギ						4	3	2		1			1	1	2	2		2	3	2	3	3	2		4	2
25	ササゴイ																									
26	アカガシラサギ															1										
27	アマサギ		40	45	25	32	14	35	45	12	112	5	15	22	90	8	35	28	15	35	33	12	14	38	28	37
28	ダイサギ		10	5	2	2	2	1	5	4	2	1	8	3	5	1	8	3	5	4	1	3	4	10	5	10
29	チュウサギ		10	6	4	16	25	3	20	6	5	5	13	8	9	4	12	6	6	5	1	2	3	1	14	4
30	コサギ		15	13	4	2	6	10	15	9	9	11	26	25	44	5	17	9	24	20	5	13	19	13	13	15
31	カラシラサギ																									
32	クロサギ			1				1					2													
33	アオサギ		80	130	5	3	18	8	10	5	4	3	10	15	20	4	13	8	4	10	3	3	3	2	6	4
34	ムラサキサギ			1						1																
43	マガモ		1	1													1	1								
44	カルガモ		25	50	10	6	30	8	25	7	10	20	10	8	40	32	15	7	5	10	10	9	10	14	10	6
46	コガモ		23	170	20	29	100	10	20	10	2	5			15	18	44	2	2				29	5	14	
50	ヒドリガモ																									
51	オナガガモ		1	2	1	1									1	1			1					1	1	1
52	シマアジ														2											
53	ハシビロガモ			10			5		5			1			1	7			2	1						
55	キンクロハジロ		3	3	3	2	2	2	2	2	2		2	2	2	2	2	2	2	1	1	1				
57	ミサゴ		1	2		2	1	2	1		3	2	2	2	2	3	1	1	2	1	2	3	2	1		1	1
60	オオタカ			1							1	1						1							1	2	
61	アカハラダカ																									
62	ツミ				1	1				1				1			1	1		1			1		1		
63	ハイタカ				1		1								1	1	1		1		1	1	1			
64	オオノスリ									2	1							2	1	1	1			1			
66	サシバ		2	12	5	9	9	5	4	6	3	10	5	1	6	8	7	1	18	40	1	5	20	2	3	
69	チュウヒ																									
70	ハヤブサ		2	2	1				2	1	1		1	2	2	3			2	1	1	1				
72	コチョウゲンボウ			1																						
74	チョウゲンボウ		12	24	10	12	15	5	2	6	5	14	8	6	2	3	10	2	4	5		2		1	3	
75	ウズラ																									
76	ミフウズラ																						1			
78	クイナ																									
79	オオクイナ					1		1								1	1	1						1		
80	ヒメクイナ																									
81	ヒクイナ					1				1		1		1		1	1	1					1	1	2	3
82	シロハラクイナ		2	1	1	1	1	2	2	3	2	2	2	3	1	4	8	6	4	5	5	3	5	7	10	12
83	バン		6	8	3	6	5	2	2	7	5	7	5	7	8	7	8	7	6	10	10	9	13	15	16	12
84	ツルクイナ																									
85	オオバン		4	2	2	2	2	2		1		2	1	1	1	1	1	1	1	1		2	2	2	2	1
89	コチドリ		10	30	20	22	8	16	3		3	20	10	35	13	9	12	19	2	6	1	7	3	2	2	2
90	シロチドリ		15	16	12			21					1	11	5	3	2		12	2	14			3		3
91	メダイチドリ			1																						
92	オオメダイチドリ																			1						
93	オオチドリ															1	1		1	1	1	1				
94	ムナグロ		56	18	8	32	26	1	1			20	24		30	10	2	2				2	3		5	
95	ダイゼン													1												
96	ケリ																			1						
97	タゲリ		1	1	1										1											
98	キョウジョシギ																									
100	トウネン																		1							
101	ヒバリシギ																									
102	オジロトウネン												1													
105	ウズラシギ																									
106	ハマシギ		2										1											1	1	1
107	サルハマシギ																									
108	コオバシギ																									
109	オバシギ																									
111	ヘラシギ																									
112	エリマキシギ												1													
114	ツルシギ																									
115	アカアシシギ				3		1						2	1												
116	コアオアシシギ				2								2	3		3				1						
117	アオアシシギ																							1		
118	クサシギ			1			3				1			2	1											

2003年春-2

No.	種名	期日	3/10	3/11	3/12	3/13	3/14	3/15	3/16	3/17	3/18	3/19	3/20	3/21	3/22	3/23	3/24	3/25	3/26	3/27	3/28	3/29	3/30	3/31	4/1	4/2
		天候	大雨	曇	晴	曇	晴	曇	曇	晴	曇	晴	曇	曇	曇	曇	曇	曇	曇	晴	晴	曇	晴	晴	曇	晴
		気温	15℃	20	21	21	23	23	24	26	21	20	19	20	20	21	21	22	23	25	20	20	25	26	26	26
		風	中	弱	強	弱	弱	中	中	弱	中	弱	中	強	弱	弱	中	中	中	中	中	弱	中	強	中	中
119	タカブシギ		20	20				1		1	8	21	15	10	5	3			1			2	1			
121	キアシシギ																									
122	イソシギ		7	4	3	3		1	2	2	2	2	5	3	4	5	2	1	1	2	4	4	3	1	2	1
123	ソリハシシギ																									
124	オグロシギ																									
125	オオソリハシシギ																									
126	ダイシャクシギ			1																						
127	ホウロクシギ			1									2													
128	チュウシャクシギ																									
129	コシャクシギ																									
130	ヤマシギ									2		3			2	1					1					
132	タシギ		1	2							1	2	1		1							2	1	1		
133	ハリオシギ																									
134	チュウジシギ		1					1																		
135	オオジシギ																									
137	セイタカシギ		4		1	3	3	1	1									1	1	1			1			
140	ツバメチドリ		2	3		2		1			1	2	2		1	1	2	3	3	5	2	1	3	11		
143	ユリカモメ		1																							
144	セグロカモメ																									
147	ウミネコ		1																							
148	ズグロカモメ													1												
149	ミツユビカモメ		1																							
150	ハジロクロハラアジサシ																									
151	クロハラアジサシ																		1	1	1					
152	オニアジサシ											1	1													
154	ハシブトアジサシ																									
158	マミジロアジサシ																									
159	セグロアジサシ																									
160	コアジサシ																									
161	クロアジサシ																									
162	カラスバト																									
164	ベニバト																	1	1	1		1		1		1
165	キジバト		30	25	35	55	35	30	55	40	30	40	30	45	50	70	68	65	80	90	100	70	80	100	110	120
166	キンバト				1			1		2	4	1					1		1	1	2			2	3	3	3
167	ズアカアオバト																1									
169	ジュウイチ																									
172	ツツドリ																									
176	コミミズク								1																	
177	コノハズク							1																		
178	リュウキュウコノハズク		2	2	4	5	3	4	3	5	3	3	2	3	3	2	3	5	3	4	5	4		6	4
180	アオバズク														3	1					1					1
181	ヨタカ																									
182	ヒマラヤアナツバメ																									
184	ヒメアマツバメ											1														
185	アマツバメ																							4		1
186	ヨーロッパアマツバメ																									
187	ヤマショウビン																									
189	アカショウビン																									
190	カワセミ																2			1	1		1			
191	ブッポウソウ																									
192	ヤツガシラ		11	13	10	8	15	4	2	2	4	6	11	9	16	6	1	4	3	4	3	6	5	1	2	
193	アリスイ					1									1											
194	ヒメコウテンシ																									
196	ヒバリ		2	7	1	2	8	5				3	5				4	3								
197	ショウドウツバメ																									
198	タイワンショウドウツバメ																									
199	ツバメ		60	70	90	30	30	40	80	40	50	130	80	40	90	160	130	100	60	70	200	100	250	200	160	170
200	リュウキュウツバメ																			1						
201	コシアカツバメ			1																		2		2		
203	イワツバメ			5								4														
205	ツメナガセキレイ		6	4	24	55	75	28	20	20	4	2	8	5	2		6	3	6	8	8	13	7	5	7	32
207	キセキレイ		5	8	6	10	10	10	7	6	4	6	15	10	12	15	10	10	14	10	12	10	7	9	10	6
208	ハクセキレイ		30	30	20	20	23	20	30	20	15	10	30	25	20	30	20	15	11	12	10	12	10	10	9	6
209	マミジロタヒバリ			3		6		13	10	2						2	3	3	1	1		1			9	1
210	コマミジロタヒバリ																	1								
213	ビンズイ			3	13	12	2				4						10	8	4	1		2	4	6	9	4
215	ムネアカタヒバリ			1			6	8				15			1	45			1	1		1		1	1	
216	タヒバリ			9			6	7				10	2	1	10		2		1		7					
217	サンショウクイ											1														
218	シロガシラ		70	100	90	130	150	150	140	120	100	80	70	80	130	210	200	230	170	240	200	210	160	140	210	220
219	ヒヨドリ		25	40	30	45	40	60	60	80	40	60	50	45	55	137	130	140	110	110	100	150	140	130	140	120
222	アカモズ		3	15	7	13	10	10	5	11	1	6	2	1	6	10	13	4	5	10	4	5	4	9	14	10
224	キレンジャク				1	1			1		1		1		1			1								
225	ヒレンジャク				1				1						9	9	9	9	9	9	9	9	8	8	7	7
229	ノゴマ				2	1		2	1		1	1		1	1	2	2	1	1	2	1	2	1	2	2	3

2003年春-3

No.	種名	期日	3/10	3/11	3/12	3/13	3/14	3/15	3/16	3/17	3/18	3/19	3/20	3/21	3/22	3/23	3/24	3/25	3/26	3/27	3/28	3/29	3/30	3/31	4/1	4/2
		天候	大雨	曇	晴	曇	晴	曇	曇	晴	曇	曇	曇	曇	曇	曇	曇	晴	晴	曇	晴	晴	曇	曇	曇	晴
		気温	15℃	20	21	21	23	23	24	26	21	20	19	20	20	21	21	22	23	25	20	20	25	26	26	26
		風	中	弱	強	弱	弱	中	中	弱	中	中	弱	中	強	弱	弱	中	中	中	中	弱	強	中	中	中
231	ルリビタキ																1									
233	ジョウビタキ		2	2	3	3	3	4	2			3	4	1	1	2	3	1	2	2	2	1	2	1	2	2
234	ノビタキ		1		1													1	1		1	1	1	1	1	1
240	イソヒヨドリ		5	10	5	7	6	7	5	1	2	4	13	15	10	8	6	7	6	7	6	10	6	10	13	10
241	トラツグミ									1	1															
242	マミジロ																									
244	クロツグミ							1																		
245	クロウタドリ					1	2	1	1		2	1	2		2	3	1	1	1							18
246	アカハラ										1				1	1		1								
247	シロハラ		30	20	15	15	20	35	45	30	45	35	30	25	35	45	40	35	30	20	35	30	25	20	15	10
250	ツグミ		15	15	10	5	12	20	10	3	2	13	3	20	5	8	10	8	5	4	5	2	1			
251	ヤブサメ																		1							
252	ウグイス		4	7	4	5	5	4	3	3	2	1	3		1		1	2	1		2					
253	チョウセンウグイス					8	6	4	2	5	6	7	2		1	6	8	6	5	4	4	6	4	5	4	6
254	シベリアセンニュウ		1	1	1	1	2	2	2	2	3	2	2	3	3	5	3	3	3	3	5	2	2	2
255	シマセンニュウ					2	3	3	1			1								3						
258	コヨシキリ																									
259	オオヨシキリ					3	1		1			1	1			1	3	1			1		1			1
260	ムジセッカ					1	1			1		1							1	2	1	1				
262	カラフトムジセッカ															1				1						
263	キマユムシクイ			1	3	1	3			1					2	1	2	2	1	5	3	1		1	1	2
265	メボソムシクイ					1													1							
270	セッカ		15	35	20	20	30	50	40	35	20	40	30	35	45	45	50	50	45	50	50	45	70	65	74	55
277	エゾビタキ																									
278	コサメビタキ																									
279	サンコウチョウ																									
280	メジロ		5	20	30	25	35	30	35	30	10	20	20	15	25	25	35	40	30	20	15	25	20	20	25	23
286	コホオアカ																	7		7						
288	カシラダカ		20	10	3	15	7			3	1	2	1	3	4		2	3			3	9	8	3	4	7
290	シマアオジ																									
292	ズグロチャキンチョウ																									
294	ノジコ																									
295	アオジ					1									2		2	1	1			1	1			1
300	アトリ			22		18		22					18			20	10			5						
301	カワラヒワ																									
302	マヒワ																		16							
309	スズメ		120	100	300	400	300	250	250	150	110	180	150	100	180	130	350	400	280	200	240	110	120	300	300	250
310	ギンムクドリ		15	20	5	22	22	1	1	15		11	15	2	14	1	18		7	8	11	12		8	5	2
311	シベリアムクドリ																									
312	コムクドリ																									
313	カラムクドリ		3	3		6		2		1				2	1	4				2	3		3			
315	ムクドリ		10	10	12	13	13	17	20	11	25	13	17	10	25	13	25	24	4	17	27	9	3	12	12	15
317	ジャワハッカ		30	90	60	80	55	52	43	39	12	55	40	75	100	20	45	12	54	40	55	35	30	40	47	40
	個体数合計		879	1296	948	1240	1223	1036	1050	772	674	894	829	799	1191	1164	1476	1322	1108	1144	1244	988	1136	1267	1358	1258
	種類数合計		57	70	52	65	57	57	52	51	50	60	62	59	58	66	75	61	70	69	58	59	61	68	55	53

No.	種名 / 調査日数	3/10	3/11	3/12	3/13	3/14	3/15	3/16	3/17	3/18	3/19	3/20	3/21	3/22	3/23	3/24	3/25	3/26	3/27	3/28	3/29	3/30	3/31	4/1	4/2
B	カワラバト		3		1	1	4	1	2	1				1	1		1	2	1	3	2	4	1	1	5
C	ハシブトガラス	2		1		1	1	1	2		2						1	2	2		2	1			

2003年春-4

No.	種名	期日	4/3	4/4	4/5	4/6	4/7	4/8	4/9	4/10	4/11	4/12	4/13	4/14	4/15	4/16	4/17	4/18	4/19	4/20	4/21	4/22	4/23	4/24	4/25	4/26
		天候	曇	雨	曇	曇	曇	曇	曇	曇	曇	晴	曇	雨	曇	晴	晴	晴	晴	晴	晴	曇	曇	大雨	晴	曇
		気温	25	24	20	20	25	24	24	22	24	27	25	27	23	26	26	26	27	27	27	27	27	26	26	24
		風	中	中	強	弱	中	強	強	中	中	中	弱	弱	弱	弱	弱	中	中	中	中	中	中	強	中	中
1	カイツブリ		1				1	1	1																	
4	アナドリ																									
5	オオミズナギドリ															150										
6	オナガミズナギドリ																									
10	カツオドリ								3			3				1										
13	カワウ																									
14	ウミウ				1			1		1	1															
16	オオグンカンドリ																									
21	タカサゴクロサギ																									
23	ズグロミゾゴイ																									
24	ゴイサギ		1	2	5	5	6	3	3	3	3	4		2	6	4	5	3	4	5	4	6	3	8	3
25	ササゴイ										1	1	1	1	1		1							12		
26	アカガシラサギ		4		3	4		1		4		3	4	1	20	17	11	5	4	3		4		4	4	2
27	アマサギ		42	28	60	47	62	41	63	81	129	174	60	40	166	174	166	152	145	165	122	63	114	13	857	267
28	ダイサギ		15	7	24	12	9	38	35	88	5	7	7	2	23	4	1	4	1	2	1	7	4	1	15	10
29	チュウサギ		7	2	16	6	4	30	85	123	20	16	11	33	98	88	10	5	4	14	6	13	5	3	21	15
30	コサギ		40	9	86	14	11	33	45	68	26	16	25	20	57	72	10	17	21	33	8	40	26	6	51	38
31	カラシラサギ																									
32	クロサギ					4												1		1						
33	アオサギ		8	2	15	12	4	41	58	26	3	3	3	4	19	20	2	4	2	3	3	3	4	2	6	6
34	ムラサキサギ					2																				
43	マガモ																							1		
44	カルガモ		5	5	8	15	8	8	4	10	12	11	9	8	14	12	12	10	14	12	8	10	12	6	5	6
46	コガモ		8	6		6	3	1			3	1					1									
50	ヒドリガモ																									
51	オナガガモ		1		1	1		1		1	1				1						1					
52	シマアジ																									
53	ハシビロガモ																									
55	キンクロハジロ																									
57	ミサゴ		1	2	3	2	2	3	2	3	3	3	2	2	2	2	1	2	2	1	3	2	1		1	1
60	オオタカ			1			1		1				1													
61	アカハラダカ																							6		
62	ツミ					1				1	1			1			1		1							
63	ハイタカ						1	1	1											1						
64	オオノスリ				2	2	1	1				2			2	1	1						1			1
66	サシバ		6		6	15	1	5	1	16	33	4	3	1	4	1			4	1						1
69	チュウヒ						1																			
70	ハヤブサ				4			2		2	1	2	1			2				1				1	1	
72	コチョウゲンボウ																									
74	チョウゲンボウ				3	2		3	1		2		3													
75	ウズラ						1																			
76	ミフウズラ									3			2								1	3	1		1	
78	クイナ										1															
79	オオクイナ		1	1				1	1	1	1		1	1	2	1	1	1	1	1	1	1				
80	ヒメクイナ												2	1	2	1	1	1	1							
81	ヒクイナ		2			1	2		1	1		1	1	2	2	2	6	5	5	5	3	6	3	1		
82	シロハラクイナ		10	8	7	7	6	10	8	13	10	11	10	12	16	14	15	14	16	13	10	11	19	6	9	7
83	バン		10	3	15	10	12	10	5	12	8	14	10	11	13	16	15	13	12	10	5	7	6	3	5	6
84	ツルクイナ																									
85	オオバン		1		1	1	1					1		1								1		1		
89	コチドリ		4	4	3	15	4	6	2	5	14	12	2	10	7	4					2					
90	シロチドリ		1		4	8									1	1	1								1	1
91	メダイチドリ					15									13	2	1			2	1	1			2	3
92	オオメダイチドリ			1							1	2	2		3	1	1						1			
93	オオチドリ				1	1	1		1																	
94	ムナグロ			4	2	28	7	20	6	4	2	2	5	4	4	2			1		8		1	2	5	
95	ダイゼン																									
96	ケリ																									
97	タゲリ																									
98	キョウジョシギ						1									1							1			
100	トウネン														20	6	6					3	4	31	4	22
101	ヒバリシギ																							1		2
102	オジロトウネン			2		2			1	1					2	1	1	1								
105	ウズラシギ		1	6	13	18	23	26	1		5	4	1		1	6	10	4	3			1	1		2	1
106	ハマシギ		1													1	1	1				1	1	1	1	
107	サルハマシギ												1		3	2								5	5	4
108	コオバシギ																							1	1	
109	オバシギ				1		5	6	4						1		1									
111	ヘラシギ													1	1	1	1									
112	エリマキシギ																									
114	ツルシギ			1																						
115	アカアシシギ		1	2	7	9	2	3																		
116	コアオアシシギ			2	10	11	3	7	1		1				2	2	2					2	2		2	3
117	アオアシシギ			2	4	4	3	5	2	2		1				2	1			1		1	1	1		
118	クサシギ			1						2	1	3			2	1	2		1			2		1		

2003年春-5

No.	種名	期日	4/3	4/4	4/5	4/6	4/7	4/8	4/9	4/10	4/11	4/12	4/13	4/14	4/15	4/16	4/17	4/18	4/19	4/20	4/21	4/22	4/23	4/24	4/25	4/26
		天候	曇	雨	曇	曇	曇	曇	曇	曇	曇	曇	晴	曇	雨	曇	晴	晴	晴	晴	晴	曇	曇	大雨	晴	曇
		気温	25	24	20	20	25	24	22	24	25	27	25	27	25	27	23	26	27	26	27	27	27	26	26	24
		風	中	中	強	弱	中	強	強	中	中	中	弱	弱	弱	弱	弱	中	中	中	中	中	中	強	中	中
119	タカブシギ		19	220	140	110	6	105	10	20	8	3	9	46	78	22	13	10	6			2	13	14	8	6
121	キアシシギ				1										3		1			1						
122	イソシギ		6	1	12	7	5	10	3	5	4	8	7	3	8	10	10	8	7	6	3	6	4	1	6	4
123	ソリハシシギ			1		1							1						1			1	1			
124	オグロシギ																									
125	オオソリハシシギ																									
126	ダイシャクシギ																									
127	ホウロクシギ																									
128	チュウシャクシギ																			1				1		
129	コシャクシギ																								3	5
130	ヤマシギ																									
132	タシギ		1	3	5	3	2	1	2	1				1	4									1	1	
133	ハリオシギ				1	1			1	1						1		1								
134	チュウジシギ																									2
135	オオジシギ				2	10				1	2	1		2	2											
137	セイタカシギ			1	21	5	4	3	6	7	14		1		5	4	5	4	4	4			3	12	7	17
140	ツバメチドリ			1		5	9	31	2	13	4	3		2	4	10	2	10	23				3			1
143	ユリカモメ																1	1	1							
144	セグロカモメ							1																		
147	ウミネコ																				2					
148	ズグロカモメ																									
149	ミツユビカモメ																									
150	ハジロクロハラアジサシ																									
151	クロハラアジサシ														1					1						2
152	オニアジサシ																									
154	ハシブトアジサシ															2	1									
158	マミジロアジサシ																									
159	セグロアジサシ																									
160	コアジサシ														1											
161	クロアジサシ																									
162	カラスバト				1													3	5		6					
164	ベニバト			1																						
165	キジバト		100	30	90	70	80	100	50	110	50	80	130	50	80	100	70	60	80	70	40	80	100	40	90	80
166	キンバト		4	2	3	2	3	2	2	4	3	2	3	4	5	4	5	5	6	6	5	6	6	3	6	5
167	ズアカアオバト				2					1								2	1		1					
169	ジュウイチ					*																				
172	ツツドリ								1																	
176	コミミズク																									
177	コノハズク																									
178	リュウキュウコノハズク		3	3	2	3	3	2	3	3	3	2	3	4	5	4	5	3	4	3	3	3	5	4	4	5
180	アオバズク					1				1			1			1		1		1					1	
181	ヨタカ																								1	
182	ヒマラヤアナツバメ																									
184	ヒメアマツバメ		1		2			5				2		3												
185	アマツバメ		6		9		1	3				1	2		6	2										
186	ヨーロッパアマツバメ																									2
187	ヤマショウビン																									
189	アカショウビン															1	1	2	1				1			
190	カワセミ		1	1		1	1	2	1		1	2	3	2	3	2	3	2	3	2	1	1		1	1	2
191	ブッポウソウ																									
192	ヤツガシラ		1	1		1	1	1	1	1																
193	アリスイ												1													
194	ヒメコウテンシ					1	1	1																		1
196	ヒバリ			2		3	3		3		3		1	3												
197	ショウドウツバメ			2	10	3		1		4	6		4	5	8	5		1								
198	タイワンショウドウツバメ																									
199	ツバメ		400	240	210	80	180	350	200	300	600	200	450	300	1200	600	250	200	200	150	80	100	200	400	150	1000
200	リュウキュウツバメ		1																							
201	コシアカツバメ		2	1										1		3										
203	イワツバメ		2		25	3		10		5	1		1		2											
205	ツメナガセキレイ		10	39	18	14	29	15	9	13	15	5	19	47	166	72	15	8	9		25		4	51	95	
207	キセキレイ		11	5	10	12	11	13	8	13	14	15	12	5	15	12	13	10	8	6	2	10	10	1	4	3
208	ハクセキレイ		10	3	5	15	13	12	4	5	10	8	10	25	25	30	25	10	6	3	1		1			1
209	マミジロタヒバリ				3	1	3			1	4	5	4		4		7	3			3	5	5			
210	コマミジロタヒバリ																									
213	ビンズイ		1	2	8	20	10	3	6	17	4	10	15	6	13	15	2									
215	ムネアカタヒバリ		2	10	5	6	3	2	3	1	4		9	7	3	18	2	1								
216	タヒバリ		1			1							1	1												
217	サンショウクイ		16	2		7		2			4															
218	シロガシラ		180	60	120	130	100	130	45	110	100	120	110	30	100	110	90	110	130	190	100	130	110	50	140	120
219	ヒヨドリ		100	30	110	100	110	130	50	120	110	120	120	30	110	100	110	100	210	120	80	120	236	40	180	140
222	アカモズ		4	2	4	3	4	3	5	5	6	12	1	1	11		3	6	6	1		7	14	2	4	10
224	キレンジャク																									
225	ヒレンジャク		8	8		8		8	8	7		7					7		7					7	7	
229	ノゴマ		2	1	1				1								1									

2003年春-6

No.	種名	期日	4/3	4/4	4/5	4/6	4/7	4/8	4/9	4/10	4/11	4/12	4/13	4/14	4/15	4/16	4/17	4/18	4/19	4/20	4/21	4/22	4/23	4/24	4/25	4/26
		天候	曇	雨	曇	曇	曇	曇	曇	曇	曇	曇	晴	曇	雨	曇	晴	晴	晴	晴	晴	曇	曇	大雨	晴	曇
		気温	25	24	20	20	25	24	24	22	24	27	25	27	23	26	26	26	27	27	27	27	27	26	26	24
		風	中	中	強	弱	中	強	強	中	中	中	弱	弱	弱	弱	弱	中	中	中	中	中	中	強	中	中
231	ルリビタキ				1																					
233	ジョウビタキ		1		2		1		1	2		1														
234	ノビタキ		1	1	1	1			2	1	1		2	1		4										
240	イソヒヨドリ		11	4	10	12	13	12	2	6	10	15	12	2	4	12	10	8	6	4	5	5	6	1	3	6
241	トラツグミ															1										
242	マミジロ								1																	
244	クロツグミ																									
245	クロウタドリ																									
246	アカハラ		4	4	3	2	1							1	1		1				1				1	1
247	シロハラ		15	10	15	20	15	10	8	6	10	6	5	3	6	7	3	2	1							1
250	ツグミ		2	2			2					1														
251	ヤブサメ																									
252	ウグイス					1			1																	
253	チョウセンウグイス		7	4	4	3		2	4	2		3														
254	シベリアセンニュウ		1	2	3	4	2	2	2	2	2	1	1	2	2	1	1	2	2	1	2	2	1	1		
255	シマセンニュウ																2									
258	コヨシキリ																					1				
259	オオヨシキリ		1	1	1	1		1	1	1	2	2		1	4	5	4	4	5	4	4	2	1	3	2	1	2
260	ムジセッカ					3			1	1			1	1	1			2								
262	カラフトムジセッカ																									
263	キマユムシクイ		11	1	11	3		6	1	10	3		6	3	2	4	2									
265	メボソムシクイ																									
270	セッカ		40	25	60	50	55	50	40	70	60	80	100	30	80	90	70	80	90	100	40	70	100	40	100	90
277	エゾビタキ																									
278	コサメビタキ																									
279	サンコウチョウ										1					1		2	4	6	2	6	5	1	1	1
280	メジロ		23	10	35	30	20	30	20	35	30	30		35	15	25	40	30	20	20	25	15	25	25	5	20	20
286	コホオアカ											1	1			3										
288	カシラダカ		5	6	5	6	10	3		7	4	5		6	7	5	6	23	10	5	3	4	3	6		2	
290	シマアオジ													1												
292	ズグロチャキンチョウ																	1								
294	ノジコ			1	2			1					1													
295	アオジ		1		1	2	1	1					1	2	2	5		1								1
300	アトリ		23										2			3										
301	カワラヒワ																1									
302	マヒワ																									
309	スズメ		320	100	80	100	130	150	80	230	130	150	300	70	150	200	150	150	120	100	100	120	150	50	60	100
310	ギンムクドリ		5	2	9		1	2	3			4	2					2	2							
311	シベリアムクドリ		1																							
312	コムクドリ						3			22	43	4	19	16					13	228	53			15	229	813	200
313	カラムクドリ		3	6	7	1	3	5	3	3	1	7	3		20	12	8	2	5	2	2	2				1	1
315	ムクドリ		24	20	15	9	13	5	1	5	4	2	18	5	2	15	3	5	5	4				7		
317	ジャワハッカ		8	46	10	50	59	35	10	84	15	61	54	12	42	60	63	50	75	46	35	35	10	10	26	16
	個体数合計		1570	1018	1414	1194	1100	1569	963	1765	1533	1304	1647	894	2723	2232	1273	1157	1515	1190	705	962	1239	1013	2725	2354
	種類数合計		70	67	79	79	69	71	66	72	64	61	65	62	74	77	67	57	55	45	39	46	46	48	59	57

No.	種名 / 調査日数	4/3	4/4	4/5	4/6	4/7	4/8	4/9	4/10	4/11	4/12	4/13	4/14	4/15	4/16	4/17	4/18	4/19	4/20	4/21	4/22	4/23	4/24	4/25	4/26
B	カワラバト	3			2	3	2	2		3	17	67	6	20	12	6	3	17	17	10	15		4	7	
C	ハシブトガラス		1		3		2	1	1			1									1	1		2	

2003年春-7

No.	種名	期日	4/27	4/28	4/29	4/30	5/1	5/2	5/3	5/4	5/5	5/6	5/7	5/8	5/9	5/10	5/11	5/12	5/13	5/14	5/15	5/16	合計
		天候	晴	晴	晴	曇	曇	曇	曇	雨	雨	曇	晴	快晴	晴	曇	曇	快晴	快晴	快晴	晴	曇	
		気温	27	27	23	24	23	24	25	26	26	26	27	28	24	24	26	25	26	27	28	23	
		風	中	強	中	強	中	中	中	中	中	強	強	中	中	弱	中	中	中	強	強	中	
1	カイツブリ			1	1				1														17
4	アナドリ			5																			5
5	オオミズナギドリ		6	20		100	6										1			211			494
6	オナガミズナギドリ		10																				10
10	カツオドリ								2							3		4	5		8		29
13	カワウ																						2
14	ウミウ																						7
16	オオグンカンドリ		1																				1
21	タカサゴクロサギ									1													1
23	ズグロミゾゴイ													2		1		1					7
24	ゴイサギ		7	7	5	4	4	7	6	5	4	5	3	3	2	2		1		1	4	2	197
25	ササゴイ		5			1	3	1		1	1					1				1			32
26	アカガシラサギ			1	1	1	1	2		3	1	2			1	1	1				1		111
27	アマサギ		189	122	347	87	169	425	821	400	1070	240	188	148	171	111	169	116	116	185	80	43	9203
28	ダイサギ		9	5	3	5	2	5	4	4	18	4	4	3	7	5	4	3	4	2	46	2	565
29	チュウサギ		45	29	9	10	37	26	10	8	20	15	16	3	46	6	12	12	4	7	15	4	1157
30	コサギ		36	29	13	26	20	19	5	6	8	22	13	7	29	12	16	13	18	14	12	17	1449
31	カラシラサギ		1				1							4		1	1			2			10
32	クロサギ					1		1											1				13
33	アオサギ		9	5	4	3	2	5	4	2	3	5	4	5	3	2	2	3	1		2	1	689
34	ムラサキサギ						1			1	1	1											8
43	マガモ																						5
44	カルガモ		8	11	6	8	8	10	6	5	6	15	9	7	6	5	7	7	4	6	7	4	746
46	コガモ																						547
50	ヒドリガモ											1											1
51	オナガガモ																						21
52	シマアジ																						2
53	ハシビロガモ																						30
55	キンクロハジロ																						38
57	ミサゴ			1	1	2	1	2	1	1	1			1	1	1							101
60	オオタカ		1	1											2								16
61	アカハラダカ			2		1	2	1			1		1					1					15
62	ツミ		6	6							1				1	1		2					32
63	ハイタカ																						13
64	オオノスリ			2			1			1				3		1				1			32
66	サシバ		1	8		1	1																295
69	チュウヒ																						1
70	ハヤブサ		1			1	2	2															45
72	コチョウゲンボウ																						1
74	チョウゲンボウ																						166
75	ウズラ																						1
76	ミフウズラ		1	5	4		3		1		4	2				2	2		1			2	39
78	クイナ																						1
79	オオクイナ		3	1	1		1	1		2	1		1		1	1			2	1	1	1	44
80	ヒメクイナ																						9
81	ヒクイナ		1	2	1	1		1	5	1		3	2		3		3	1	3	2	2	2	96
82	シロハラクイナ		19	14	9	16	10	10	11	7	12	12	15	3	7	12	13	9	11	13	15	10	582
83	バン		10	8	6	6	4	6	5	4	7	8	6	4	6	4	4	2	3	3	3	1	515
84	ツルクイナ			1																			1
85	オオバン		1	1		1	1	2	1			1		1				1	1	1			55
89	コチドリ						1										1						351
90	シロチドリ					1																	139
91	メダイチドリ		2			5	4								1								53
92	オオメダイチドリ			1		1	1	1															17
93	オオチドリ																						11
94	ムナグロ		5			14	31	18	15														430
95	ダイゼン					1																	2
96	ケリ																						1
97	タゲリ																						4
98	キョウジョシギ					1	2											1					7
100	トウネン		12	8	1	8	1	1	3		1				1		2						135
101	ヒバリシギ				1		1	1	1														7
102	オジロトウネン																						12
105	ウズラシギ		1				1	1	1	1	1			3	4	2	8						150
106	ハマシギ																						15
107	サルハマシギ		3	2			1	1	1	1					1	1							32
108	コオバシギ		1	1		1		1															7
109	オバシギ																						18
111	ヘラシギ																						4
112	エリマキシギ						1																2
114	ツルシギ																						1
115	アカアシシギ														1	1	1						34
116	コアオアシシギ		3	6	1			1		1	2	1		1	2	3	3	2	1				87
117	アオアシシギ		1					3	1		2	1	2	2	2	3	3	3					54
118	クサシギ																						24

2003年春-8

No.	種名	期日	4/27	4/28	4/29	4/30	5/1	5/2	5/3	5/4	5/5	5/6	5/7	5/8	5/9	5/10	5/11	5/12	5/13	5/14	5/15	5/16	合計
		天候	晴	晴	晴	曇	曇	曇	雨	雨	曇	晴	快晴	晴	曇	曇	快晴	快晴	快晴	晴	晴	曇	
		気温	27	27	23	24	23	24	25	26	26	26	27	28	24	24	26	25	26	27	28	23	
		風	中	強	中	強	中	中	中	中	強	強	中	中	弱	中	中	中	中	強	強	中	
119	タカブシギ		6	6	1	3	2	2	2	4	2	2	3	1	2								1012
121	キアシシギ		2	3		10	8	2					1	2	1								35
122	イソシギ		11	7	2	5	6	5	2	4	2	3	3	4	8	5	4	3	2	2	4		290
123	ソリハシシギ																						6
124	オグロシギ									1	1	1	1										4
125	オオソリハシシギ																	1					1
126	ダイシャクシギ																						1
127	ホウロクシギ		1																				4
128	チュウシャクシギ					1																	3
129	コシャクシギ																						8
130	ヤマシギ																						9
132	タシギ		1					1		1	2	1		1	1		1						47
133	ハリオシギ																						6
134	チュウジシギ																						4
135	オオジシギ															1							21
137	セイタカシギ		15	20	13	17	6	17	9	7	13	3	5	2	2	6	5	2	1	2	1	2	292
140	ツバメチドリ		1						3	4	3	4	1	6	8	5	6	1	1	7			218
143	ユリカモメ																						4
144	セグロカモメ																						1
147	ウミネコ																						3
148	ズグロカモメ																						1
149	ミツユビカモメ																						1
150	ハジロクロハラアジサシ														1	2							3
151	クロハラアジサシ		4	4	3	4	5	5	5	4	2	5	5	2	3	4	1	2	1				62
152	オニアジサシ																						2
154	ハシブトアジサシ																						3
158	マミジロアジサシ															10		1					11
159	セグロアジサシ		25	6												2	80	18					131
160	コアジサシ																						1
161	クロアジサシ																120	10	4				134
162	カラスバト					1	7							1		11	13						48
164	ベニバト		2											1						2	2	5	19
165	キジバト		120	130	100	80	100	90	30	35	60	80	100	70	110	100	100	90	80	110	130	40	5038
166	キンバト		7	7	5	7	3	6	3	6	10	9	6	4	6	11	6	5	11	11	13	5	263
167	ズアカアオバト		2		4	4	2	1		2	1	4	2	3	9	2	2	6	1	1	1		56
169	ジュウイチ														2								2
172	ツツドリ																						1
176	コミミズク																						1
177	コノハズク																						1
178	リュウキュウコノハズク		7	6	6	6	6	6	5	5	6	7	11	6	9	6	10	9	8	6			301
180	アオバズク		1		1			1	1					1			2						19
181	ヨタカ																						1
182	ヒマラヤアナツバメ											1		8	1	1							11
184	ヒメアマツバメ												1		1	2							18
185	アマツバメ					6		4			4	1	4	1		2	1		2		3		63
186	ヨーロッパアマツバメ																						2
187	ヤマショウビン			1	1																		2
189	アカショウビン		1	1	1	1	2	2	2	2	2	2	1		1					1			26
190	カワセミ		2	1	1	1		2	1	1	1	1			2	1							55
191	ブッポウソウ														1	1							2
192	ヤツガシラ																						154
193	アリスイ																						3
194	ヒメコウテンシ																						4
196	ヒバリ																						58
197	ショウドウツバメ		1				1								5	4	5		4		1		70
198	タイワンショウドウツバメ																			1			1
199	ツバメ		1500	900	150	130	200	1700	1300	600	1500	300	30	100	100	60	35	60	10	25	11	6	19187
200	リュウキュウツバメ																						1
201	コシアカツバメ						3	4	3		1	2			3	30	5	28					88
203	イワツバメ		1												3	8					1		75
205	ツメナガセキレイ		29	2		2	5	22	4	2	5	4	1	110	114	39	39	1			1	10	1421
207	キセキレイ		5	8	3		3	2	3	3	3	4	3		2	6	4	5	6	2	1		510
208	ハクセキレイ					1		1	1														663
209	マミジロタヒバリ		2				1			1	1	1											109
210	コマミジロタヒバリ																						1
213	ビンズイ																						222
215	ムネアカタヒバリ																						163
216	タヒバリ																						59
217	サンショウクイ																						33
218	シロガシラ		150	170	160	150	130	160	100	55	70	80	100	50	80	45	75	80	50	90	120	40	8170
219	ヒヨドリ		160	170	280	130	160	150	50	40	80	110	120	90	110	100	80	90	228	140	150	60	7211
222	アカモズ		23	14	4	8	8	6	1	3	4	14	7	11	7	6	2	3		3			420
224	キレンジャク																						8
225	ヒレンジャク		7	7	7																		209
229	ノゴマ																						37

2003年春-9

No.	種名	期日	4/27	4/28	4/29	4/30	5/1	5/2	5/3	5/4	5/5	5/6	5/7	5/8	5/9	5/10	5/11	5/12	5/13	5/14	5/15	5/16	合計
		天候	晴	晴	晴	曇	曇	曇	雨	雨	曇	晴	快晴	晴	曇	曇	快晴	快晴	快晴	晴	晴	曇	
		気温	27	27	23	24	23	24	25	26	26	26	27	28	24	24	26	25	26	27	28	23	
		風	中	強	中	強	中	中	中	中	強	強	中	中	弱	中	中	中	中	強	強	中	
231	ルリビタキ																						2
233	ジョウビタキ																						56
234	ノビタキ																						26
240	イソヒヨドリ		7	6	3	5	5	5	2	1		4	1	1		3	3	2	3	3	2		414
241	トラツグミ																						3
242	マミジロ																						1
244	クロツグミ																						1
245	クロウタドリ																						18
246	アカハラ		1																				25
247	シロハラ																						828
250	ツグミ																						183
251	ヤブサメ																						1
252	ウグイス																						52
253	チョウセンウグイス		1																				129
254	シベリアセンニュウ		2	1	1	4	1	2	4	3	1	2	2		3	1	3	2		1	2	2	134
255	シマセンニュウ					1			1														17
258	コヨシキリ																						1
259	オオヨシキリ		12	3	1	3		1	1	2	3	2	2		2	2	2			1	1		106
260	ムジセッカ																						19
262	カラフトムジセッカ																						2
263	キマユムシクイ																						99
265	メボソムシクイ																						2
270	セッカ		100	80	60	50	80	70	40	30	60	70	80	80	70	75	80	80	50	90	80	50	3999
277	エゾビタキ		4			1																	5
278	コサメビタキ		1																				1
279	サンコウチョウ		2	3	3	6	4	4	2	2	2	5	6	4	3		8	6	12	5	8	4	125
280	メジロ		35	30	20	25	25	20	10	10	25	30	35	60	45	55	50	40	106	70	90	10	1952
286	コホオアカ										1											2	22
288	カシラダカ		1				1																243
290	シマアオジ																						1
292	ズグロチャキンチョウ																						1
294	ノジコ																						5
295	アオジ		1				1									1	1						34
300	アトリ																						143
301	カワラヒワ																						1
302	マヒワ																						16
309	スズメ		250	200	100	130	100	80	70	80	100	150	180	200	120	100	80	70	120	150	200	230	11270
310	ギンムクドリ																						247
311	シベリアムクドリ																						1
312	コムクドリ		135	35	23		170	103	64	41	138	43	8	12		1	6		3	1		1	2443
313	カラムクドリ		1	1	1	1		1	1		1	1											136
315	ムクドリ		2	13								1											543
317	ジャワハッカ		28	46	36	31	22	31	38	26	27	23	30	27	18	10	22	21	11	16	21	5	2550
	個体数合計		3068	2186	1405	1138	1385	3059	2657	1423	3301	1306	1014	1052	1180	868	919	899	986	994	1265	575	92035
	種類数合計		75	59	46	59	61	60	47	48	55	52	46	43	58	55	52	41	40	38	43	31	3949

No.	種名 / 調査日数	4/27	4/28	4/29	4/30	5/1	5/2	5/3	5/4	5/5	5/6	5/7	5/8	5/9	5/10	5/11	5/12	5/13	5/14	5/15	5/16	合計
B	カワラバト	22	5	11	34	31	10	18	10	16	5	19	1	23	18	7	9	4	9	7		514
C	ハシブトガラス	3		1		1																36

2004年春-1

No.	種名	3/9	3/10	3/11	3/12	3/13	3/14	3/15	3/16	3/17	3/18	3/19	3/20	3/21	3/22	3/23	3/24	3/25	3/26	3/27	3/28	3/29	3/30	3/31	4/1	4/2
	天候	晴	晴	晴	雨	曇	雨	晴	晴	晴	雨	雨	晴	曇	曇	曇	雨	雨	雨	曇	曇	曇	曇	曇	雨	曇
	気温	20	22	23	24	20	20	18	22	20	19	17	17	20	19	20	20	19	18	20	19	20	20	20	21	18
	風	弱	中	中	中	中	中	中	弱	弱	中	中	弱	中	強	中	中	中	弱	中	中	中	中	中	強	中
1	カイツブリ					2																				
4	アナドリ																									
5	オオミズナギドリ							400									1									
6	オナガミズナギドリ							5						60												
9	アカオネッタイチョウ																									
10	カツオドリ																									
13	カワウ																		5							
14	ウミウ						2							1	1		2						2			
16	オオグンカンドリ																									
17	サンカノゴイ																1									
18	ヨシゴイ									1	1	1									1	1				
19	オオヨシゴイ																									
20	リュウキュウヨシゴイ																									
21	タカサゴクロサギ																									
23	ズグロミゾゴイ																									
24	ゴイサギ			3				3	2		6	3	2		1	2	21	2	1	5	3	4	15		13	6
25	ササゴイ																									
26	アカガシラサギ				1										1						1					1
27	アマサギ	25	13	20	21	12	19	26	18	12	11	40	15	42	38	10	12	20	60	47	23	29	38	30	36	39
28	ダイサギ	5	3	5	7	14	6	6	7	2	2	5	3	5	6	4	58	10	55	38	30	55	60	75	54	9
29	チュウサギ	3	3	5	3	2	2	3	2	1	8	2	3	6	4	13	1	26	12	5	21	12	12	9	33	
30	コサギ	5	4	6	8	8	9	6	5	5	3	12	7	8	7	6	42	16	67	76	42	52	19	44	49	19
31	カラシラサギ																							2		
32	クロサギ			1	1	1	1		1			1		2	2		1	4	1	2	1	1	1	1	2	1
33	アオサギ	4	3	3	5	37	60	41	1	2	4	14	3	5	38	28	55	6	27	32	35	25	2	10	22	28
34	ムラサキサギ				1																	1			1	2
42	オシドリ																								2	
43	マガモ							2						1		1										
44	カルガモ	5	36	10	25	16	17	10	8	8	6	12	10	10	16	17	22	10	14	8	10	17	10	11	21	10
46	コガモ	100	70	20	70	10	30	30	30	10	5	10	20	30	85	20	28	15	10	7	10	14	5	3	35	
51	オナガガモ	1					2							3		2										
52	シマアジ								2	2		2			2	2		2	3	1	3			4		
53	ハシビロガモ	2			2							3														
55	キンクロハジロ	9	9	1	1				1	1			1		1	1	1	2	1	2	2		1	1	1	
57	ミサゴ		2	2	4	4	3	4		4	3	3	3	3	2	3	4	2	3	2	5	4	3	3	3	3
58	ハチクマ																									
59	トビ																									
60	オオタカ	1					1		1					1								1				1
61	アカハラダカ																									
62	ツミ		2	1	1		4	1		3	1		1		3	1		1		1		2	1	1	1	1
63	ハイタカ	1	1	2	1	1	2	1			1		2	1		1					2	1	1	3	1	1
64	オオノスリ		1	2		1		2				1		1						1	3					3
65	ノスリ						1	1																		
66	サシバ	3	3	10	4	6	4	6	8	9	2	6	3	4	2	2	6	4	1	4	8	4	6	2	2	4
68	マダラチュウヒ																									1
70	ハヤブサ	2		1	2		3	2		2	2		2	2		1	2		3	2			3	2	2	3
73	アカアシチョウゲンボウ																									
74	チョウゲンボウ	10	8	17	10	18	11	8	16	7		4	3	14	11	7	7	7	10	6	10	16	13	10	8	2	6
76	ミフウズラ																						1	1		
78	クイナ	1										1						1					1			
79	オオクイナ				1				1	1	1						4				1			1		
80	ヒメクイナ	2			1			1																		
81	ヒクイナ	3	3	4	3	2	3	1	3	4	2	2	4	3		3		3	3	4	2	3	3	3	10	3
82	シロハラクイナ	3	2	4	3	1	2		1	2	1	1	6	5		2		3	6	5	8	5	7	2	8	2
83	バン	23	17	13	10	8	10	6	10	6	3	13	15	18	15	10	12	5	14	17	14	15	13	11	31	20
84	ツルクイナ																									
85	オオバン	1	1									1		1		1		1			1			1	1	1
88	ハジロコチドリ																									
89	コチドリ	11		9	8	8	22	10	7		2		1	1	3	3	15	6	66	41	26	24	30	34	29	14
90	シロチドリ			22		18						3		7	4	3	9	4	13	20	37	9	22	41	56	11
91	メダイチドリ																		1	1	1	2	1	2	2	
92	オオメダイチドリ																	2	2	11	3		15	14	16	
93	オオチドリ															5	3	5	5	13	2	11		12	1	
94	ムナグロ		1	1	1		85	85			55	23	45	100	14	32	17	101	33	6	7			38	12	
95	ダイゼン																						2		1	
96	ケリ																									
97	タゲリ																									
98	キョウジョシギ																									
99	ヨーロッパトウネン																									
100	トウネン																1		3	4	4		3	3	5	1
101	ヒバリシギ																									
102	オジロトウネン																		8	8	6	8	12	6	12	7
105	ウズラシギ																		2	1	2	3	1	3	3	
107	サルハマシギ																									
109	オバシギ																									2
110	ミユビシギ																									

2004年春-2

No.	種名	3/9	3/10	3/11	3/12	3/13	3/14	3/15	3/16	3/17	3/18	3/19	3/20	3/21	3/22	3/23	3/24	3/25	3/26	3/27	3/28	3/29	3/30	3/31	4/1	4/2
	天候	晴	晴	晴	雨	曇	雨	晴	晴	晴	雨	雨	晴	曇	曇	曇	雨	雨	雨	雨	曇	曇	曇	曇	雨	曇
	気温	20	22	23	24	20	20	18	22	21	19	17	17	20	19	20	20	19	18	20	19	20	20	20	21	18
	風	弱	中	中	中	中	中	中	弱	弱	中	中	弱	中	強	弱	中	弱	中	中	中	中	中	中	強	中
112	エリマキシギ												1							1					1	
113	キリアイ																									
114	ツルシギ																3		1	1		1				
115	アカアシシギ																2	2		1			2			
116	コアオアシシギ																					1		3		
117	アオアシシギ																			3		1				
118	クサシギ	1					1												2					2		
119	タカブシギ	3	5					3					1		10	10		30	52	80	20	50	96	55	49	
121	キアシシギ															1										
122	イソシギ	1		1	1	1	1	2	1			1			2	2	1	2	3	2	18	6	4	3	18	7
123	ソリハシシギ																							1		
124	オグロシギ																									
125	オオソリハシシギ																									
127	ホウロクシギ																									
128	チュウシャクシギ																									
129	コシャクシギ																									
130	ヤマシギ											1												4		
132	タシギ		1	2			1		2	2	1				4	3		2	8	4	2		2	2	2	2
133	ハリオシギ																		1	2						
134	チュウジシギ																					1				
135	オオジシギ																		5							
136	コシギ																									
137	セイタカシギ					1											1			1		4	5	19	8	
139	アカエリヒレアシシギ																							1		
140	ツバメチドリ		2	3			2	4			2	1							1		9	9	11	3	1	5
143	ユリカモメ																	1		1						
147	ウミネコ		1		1																					
150	ハジロクロハラアジサシ																									
151	クロハラアジサシ																									
156	ベニアジサシ																									
157	エリグロアジサシ																									
158	マミジロアジサシ																									
159	セグロアジサシ																									
160	コアジサシ																									
161	クロアジサシ																									
162	カラスバト																									
163	シラコバト																									
164	ベニバト		1				1	1																		
165	キジバト	10	30	35	42	100	80	110	70	45	22	130	41	55	50	60	45	80	65	90	80	110	60	70	95	70
166	キンバト			1	1											1		2		2	1		3			
167	ズアカアオバト				1						2								3			1				
168	オオジュウイチ																									
172	ツツドリ																									
173	ホトトギス																									
175	バンケン																									
177	コノハズク																		1							
178	リュウキュウコノハズク	2	3	4	3	5	2	3	5	2	6	2	1	3	5		4	3	5	2	2	4	9	3	6	3
179	オオコノハズク																	1								
180	アオバズク							1	1			1	1	1		1		1		1	1	1	1	1	1	1
182	ヒマラヤアナツバメ																									
183	ハリオアマツバメ																									
184	ヒメアマツバメ																									
186	アマツバメ																								1	5
187	ヤマショウビン																									
189	アカショウビン																									
190	カワセミ					1			1								1	1	2	1		3	3	3		
191	ブッポウソウ																									
192	ヤツガシラ			3		4	4	5	1				1		1	2	2		6	4	2	6	7	3		
193	アリスイ																									
196	ヒバリ	10	2	2	8	2	7	7					5	5	2	5	3		5	1						
197	ショウドウツバメ																									
198	タイワンショウドウツバメ																									
199	ツバメ	25	20	35	60	60	150	140	100	80	35	170	150	50	30	40	250	100	85	120	140	150	100	130	200	700
201	コシアカツバメ																									
202	ニシイワツバメ																									
203	イワツバメ						30	10	10		15															
205	ツメナガセキレイ	3		10	6	2													3		12			4	20	
206	キガシラセキレイ																									
207	キセキレイ		1	3	4	5	8	15	15	5	6	5	5	3	3	6	5	3	4	17	15	14	20	18	22	18
208	ハクセキレイ	3	1	8	9	16	15	28	16	1	20	6	5	7	2	21	12	2	8	31	29	40	81	29	16	13
209	マミジロタヒバリ		4				8	22	10			20	1	1	19	14		22		6	2					1
210	コマミジロタヒバリ										1	1														
211	ムジタヒバリ																									
212	ヨーロッパビンズイ																									
213	ビンズイ						5			1		4									1		3	3	5	
214	セジロタヒバリ																									

2004年春-3

No.	種名	期日	3/9	3/10	3/11	3/12	3/13	3/14	3/15	3/16	3/17	3/18	3/19	3/20	3/21	3/22	3/23	3/24	3/25	3/26	3/27	3/28	3/29	3/30	3/31	4/1	4/2
		天候	晴	晴	晴	雨	曇	雨	晴	晴	晴	雨	雨	晴	曇	曇	曇	雨	雨	雨	雨	曇	曇	曇	曇	雨	曇
		気温	20	22	23	24	20	20	18	22	21	19	17	17	20	19	20	20	19	18	20	20	19	20	20	21	18
		風	弱	中	中	中	中	中	中	弱	弱	中	中	弱	中	強	弱	中	中	中	弱	中	中	中	中	強	中
215	ムネアカタヒバリ						14		20	10	10	15	4		2		14	7	5	2	8	13	9	242	127	85	121
216	タヒバリ									1							1	1						2			1
217	サンショウクイ																						1				3
218	シロガシラ		45	60	80	140	80	90	160	150	120	60	90	100	210	90	130	150	80	120	180	190	230	200	150	120	85
219	ヒヨドリ		10	11	15	15	30	40	40	210	60	20	120	60	70	40	80	100	210	150	200	210	330	160	180	80	120
220	クロヒヨドリ																1										
222	アカモズ		15	10	22	12	15	5	12	18	15	3	10	16	14	1	5	5	5	4	17	9	16	3	2	3	7
223	タカサゴモズ		1	2	1	1	1	1	1	1	1	1	1	1	1												
227	コマドリ																			1							
228	アカヒゲ				2		4						3					3				3					1
229	ノゴマ				2	2	2	2	1	2	3	2	1	10	2		1	2	1	2	2	3	1	1		1	1
231	ルリビタキ																							2			1
232	クロジョウビタキ																										
233	ジョウビタキ		5			1	4	3	2	5	2	3		3	2		1		1	2	1	7	7	9	14	8	7
234	ノビタキ				1	1		2	2	2	1			1	1						1	1			6		1
237	クロノビタキ																							1	1	1	
240	イソヒヨドリ		3	3	8	4	7	8	10	15	3	1	5	1	6	3	4	3	2	4	6	7	5	4	8	7	8
241	トラツグミ											1															
243	カラアカハラ																										
244	クロツグミ									1																	2
245	クロウタドリ					1		1	1													1				2	2
246	アカハラ						2	1	1								2			1			4		1	1	
247	シロハラ		1	1	2					1	2	3	2	1	4		3	2	2	8	7	2	13	2	3	4	4
248	マミチャジナイ																							1			
249	ノドグロツグミ																										
250	ツグミ		2	9	6		10		5	7	1			5		1	1			5	5	2	3	8	10	3	
252	ウグイス		2	1	2	1	1	2		1	4	2	6	1	3		1	1	2	1	3		2	1			
253	チョウセンウグイス			4	6	6	5	6	3	5	6	2	6	21	14	4	4	5	6	4	7	3	4	4	2	3	1
254	シベリアセンニュウ		1	3	2	1	1	1	2	4	3	2	2	5	2		2	2		1	2	1	2	1	2	1	1
255	シマセンニュウ			2		2							1														
256	ウチヤマセンニュウ					1																					
259	オオヨシキリ								1																		
260	ムジセッカ		1	1	1	1		1	4	1	2	2	1	2	2		2	1	1	1		2	1	2	1	4	1
262	カラフトムジセッカ						1	1												2							
263	キマユムシクイ		1	4	13	3	3		2		1		5	3	5	2	2		6	3	3	4	6	2	3	1	2
265	メボソムシクイ				1																						
270	セッカ		6	22	25	15	13	12	25	35	20	12	22	15	20	10	15	13	15	16	23	17	44	15	14	25	20
275	オオルリ																										
276	サメビタキ																										
277	エゾビタキ																										
278	コサメビタキ																										
279	サンコウチョウ																					1					
280	メジロ		8	15	20	10	15	13	18	24	10	8	60	20	22	14	10	13	102	55	26	20	170	12	45	45	65
284	シロハラホオジロ																										
286	コホオアカ					1	2		2				1	5													
287	キマユホオジロ																	1									
288	カシラダカ					5																					
289	ミヤマホオジロ						5				2			2													
290	シマアオジ															1											
291	シマノジコ																										
293	チャキンチョウ																										
294	ノジコ																							1			
295	アオジ															1							2	1			
300	アトリ						32		20	14	24								29	38	38						38
302	マヒワ																			1							
304	コイカル									1																	
305	イカル																										
307	シマキンパラ							20																			
309	スズメ		25	100	250	100	150	180	200	150	120	100	140	150	120	80	100	80	250	200	120	220	180	150	200	180	260
310	ギンムクドリ				22	1	23	22	1	1		18	44	14	24	1	18	30	24	30	30	31	37	30	26	84	43	57
311	シベリアムクドリ																										
312	コムクドリ										1						1	1				1		2		5	6
313	カラムクドリ																										
314	ホシムクドリ																	1	1				1					
315	ムクドリ			1	1	1	3	1	2	2		2	4				1			12	12	4	6	17	24	19	16
317	ジャワハッカ		27	38	40	42	5	4	37	62	31	4	26	33	26	32	29	32	2	1	32	6	15	8	26	40	47
319	オウチュウ																										
320	カンムリオウチュウ																										
	個体数合計		571	679	914	866	918	1131	1744	1264	862	589	1217	1011	1104	901	932	1318	1262	1526	1686	1674	1980	1671	1828	1814	2245
	種類数合計		48	49	57	57	57	55	59	59	55	51	55	57	61	45	62	68	52	63	73	67	75	70	73	75	79

種名 / 調査日数	3/9	3/10	3/11	3/12	3/13	3/14	3/15	3/16	3/17	3/18	3/19	3/20	3/21	3/22	3/23	3/24	3/25	3/26	3/27	3/28	3/29	3/30	3/31	4/1	4/2
A	インドクジャク																									
C	ハシブトガラス	1	1	1	1	1	2	3	3	1	2		2	2	1	2	2		2	3		1	1		1	1

2004年春-4

No.	種名	期日	4/3	4/4	4/5	4/6	4/7	4/8	4/9	4/10	4/11	4/12	4/13	4/14	4/15	4/16	4/17	4/18	4/19	4/20	4/21	4/22	4/23	4/24	4/25	4/26	4/27
		天候	雨	曇	晴	晴	晴	雨	曇	晴	晴	晴	晴	曇	曇	晴	晴	曇	晴	晴	晴	晴	曇	雨	曇	晴	雨
		気温	18	18	16	16	19	18	18	20	20	21	18	20	20	20	20	22	24	21	20	24	25	22	21	23	25
		風	弱	強	弱	弱	弱	弱	中	弱	弱	弱	弱	強	中	中	弱	強	弱	弱	弱	中	中	中	中	中	強
1	カイツブリ			1			1			1		1	1	1							1		1	1			
4	アナドリ				350										30												
5	オオミズナギドリ			50									30	5	110												
6	オナガミズナギドリ					4							350	50	250												
9	アカオネッタイチョウ												1														
10	カツオドリ												15	1	6			1									
13	カワウ																										
14	ウミウ																										
16	オオグンカンドリ																										
17	サンカノゴイ																	1		1		1	1				
18	ヨシゴイ			1					2	1						1			1								
19	オオヨシゴイ					1																					
20	リュウキュウヨシゴイ															1					1						
21	タカサゴクロサギ																										
23	ズグロミゾゴイ							2																			
24	ゴイサギ		5	3	5	4	6	4	6	4	3	3	4	5	4	8	4	7	10	4	8	10	8	3	4	6	5
25	ササゴイ																	1	1	1				2				
26	アカガシラサギ		1				1		1			1				2							1				
27	アマサギ		41	68	45	43	34	65	60	60	42	53	49	186	167	157	135	420	189	215	205	230	114	273	270	642	269
28	ダイサギ		27	50	64	8	18	35	81	14	33	15	24	33	126	128	86	51	17	12	21	22	10	19	14	17	8
29	チュウサギ		13	35	16	6	5	19	37	3	13	6	5	16	69	17	31	44	8	9	18	14	1	8	3	15	2
30	コサギ		17	53	25	11	13	13	42	9	31	17	19	42	53	41	34	49	17	20	34	28	14	19	21	18	9
31	カラシラサギ														1			1									
32	クロサギ		1	2			1	2	1			3	2	1	1		1						1	1	1		
33	アオサギ		21	22	35	3	8	20	15	4	14	15	11	2	30	20	16	4	9	2	3	3	2	1	3	3	3
34	ムラサキサギ			2	1	2		1	1	1	1		1			1	2	1	1		1	1					
42	オシドリ		2																								
43	マガモ																										
44	カルガモ		17	12	10	8	6	7	14	8	10	9	8	15	17	12	10	13	10	8	6	10	9	5	6	10	6
46	コガモ		1	8	1	2	4	1	1				1	1							1						
51	オナガガモ																										
52	シマアジ		4	4					4																		
53	ハシビロガモ								4	4	2		4	4	3	3		3		3							
55	キンクロハジロ		2				2	2	2	2					1		1	1			1	1	1	1		1	
57	ミサゴ		3	2	3	1	2	2	2	2	2	3	4	2	3	3	2	3	3	2	1	1	1	1		1	
58	ハチクマ																										
59	トビ																				1						
60	オオタカ			1			2																			1	1
61	アカハラダカ																										
62	ツミ		1		1	1				1	2	1	1		1		2				2	1	2	1		2	2
63	ハイタカ								1			1				1	1				1		2	1	1		
64	オオノスリ		2			1	1	1					1			1	1			2		1					
65	ノスリ																				1						
66	サシバ		7	3	14	2	2		2		2	1		2	1		1		1								
68	マダラチュウヒ																										
70	ハヤブサ		3	2	2	1	2	1	2		1	1	1		1		1	2	1	3	1	2	1	3	1		
73	アカアシチョウゲンボウ																										
74	チョウゲンボウ		9	14	6	5	5	3	7	7	2	2		3	5		1										
76	ミフウズラ				1	2		1		1		3	2			1				2						1	
78	クイナ		1				1																				
79	オオクイナ		1						4		1										1	1		1	1	1	
80	ヒメクイナ																										
81	ヒクイナ		4		3	9	6	3	4	3	4	3	4	3	2	2	4	5	4	5	8	7	6	3	5	3	8
82	シロハラクイナ		7	2	10	9	13		6	7	9	6	8	6	7	6	9	6	9	5	5	7	10	3	5	2	12
83	バン		22	18	24	20	26	15	25	21	19	24	31	18	27	21	18	25	21	23	25	22	24	21	23	22	36
84	ツルクイナ											1															
85	オオバン		1	1																							
88	ハジロコチドリ							1																			
89	コチドリ		28	15	5	2	3	10	10	4		1	1	3	1	2	1	1	1								
90	シロチドリ		28	36	26		18	13	29	2		1				1	2							7			
91	メダイチドリ			4		2		1	2				1	4	2	3	3		1	4		2	1				
92	オオメダイチドリ		5	23	5		4	2	6			1		1	1	1		2			7			1	1		
93	オオチドリ		17	13	4		1	2	2	1			1														
94	ムナグロ		45	24	3	3	56	7	23	30	22	26	21	18	28	46	28	18	13	20				1	18		2
95	ダイゼン			3			4	1	4															1			
96	ケリ													1	1	1					1						
97	タゲリ																										
98	キョウジョシギ																										
99	ヨーロッパトウネン																										
100	トウネン			1	4			4					4	21	15	6		11	8					1			
101	ヒバリシギ																										
102	オジロトウネン		9	8	4			1						1													
105	ウズラシギ				1			3					1		3	4			1				11				
107	サルハマシギ																						3				
109	オバシギ				2			1	1																		
110	ミユビシギ					1																					

2004年春-5

No.	種名	期日	4/3	4/4	4/5	4/6	4/7	4/8	4/9	4/10	4/11	4/12	4/13	4/14	4/15	4/16	4/17	4/18	4/19	4/20	4/21	4/22	4/23	4/24	4/25	4/26	4/27
		天候	雨	曇	晴	晴	晴	雨	曇	晴	晴	晴	晴	曇	曇	晴	晴	曇	晴	晴	晴	晴	曇	雨	曇	晴	雨
		気温	18	18	16	16	19	18	18	20	20	21	18	20	20	20	20	22	24	21	20	24	25	22	21	23	25
		風	弱	強	弱	弱	弱	弱	中	弱	弱	弱	弱	強	中	中	弱	強	弱	弱	弱	中	中	中	中	中	強
112	エリマキシギ								1																		
113	キリアイ			1																							
114	ツルシギ																										
115	アカアシシギ					2									1	1	1										
116	コアオアシシギ								1						3			2	2				1				
117	アオアシシギ							1	3		2				1	1		1	5	1				1			1
118	クサシギ		1	2	1		1	1				1			1											1	1
119	タカブシギ		27	23	10	8	4	3	22	7	7				23	15	10	42	4	5	4		1		6	2	
121	キアシシギ																					1			1		
122	イソシギ		15	11	10	2	5	4	7	2	3	2	2	1	5			1					1	1	1	2	1
123	ソリハシシギ		1													1	1		1	1		2	1				
124	オグロシギ																1										
125	オオソリハシシギ																						1				
127	ホウロクシギ			1												1											
128	チュウシャクシギ		1															1						1	2		
129	コシャクシギ													1		12	1	1	2					1			
130	ヤマシギ							1							1			1									
132	タシギ		3	2	3	2	1		3			2	1		1	1		1	1	4	4		1				
133	ハリオシギ																	1									
134	チュウジシギ							2							1	1											
135	オオジシギ		3	1	1	1	2			5	3	1		6	3	3	2	1		1							
136	コシギ																	1									
137	セイタカシギ		14	9	9		1	13	8	8	3	3			2	2	2		2	1	1		1		1		
139	アカエリヒレアシシギ																										
140	ツバメチドリ			3	10	3			1		2	3	11	14	7	7	2	2	3		4	1	18	22	8		
143	ユリカモメ																										
147	ウミネコ																										
150	ハジロクロハラアジサシ																										
151	クロハラアジサシ								1	1	1	1		1							1						
156	ベニアジサシ																										
157	エリグロアジサシ																										
158	マミジロアジサシ																										
159	セグロアジサシ																										
160	コアジサシ								14																		
161	クロアジサシ																										
162	カラスバト																										
163	シラコバト																										
164	ベニバト					1										1											
165	キジバト		55	45	60	40	75	30	65	85	100	130	91	80	120	110	140	100	80	80	110	85	100	90	60	160	45
166	キンバト		1		1	3	6			10	1	3	3		1	1	3	1	1	3	8	1	5	3	2	6	4
167	ズアカアオバト		5			1				1		1									7		3	3	2	1	
168	オオジュウイチ																										1
172	ツツドリ																										
173	ホトトギス					1																					
175	バンケン																								1		
177	コノハズク																										
178	リュウキュウコノハズク		4	3	3	5	5	2	4	9	4	4		4	4	3	4	4	6		5	7	7	4	12	5	11	4
179	オオコノハズク									1																	
180	アオバズク		1	1	1	1		1	1	1	2	1		1		1	1	1	1		1	1	1	1	1	1	1
182	ヒマラヤアナツバメ																										
183	ハリオアマツバメ					4																					
184	ヒメアマツバメ															15		2	1	2				6		4	3
186	アマツバメ				3	4	2	6		8	6	1		1	4	2	4	2	4		4	1		1	8		
187	ヤマショウビン																										1
189	アカショウビン																	2			1	2	1	2	1
190	カワセミ		1	2		3	2	3	2	3	2	1	2	2	1		1	1	1	2	2	2		2	2	1	
191	ブッポウソウ																										
192	ヤツガシラ		14	5	4	2		1		1																	
193	アリスイ																			1							
196	ヒバリ																										
197	ショウドウツバメ																				1		4				3
198	タイワンショウドウツバメ																										
199	ツバメ		600	100	250	200	100	200	300	200	200	200	150	200	800	1000	700	150	250	150	100	100	100	180	100	80	150
201	コシアカツバメ		1																					11		6	3
202	ニシイワツバメ																										
203	イワツバメ									2					4	6	4					3					1
205	ツメナガセキレイ		16	22		13	1	12						2	1	2	1	1	20		3	1	10	15	8	80
206	キガシラセキレイ															1	2	1									
207	キセキレイ		19	15	13	6	8	4	9	5	3	4	5	3	7	10	6		4	3	3	2	6	7	3	4	7
208	ハクセキレイ		34	11	6	6	2	2	3	1				1		1						2					
209	マミジロタヒバリ		3		3	1			3	3	1					1		1	6		6		4	2			9
210	コマミジロタヒバリ																			1							1
211	ムジタヒバリ																1										
212	ヨーロッパビンズイ																1										
213	ビンズイ		4	3	2			2							2												60
214	セジロタヒバリ					1																					

2004年春-6

No.	種名	期日	4/3	4/4	4/5	4/6	4/7	4/8	4/9	4/10	4/11	4/12	4/13	4/14	4/15	4/16	4/17	4/18	4/19	4/20	4/21	4/22	4/23	4/24	4/25	4/26	4/27
		天候	雨	曇	晴	晴	晴	雨	曇	晴	晴	晴	晴	曇	曇	晴	晴	曇	晴	晴	晴	晴	曇	雨	曇	晴	雨
		気温	18	18	16	16	19	18	18	20	20	21	18	20	20	20	20	22	24	21	20	24	25	22	21	23	25
		風	弱	強	弱	弱	弱	弱	中	弱	弱	弱	弱	強	中	中	弱	強	弱	弱	弱	中	中	中	中	中	強
215	ムネアカタヒバリ		118	84	20	18	17		5	24	3		1	1	1	1	12		1			1	2				
216	タヒバリ		1																								
217	サンショウクイ		1				2										1	2	1	3				3			1
218	シロガシラ		160	250	170	170	210	170	250	200	160	240	300	200	180	190	250	230	200	200	240	200	210	80	100	160	100
219	ヒヨドリ		85	150	140	190	220	140	130	280	230	233	280	210	250	240	230	250	210	220	474	200	230	270	150	320	150
220	クロヒヨドリ																										
222	アカモズ		8	2	18	14	13		6	12	17	8	7	3	7	8	8	1	6	4	6	3	10	1	3	2	2
223	タカサゴモズ																										
227	コマドリ																										
228	アカヒゲ		1																								
229	ノゴマ		2	2	3	3	4		2	6	5	2	4		1	1	2	1	2	3		1					
231	ルリビタキ																										
232	クロジョウビタキ								1																		
233	ジョウビタキ		6	5	5	1	2			2	1	1															
234	ノビタキ		5	2	4	4	2		2	2	2	1	1			1				1							4
237	クロノビタキ												1														
240	イソヒヨドリ		6	6	10	2	4	1	5	6	5	5	6	7	7	3	8	6	5		4	4	2	2		3	6
241	トラツグミ																										
243	カラアカハラ			1	1																						
244	クロツグミ		1																								
245	クロウタドリ		5	9	14	4	3	3	4	4	2																
246	アカハラ		4	3	7	1	1	2	2	12	2	2	3		3	6			5			4					
247	シロハラ		6	3	4	3	1		3	11	1			1		1				2							
248	マミチャジナイ																										
249	ノドグロツグミ		1																								
250	ツグミ		3	6	4	4																					
252	ウグイス		1																								
253	チョウセンウグイス		4		7	2	6			3	1	1	2	1	2	1	1		1								
254	シベリアセンニュウ		2		4	4	2		2	1	3	1	2	1	2	3	1	2	2	3	2	1	3		2	3	3
255	シマセンニュウ					1																					
256	ウチヤマセンニュウ																										
259	オオヨシキリ								1	3	1		2	1	3	1	1		1			2	2		3	2	1
260	ムジセッカ		1		3	3	2	1	1	2	1	1		1	1	1	1	1		1							
262	カラフトムジセッカ																										
263	キマユムシクイ		2	3	6	3	8		1	1	7	3	2	2	4	4	1										
265	メボソムシクイ																											1
270	セッカ		15	18	35	40	75	25	65	70	121	100	90	80	90	70	100	90	100	80	90	104	24	45	90	35	
275	オオルリ																										
276	サメビタキ																										
277	エゾビタキ																										
278	コサメビタキ																										
279	サンコウチョウ															2		5	1		6	2	2	1	11	2	
280	メジロ		25	20	24	26	35	15	40	134	40	55	50	60	40	45	60	30	55	45	160	40	60	172	25	130	20
284	シロハラホオジロ																										
286	コホオアカ		2		1	2			2	1								8		1							11
287	キマユホオジロ																										
288	カシラダカ																										
289	ミヤマホオジロ					2																					
290	シマアオジ																										2
291	シマノジコ																										
293	チャキンチョウ																										
294	ノジコ					5				1																	
295	アオジ																			1					1	1	22
300	アトリ		38		11	27																					
302	マヒワ																									5		
304	コイカル					1																		1			
305	イカル																										
307	シマキンパラ								1																		16
309	スズメ		220	160	250	200	200	150	210	150	200	230	180	200	250	200	230	200	180	150	100	180	150	150	100	180	130
310	ギンムクドリ		39	56		5	9		8	1		1	1			2	2										
311	シベリアムクドリ					1																					
312	コムクドリ			1	4	2	29			60	49	6	35	35	9	74	106	164	202	120	220	32	52	39	8	21	15	1
313	カラムクドリ		4		4				2					2			1										
314	ホシムクドリ																										
315	ムクドリ		6	3	12	1	1		6	8	6	7	5		1	1	2	2			3		2				
317	ジャワハッカ		44	5	33	37	16	15	17	18	32	26	28	4	35	25	36	32	15	30	15	22	22	1	26	34	24
319	オウチュウ																										23
320	カンムリオウチュウ																										
	個体数合計		2173	1722	2061	1399	1536	1236	1867	1760	1612	1713	2080	1760	3140	2799	2659	2177	1843	1811	1948	1624	1505	1679	1337	2243	1531
	種類数合計		85	72	78	70	68	54	70	74	61	58	60	61	74	70	68	58	64	48	45	57	47	57	55	50	54

	種名 / 調査日数	4/3	4/4	4/5	4/6	4/7	4/8	4/9	4/10	4/11	4/12	4/13	4/14	4/15	4/16	4/17	4/18	4/19	4/20	4/21	4/22	4/23	4/24	4/25	4/26	4/27
A	インドクジャク										2	1		3		3	3	2		3	6	2	1	3	2	7	1
C	ハシブトガラス	1	2	1	1	2	3	2		2	1	1	2	2	2	1	1					1		1		1

2004年春-7

No.	種名	期日	4/28	4/29	4/30	5/1	5/2	5/3	5/4	5/5	5/6	5/7	5/21	5/22	5/23	5/24	5/25	5/26	5/27	5/28	5/29	5/30	5/31	合計
		天候	晴	晴	晴	晴	晴	晴	晴	雨	曇	曇	曇	曇	晴	曇	晴	晴	晴	晴	晴	晴	晴	
		気温	23	19	21	23	25	24	25	21	20	23	25	24	24	23	23	22	24	25	26	24	27	
		風	弱	弱	弱	強	強	強	中	弱	中	中	弱	中	強	弱	中	無	無	無	中	中	弱	
1	カイツブリ			1	1																			13
4	アナドリ																							380
5	オオミズナギドリ															1								597
6	オナガミズナギドリ										150				40									909
9	アカオネッタイチョウ																							1
10	カツオドリ																					22		45
13	カワウ																							5
14	ウミウ																							8
16	オオグンカンドリ																					1		1
17	サンカノゴイ		1			1	1						1			1			1					11
18	ヨシゴイ					1						1	1	4	4	2	3	1	4	3	4	6		45
19	オオヨシゴイ														1									2
20	リュウキュウヨシゴイ																							3
21	タカサゴクロサギ															1					1			2
23	ズグロミゾゴイ								1															3
24	ゴイサギ		14	4	3	4	3	2	3	4	3	5	2	2	3	2	1	2	3	2	3	2	2	294
25	ササゴイ					1	1	3	1		3	2	1	2		3	4	2	1					29
26	アカガシラサギ						1	2		3	5					1	1							24
27	アマサギ		250	200	280	268	153	165	110	389	232	405	221	220	311	86	270	120	83	176	119	77	11	8834
28	ダイサギ		30	5	9	11	11	13	10	16	15	13	15	13	16	5	7	9	4	6	3	3	2	1674
29	チュウサギ		11	8	2	5	8	4	6	15	20	4	23	19	22	25	17	1	2	8	9	3	7	825
30	コサギ		44	17	10	26	11	10	16	24	28	20	82	44	39	21	24	21	8	21	15	8	22	1685
31	カラシラサギ																							4
32	クロサギ															2					1			47
33	アオサギ		10	2	1		1		3	1		1		2	4	2	1	1	1					790
34	ムラサキサギ					1	1			1			1	1		1								29
42	オシドリ																							4
43	マガモ																							4
44	カルガモ		9	13	8	10	8	4	13	7	9	7	9	15	13	12	9	11	10	10	10	3	18	793
46	コガモ						3			3		3						1		1				699
51	オナガガモ																							8
52	シマアジ																							35
53	ハシビロガモ																							35
55	キンクロハジロ		1																					58
57	ミサゴ					1	1			1		1	1	2	1	2	1		1			2		141
58	ハチクマ				1																			1
59	トビ																							1
60	オオタカ			1																				12
61	アカハラダカ							1		1	2				17	2								23
62	ツミ		1	1				1		1	3	1	1	1		1	2	4	2	3	3	1	2	77
63	ハイタカ		1	1	1			1																37
64	オオノスリ		1	2	1	1		1				1		1			1				2			37
65	ノスリ			1	1			1			1										1			8
66	サシバ			1																				152
68	マダラチュウヒ																							1
70	ハヤブサ			1		1						1												82
73	アカアシチョウゲンボウ			1	1	1																		3
74	チョウゲンボウ																							308
76	ミフウズラ			1		1				1	1				7	2	1	2		2				34
78	クイナ																							6
79	オオクイナ		1	1	1	1		1		2	1	3		2	1	1	2	1						47
80	ヒメクイナ			1	1																			6
81	ヒクイナ		3	4	4	4	4	7	3	3	3	1	1		3			1	3	1	2	6		236
82	シロハラクイナ		1	8	4	7	8	5	5	4	8	7	8	3	8	5	4	16	7	21	9	9	9	409
83	バン		14	21	23	25	24	20	23	18	20	17	1	1	3	2	2	1		3	1	1	2	1122
84	ツルクイナ																							1
85	オオバン																							14
88	ハジロコチドリ																							1
89	コチドリ																							458
90	シロチドリ																							442
91	メダイチドリ					1																		42
92	オオメダイチドリ				1											3								127
93	オオチドリ																							99
94	ムナグロ				2			1			4	4		2	4	3								1128
95	ダイゼン																							16
96	ケリ																							4
97	タゲリ									1														1
98	キョウジョシギ			1					1					1										3
99	ヨーロッパトウネン													1										1
100	トウネン		2											3	3			1	1	1				110
101	ヒバリシギ		1																					1
102	オジロトウネン																							90
105	ウズラシギ		5						4	6	5	6	4	5	5	6	4	4						93
107	サルハマシギ		1																					4
109	オバシギ																							6
110	ミユビシギ																							1

2004年春-8

No.	種名	期日	4/28	4/29	4/30	5/1	5/2	5/3	5/4	5/5	5/6	5/7	5/21	5/22	5/23	5/24	5/25	5/26	5/27	5/28	5/29	5/30	5/31	合計
		天候	晴	晴	晴	晴	晴	晴	晴	雨	曇	曇	曇	晴	曇	晴	晴	晴	晴	晴	晴	晴	晴	
		気温	23	19	21	23	25	24	25	21	20	23	25	24	24	23	23	22	24	25	26	24	27	
		風	弱	弱	弱	強	強	強	中	弱	中	中	弱	中	強	弱	中	無	無	中	中	弱		
112	エリマキシギ																							4
113	キリアイ																							1
114	ツルシギ																							6
115	アカアシシギ													1	2									15
116	コアオアシシギ		2		1	1	1				1	1						1	1	2	2	2		28
117	アオアシシギ		3	2		1			1		2	1		1	1							1		34
118	クサシギ																							16
119	タカブシギ		6	1	2						7	2		2	4	2	2	1						716
121	キアシシギ				1					1	10	1		1		1								18
122	イソシギ		1	1	1	1	2		1		3	2	7	7	8	4	3							204
123	ソリハシシギ		2																					12
124	オグロシギ																							1
125	オオソリハシシギ																							1
127	ホウロクシギ					1																		3
128	チュウシャクシギ																							5
129	コシャクシギ																							18
130	ヤマシギ																							8
132	タシギ						2				1													71
133	ハリオシギ				1																			5
134	チュウジシギ														1									6
135	オオジシギ																							37
136	コシギ																							1
137	セイタカシギ		2	1		1							3	3	4	4	3	3			3			147
139	アカエリヒレアシシギ																							1
140	ツバメチドリ		7	15		5				1	1		4	15	6	3	6	11		1				249
143	ユリカモメ																							2
147	ウミネコ																							2
150	ハジロクロハラアジサシ													24	32	9	3	2	2					72
151	クロハラアジサシ				1	1	1	1	1	1	1	1	7	32	40	22	27	14	13	15	7	4	4	199
156	ベニアジサシ										80				15									95
157	エリグロアジサシ																					48		48
158	マミジロアジサシ						20									10						40		70
159	セグロアジサシ						10					450										280		740
160	コアジサシ																							14
161	クロアジサシ															2								2
162	カラスバト									1		1								4				6
163	シラコバト															1								1
164	ベニバト																							5
165	キジバト		110	120	100	80	60	80	70	50	100	90	70	80	130	140	130	110	120	100	130	120	140	5911
166	キンバト		1	11	8	8	5	7	4	2	5	5	8	2	13	26	12	7	24	20	9	18	10	284
167	ズアカアオバト		6	1		2	3	2	2		7	1	1	1	7	7	2		10			1	1	85
168	オオジュウイチ																							1
172	ツツドリ						1																	1
173	ホトトギス											1			2					2	2	1	2	2	13
175	バンケン																							1
177	コノハズク																							1
178	リュウキュウコノハズク		5	4	9	5	4	9	5	4	7	5	5	6	10	5	4	5	8	6	6	8	6	343
179	オオコノハズク				1																			3
180	アオバズク		1	1	2			1			1		1	1				1	1	1				51
182	ヒマラヤアナツバメ									3	2													5
183	ハリオアマツバメ					3		3			1	3	1		2									17
184	ヒメアマツバメ					1	1	1	50	11	5			3				3	1					109
186	アマツバメ			1			2	2	5	8	2			12				3	19	2				123
187	ヤマショウビン		1					1	1									1						5
189	アカショウビン			1	2	1	1	1	1		1			1	1	1		2					1	23
190	カワセミ		2	2	1	1	1	1	1	1	1	2	2	3	1									74
191	ブッポウソウ			1											2									3
192	ヤツガシラ																							78
193	アリスイ																							1
196	ヒバリ																							64
197	ショウドウツバメ								6	10	2	2			8	6	16	1						59
198	タイワンショウドウツバメ								1															1
199	ツバメ		250	200	100	80	50	10	20	100	180	100	54	26	75	30	50	30	15	20	15	5	9	11099
201	コシアカツバメ				3				50	15	6	7	1	9	8	9	2	1	20	1				153
202	ニシイワツバメ								2															2
203	イワツバメ		1		1				4	1	1	6		2		2					10			113
205	ツメナガセキレイ		44	39	4	2			50	8	21	7	23	78										543
206	キガシラセキレイ																							4
207	キセキレイ		3	6	6	6	3		4	3	5	2	1	1										417
208	ハクセキレイ								3															491
209	マミジロタヒバリ		2	3	5	4				5	1													194
210	コマミジロタヒバリ																							4
211	ムジタヒバリ																							1
212	ヨーロッパビンズイ																							1
213	ビンズイ		89	29	3					13	6	2												237
214	セジロタヒバリ																							1

2004年春-9

No.	種名	期日 天候 気温 風	4/28 晴 23 弱	4/29 晴 19 弱	4/30 晴 21 弱	5/1 晴 23 強	5/2 晴 25 強	5/3 晴 24 強	5/4 晴 25 中	5/5 雨 21 弱	5/6 曇 20 中	5/7 曇 23 中	5/21 曇 25 弱	5/22 曇 24 中	5/23 晴 24 強	5/24 曇 23 弱	5/25 晴 23 中	5/26 晴 22 無	5/27 晴 24 無	5/28 晴 25 無	5/29 晴 26 中	5/30 晴 24 中	5/31 晴 27 弱	合計
215	ムネアカタヒバリ			1	1																			1019
216	タヒバリ																							7
217	サンショウクイ			1		1																		20
218	シロガシラ		130	120	130	110	80	110	90	70	100	120	80	90	140	120	100	110	130	121	110	100	120	10211
219	ヒヨドリ		300	300	350	330	240	310	200	150	280	240	130	150	534	300	280	200	350	250	220	380	250	13787
220	クロヒヨドリ																							1
222	アカモズ		10	12	10	14	12	6	17	4	13	12	6	1	13			2		2				547
223	タカサゴモズ																							14
227	コマドリ																							1
228	アカヒゲ																							17
229	ノゴマ																	1						90
231	ルリビタキ																							3
232	クロジョウビタキ																							1
233	ジョウビタキ																							110
234	ノビタキ		4	1							2	2												60
237	クロノビタキ																							4
240	イソヒヨドリ		4	5	4	4						1			2									270
241	トラツグミ																							1
243	カラアカハラ																							2
244	クロツグミ																							4
245	クロウタドリ																							56
246	アカハラ										2													72
247	シロハラ		3								1													110
248	マミチャジナイ																							1
249	ノドグロツグミ																							1
250	ツグミ																							100
252	ウグイス																							38
253	チョウセンウグイス																							163
254	シベリアセンニュウ		1	7	2	1	4	2	5	3	1	1												121
255	シマセンニュウ														1									7
256	ウチヤマセンニュウ																							1
259	オオヨシキリ			3	1		2				1	2		1				1						37
260	ムジセッカ																							62
262	カラフトムジセッカ																							4
263	キマユムシクイ		1								2													133
265	メボソムシクイ			1																				3
270	セッカ		80	100	120	100	70	30	40	25	45	65	50		80	90	70	60	80	65	60	45	62	3518
275	オオルリ					1																		1
276	サメビタキ																			1				1
277	エゾビタキ										1		1	1		1								4
278	コサメビタキ				1						1	1	2		1									6
279	サンコウチョウ		6	4	11	10	5	15	5	5	7	2		1	20	9	10	9	15	12	5	17	11	212
280	メジロ		70	45	150	80	45	130	30	20	110	90	65	50	120	100	130	55	110	45	55	115	60	3901
284	シロハラホオジロ		1									1												2
286	コホオアカ		2	1	20	1		1			7													71
287	キマユホオジロ				2																			3
288	カシラダカ																							5
289	ミヤマホオジロ																							11
290	シマアオジ		5	1	17	3					1													31
291	シマノジコ		7		7						1													15
293	チャキンチョウ																1	1						2
294	ノジコ																							7
295	アオジ		4	4	11		1																	49
300	アトリ																							309
302	マヒワ				5																			11
304	コイカル		2																					5
305	イカル														1									1
307	シマキンパラ				12		20																	69
309	スズメ		150	200	200	150	170	100	120	100	250	180	120	190	250	220	240	200	220	200	240	300	250	12405
310	ギンムクドリ										2	3												742
311	シベリアムクドリ																							1
312	コムクドリ		28	30	26	83	8	12	12	35	49	40												1624
313	カラムクドリ		1																					14
314	ホシムクドリ																							3
315	ムクドリ					1			1		3	3												204
317	ジャワハッカ		1	10	12	16	7	4	3	7	3	7	5		1	1		4		2	2	4	3	1329
319	オウチュウ		8	7	3				4	4														49
320	カンムリオウチュウ		5	3	5	5																		18
	個体数合計		2000	1830	1949	1761	1282	1328	1134	1475	1902	2452	1326	1393	2279	1671	1752	1322	1541	1473	1363	1941	1321	98361
	種類数合計		63	62	65	57	41	38	42	48	65	64	47	44	55	54	44	38	40	35	34	40	27	4083

	種名 / 調査日数	4/28	4/29	4/30	5/1	5/2	5/3	5/4	5/5	5/6	5/7	5/21	5/22	5/23	5/24	5/25	5/26	5/27	5/28	5/29	5/30	5/31	合計
A	インドクジャク	1	5	5	3	2	3	3	2	4	1	3		8	8	3	2	4	6	2	3	4	110
C	ハシブトガラス	1	1	1	1	1	1	1	1	1	1	2	2										77

2005年春-1

No.	種名	期日	3/10	3/11	3/12	3/13	3/14	3/15	3/16	3/17	3/18	3/19	3/20	3/21	3/22	3/23	3/24	3/25	3/26	3/27	3/28	3/29	3/30	3/31	4/1	4/2
		天候	雨	曇	雨	曇	曇	曇	晴	晴	曇	曇	晴	晴	曇	雨	曇	曇	晴	曇	曇	雨	曇	曇	曇	曇
		気温	22	22	17	15	10	18	19	20	17	15	20	22	22	21	15	15	16	21	22	20	17	18	20	20
		風	中	強	中	強	弱	弱	中	中	強	中	弱	強	強	強	中	中	中	弱	中	中	中	強	強	強
1	カイツブリ			2			1							2						4	4		3		2	
4	アナドリ																									
5	オオミズナギドリ																		8							
6	オナガミズナギドリ																				8					
10	カツオドリ						2																			
13	カワウ						1					1														
14	ウミウ		1																							
17	サンカノゴイ					1		1						1				1								
18	ヨシゴイ																									
20	リュウキュウヨシゴイ		1		1										1				1					1		
22	ミゾゴイ									1																
23	ズグロミゾゴイ																									
24	ゴイサギ		2	3		2	1	1	1				1		1			1				1	1	2	2	1
25	ササゴイ																									
26	アカガシラサギ																								2	1
27	アマサギ		7	23	42	25	22	8	5	13	37	6	12	30	10	4	20	6	7	7	2	3	26	38	20	36
28	ダイサギ		1	3	7	7	4	1	4	5	4	2	3	3	2	11	14	7	4	2	5	3	110	72	155	21
29	チュウサギ		4	5		4	4	3	4	1	2		4	3	2	5	4	3	6	5	3	12	7	40	10
30	コサギ		9	19	50	51	34	10	14	2	8	9	4	8	4	6	12	16	14	19	14	7	53	71	87	64
31	カラシラサギ																									
32	クロサギ				1		1			1							1			1						
33	アオサギ		7	38	29	121	78	7	14	1	8	1		9	1	2	23	23	4	16	8	4	39	5	42	17
34	ムラサキサギ													1							1	1				
43	マガモ						1																			
44	カルガモ		35	6	10	4	8	5	4	7	4	5	4	6	4	5	1	3	1	12	4	4	3	4	6	2
45	アカノドカルガモ																									
46	コガモ		80	55		80	15		3		1			80		2		3							7	
50	ヒドリガモ			1	1	1	1			1									2	2		2		3		
51	オナガガモ			1		1				1									1	1		1		1		
52	シマアジ																1	1								
53	ハシビロガモ		15			3	2		5		1			3	2				1	1				1		
55	キンクロハジロ			11	11		11		10		2			1			1		1		1		1		1	
57	ミサゴ		2	1	1	1	2	3	1	1	2	1		3	1		3	1		1		3		1		
58	ハチクマ																									
59	トビ																									
60	オオタカ																		1	1						
61	アカハラダカ																									
62	ツミ																							1		
63	ハイタカ					1				1		1			1	3					1					1
64	オオノスリ						1						1		1											
65	ノスリ					1	1																	1	1	
66	サシバ		4	11		3	10	5	11	6	3	9	7	6	5	1	3	4	4	10	5		6	2	5	
70	ハヤブサ		1			1	1		1		1	1	2	1	1	1		1	2	1	2	1	1	1	2	2
71	チゴハヤブサ																									
74	チョウゲンボウ		9	18	2	7	11	14	7	3	5	7	4	6	9		9	5		7	4	7	6	10	5	3
76	ミフウズラ												1	1							2					
79	オオクイナ			4				1	3	2			1	3	1	2	1		1	2	2	2	2	2		
80	ヒメクイナ												1													
81	ヒクイナ		4			1	7	3	2	1		2	3	3	1	2		4	6	3	2	2	5		2	3
82	シロハラクイナ		5	1		2	9	1	2		1	1	2	2	5	2		3	5	2	1	4	1	6		1
83	バン		18	12	11	6	16	19	4	6	2	10	6	18	8	8	16	19	24	15	9	4	10	4	7	2
85	オオバン			2			2							2		2	2	2	2		2		2			
86	レンカク																									
87	タマシギ																									
89	コチドリ		4	20	2	29	24	22	6	4	10	2		1	7	1	2	11	26	14	2	3		16	12	4
90	シロチドリ		3	16	9	1	43			42			40				36	1	32	29	23		16	1	10	1
91	メダイチドリ																			2	4	4	1			
92	オオメダイチドリ										1			1												
93	オオチドリ					14	8	17		2		1	1	1												
94	ムナグロ			38	24	22	43	7			60	7	7	1			43		1	32	35	44	1	66	1	38	1
95	ダイゼン																									
96	ケリ					1																				
97	タゲリ		1		1	1	2														1		1			
98	キョウジョシギ																									
99	ヨーロッパトウネン																									
100	トウネン					3	4			1								1		1				5	1	
101	ヒバリシギ																									
102	オジロトウネン					3		2	3				1			1	3	3	3							
103	ヒメウズラシギ																									
104	アメリカウズラシギ																									
105	ウズラシギ																								4	27	19
106	ハマシギ						2		1										1				3			
107	サルハマシギ																							1		
108	コオバシギ																									
109	オバシギ																									

2005-春-2

No.	種名	期日	3/10	3/11	3/12	3/13	3/14	3/15	3/16	3/17	3/18	3/19	3/20	3/21	3/22	3/23	3/24	3/25	3/26	3/27	3/28	3/29	3/30	3/31	4/1	4/2
		天候	雨	曇	雨	曇	曇	曇	曇	晴	曇	晴	曇	晴	晴	曇	曇	雨	曇	曇	晴	曇	雨	曇	曇	曇
		気温	22	22	17	15	10	18	19	20	17	20	15	20	22	22	21	15	15	16	21	22	17	18	20	20
		風	中	強	中	強	弱	弱	中	中	強	中	弱	強	強	強	中	中	中	弱	中	中	中	中	強	強
110	ミユビシギ						1																			
112	エリマキシギ					2	2	2																		
113	キリアイ																									
114	ツルシギ						1	1	1		2															
115	アカアシシギ				1	4	6	5	1															1		2
116	コアオアシシギ				1																					
117	アオアシシギ						1										1						1			
118	クサシギ					4																		1		
119	タカブシギ		4			14	24	12	6		1			1	3	3	8	15	15		2	17	39	26	17
120	メリケンキアシシギ																									
121	キアシシギ																									
122	イソシギ				1	3	5	4	1	1		1	1	2			1	2	4	2		8	1	2	2
123	ソリハシシギ																									
124	オグロシギ																									
125	オオソリハシシギ																									
127	ホウロクシギ																1									
128	チュウシャクシギ																									
129	コシャクシギ																									
130	ヤマシギ							2	1	4	2	1			1			7			1	3	1	2
132	タシギ					5	4	2	1		1	1			1		1						2		
133	ハリオシギ					1																	1		
134	チュウジシギ					1			1																
135	オオジシギ																						4	1	
137	セイタカシギ			4	4	4	4			3		3			2	3				1	39	70	16	
139	アカエリヒレアシシギ				3	3				1	1														
140	ツバメチドリ															2		1				2	1	1
142	シロハラトウゾクカモメ																									
150	ハジロクロハラアジサシ																									
151	クロハラアジサシ																									
154	ハシブトアジサシ																									
155	アジサシ																									
156	ベニアジサシ																									
157	エリグロアジサシ																									
158	マミジロアジサシ																									
159	セグロアジサシ																									
160	コアジサシ																									
161	クロアジサシ																									
162	カラスバト																									
164	ベニバト																									
165	キジバト		18	45	15	70	50	25	70	30	30	25	56	60	50	30	35	40	50	50	70	10	60	40	60	30
166	キンバト		1	8			5	2	4	2				3		1		3	1		5		4	1	1	1
167	ズアカアオバト			2															1							1
168	オオジュイチ																									
169	ジュイチ																									
170	セグロカッコウ																									
171	カッコウ																									
172	ツツドリ																									
173	ホトトギス																									
174	オニカッコウ																									
177	コノハズク																									
178	リュウキュウコノハズク		2	5			1	2	3	5		1	2	4	4	2		1	3	2		1	2	6	1	
179	オオコノハズク																									
180	アオバズク					1	1	2	1		1	2	1	2		1	1	1	1	1		1				2
181	ヨタカ																									
182	ヒマラヤアナツバメ																					1				
183	ハリオアマツバメ																									
184	ヒメアマツバメ																									
185	アマツバメ						5						2	1						1		1				
186	ヨーロッパアマツバメ																									
187	ヤマショウビン																									
188	アカショウビン																		1							
190	カワセミ		1		2	1		1		1		1		1			1		1		1	2	2	2	3	1
191	ブッポウソウ																									
192	ヤツガシラ		3	3		3	2	6	3	5	4	11	5	3	1		3	3	3	4	5		2	2	1	2
193	アリスイ													1										1		
196	ヒバリ																1		2	1						
197	ショウドウツバメ																									
199	ツバメ		100	80	45	25	110	40	40	20	30	20	40	40	70	200	50	150	250	100	70	30	400	250	900	300
201	コシアカツバメ																						3			
203	イワツバメ						5	2	1	2				2					2	4			13			
205	ツメナガセキレイ			2			2		1		2			2		3		1	32	1		1		8	1	7	2
206	キガシラセキレイ																									
207	キセキレイ		5	8	4	6	15	8	10	7	5		7	10	12	1	6	8	10	15	12	15	5	11	8	13	6
208	ハクセキレイ		8	30	10	17	40	2	11	2	1	21		4		2	2	10	14	30	37	26	4	2	13	24	35	8
209	マミジロタヒバリ		7	6		2	6	2	8	17	2	42	26	4	1	1	1	1	6	14	1	14	5		13

2005-春-3

No.	種名	期日	3/10	3/11	3/12	3/13	3/14	3/15	3/16	3/17	3/18	3/19	3/20	3/21	3/22	3/23	3/24	3/25	3/26	3/27	3/28	3/29	3/30	3/31	4/1	4/2
		天候	雨	曇	雨	曇	曇	曇	晴	晴	曇	曇	晴	晴	曇	曇	雨	曇	曇	晴	曇	雨	曇	曇	曇	曇
		気温	22	22	17	15	10	18	19	20	17	15	20	22	22	21	15	15	16	21	22	20	17	18	20	20
		風	中	強	中	強	弱	弱	中	中	強	中	弱	強	強	強	強	中	中	弱	中	中	中	中	強	強
210	コマミジロタヒバリ																									
213	ビンズイ			16			5						5	2		1					4		2			
214	セジロタヒバリ							1																		
215	ムネアカタヒバリ											8					2			24		2			2	18
216	タヒバリ						2			1			1					1								
217	サンショウクイ																			1		2				
218	シロガシラ		389	150	80	160	170	263	200	350	100	250	300	250	400	150	100	200	350	400	350	200	200	200	350	250
219	ヒヨドリ		35	60	20	40	90	80	150	60	100	60	100	93	80	20	140	100	100	150	160	20	100	70	150	40
221	チゴモズ																									
222	アカモズ		9	14	2	8	27	28	18	10	10	13	25	10	9	2	6	18	15	21	15	5	8	13	8	6
223	タカサゴモズ													1					1	2	1	1				1
228	アカヒゲ			7			6		7	3	2	2	3	6			6				5		6		7	4
229	ノゴマ		2	2	3	2	6	3	7	11	1	3	9	4	2	1	5	5	5	3	3	4	6	5	5	7
231	ルリビタキ						1																			
233	ジョウビタキ			4	1		7		1		1	1	1	1		1	2	2		1	1		2	1		
234	ノビタキ																	2	1		1		1			
235	ヤマザキヒタキ											1	1													
236	イナバヒタキ																									
238	ハシグロヒタキ																									
240	イソヒヨドリ		5	6	4	3	16	5	5	3	3	5	8	6	5	1	4	6	8	7	15	1	9	4	8	2
241	トラツグミ			1																	1					
245	クロウタドリ											3	2	3	1	1		8	7	6	5	6	7	7		4
246	アカハラ		1	1	2	1	1	1				1		1				1	1	2		1	1		1	1
247	シロハラ		35	22	15	29	24	33	22	41	21	33	56	18	30	16	17	25	14	44	27	14	34	18	11	21
250	ツグミ		10	4	1	3	7	12	9	2	2	51	29		8		2	3		1		10	15	4	9	
251	ヤブサメ			2			4			1			1													
252	ウグイス		8	16	3	7	20	4	13	17	3	9	14	8	4		8	3	2	3	2	1	9	7	2	1
253	チョウセンウグイス		6	19	1	1	7	11	7	5	1	8	15	6	8	3	6	12	6	5	5	5	11	8	8	4
254	シベリアセンニュウ		1	1			3	4	2	2		1	2		3		4		2	3	2		1	4	3	4
255	シマセンニュウ		2	1	1													1								
256	ウチヤマセンニュウ																									
258	コヨシキリ																									
259	オオシキリ																									
260	ムジセッカ		2		1	1		2		3		3	2	1	1			4	3	2	4	1	2	7		
262	カラフトムジセッカ						1																			
263	キマユムシクイ			1				1										3			1	2		2		
265	メボソムシクイ																							1		
268	イイジマムシクイ																									
270	セッカ		37	24	4	11	6	31	17	45	11	23	37	24	51	4	21	27	11	15	24	28	36	39	23	32
276	サメビタキ																									
277	エゾビタキ																									
278	コサメビタキ																									
279	サンコウチョウ								1													1				
280	メジロ		30	50	6	30	40	30	40	30	20	10	20	30	25	10	56	30	20	30	25	10	40	20	30	20
285	ホオアカ						1			1																
286	コホオアカ							1						1												
288	カシラダカ		3																							
290	シマアオジ																									
291	シマノジコ																									
292	ズグロチャキンチョウ																									
294	ノジコ																									
295	アオジ				1		1		2	3	3	2	6	7		6	5	2	2	3	1	8	1		8	1	2
296	クロジ																									
300	アトリ											4	10								16	14	15	18		
303	アカマシコ																									
305	イカル														5			1								
309	スズメ		100	250	50	340	300	150	250	200	650	150	300	300	300	100	300	250	200	400	400	150	600	300	350	200
310	ギンムクドリ				1	8	10	14	1	15	10	26	23	2	20		7	61	64	48	51	1	60	67	12	21
312	コムクドリ																				1		2	1		
313	カラムクドリ							1		3		3							1	4			4			
314	ホシムクドリ		1	1		2	4	3				1	1		1											
315	ムクドリ		5	12		8	12	6	1	2		10	9	8	5			10	15	8	26		14		3	
317	ジャワハッカ		1	4	2	2	16	11	23	27	10	19	25	6	25	2	6	9	22	23	22	7		21		20
318	コウライウグイス																									
319	オウチュウ																									
	個体数合計		1044	1151	482	1220	1446	945	1048	976	1260	877	1224	1176	1203	614	1011	1202	1425	1618	1553	577	2159	1555	2533	1246
	種類数合計		51	59	43	66	77	59	60	50	59	57	59	69	57	34	52	66	63	70	69	47	72	68	65	55

No.	種名	3/10	3/11	3/12	3/13	3/14	3/15	3/16	3/17	3/18	3/19	3/20	3/21	3/22	3/23	3/24	3/25	3/26	3/27	3/28	3/29	3/30	3/31	4/1	4/2
A	インドクジャク		1			1	1	2	1		1	2		3		1		1		2		2	2		
B	カワラバト	2	3	1	8	3	10		4	13	12	10	3		4		14	10	13	2		3	3	3	6
C	ハシブトガラス	2	1	1	1	1	1		1	1	2	1	1	1	1	1	1	1	2	1	2	1	2

2005年春-4

No.	種名	4/3	4/4	4/5	4/6	4/7	4/8	4/9	4/10	4/11	4/12	4/13	4/14	4/15	4/16	4/17	4/18	4/19	4/20	4/21	4/22	4/23	4/24	4/25	4/26
	天候	晴	晴	晴	曇	曇	曇	晴	曇	曇	曇	曇	曇	曇	晴	曇	晴	曇	曇	曇	曇	曇	曇	曇	雨
	気温	20	18	14	21	22	24	24	25	20	23	18	20	20	17	22	23	24	24	23	24	25	22	24	24
	風	強	中	中	強	中	強	強	強	弱	中	強	中	強	中	中	弱	弱	中	弱	中	強	弱	弱	弱
1	カイツブリ	4		2	2					1			1	1	1	1									
4	アナドリ																					100	300		
5	オオミズナギドリ							9											500				20		
6	オナガミズナギドリ																					30	150		
10	カツオドリ																								
13	カワウ																								
14	ウミウ																								
17	サンカノゴイ																								
18	ヨシゴイ			1																					
20	リュウキュウヨシゴイ									1							1								
22	ミゾゴイ																								
23	ズグロミゾゴイ																								
24	ゴイサギ		1	1		1	1	1		1		1	2	1		1	1		1	1	1	3		1	
25	ササゴイ											3	1	2		1		6	2						
26	アカガシラサギ		1	2						1	40	7	20	5	10	5	4	4	2	4	2	4	4	4	3
27	アマサギ	27	12	21	12	13	20	26	16	98	78	159	56	137	49	74	165	190	227	224	270	145	300	141	300
28	ダイサギ	127	26	13	6	20	9	9	6	55	20	43	6	32	5	4	5	3	30	54	7	20	4	13	9
29	チュウサギ	38	12	25	5	3	4	5	4	56	16	68	12	77	4	20	4	5	25	14	15	17	20	11	9
30	コサギ	79	48	28	19	11	18	16	22	106	23	55	54	40	13	12	11	13	16	17	25	25	22	20	15
31	カラシラサギ									4	3										1				
32	クロサギ					1						1			1							2			
33	アオサギ	47	61	22	3	1	3	3	10	37	2	41		2		1	14	3		1	15	1	9	5	10
34	ムラサキサギ												1									1			
43	マガモ			1																					
44	カルガモ	5	8	7	8	10	4	10	8	5	5	10	12	8	6	7	6	7	11	8	9	6	9	5	4
45	アカノドカルガモ														1										
46	コガモ				2									1											
50	ヒドリガモ	3		3	2		3	3	3		3	3		3											
51	オナガガモ	1		1	1		1						1							1		1			
52	シマアジ							1																	
53	ハシビロガモ																								
55	キンクロハジロ	1		3	1			1	1	1	2			2	1										
57	ミサゴ	1	2	2	1		3		1	1	1		2	2	1	1				1	1		1		
58	ハチクマ																								
59	トビ																								
60	オオタカ							1							1										
61	アカハラダカ																		1						
62	ツミ			1	4	1	2	2			1		1	4	1					1				2	1
63	ハイタカ	1										1	2								1				
64	オオノスリ			1	1			1		1			1				2			1		1			
65	ノスリ		1	2																					
66	サシバ	5	4	4	3	1	5	1	1	4	1		4	5				1	1		10	22	1		
70	ハヤブサ	3	2	1	1	1	2	3	1			1		1		1	1		2		1	2			1
71	チゴハヤブサ																	1							
74	チョウゲンボウ	8	4	7	3	3	3	1	2	2	3	3						2	1			1	1		
76	ミフウズラ								1		1							2							
79	オオクイナ	1		3	2	1	1		2	2	1	1		2		1	2	2		3	4		4		
80	ヒメクイナ																								
81	ヒクイナ		3	4	2		3	4	2		2	1	1		3		3	3	4	3	1	4			2
82	シロハラクイナ	2	4	3	6	3	4	5	7	16	16	1	13	4	10	6	7	6	6	14	7	10		7	4
83	バン	6	7	5	9	4	14	8	5	11	7	5	6	16	5	13	5	3	9	5	11	4	4	7	
85	オオバン						2																		
86	レンカク																								
87	タマシギ																								
89	コチドリ	19	12	16	21	19	18	2			9	6	8		6		1		2		1				
90	シロチドリ			1	3	2		5				7	2								2	1			
91	メダイチドリ					2						1		1	1	2	1		2		6	7			
92	オオメダイチドリ					2									2	2				1	1	2	2		
93	オオチドリ																								
94	ムナグロ			2	2	3	35	11	3	1	32	35	1	8	8	48	11	30	3	29	30	31	22	17	
95	ダイゼン					1					1		1		1		1								
96	ケリ																								
97	タゲリ			1		1																			
98	キョウジョシギ																			1	1	3	2	1	
99	ヨーロッパトウネン	1	1	1	1																				
100	トウネン	4	3		2						3		3									5			
101	ヒバリシギ						2			1			3			1						1			
102	オジロトウネン	8	3	1	3	6					2	4		2											
103	ヒメウズラシギ																								
104	アメリカウズラシギ																								
105	ウズラシギ	56	81	60		10				6	27		4	21			10	5	2	1	1	14	8	3	
106	ハマシギ		1														1					1	1		
107	サルハマシギ								1	1		2									1	1			
108	コオバシギ																								
109	オバシギ							3				1	1												

2005年春-5

No.	種名	期日	4/3	4/4	4/5	4/6	4/7	4/8	4/9	4/10	4/11	4/12	4/13	4/14	4/15	4/16	4/17	4/18	4/19	4/20	4/21	4/22	4/23	4/24	4/25	4/26
		天候	晴	晴	晴	曇	曇	晴	晴	曇	曇	曇	曇	曇	晴	曇	晴	曇	晴	曇	曇	曇	曇	曇	曇	雨
		気温	20	18	14	21	22	24	24	25	20	23	18	20	20	17	22	23	24	24	23	24	25	22	24	24
		風	強	中	中	強	中	強	中	強	弱	中	強	中	強	中	中	弱	弱	中	弱	中	強	弱	弱	弱
110	ミュビシギ																									
112	エリマキシギ																									
113	キリアイ		1	1																						
114	ツルシギ												1		2		1	1	1							
115	アカアシシギ		3	1	2						3		5	3			2	1	1	1				1		
116	コアオアシシギ		1	1							7		7	1	9		4	2	1	1	1	2	1			
117	アオアシシギ		1					2		4	4	6	4	9	13	5	4	5	2	2	5	6	7	4		
118	クサシギ									1	4	3	1	1				1								
119	タカブシギ		38	25	28	14	10	1			15	76	48	89	35	64	25	32	21	31	4	4	15	7	12	
120	メリケンキアシシギ																									
121	キアシシギ																			2						
122	イソシギ		3	4	6	2	1		1	1	2		9	4	1	1	3	3	1	2	3	2		3	1	1
123	ソリハシシギ													1						1				2		
124	オグロシギ																								1	
125	オオソリハシシギ												1		1							2				
127	ホウロクシギ																									
128	チュウシャクシギ														5											
129	コシャクシギ								1		2	2	5			7	11	4			2	1	1	5		
130	ヤマシギ		3	4								1		1		1										
132	タシギ			2		2			1			5	3	5		1		1								1
133	ハリオシギ											2		6	2					1	2		2	1		
134	チュウジシギ											2			2	8	1	4	3	4	1	1				
135	オオジシギ								1	2	1	3	3	1	1	1		2		2			1			
137	セイタカシギ		10		13	9	1	10	9	10	5	7	12	1	21	2	14			10		9	1	3	1	
139	アカエリヒレアシシギ																									
140	ツバメチドリ		4	7					3	1	1	1	1						1	25	1		11		29	
142	シロハラトウゾクカモメ																			1						
150	ハジロクロハラアジサシ																									
151	クロハラアジサシ										1	1		2		3	2		2	1	2					
154	ハシブトアジサシ														1											
155	アジサシ																									
156	ベニアジサシ																									
157	エリグロアジサシ																									
158	マミジロアジサシ																									
159	セグロアジサシ																			50			15			
160	コアジサシ																			1						
161	クロアジサシ																						9			
162	カラスバト												1										3			
164	ベニバト																		1		1					
165	キジバト		50	50	80	60	50	80	80	50	90	90	80	70	90	80	91	90	70	90	70	180	70	112	120	45
166	キンバト		1	2	5	2	1	1	2	9	5	3	3	3	2	7	5	2	8	3	8	2	6	2		
167	ズアカアオバト				1	2	1		4		7			3		3		3		3		4		4		
168	オオジュウイチ																									
169	ジュウイチ																									
170	セグロカッコウ																									
171	カッコウ																									
172	ツツドリ													1												
173	ホトトギス																									
174	オニカッコウ				1																					
177	コノハズク																									
178	リュウキュウコノハズク		2		10	5	2	4		5	9	3	1		4	5	3	3	3		4	6	7	3	7	4
179	オオコノハズク																							9		
180	アオバズク		1	1	1	1		1			3	4	3	2	2	3		3		1	1	1	4	1	1	
181	ヨタカ										1													1		
182	ヒマラヤアナツバメ					1																				
183	ハリオアマツバメ											1												3		
184	ヒメアマツバメ											1		1										3	2	
185	アマツバメ			1	4									1						1			1	14	3	
186	ヨーロッパアマツバメ											3														
187	ヤマショウビン																							1		
188	アカショウビン										1	2			2	1	2		1		1	2		1		1	
190	カワセミ		3	2	3	1				2	2	1		2				1		1		1	1			1
191	ブッポウソウ																						1			
192	ヤツガシラ		3	1		1																				
193	アリスイ															1										
196	ヒバリ																									
197	ショウドウツバメ																			2			1			1
199	ツバメ		400	200	500	250	300	500	400	300	800	550	800	250	400	300	150	100	150	150	150	100	100	150	150	500
201	コシアカツバメ						2				1	2	1												5	10
203	イワツバメ				9			10	3	3	2	1														
205	ツメナガセキレイ		15	1	10		71	1	4			25	5	12	16		7	4	1			1			50	30
206	キガシラセキレイ																1		1			1				
207	キセキレイ		15	10	12	10	12	6	10	8	7	6	10	13	10	11	8	6	8	10	8	8	10	12	6	5
208	ハクセキレイ		9	8	11	2	6	3		4			11	4	3	1	2		1	1	1	6	2	11	1	
209	マミジロタヒバリ		9	8	19	5	1	1		8		15	1	14	21	1		5	1	1	6	2	3			

2005年春-6

No.	種名	期日	4/3	4/4	4/5	4/6	4/7	4/8	4/9	4/10	4/11	4/12	4/13	4/14	4/15	4/16	4/17	4/18	4/19	4/20	4/21	4/22	4/23	4/24	4/25	4/26
		天候	晴	晴	晴	曇	曇	晴	晴	曇	曇	曇	曇	曇	曇	曇	晴	曇	曇	晴	曇	曇	曇	曇	曇	雨
		気温	20	18	14	21	22	24	24	25	20	23	18	20	20	17	22	23	24	24	23	24	25	22	24	24
		風	強	中	中	強	中	強	強	強	弱	中	強	中	強	中	弱	弱	中	弱	中	強	弱	弱	弱	
210	コマミジロタヒバリ										1															
213	ビンズイ		5		1	2							1			1			2					4	1	
214	セジロタヒバリ																									
215	ムネアカタヒバリ		7	2	3	2	1	3	1	4		20	3	26	5	13	16	15	4	4	23		4	1	1	1
216	タヒバリ																									
217	サンショウクイ					1	1			2	2	6	1	33		2										
218	シロガシラ		300	200	350	266	200	250	250	110	250	180	100	180	95	100	180	150	100	150	200	140	150	156	180	80
219	ヒヨドリ		100	100	214	130	80	120	130	80	200	100	80	80	160	120	100	80	90	100	70	130	120	230	110	30
221	チゴモズ																									
222	アカモズ		17	21	19	11	2	11	17	7	15	17	8	17	7	10	3	15	10	15	17	8	11	8	14	5
223	タカサゴモズ		1																							
228	アカヒゲ			6	8				1																	
229	ノゴマ		1	7	5	7		1	1	3	4	4	3	6	3	5	1	3	2		2		1		1	
231	ルリビタキ													3								1				
233	ジョウビタキ		2	2	1					1		1	1													
234	ノビタキ					1																				
235	ヤマザキヒタキ																									
236	イナバヒタキ																			1	1	1	1			
238	ハシグロヒタキ																									
240	イソヒヨドリ		2	3	3	5	7	7	10	3	5	4	6	5	3	6	5	6	4	1	2	4		11	5	1
241	トラツグミ																									
245	クロウタドリ		3		2	2	2	1	1			1														
246	アカハラ			1	3	1				5	3	3	3	2	6			1								
247	シロハラ		17	24	17	18	13	12	4	11	9	14	6	6	4	11	1	1	3	7	2		4			
250	ツグミ		5		3	3	1	4		2	1															
251	ヤブサメ																									
252	ウグイス			5	12	1	1		1		4		1	2	6	1										
253	チョウセンウグイス		1	7	8	6	3	2	1	1	9	7	6	5	2	7	2	5	3	2	1	2				
254	シベリアセンニュウ		1	1			2	3	1	1		3		2	1			1	4						1	1
255	シマセンニュウ																									
256	ウチヤマセンニュウ																									
258	コヨシキリ																									
259	オオヨシキリ			1	1		1		1		2				2	5	4	2	2	1	4	1				
260	ムジセッカ		1	3	2		2	1	2	3		4	10	3	5	2	4	1	3	1	2	3	1	1	1	1
262	カラフトムジセッカ																									
263	キマユムシクイ				2	1			1	1		4	2	2		6	1			1	3	1	1	1		
265	メボソムシクイ											1														
268	イイジマムシクイ																									
270	セッカ		41	37	51	55	16	16	25	28	36	51	31	34	56	62	46	29	44	55	57	58	56	33	44	13
276	サメビタキ																									
277	エゾビタキ																									
278	コサメビタキ																									
279	サンコウチョウ											1		1		1		2			5	2	7	1	10	2	
280	メジロ		30	30	50	40		40		70	40	102	40	40	60	80	40	50	30	30	50	40	60	60	81	50	10
285	ホオアカ																									
286	コホオアカ					3			7	5						6		6	6	9	1	6				5
288	カシラダカ																									
290	シマアオジ																						2			
291	シマノジコ																									
292	ズグロチャキンチョウ									1	1															
294	ノジコ																	2								
295	アオジ		2	1	2	3		1		1		2	2	4	1	2		1		1	1	1				
296	クロジ															1										
300	アトリ		13	8	14	16				5	8			8	8			6								
303	アカマシコ																									
305	イカル					1																				
309	スズメ		250	250	400	350	300	500	300	250	300	250	200	250	200	250	200	200	200	300	250	350	250	400	400	150
310	ギンムクドリ		53	4	9	5	1	10			8	2	2	7				1								
312	コムクドリ				1		20		1		47	30	50	5	2	5	1	26	51	82	1	2	56	3	5	52
313	カラムクドリ		1									1														
314	ホシムクドリ																									
315	ムクドリ		1	9	4	1		3	1		2	1		1	1	4	1		6						2	2
317	ジャワハッカ		5	15	20	18	18	21	20	4	6	1		4	2		2	4	2		8		2	1	1	
318	コウライウグイス																									
319	オウチュウ																				1	1				
	個体数合計		1878	1366	2172	1434	1266	1775	1499	1047	2378	1712	2150	1360	1760	1281	1248	1061	1152	2051	1382	1530	1402	2235	1459	1330
	種類数合計		67	67	81	65	55	56	57	53	62	65	78	67	82	69	65	49	63	65	64	61	68	71	53	41

No.	種名	4/3	4/4	4/5	4/6	4/7	4/8	4/9	4/10	4/11	4/12	4/13	4/14	4/15	4/16	4/17	4/18	4/19	4/20	4/21	4/22	4/23	4/24	4/25	4/26
A	インドクジャク	1	4	4	2	3	1		1	1	6	2	3	2	5	2	3	1	2	2	2	2	2	4	2
B	カワラバト	20		10	13		15	6	15	6	14	180	70	20	10	8	6	10	8	10	7	10	50	20	6
C	ハシブトガラス	1	2	2	1		2					1	2	1							1				

2005年春-7

No.	種名	期日	4/27	4/28	4/29	4/30	5/1	5/2	5/3	5/4	5/5	5/6	5/7	5/8	5/9	5/10	5/11	5/12	5/13	5/14	5/15	5/16	5/17	5/18	5/19	5/20
		天候	晴	曇	晴	晴	晴	晴	曇	曇	曇	曇	曇	曇	曇	雨	晴	雨	晴	曇	曇	曇	晴	晴	曇	曇
		気温	21	23	24	24	25	25	24	25	25	25	23	24	24	26	23	24	24	25	25	25	26	25	24	25
		風	弱	中	中	中	中	中	弱	弱	強	強	弱	弱	弱	中	弱	弱	弱	弱	弱	弱	中	中	中	中
1	カイツブリ																									
4	アナドリ												80													
5	オオミズナギドリ												30													
6	オナガミズナギドリ																									
10	カツオドリ																									
13	カワウ																									
14	ウミウ																									
17	サンカノゴイ																									
18	ヨシゴイ															2	1	1		3			1			
20	リュウキュウヨシゴイ		1											1	1											
22	ミゾゴイ																									
23	ズグロミゾゴイ		1																			1				
24	ゴイサギ		1	2	1	1	2			1	1		1	2	4	2	3	1	4	2		2				1
25	ササゴイ		1	1		1					1			2		1	2	1	1						1	2
26	アカガシラサギ		3		2		3			2			2	4	4	39	11	11	4	19	21	6	8	1	15	7
27	アマサギ		495	700	374	192	228	183	188	231	309	170	408	514	320	830	636	153	552	327	235	100	208	88	127	149
28	ダイサギ		40	15	6	12	17	4	4	15	15	12	25	32	22	52	16	6	8	8	19	3	7	3	8	6
29	チュウサギ		32	20	9	4	15	8	6	9	7	6	11	12	9	23	10	10	10	8	4	1	3	3	7	2
30	コサギ		35	20	21	14	29	11	14	21	26	17	36	129	21	70	52	27	41	35	63	8	30	8	17	8
31	カラシラサギ												2			1										
32	クロサギ													1			1						1	1		
33	アオサギ		21	9	3	2	5	1	5	3	2	2	3	2	3	3	2	3	10	3	2	2	2	2	1	
34	ムラサキサギ		1											1		1			2	2	2	1	4			
43	マガモ																									
44	カルガモ		4	8	5	11	8	5	6	10	11	4	5	13	4	8	3	7	5	6	5	3	9	4	7	1
45	アカノドカルガモ																									
46	コガモ																									
50	ヒドリガモ																									
51	オナガガモ																									
52	シマアジ																									
53	ハシビロガモ																									
55	キンクロハジロ																									
57	ミサゴ											1					1		1							
58	ハチクマ		1																							
59	トビ		1																							
60	オオタカ		1																							
61	アカハラダカ				2	8		1	8	2	6	2			4	2	14	1				10		1		
62	ツミ		4		1		1			4		1	2		2											
63	ハイタカ																									
64	オオノスリ				1			1		1					1								1			
65	ノスリ																									
66	サシバ		4					1	1		1				2			1								
70	ハヤブサ		1		1																					
71	チゴハヤブサ						1																			
74	チョウゲンボウ																									
76	ミフウズラ		1	1			1	1	1	3			1	3		1	2			2	1		2	1		5
79	オオクイナ		4	1		1	2		1	3	2		1	1	2	1	1	1	2	1		2	1	2	1	2
80	ヒメクイナ																									
81	ヒクイナ		2	1	2	4	3	3	1		2		1	1	4		1		1	2						
82	シロハラクイナ		2	4	5	7	8	6	10	6	2	5	7	5	10	7	4	4	8	7	4	2	2	6	8	2
83	バン		2	1	1	2	1		1	2	4	1				3	2	5		2		1			1	3
85	オオバン																									
86	レンカク																1							2		
87	タマシギ												1	1												
89	コチドリ															1										
90	シロチドリ											1														
91	メダイチドリ			5	4		2			3	3		3	5	1	1	1					1				
92	オオメダイチドリ			1										1												
93	オオチドリ																									
94	ムナグロ			13	3				8					2												
95	ダイゼン																									
96	ケリ																									
97	タゲリ																									
98	キョウジョシギ																									
99	ヨーロッパトウネン																									
100	トウネン		3	1	5		2			16	9		21	23	7	22	6	10	5	16	4		6			
101	ヒバリシギ			1					1				1	2	1	1			1							
102	オジロトウネン																									
103	ヒメウズラシギ														1											
104	アメリカウズラシギ												1	1		1										
105	ウズラシギ		8	13			3	1	5	22	8		23	34	21	47	52	27	40	48	37		43	10	10	8
106	ハマシギ																									
107	サルハマシギ		1	1	1		1						1			1	1									
108	コオバシギ									1																
109	オバシギ																									

2005年春-8

No. 種名	期日	4/27	4/28	4/29	4/30	5/1	5/2	5/3	5/4	5/5	5/6	5/7	5/8	5/9	5/10	5/11	5/12	5/13	5/14	5/15	5/16	5/17	5/18	5/19	5/20
	天候	晴	曇	晴	晴	晴	晴	曇	曇	曇	曇	曇	曇	曇	雨	晴	雨	曇	曇	曇	曇	晴	曇	曇	曇
	気温	21	23	24	24	25	25	24	24	25	25	23	24	26	23	23	24	25	25	25	25	26	25	24	25
	風	弱	中	中	中	中	中	弱	弱	強	強	弱	弱	弱	中	弱	弱	弱	弱	弱	弱	中	中	中	中
110 ミユビシギ																									
112 エリマキシギ																									
113 キリアイ																									
114 ツルシギ																									
115 アカアシシギ			1																						
116 コアオアシシギ			1			2	2		3	3		7	1	1	1	2	1	1	1		2	1	1	9	
117 アオアシシギ		3	5	7	1	4	2	1	6	3	1	6	4	1	4	2	3	2	1	1	2		4	1	
118 クサシギ				1																						
119 タカブシギ		7	7	5	1		1	1				6	3		2	2	1	2	2			2	1		
120 メリケンキアシシギ												1													
121 キアシシギ		4	6				1	2	3				1			1	1				1				
122 イソシギ		1	1	4		1	2		1	1		4	4	1	6	10	1	8	3		3	3			
123 ソリハシシギ		2				1									1		1		1			1		1	1
124 オグロシギ				1					2	1		1	2	1											
125 オオソリハシシギ		2					1					2	2												
127 ホウロクシギ																									
128 チュウシャクシギ												1													
129 コシャクシギ																									
130 ヤマシギ																									
132 タシギ																									
133 ハリオシギ		1				1	1	1																	
134 チュウジシギ																									
135 オオジシギ			1	1	1																				
137 セイタカシギ		1	3	1								1	1			11	11				5		9	2	
139 アカエリヒレアシシギ												1													
140 ツバメチドリ			1			1		1	6			9	1		2	16	1						1	1	
142 シロハラトウゾクカモメ																									
150 ハジロクロハラアジサシ												2	1		10	3	2	3	5	3		2	1		
151 クロハラアジサシ									1		3	1			33	2	21	12	10	6	4	17		6	1
154 ハシブトアジサシ															1	1									
155 アジサシ												12													
156 ベニアジサシ																					11				
157 エリグロアジサシ																					3				
158 マミジロアジサシ											110										4				
159 セグロアジサシ												15													
160 コアジサシ																									
161 クロアジサシ																					30				
162 カラスバト			1	1	4		1	8				6		1		12		1		4	1				
164 ベニバト												1													
165 キジバト		90	139	95	80	172	130	140	120	110	50	120	100	50	110	80	65	80	101	140	120	100	80	118	100
166 キンバト		17	6	10	12	10	3	9	9	6	3	6	5	8	11	5	13	9	12	4	11	24	8	24	9
167 ズアカアオバト		3	1	5	4	2	2	5	5	2			7	1	4	1	3		6		1	7		8	
168 オオジュウイチ					1																	1			
169 ジュウイチ							1																		
170 セグロカッコウ																									1
171 カッコウ						1	1									1	1	1							
172 ツツドリ					1											1	1								
173 ホトトギス					1				1						1	1						1	2		
174 オニカッコウ																			1	4	4	3	2	5	
177 コノハズク																									
178 リュウキュウコノハズク		4	5	7	7	7	4		5	4		3	6	4	6		1	7	5	3	5	3	4	1	3
179 オオコノハズク		1											1												
180 アオバズク		4	1	2					3	2	1	1	1			1		1		1	2	3	1	2	1
181 ヨタカ																									
182 ヒマラヤアマツバメ				3	3	9	12	1	16			4	2		1	1					2		1		
183 ハリオアマツバメ		2		7		2							2												
184 ヒメアマツバメ		2				3	1		3	7	5		12	5		10		2	4	2	1		2	1	2
185 アマツバメ		41		2		1		4	3		4	1	36		63	6	9	26		78	5	1			
186 ヨーロッパアマツバメ																									
187 ヤマショウビン																									
188 アカショウビン		1	1			1	1		2	3			1	2	1			1				2		2	
190 カワセミ						1		1						2		2		1	1		1				
191 ブッポウソウ																	1				1		1		
192 ヤツガシラ																									
193 アリスイ																									
196 ヒバリ																									
197 ショウドウツバメ							2	5	6			19	14		64	30	9	9	21	5	3		3	3	
199 ツバメ		1000	500	80	50		50	40	80	80	80	50	70	80	60	150	250	80	100	80	100	150	50	50	20
201 コシアカツバメ				3					15			1	6		12	7	8	25	5		3	2		7	
203 イワツバメ															4	2		2	2	3		5		6	
205 ツメナガセキレイ		3	5		54	11	133	60	25	24	2	208	209	120	353	142	56	54	108	144	49	61	5	4	3
206 キガシラセキレイ																									
207 キセキレイ		3	4	2		4	2	3	4	2	1	3	7	10	6	1	7	4	3	3	4	5	4	1	1
208 ハクセキレイ																									
209 マミジロタヒバリ			2		1			1						1					3						

2005年春-9

No.	種名	4/27	4/28	4/29	4/30	5/1	5/2	5/3	5/4	5/5	5/6	5/7	5/8	5/9	5/10	5/11	5/12	5/13	5/14	5/15	5/16	5/17	5/18	5/19	5/20
	天候	晴	曇	晴	晴	晴	曇	晴	晴	曇	曇	晴	曇	曇	曇	雨	晴	雨	曇	曇	曇	晴	晴	曇	曇
	気温	21	23	24	24	25	25	24	24	25	25	23	24	26	23	23	24	25	25	25	25	26	25	24	25
	風	弱	中	中	中	中	中	弱	弱	強	強	弱	弱	弱	中	弱	弱	弱	弱	弱	弱	中	中	中	中
210	コマミジロタヒバリ																								
213	ビンズイ							1		11	3	3	7		1						1		1		
214	セジロタヒバリ						1					2					1								
215	ムネアカタヒバリ		2																						
216	タヒバリ																								
217	サンショウクイ				8							1		1									1		
218	シロガシラ	162	150	151	80	140	120	110	152	140	60	130	120	80	124	80	107	110	100	120	90	120	70	128	80
219	ヒヨドリ	250	130	210	120	100	120	120	100	110	50	110	100	60	100	70	241	100	180	80	70	230	90	230	100
221	チゴモズ																								1
222	アカモズ	13	21	8	14	12	13	26	14	7	17	38	62	52	71	69	31	34	20	48	46	21	5	11	7
223	タカサゴモズ																								
228	アカヒゲ																								
229	ノゴマ																								
231	ルリビタキ																								
233	ジョウビタキ																								
234	ノビタキ																2								
235	ヤマザキヒタキ																								
236	イナバヒタキ																								
238	ハシグロヒタキ						1	1	1																
240	イソヒヨドリ	1	1	1	1		3	2	3	2		4		1	1						2	1			
241	トラツグミ																								
245	クロウタドリ																								
246	アカハラ																								
247	シロハラ	1																							
250	ツグミ																								
251	ヤブサメ																							1	
252	ウグイス																								
253	チョウセンウグイス																								
254	シベリアセンニュウ	2	2		1		1		1		1	3		1		1		2	1				1	1	1
255	シマセンニュウ							2					1		1	1									
256	ウチヤマセンニュウ													1											
258	コヨシキリ																								1
259	オオヨシキリ	4	1					9				3	1	3	2	4	4	4	2	1	3	1			3
260	ムジセッカ		2	1			1																		
262	カラフトムジセッカ																								
263	キマユムシクイ	1											1		2	3									
265	メボソムシクイ																			1			1		
268	イイジマムシクイ																		1						
270	セッカ	58	72	74	56	73	48	61	60	77	66	75	37	119	51	72	37	69	46	59	53	56	78	79	69
276	サメビタキ											1				1									
277	エゾビタキ		1									1	1		6	3	9	5	7		7	13		3	
278	コサメビタキ												1		2					1					
279	サンコウチョウ	9	4	15	5	13	1	4	8	11	3	4	4	3	4	5	12	4	15	3	4	21	5	15	6
280	メジロ	107	50	90	40	50	40	40	50	50	30	50	60	40	50	30	90	40	90	30	30	97	30	90	40
285	ホオアカ													1											
286	コホオアカ			1												1					1		1		
288	カシラダカ																								
290	シマアオジ																								
291	シマノジコ											2													
292	ズグロチャキンチョウ								1																
294	ノジコ																								
295	アオジ											1	1								1				
296	クロジ																								
300	アトリ																								
303	アカマシコ			1																					
305	イカル																					1			
309	スズメ	350	400	300	450	500	350	400	400	500	250	350	300	250	300	150	200	250	200	300	200	150	200	250	150
310	ギンムクドリ						1																		
312	コムクドリ	6		1		4		10					1		1										
313	カラムクドリ											1													
314	ホシムクドリ																								
315	ムクドリ							7					2												
317	ジャワハッカ		12	1	2	1		3	1	2			4	5						2	4	1			1
318	コウライウグイス																								
319	オウチュウ					2			1	2		2		6	5			5	3					13	8
	個体数合計	2826	2358	1543	1246	1514	1257	1369	1477	1576	828	2087	2009	1318	2718	1868	1309	1694	1547	1545	1013	1410	777	1288	822
	種類数合計	60	55	50	41	46	38	49	56	49	35	69	67	53	63	62	54	55	48	41	45	59	41	53	42

No.	種名	4/27	4/28	4/29	4/30	5/1	5/2	5/3	5/4	5/5	5/6	5/7	5/8	5/9	5/10	5/11	5/12	5/13	5/14	5/15	5/16	5/17	5/18	5/19	5/20
A	インドクジャク	6	3	5	3	2	2	3	3	4	3	4	4	2		2	1	4	3	1	1	1	2	2	3
B	カワラバト	10	30	15	5	18	10	6	10	15	14	15	12	7	10	13	10	12	8	5	4	6	10	3	5	8
C	ハシブトガラス	1	2	2			1		1	2						1									

2005年春-10

No.	種名	期日	5/21	5/22	5/23	5/24	5/25	5/26	5/27	5/28	5/29	5/30	5/31	合計
		天候	晴	晴	晴	曇	曇	晴	曇	晴	曇	晴	曇	
		気温	25	27	26	25	25	26	25	26	25	26	25	
		風	中	中	強	強	強	強	強	弱	強	強	強	
1	カイツブリ													30
4	アナドリ													480
5	オオミズナギドリ		50	2					500		800		1300	3219
6	オナガミズナギドリ													188
10	カツオドリ		6						1		5			14
13	カワウ													2
14	ウミウ													1
17	サンカノゴイ													4
18	ヨシゴイ		1	1	1						1	1		14
20	リュウキュウヨシゴイ													10
22	ミゾゴイ													1
23	ズグロミゾゴイ													2
24	ゴイサギ			1		1				2		1		75
25	ササゴイ		1				1		1	2				34
26	アカガシラサギ		3	4	1	4	1	4		2	1	2	1	306
27	アマサギ		186	252	147	100	40	113	100	195	347	197	226	12789
28	ダイサギ		6	11	8	7	10	8	41	16	13	21	13	1485
29	チュウサギ		6	3	10	5	5	4	7	11	8	5	6	903
30	コサギ		28	27	31	7	24	20	40	31	33	14	21	2322
31	カラシラサギ		1		1		7		1					21
32	クロサギ				1									15
33	アオサギ		2	1	1	1	2			2		1		901
34	ムラサキサギ											1		19
43	マガモ													2
44	カルガモ		3	5	5	15	8	4	7	8	7	2	9	550
45	アカノドカルガモ													1
46	コガモ													329
50	ヒドリガモ													43
51	オナガガモ													14
52	シマアジ								1					4
53	ハシビロガモ													35
55	キンクロハジロ													65
57	ミサゴ											1		55
58	ハチクマ													1
59	トビ													1
60	オオタカ													6
61	アカハラダカ				2	1			3					68
62	ツミ				2									39
63	ハイタカ													14
64	オオノスリ		1	1										22
65	ノスリ													7
66	サシバ													203
70	ハヤブサ													51
71	チゴハヤブサ													2
74	チョウゲンボウ													205
76	ミフウズラ		2	1	3	5	1	2		2	1		2	55
79	オオクイナ		2		2	2		1		2	1			111
80	ヒメクイナ													1
81	ヒクイナ		3	3				2		1	1	3	2	146
82	シロハラクイナ		10	5	8	9	2	8	8	7	7	13	7	432
83	バン				2				3					460
85	オオバン													22
86	レンカク								2				1	6
87	タマシギ													2
89	コチドリ													364
90	シロチドリ													333
91	メダイチドリ													62
92	オオメダイチドリ													16
93	オオチドリ													45
94	ムナグロ													860
95	ダイゼン													5
96	ケリ													1
97	タゲリ													8
98	キョウジョシギ													8
99	ヨーロッパトウネン													4
100	トウネン												2	194
101	ヒバリシギ													17
102	オジロトウネン													49
103	ヒメウズラシギ													1
104	アメリカウズラシギ													3
105	ウズラシギ				1			5	5	7		2	3	843
106	ハマシギ													11
107	サルハマシギ													14
108	コオバシギ													1
109	オバシギ													5

2005年春-11

No.	種名	期日 天候 気温 風	5/21 晴 25 中	5/22 晴 27 中	5/23 晴 26 強	5/24 曇 25 強	5/25 曇 25 強	5/26 晴 26 強	5/27 曇 25 強	5/28 晴 26 弱	5/29 曇 25 強	5/30 晴 26 強	5/31 曇 25 強	合計
110	ミユビシギ													1
112	エリマキシギ													6
113	キリアイ													2
114	ツルシギ													11
115	アカアシシギ													44
116	コアオアシシギ				5									83
117	アオアシシギ		5	1	1			1			1	1	2	160
118	クサシギ													17
119	タカブシギ				2									846
120	メリケンキアシシギ													1
121	キアシシギ													22
122	イソシギ		1											150
123	ソリハシシギ													13
124	オグロシギ													9
125	オオソリハシシギ													11
127	ホウロクシギ													1
128	チュウシャクシギ													6
129	コシャクシギ													41
130	ヤマシギ													35
132	タシギ													39
133	ハリオシギ													22
134	チュウジシギ													29
135	オオジシギ													26
137	セイタカシギ		5		3			2	8	8	9	8	9	398
139	アカエリヒレアシシギ													9
140	ツバメチドリ			3					6	2			1	146
142	シロハラトウゾクカモメ													1
150	ハジロクロハラアジサシ					1		9	12	4	3		1	62
151	クロハラアジサシ		3						2		1		1	141
154	ハシブトアジサシ													3
155	アジサシ													12
156	ベニアジサシ													11
157	エリグロアジサシ			22					15	2			47	89
158	マミジロアジサシ												40	154
159	セグロアジサシ		40	150					200		50		480	1000
160	コアジサシ													1
161	クロアジサシ		30	1					30				4	104
162	カラスバト			1	1	11			2	14	2	12		87
164	ベニバト				1		1			1		1		7
165	キジバト		97	110	136	120	100	70	90	70	104	80	98	6522
166	キンバト		20	7	28	14	17	15	19	8	20	5	19	532
167	ズアカアオバト		3		6	1	1				5	7	5	131
168	オオジュウイチ													2
169	ジュウイチ													1
170	セグロカッコウ													1
171	カッコウ													5
172	ツツドリ													4
173	ホトトギス		1					2	3		3	1	4	21
174	オニカッコウ		1	1	1				1					24
177	コノハズク			1										1
178	リュウキュウコノハズク		4	5	4	4	5	2	6	6	5	6	9	326
179	オオコノハズク													2
180	アオバズク		3	3	4	4		2	1	1		1		102
181	ヨタカ													2
182	ヒマラヤアナツバメ						1							58
183	ハリオアマツバメ													17
184	ヒメアマツバメ		4	1		6	3		5	3			1	92
185	アマツバメ		2	3		5	2		4		1		2	334
186	ヨーロッパアマツバメ													3
187	ヤマショウビン													1
188	アカショウビン		1	2		1		3	4	2		1	1	51
190	カワセミ		1	1										62
191	ブッポウソウ			1	1	1								7
192	ヤツガシラ													79
193	アリスイ													3
196	ヒバリ													5
197	ショウドウツバメ		5	2						10				214
199	ツバメ		20	20	20	9	11	18	24	20	23	32	16	14523
201	コシアカツバメ		11	4					5	5		6		149
203	イワツバメ		1						14				1	113
205	ツメナガセキレイ				2		1							2155
206	キガシラセキレイ													3
207	キセキレイ													516
208	ハクセキレイ													442
209	マミジロタヒバリ					1								320

2005年春-12

No.	種名	期日	5/21	5/22	5/23	5/24	5/25	5/26	5/27	5/28	5/29	5/30	5/31	合計
		天候	晴	晴	晴	曇	曇	晴	曇	晴	曇	晴	曇	
		気温	25	27	26	25	25	26	25	26	25	26	25	
		風	中	中	強	強	強	強	強	弱	強	強	強	合計
210	コマミジロタヒバリ													1
213	ビンズイ													80
214	セジロタヒバリ													5
215	ムネアカタヒバリ													217
216	タヒバリ													5
217	サンショウクイ													62
218	シロガシラ		118	80	96	80	100	80	110	100	118	100	120	13955
219	ヒヨドリ		258	100	250	100	200	80	120	110	268	110	260	9699
221	チゴモズ													1
222	アカモズ		3	4	4	2	2	2						1262
223	タカサゴモズ													8
228	アカヒゲ													80
229	ノゴマ													164
231	ルリビタキ													5
233	ジョウビタキ													37
234	ノビタキ													9
235	ヤマザキヒタキ													2
236	イナバヒタキ													4
238	ハシグロヒタキ													3
240	イソヒヨドリ			2	1									274
241	トラツグミ													2
245	クロウタドリ													76
246	アカハラ													46
247	シロハラ													805
250	ツグミ													201
251	ヤブサメ													9
252	ウグイス													198
253	チョウセンウグイス							1		1			1	251
254	シベリアセンニュウ						1							86
255	シマセンニュウ													10
256	ウチヤマセンニュウ													1
258	コヨシキリ													1
259	オオヨシキリ		1	1	1	2				1				79
260	ムジセッカ													99
262	カラフトムジセッカ													1
263	キマユムシクイ													47
265	メボソムシクイ													4
268	イイジマムシクイ													1
270	セッカ		74	104	83	71	84	63	110	74	82	58	84	3987
276	サメビタキ													2
277	エゾビタキ													56
278	コサメビタキ													4
279	サンコウチョウ		19	8	16	7	9	8	15	5	5	5	10	319
280	メジロ		110	50	110	30	90	30	60	60	95	50	128	3917
285	ホオアカ													3
286	コホオアカ													60
288	カシラダカ													3
290	シマアオジ													2
291	シマノジコ													2
292	ズグロチャキンチョウ													3
294	ノジコ			1										3
295	アオジ													97
296	クロジ													1
300	アトリ													163
303	アカマシコ													1
305	イカル													8
309	スズメ		200	250	350	150	300	350	350	250	250	200	250	23390
310	ギンムクドリ													624
312	コムクドリ													467
313	カラムクドリ													19
314	ホシムクドリ													14
315	ムクドリ													202
317	ジャワハッカ			2	3	3			1	2			1	502
318	コウライウグイス		1											1
319	オウチュウ		7	3		1			1	1				65
	個体数合計		1360	1261	1355	781	1027	910	1931	1053	2273	948	3188	120959
	種類数合計		48	46	42	35	27	30	43	38	34	33	40	4598

No.	種名	5/21	5/22	5/23	5/24	5/25	5/26	5/27	5/28	5/29	5/30	5/31	合計
A	インドクジャク	3	3	4	3	4	2	4	3	5	3	3	180
B	カワラバト	4	12	6	13	8	4	12	3	5	6	4	969
C	ハシブトガラス											1	53

2004年夏

No.	種名	期日	6/1	6/2	6/3	6/4	6/5	6/6	6/7	6/8	6/9	6/10	6/11	6/12	6/13	6/14	6/15	6/16	6/17	6/18	合計
		天候	曇	曇	曇	曇	曇	晴	晴	晴	曇	大雨	曇	曇	曇	晴	晴	晴	晴	晴	
		気温	25	23	23	24	23	25	22	25	24	24	22	23	21	23	24	24	22	24	
		風	弱	弱	中	中	中	弱	弱	弱	弱	中	弱	弱	弱	弱	弱	弱	弱	弱	
1	カイツブリ						1		1				1		1			1			5
4	アナドリ																1				1
6	オナガミズナギドリ														60						60
10	カツオドリ				5																5
16	オオグンカンドリ					1															1
18	ヨシゴイ		3	2	2	2		1	2	1		1	1							1	16
19	オオヨシゴイ						2														2
20	リュウキュウヨシゴイ			1																	1
21	タカサゴクロサギ																		1		1
23	ズグロミゾゴイ			1		1															2
24	ゴイサギ		2	2	3	1	2		1	2		2	1	2	6	3	2	1	4	2	36
25	ササゴイ			2			1			1											3
26	アカガシラサギ				1			2			1										4
27	アマサギ		9	168	82	34	93	11	18	72	13	46	67	3	71	63	51	43	44	19	907
28	ダイサギ		5	6	5	2	7	2	6	4	6	7	19	5	12	14	7	5	10	4	126
29	チュウサギ		6	8	6	6	4	20	6	4	2	11	3	13	28	8	5	6	1	11	148
30	コサギ		23	14	33	10	19	18	20	10	8	12	15	9	28	19	29	17	14	16	314
31	カラシラサギ											1									1
32	クロサギ			1			1					2	1		2	1		2			11
33	アオサギ					1		1	2	1	1										6
34	ムラサキサギ			1	2	1		1	2	1											8
44	カルガモ		10	9	8	7	9	5	11	10	14	15	9	9	11	8	8	6	15	5	169
46	コガモ		1		3	1		1		1	2	2			2					2	15
57	ミサゴ				1							1		1		1	1		1	1	7
58	ハチクマ						1														1
61	アカハラダカ						1	2				1									4
62	ツミ		2	1		1	1					2									7
64	オオノスリ				1		1		2			1				1	1				7
65	ノスリ						1														1
66	サシバ															1					1
76	ミフウズラ		2				1		4	1			1		3	1		1	1	1	16
79	オオクイナ		1	5	1	1	1	1	2		1			1	1	2	2	3		2	24
81	ヒクイナ		4	1	1	5	2	3		1		1	5		1		2	1	2	2	31
82	シロハラクイナ		7	16	6	4	4	9	14	13	3	9	10	4	20	15	12	8	6	7	167
83	バン				1											1			1		3
89	コチドリ																	1			1
116	コアオアシシギ		1		2																3
117	アオアシシギ														1	1	1		1	1	5
119	タカブシギ														1						1
122	イソシギ			2	1																3
137	セイタカシギ		2	1		2		2	2	2	2	2	2	2	2						21
140	ツバメチドリ		1				2	2					5	2					3		15
150	ハジロクロハラアジサシ			1						4	6	6	6	1							30
151	クロハラアジサシ		3	2		2	2	3	1			1		2	3	3	3	2	1		28
157	エリグロアジサシ		1	15			3	4	14			11	2	16		13	24	17			120
158	マミジロアジサシ							2													2
159	セグロアジサシ			67			31					4		250		6		115			473
161	クロアジサシ			3								3		7		2		14			29
162	カラスバト		26					33	1				33	2	2		41	1	2		141
164	ベニバト									1											1
165	キジバト		111	140	140	130	150	110	180	100	70	80	110	80	100	80	120	100	140	110	2051
166	キンバト		13	21	12	5	13	13	11	18	2	12	35	6	6	13	21	14	6	13	234
167	ズアカアオバト		4	10	3	2	10		1	2			7		1	1	7	1			49
173	ホトトギス		1	2			3		1	1			4	3		1	2	2	1	1	22
178	リュウキュウコノハズク		3	11	6	7	7	6	14	8	2	4	14	7	8	6	13	11	11	8	146
179	オオコノハズク															1					1
180	アオバズク			1	1		1		1			1			2	1	3	3	1	2	18
184	ヒメアマツバメ						4		1												5
185	アマツバメ						2	2		2		2	3						1		14
188	アカショウビン				1					1	1	1	1		1					1	7
197	ショウドウツバメ						4					1									5
199	ツバメ		17	16	40	24	32	93	6		1	12	5	8	10	8		7	2	2	283
201	コシアカツバメ		4	7			17			5			5	1		7	5		1		52
207	キセキレイ												1								1
218	シロガシラ		130	160	140	130	120	91	150	100	30	80	110	80	160	130	125	120	150	130	2136
219	ヒヨドリ		210	500	210	200	506	150	220	200	50	180	280	150	140	150	330	160	230	200	4066
222	アカモズ									1											1
240	イソヒヨドリ			2			1	1	1				1		3	1	2	3	3	1	19
259	オオヨシキリ								1						1		1				3
270	セッカ		65	110	85	70	80	60	105	60	8	50	90	60	70	60	100	80	110	70	1333
279	サンコウチョウ		15	15	6	8	12	6	19	7		6	11	4	18	8	16	8	13	7	179
280	メジロ		60	211	90	80	170	50	120	60	7	30	160	45	80	50	170	60	80	60	1583
304	コイカル						1	1		1											3
309	スズメ		220	250	240	220	250	230	300	250	180	200	350	280	230	270	330	280	350	300	4730
312	コムクドリ				2																2
317	ジャワハッカ		2	4	10	1	11	3		1		4	6	2	3	11	5	2		6	73
	個体数合計		964	1795	1144	957	1582	935	1246	941	411	776	1359	826	1365	933	1404	1015	1356	991	20000
	種類数合計		33	41	32	29	42	32	38	31	24	29	42	28	39	34	34	31	36	32	607

No.	和名 / 調査日数	6/1	6/2	6/3	6/4	6/5	6/6	6/7	6/8	6/9	6/10	6/11	6/12	6/13	6/14	6/15	6/16	6/17	6/18	合計
A	インドクジャク	5	4	2		2	3	1	2	2		2	6	2	4	4	2	2	2	49
C	ハシブトガラス							1							1	2		2		6

2005年夏

No.	種名	期日	6/1	6/2	6/3	6/4	6/5	6/6	6/7	6/8	6/9	6/10	合計
		天候	晴	曇	曇	晴	曇	晴	晴	晴	曇	曇	
		気温	27	27	27	25	26	23	24	25	24	26	
		風	強	強	弱	強	強	強	中	中	弱	弱	
4	アナドリ			2						1			3
5	オオミズナギドリ			450									450
7	アカアシミズナギドリ			1									1
10	カツオドリ			3						1			4
18	ヨシゴイ										1		1
24	ゴイサギ		1	1		2	1	2	1				8
25	ササゴイ		1		1	2		1		1			6
26	アカガシラサギ			2		1					1	1	5
27	アマサギ		60	138	133	171	161	125	131	81	78	38	1116
28	ダイサギ		14	9	9	12	4	18	8	4	5	3	86
29	チュウサギ		4	9	3	10	6	8	13	14	15	18	100
30	コサギ		10	51	28	49	33	51	37	36	20	25	340
32	クロサギ			1		2				1			4
33	アオサギ		1		2	2	1			1	1	1	9
34	ムラサキサギ				1	1	1		1				4
44	カルガモ		6	10	12	5	5	4	9	10	8	4	73
62	ツミ					1							1
64	オオノスリ							1					1
76	ミフウズラ		1		5	1	2					2	11
79	オオクイナ		1	2	2	3	1		1	2	1	2	15
81	ヒクイナ		4	5	4	1		1		1	1	1	18
82	シロハラクイナ		9	10	14	7	6	5	9	13	15	6	94
83	バン		1	1	3				2	2	2		11
86	レンカク			1		1							2
90	シロチドリ					3							3
91	メダイチドリ					2							2
95	ダイゼン					1	1						2
100	トウネン				2	2		1		1			6
101	ヒバリシギ						1						1
105	ウズラシギ				3	2	2	1					8
117	アオアシシギ		2		3	4	2	2	1	3	1		18
122	イソシギ		1			1	1						3
123	ソリハシシギ			3		2							5
137	セイタカシギ		8	8	11	1	1	2				6	37
150	ハジロクロハラアジサシ					1	3		1				5
151	クロハラアジサシ			2		4		2		2			10
154	ハシブトアジサシ									1			1
157	エリグロアジサシ			13	1	3		2		7			26
158	マミジロアジサシ			1						3			4
159	セグロアジサシ			50									50
161	クロアジサシ			11						3			14
162	カラスバト		1	4	13		16		14		14	1	63
164	ベニバト					1							1
165	キジバト		70	100	130	150	100	80	100	140	120	100	1090
166	キンバト		14	22	13	15	6	17	8	13	13	13	134
167	ズアカアオバト		2	6	1	2			4	9	2	1	27
173	ホトトギス		3	2			1	1	1	2	1	1	12
174	オニカッコウ				1	2	1	2	2	1	2		11
178	リュウキュウコノハズク		2	8	6	10	6	7	10	11	7	2	69
180	アオバズク			1	3		1	2		3	1	1	12
181	ヨタカ							1					1
184	ヒメアマツバメ					1							1
185	アマツバメ		1	1								1	3
188	アカショウビン			2	1	1	1	1	2	2	1	1	12
199	ツバメ		11	2	2	8	4	4	5	14	1	2	53
201	コシアカツバメ					6		7		3			16
203	イワツバメ		1			2				1			4
205	ツメナガセキレイ					1	1						2
218	シロガシラ		80	120	100	130	110	80	100	150	120	110	1100
219	ヒヨドリ		100	140	110	120	130	90	110	130	130	100	1160
222	アカモズ					1							1
240	イソヒヨドリ			3						2			5
270	セッカ		67	82	73	73	66	31	73	37	48	69	619
279	サンコウチョウ		4	12	6	7	6	8	5	9	5	5	67
280	メジロ		30	60	40	60	40	75	35	50	80	60	530
309	スズメ		350	450	350	450	350	300	400	350	400	300	3700
317	ジャワハッカ		1					3	1				6
	個体数合計		861	1802	1092	1335	1068	935	1082	1116	1093	873	11257
	種類数合計		32	42	38	47	31	34	26	40	28	27	345

No.	種名 / 調査日	6/1	6/2	6/3	6/4	6/5	6/6	6/7	6/8	6/9	6/10	合計
A	インドクジャク	2	3	3	1	3	2	2	4	3	3	26
B	カワラバト	3	6	4	13	5	4	3	7	6		51
C	ハシブトガラス		2			2		2				6

2003年秋-1

No.	種名	期日	9/12	9/13	9/14	9/15	9/16	9/17	9/18	9/19	9/20	9/21	9/22	9/23	9/24	9/25	9/26	9/27	9/28	9/29	9/30	10/1	10/2	10/3	10/4	10/5
		天候	晴	晴	晴	晴	晴	晴	晴	晴	晴	曇	曇	曇	晴	晴	晴	晴	晴	晴	晴	晴	晴	晴	曇	曇
		気温	31	30	29	29	26	28	28	28	27	25	25	27	26	25	25	26	27	24	24	22	23	26	25	25
		風	弱	弱	中	中	中	弱	中	中	中	中	中	中	弱	中	弱	中	中	弱	弱	弱	弱	中	強	強
1	カイツブリ																									
10	カツオドリ																									
13	カワウ																									4
14	ウミウ																									
18	ヨシゴイ											1				1									
19	オオヨシゴイ																									
20	リュウキュウヨシゴイ																									
24	ゴイサギ		3	1	1			2	1	1	2	2	3	2	2	1	2	2	1	3	2	2	4	3	4
25	ササゴイ							1		1								1		1			1	1	
26	アカガシラサギ		1																1		1			1	1
27	アマサギ		102	80	45	15	181	80	50	20	30	1894	180	150	60	60	16	8	60	32	60	22	62	48	43	51
28	ダイサギ		2	2	3	5	7	5	8	5	6	7	6	20	6	4	2	4	3	6	3	6	14	7	7	15
29	チュウサギ		1	2	1	1	2	2	1	2	3	2	3	5	6	4	2	3	2	3	2	1	1	2	8	5
30	コサギ		26	16	4	5	11	4	7	8	10	10	7	10	5	3	3	2	3	5	6	6	18	7	17	19
31	カラシラサギ																					8	8			
32	クロサギ			2				2	2						2	2				1						
33	アオサギ		6	2	3	4	5	5	6	7	12	25	24	25	6	5	3	5	6	13	10	6	8	7	5	8
34	ムラサキサギ							1							1											
36	クロツラヘラサギ																		1	1	1					
41	コハクチョウ																									
42	オシドリ																									
43	マガモ																									
44	カルガモ		7	8	25	40	31	32	35	42	40	34	33	30	32	40	56	40	30	33	42	35	30	33	31	40
46	コガモ						1			1		1		1	1				7	1		13	11	15	13
48	ヨシガモ																									
50	ヒドリガモ			1		1	1	1	1	1	1	1	1	1	1	1			1	1	1	1	1			
51	オナガガモ																1	1				1	1			
53	ハシビロガモ																									
55	キンクロハジロ																									
56	スズガモ																									
57	ミサゴ				1	1		1	1		1	1			1	1	3	2		1	2	1	1	1	1	1
58	ハチクマ																								1	
60	オオタカ																									
61	アカハラダカ			1			46	18		100			4			1						1		1		
62	ツミ					2	1	2	1														1			
63	ハイタカ																									
64	オオノスリ							1																		
66	サシバ													1										1		
67	ハイイロチュウヒ																									
69	チュウヒ			1																						
70	ハヤブサ																		1		1				1	1	1
71	チゴハヤブサ										1								1		1			2		1
74	チョウゲンボウ		1	6	1	1	1	1	2	3	3	3	7	5	4	11	4	4	5	5	7	8	7	15	9	8
75	ウズラ																									
76	ミフウズラ		1	2		3		1	2		3	1	2		1	3	2		2	2		1	5	1		2
78	クイナ																									
79	オオクイナ																									
80	ヒメクイナ																									2
81	ヒクイナ			2	1	1				1	1	2	2	2	2	2	2	2						2	2
82	シロハラクイナ		1	4		3		2	1		1	3		1	1	3	2	3	2	5	2	4	5	3	2
83	バン		3																							
84	ツルクイナ																									
89	コチドリ			1		1	3	2		3	2	4			6	1	3		3	3		7	10	14	10	2
90	シロチドリ														1	1	1	3		1	1		1			
91	メダイチドリ			2		1		2				3	1			2		1		2		2	1		
92	オオメダイチドリ							1																		
94	ムナグロ		32	25	13	5	11	29	10	26	10	32	21	8	7	7	1	7	5	8	12	34	15	41	10	8
95	ダイゼン			2																						
96	ケリ																									
97	タゲリ																									
98	キョウジョシギ						3					2						2								
100	トウネン			1			1					2	1										1			
101	ヒバリシギ							2	1	1		2	4	3				4	4	3	4	4	3	4
102	オジロトウネン																									
105	ウズラシギ											1				1			3	3		2			
106	ハマシギ																									
107	サルハマシギ																			1		1	1	1	1
110	ミユビシギ																									
114	ツルシギ									1	1			1			1				1	1	1	1
115	アカアシシギ												1												
116	コアオアシシギ							1	1		1	1	1					1	2	1	2	1	2	1

2003年秋-2

No.	種名	期日	9/12	9/13	9/14	9/15	9/16	9/17	9/18	9/19	9/20	9/21	9/22	9/23	9/24	9/25	9/26	9/27	9/28	9/29	9/30	10/1	10/2	10/3	10/4	10/5
		天候	晴	晴	晴	晴	晴	晴	晴	晴	晴	曇	曇	曇	晴	晴	晴	晴	晴	晴	晴	晴	晴	晴	曇	曇
		気温	31	30	29	29	26	28	28	28	27	25	25	27	26	25	25	26	27	24	24	22	23	26	25	25
		風	弱	弱	中	中	中	弱	中	中	中	中	中	中	弱	中	弱	中	中	弱	弱	弱	弱	中	強	強
117	アオアシシギ							1	1						1	1	1	1		3	4	2	1	1	1	1
118	クサシギ								2	2	5	1	1	2	3	3		1	2	2	2	3	4	5	2	2
119	タカブシギ		2	1		1	1	1	1	1	2	3	3	2	2	1							2	2	2	2
121	キアシシギ			3		3		1		1	1		1	1	1	1	1	1	1			1		1	1	
122	イソシギ			6	2	5	5	4	10	8	12	10	8	9	8	9	5	4	10	12	10	12	13	12	10	11
123	ソリハシシギ															2				1						
128	チュウシャクシギ							1																		
130	ヤマシギ																									
132	タシギ											1	1	2	1	2	2	1	1	3	3	3	2	2	5	5
133	ハリオシギ					1								1		3	2		1		1					
134	チュウジシギ							1				1			1			1								
135	オオジシギ		1	2					1	1																
137	セイタカシギ		1	9	1	4	3	3	4	6	3	13	3	5	1	2		1	16	22	2	8	8	20	8	
138	ソリハシセイタカシギ																									
140	ツバメチドリ							1				1														
143	ユリカモメ																									
144	セグロカモメ																									
145	オオセグロカモメ																									
151	クロハラアジサシ																1	3	1	4	1		1			
161	クロアジサシ							520																		
164	ベニバト					1																				
165	キジバト		40	60	50	130	110	105	85	80	120	90	70	55	50	60	45	50	35	60	100	110	65	90	80	100
166	キンバト		1	4	3	5	20	6	3	2	2	2	2	1	1	1	1	1		1	2	2	2	1	2	
167	ズアカアオバト					4	5												1							
169	ジュウイチ																									
171	カッコウ																									
176	コミミズク																									
178	リュウキュウコノハズク		3	2	2	7	6	3	2	3	3	2	2	3	3	3	3	3	3	3	2	4	4	3	2	
179	オオコノハズク																									
180	アオバズク						1	1										1				1				
183	ハリオアマツバメ							3																		
184	ヒメアマツバメ																									
185	アマツバメ							1						2												
188	アカショウビン																				1					
189	ナンヨウショウビン									1																
190	カワセミ		2		1		1	1	1	2	2	3	3	3	2	1	1	1	1	1	1	1	2	1	1	1
191	ブッポウソウ			1			2	2		1																
192	ヤツガシラ												1													
193	アリスイ																									
196	ヒバリ																									
197	ショウドウツバメ		1																1							
199	ツバメ		150	500	150	200	220	130	310	200	160	800	250	150	100	200	150	200	150	50	70	150	200	250	200	150
201	コシアカツバメ			1																						
203	イワツバメ				1																					
204	イワミセキレイ																									
205	ツメナガセキレイ		160	1850	150	250	200	175	145	230	180	350	275	230	200	160	130	155	436	215	572	280	215	140	100	100
207	キセキレイ		6	20	17	20	20	18	25	22	24	45	40	35	30	24	20	16	20	22	25	45	40	35	30	25
208	ハクセキレイ												1	1	1					1		1	2		1	
209	マミジロタヒバリ													2				2					6		2	1
213	ビンズイ												1													
214	セジロタヒバリ												2													
215	ムネアカタヒバリ																	1					1	1		
216	タヒバリ																									
217	サンショウクイ						9	22	5	16	10	4	7	3	2	8	2	2	2							
218	シロガシラ		70	180	100	160	144	120	90	161	140	80	130	75	100	180	70	125	80	100	110	224	199	100	150	120
219	ヒヨドリ		50	100	60	170	220	195	120	130	170	110	190	100	148	174	80	100	4000	200	1400	180	170	120	120	90
222	アカモズ		29	58	163	209	144	108	69	61	81	60	102	138	105	103	63	59	38	64	36	59	75	43	20	22
223	タカサゴモズ			1	1	1	1		1	1		1			1	1	1	1	1		1	1	1		2	1
226	ミソサザイ																									
228	アカヒゲ																									
229	ノゴマ																									
230	オガワコマドリ																									
231	ルリビタキ																									
233	ジョウビタキ																									
234	ノビタキ					1																				
238	ハシグロヒタキ															1	1			1						
240	イソヒヨドリ		3	12	5	10	8	14	9	10	13	11	10	13	12	14	8	4	11	12	15	14	22	16	15	12
241	トラツグミ																									
244	クロツグミ																									
246	アカハラ																									
247	シロハラ																									

2003年秋-3

No.	種名	期日	9/12	9/13	9/14	9/15	9/16	9/17	9/18	9/19	9/20	9/21	9/22	9/23	9/24	9/25	9/26	9/27	9/28	9/29	9/30	10/1	10/2	10/3	10/4	10/5
		天候	晴	晴	晴	晴	晴	晴	晴	晴	晴	晴	曇	曇	曇	晴	晴	晴	晴	晴	晴	晴	晴	晴	曇	曇
		気温	31	30	29	29	26	28	28	28	27	25	25	27	26	25	25	26	27	24	24	22	23	26	25	25
		風	弱	弱	中	中	中	弱	中	中	中	中	中	弱	中	弱	中	中	中	弱	弱	弱	弱	中	強	強
248	マミチャジナイ																									
249	ノドグロツグミ																									
250	ツグミ																									
251	ヤブサメ																									
252	ウグイス																									
253	チョウセンウグイス														1											
254	シベリアセンニュウ																									
255	シマセンニュウ																									1
257	マキノセンニュウ																									
259	オオヨシキリ								2			1														
260	ムジセッカ												1										1	1		1
262	カラフトムジセッカ						1																			
263	キマユムシクイ					1						2	1	1								2	1		1	
265	メボソムシクイ				11	3	11	2	12	3	7	4	11	3	12	2	9	2	4	6	4	13	6	7	20	16
266	エゾムシクイ																									
267	センダイムシクイ												2												1	
270	セッカ		40	60	40	50	55	45	60	55	70	40	45	40	55	60	45	50	40	30	35	55	45	50	40	25
272	キビタキ																									
274	オジロビタキ																									
275	オオルリ											2					1						1			
276	サメビタキ					1											1									
277	エゾビタキ			4	2	15	7								1	2	1		2	2	4	7	15	8	3
278	コサメビタキ															1	2	2					1		1
279	サンコウチョウ							1		1				1		1										
280	メジロ		28	80	150	120	140	100	90	70	140	80	130	100	110	80	50	70	310	150	400	140	150	130	60	50
284	シロハラホオジロ																									
285	ホオアカ																									
286	コホオアカ													1	1											
287	キマユホオジロ																3									
288	カシラダカ																									
289	ミヤマホオジロ																									
290	シマアオジ		1																							
291	シマノジコ																								1	
292	ズグロチャキンチョウ																									
294	ノジコ																									
295	アオジ																				1					
296	クロジ																									
298	ツメナガホオジロ																									
300	アトリ																									
301	カワラヒワ																									
302	マヒワ																									
304	コイカル		1											1												
306	シメ																									
307	シマキンパラ																									
309	スズメ		600	300	250	830	550	520	1020	1170	780	950	280	480	320	1510	830	380	265	360	310	1030	1150	1050	1450	690
310	ギンムクドリ																								1	
311	シベリアムクドリ											1														
312	コムクドリ										1	1	3	10			1	15	2		1	1	1	35	3
313	カラムクドリ					1									2		1		1				5		
314	ホシムクドリ																							1		
315	ムクドリ																				4					
316	バライロムクドリ																					1				
317	ジャワハッカ		6	9	2	18	39	46	24	9	5	4	1	12	2	5	5	3	13	11	11	22	8	4	7	1
318	コウライウグイス												2								1					
	個体数合計		1381	3420	1262	2294	2237	2346	2224	2471	2063	4699	1877	1742	1438	2774	1632	1319	5579	1472	3317	2516	2618	2308	2569	1642
	種類数合計		34	42	33	42	41	49	42	43	45	50	51	51	53	54	43	42	53	55	50	57	58	54	52

No.	種名 / 調査日	9/12	9/13	9/14	9/15	9/16	9/17	9/18	9/19	9/20	9/21	9/22	9/23	9/24	9/25	9/26	9/27	9/28	9/29	9/30	10/1	10/2	10/3	10/4	10/5
B	カワラバト	○	○	○	○	○	○	○	○	○	○	○	○	○	○	○	○	○	○	○	○	○	○	○	○
C	ハシブトガラス	2		1	1	2	2	2	1		3	2	2	2	2	1	1	1		1	1	2	1	1	1

2003年秋-4

No.	種名	期日	10/6	10/7	10/8	10/9	10/10	10/11	10/12	10/13	10/14	10/26	10/27	10/28	10/29	10/30	10/31	11/1	11/2	11/3	11/4	11/5	11/6	11/7	11/8	11/9
		天候	雨	晴	晴	雨	晴	晴	晴	曇	雨	晴	晴	晴	晴	晴	晴	曇	曇	雨	雨	晴	晴	晴	晴	晴
		気温	25	26	26	25	24	25	23	25	21	23	25	19	20	23	23	25	26	26	22	25	25	24	23	23
		風	中	弱	中	弱	中	弱	弱	弱	中	弱	弱	弱	弱	弱	弱	弱	中	中	強	中	弱	弱	弱	弱
1	カイツブリ									1				1	1								2			
10	カツオドリ							4																		
13	カワウ		4			1	1		1															1		
14	ウミウ						1																			
18	ヨシゴイ				1										1						1	1	1	1	1	1
19	オオヨシゴイ																									
20	リュウキュウヨシゴイ		1														1									
24	ゴイサギ		3	5	4	3	4	5	17	4	4	5	5	3	1	3	3	6	3	3	2	5	7	4	3	2
25	ササゴイ		1	1			1		1						1				1							
26	アカガシラサギ			2	1			2				1			1											
27	アマサギ		105	88	19	123	26	19	37	41	22	31	27	19	44	8	26	12	5	7	33	87	13	35	45	44
28	ダイサギ		7	7	2	10	4	11	4	3	5	6	3	4	2	1	3	10	3	4	5	8	6	5	2	2
29	チュウサギ		5	6	3	7	6	4	9	4	7	3	6	2	6	8	6	3	2	2	9	39	14	5	3	7
30	コサギ		16	9	4	11	20	13	10	9	4		1	1		2	3	4	5	4	4	11	5	7	9	3
31	カラシラサギ																									
32	クロサギ					1				1	1							1								
33	アオサギ		13	5	3	30	9	4	6	6	3	3	8	3	4	3	3	20	10	2	5	16	4	7	10	3
34	ムラサキサギ															1										
36	クロツラヘラサギ																									
41	コハクチョウ																									
42	オシドリ					1																				
43	マガモ												1	1			1	1	1				1	1	1	
44	カルガモ		80	35	30	32	28	35	48	46	42	25	55	75	46	62	83	31	33	28	82	40	30	25	21	20
46	コガモ			2		11	12	4		20		6	4	9	14	18	5	32	9	8	63	42	3	16	11	3
48	ヨシガモ																									
50	ヒドリガモ					3		1	1	3	2		8	5	7	6	2	3	5	3	5	3	2	5		
51	オナガガモ			1		2	9	6	6	7			6	13	12	14	5	12	18	6	18	10	36	9		15
53	ハシビロガモ													2												
55	キンクロハジロ																							1	1	
56	スズガモ																									
57	ミサゴ			1	1	2	2	3	3	3	1	2	2	3	3	3	3	2	1	3	3	5	4	4	4	2
58	ハチクマ		1																							
60	オオタカ																						1			1
61	アカハラダカ		1	68	2																					
62	ツミ			1	1		2					1	3	2	1	1	4	3	2	1	2	3	2	3	2	1
63	ハイタカ					1						2	1		2	1			1		1	1	1	1	2	1
64	オオノスリ		1			1		1							1	1	1		1			1				
66	サシバ		15	4		4	3	1	2		1	6	6	3	2	3	8	4	3	1		9	4	2	1	
67	ハイイロチュウヒ																									
69	チュウヒ																		1	1						
70	ハヤブサ		1		1	1	5						1	1		2	1	3	1		1	2	4	2		
71	チゴハヤブサ			3		2	1			1	2															
74	チョウゲンボウ		8	10	9	14	28	23	14	16	3	5	17	9	13	13	7	13	7	7	6	18	9	11	10	4
75	ウズラ																									
76	ミフウズラ						2							1											2	
78	クイナ																		1			1				
79	オオクイナ																						1			
80	ヒメクイナ					1						1						2	1		1	2	3	3	3	
81	ヒクイナ		4	4	4	4	4	5	7	5		5	11	6	3	5	3	7	5	5	3	4	7	6	12	14
82	シロハラクイナ		2	5	1		2	3	3	3	1		7	5	1	4	3	4	4	1		5	5	3	4	4
83	バン		1	2		1	1	1		1	2	11	7	10	7	4		7	3		7	8	13	15	16	18	29
84	ツルクイナ																									
89	コチドリ		5	11	1	2	12	3	5	12			13		9	5	10	16				10	1	1		
90	シロチドリ			1	2		2	1	2	6	4		7	3	3		1	9		1	1	11	4			2
91	メダイチドリ				2			1																		
92	オオメダイチドリ						2	1																		
94	ムナグロ		15	51	8	10	2	2	5	5	24		19	3	21		10	6	1	1	1	8	1	1	1	1
95	ダイゼン														1											
96	ケリ																								1	1
97	タゲリ																									
98	キョウジョシギ					1			1																	
100	トウネン			1	1																	1				
101	ヒバリシギ			2																						
102	オジロトウネン																					1				
105	ウズラシギ																									
106	ハマシギ			2			1			2								6	6			3	7	1	1	6
107	サルハマシギ																									
110	ミユビシギ			1																						
114	ツルシギ		1																							
115	アカアシシギ																									
116	コアオアシシギ																									

2003年秋-5

No.	種名	期日	10/6	10/7	10/8	10/9	10/10	10/11	10/12	10/13	10/14	10/26	10/27	10/28	10/29	10/30	10/31	11/1	11/2	11/3	11/4	11/5	11/6	11/7	11/8	11/9
		天候	雨	晴	晴	雨	晴	晴	晴	曇	雨	晴	晴	晴	晴	晴	晴	曇	曇	雨	雨	晴	晴	晴	晴	晴
		気温	25	26	26	25	24	25	23	25	21	23	19	20	23	24	23	25	26	26	22	25	25	24	23	23
		風	中	弱	中	弱	中	弱	弱	弱	中	弱	弱	弱	弱	弱	弱	弱	中	中	強	中	弱	弱	弱	弱
117	アオアシシギ							2	2	2	2		1	1	1	1		1	1	1	1	1	1	1	1	2
118	クサシギ		2	2		3	3	2	2	1	1	1			1			1		2		1	2	1	2	1
119	タカブシギ		1	2	2	2	1	1	1	1			1					1	1	1	2		2	2	2	2
121	キアシシギ		1		1	2		1	1	1	1															
122	イソシギ		12	13	7	14	13	12	13	16	10		7	2	3	2	5	3	1			7	2	2	1	1
123	ソリハシシギ																									
128	チュウシャクシギ							1																		
130	ヤマシギ												1	2	1	2	1						2			
132	タシギ		2	5	3	3	3	3	3	2	2	4	3	2	3		3	10	5	3	4	4	3	3	4	4
133	ハリオシギ																									
134	チュウジシギ																									
135	オオジシギ																									
137	セイタカシギ		3	12		2	4	2	5	2	17	3			4	4	3	4	2	1	1	4	2	4	3	3
138	ソリハシセイタカシギ																									
140	ツバメチドリ					1																				
143	ユリカモメ																									
144	セグロカモメ																									
145	オオセグロカモメ																									
151	クロハラアジサシ				2	3	3	2		3		1	1				1	4			1	2	2			
161	クロアジサシ																									
164	ベニバト								1							2	1			2	2					
165	キジバト		120	70	40	80	100	110	120	120	100	45	80	90	70	80	100	80	40	40	25	45	40	70	60	35
166	キンバト			2	1	1	2		2			2			1	2	1									
167	ズアカアオバト																									
169	ジュウイチ					1																				
171	カッコウ		1																							
176	コミミズク																									
178	リュウキュウコノハズク		3	4		3	3	1	2	3		4	3	2		2		5		6	4	6		6	3	3
179	オオコノハズク														1								1			1
180	アオバズク															1										
183	ハリオアマツバメ																									
184	ヒメアマツバメ																									1
185	アマツバメ																									1
188	アカショウビン																									
189	ナンヨウショウビン																									
190	カワセミ		1	2	1		1	1	2	1	1	1		2	2	2	2		1	1	1	1	1	1	1	1
191	ブッポウソウ																									
192	ヤツガシラ																									
193	アリスイ							1																		
196	ヒバリ								4			7	25	1	13	52	8	1	8	14	26	15			2	1
197	ショウドウツバメ													2	1	3	5	2				7		3	1	3
199	ツバメ		200	150	40	100	150	150	100	150	200	80	150	150	100	80	70	100	60	80	60	110	80	60	40	50
201	コシアカツバメ									1	8		6	4	2	2	3	10	2			10	4	3		5
203	イワツバメ																					7		5	3	5
204	イワミセキレイ																1									
205	ツメナガセキレイ		240	160	40	210	250	100	50	65	80	71	19	14	14	11	18	55	1	7	5	24	5	6	6	
207	キセキレイ		35	35	20	33	30	25	12	20	13	21	46	35	25	20	22	21	15	13	11	20	25	30	25	18
208	ハクセキレイ		2			1	2	5		5	1	6	11	2	4	3	7	9	1	3	6	4	2	5	6	1
209	マミジロタヒバリ				4	11	8		7		8	9	20	11	21	8	2	11	7	4	8	4		8	1	1
213	ビンズイ														2			2								
214	セジロタヒバリ			3	3	1			1				1						1							
215	ムネアカタヒバリ			2		1		1	1	2		4	13	5	1	26	7	4	1	1	10	19	4	2	1	1
216	タヒバリ																					1	1	1	1	1
217	サンショウクイ																									
218	シロガシラ		140	110	70	140	210	220	160	206	100	50	225	137	150	130	120	120	190	120	80	100	200	200	130	110
219	ヒヨドリ		100	530	45	140	160	3800	130	120	110	35	100	400	140	80	80	80	50	45	20	80	450	200	100	60
222	アカモズ		34	41	37	38	35	55	52	35	25	13	29	31	11	18	19	16	10	15	6	22	18	11	18	3
223	タカサゴモズ		2	2	2	2	2	2	2	1		2	2	2	2	1	1	1	1	1		1	2	2	2	2
226	ミソサザイ																									
228	アカヒゲ											2	1		1		1						2			
229	ノゴマ											1														
230	オガワコマドリ																									
231	ルリビタキ													1					1							
233	ジョウビタキ									1		1	2	1		5	3	4	1	1		2	1	2	3	
234	ノビタキ					1							2			2	3	2	1	2						
238	ハシグロヒタキ																									
240	イソヒヨドリ		13	11	4	14	13	23	20	28	12	12	10	8	6	10	12	11	3	6	3	7	5	4	6	3
241	トラツグミ																									
244	クロツグミ																									
246	アカハラ																									
247	シロハラ																									

2003年秋-6

No.	種名 \ 期日	10/6	10/7	10/8	10/9	10/10	10/11	10/12	10/13	10/14	10/26	10/27	10/28	10/29	10/30	10/31	11/1	11/2	11/3	11/4	11/5	11/6	11/7	11/8	11/9
	天候	雨	晴	晴	雨	晴	晴	晴	曇	雨	晴	晴	晴	晴	晴	晴	曇	曇	雨	雨	晴	晴	晴	晴	晴
	気温	25	26	26	25	24	25	23	25	21	23	19	20	23	24	23	25	26	26	22	25	25	24	23	23
	風	中	弱	中	弱	中	弱	弱	弱	中	弱	弱	弱	弱	弱	弱	弱	中	中	強	中	弱	弱	弱	弱
248	マミチャジナイ																								
249	ノドグロツグミ								1																
250	ツグミ											1	3	4	4		1							1	2
251	ヤブサメ																								
252	ウグイス																			1					
253	チョウセンウグイス		1											1		1						2			
254	シベリアセンニュウ										1	1		1			1	1			1	2	1	3	3
255	シマセンニュウ		2	1	1	1			2				3					1		1	2	1			
257	マキノセンニュウ															1		1							
259	オオヨシキリ		2	1		1						7	5		1							1			1
260	ムジセッカ		1	1				1		2		3	5		3	2		2	3	2	2	1	1	2	3
262	カラフトムジセッカ																								
263	キマユムシクイ	1				1	1				2	16	16	22	11	11	22	8	8	3	23	8	11	12	5
265	メボソムシクイ	16	13	9	12	12	9	11	10	10		5	7	4	3	2	7	1	2		1	3	8	7	4	5
266	エゾムシクイ																								
267	センダイムシクイ																								
270	セッカ	35	35	20	15	30	25	35	30	10	15	30	40	20	35	50	35	20	25	15	30	35	40	35	20
272	キビタキ																					1			
274	オジロビタキ																								
275	オオルリ																								
276	サメビタキ																								
277	エゾビタキ	1	8		4	9	13	6	5	5		1		1		1	1								
278	コサメビタキ	1			1			2																	
279	サンコウチョウ																					1			
280	メジロ	80	60	30	70	60	60	50	40	20	15	45	40	55	50	40	35	22	20	10	25	30	40	30	15
284	シロハラホオジロ				1													1							
285	ホオアカ							1			1														
286	コホオアカ	5	1		5	3		1				3	1		5	22	26		1				1		
287	キマユホオジロ																								
288	カシラダカ																								
289	ミヤマホオジロ														1										
290	シマアオジ																								
291	シマノジコ																								
292	ズグロチャキンチョウ		1									1													
294	ノジコ											2	1	1	2	1	2		1	1	2	1			
295	アオジ				1					3				5	1			1		1	1				
296	クロジ									1															
298	ツメナガホオジロ																								
300	アトリ										12	4	1	1	1	1					15	9	1		
301	カワラヒワ																				2		2		
302	マヒワ										3		37				20	18	1		2				25
304	コイカル																								
306	シメ																								
307	シマキンパラ		1													13									
309	スズメ	1190	1470	630	490	900	1250	680	1200	800	140	850	520	500	1130	580	610	420	480	270	480	600	730	650	250
310	ギンムクドリ											1	2	3	5					3	2	2	1		
311	シベリアムクドリ																	1							
312	コムクドリ	35	4		1		1	25	12	15	15									2					
313	カラムクドリ							6				3				2	2			1					
314	ホシムクドリ	1			1							2	3	2	1	1	1			3	5				
315	ムクドリ								7		25	31	39	36	34		34	15	4	8	25	26	4	30	4
316	バライロムクドリ		1									1													
317	ジャワハッカ	13	14	15	12	17	6	36	41	14	14	66	40	71	52	76	19	56	13	16	52	48	61	54	49
318	コウライウグイス																								
	個体数合計	2579	3102	1137	1691	2211	6074	1697	2339	1696	693	2021	1882	1490	2023	1576	1624	1098	1022	840	1515	1866	1720	1417	871
	種類数合計	52	62	47	61	57	50	57	53	54	48	67	66	67	69	66	76	62	57	51	75	69	71	64	63

No.	種名 / 調査日	10/6	10/7	10/8	10/9	10/10	10/11	10/12	10/13	10/14	10/26	10/27	10/28	10/29	10/30	10/31	11/1	11/2	11/3	11/4	11/5	11/6	11/7	11/8	11/9
B	カワラバト	○	○	○	○	○	○	○	○	○	○	○	○	○	○	○	○	○	○	○	○	○	○	○	○
C	ハシブトガラス	1	2	1	1	2	2	2	1	2		1	1	2	2	2	2	1	3	3	1	3	1	2	3

2003年秋-7

No.	種名	期日	11/10	11/11	11/12	11/13	11/14	11/15	11/16	11/17	11/18	11/19	11/20	11/21	11/22	11/23	11/24	11/25	11/26	合計
		天候	雨	曇	曇	曇	曇	曇	雨	雨	曇	曇	晴	晴	雨	雨	曇	曇	曇	
		気温	25	22	22	20	21	23	25	23	25	25	23	25	19	23	22	23	24	
		風	弱	強	強	強	弱	弱	中	強	弱	弱	弱	強	弱	弱	強	中	
1	カイツブリ			1			2	1		1		1	1			1	1		1	15
10	カツオドリ																			4
13	カワウ			7	3	1	5	5	3	1	3	2	3			5	6	4	3	63
14	ウミウ									1										2
18	ヨシゴイ				2	1		1	1	1	1		1		1	1				19
19	オオヨシゴイ																			1
20	リュウキュウヨシゴイ																			2
24	ゴイサギ		2	1	2	3	2	1			3	1	8	5		2	3			181
25	ササゴイ																			11
26	アカガシラサギ		1				1	2						1						17
27	アマサギ		1	80	79	16	40	11	19	12	16	15	14	36	9	119	69	47	12	4860
28	ダイサギ		2	4	2	3	7	11	4	8	7	10	6	3	6	6	13	5	17	384
29	チュウサギ		2	7	9	7	13	4	6	8	13	8	11	27	9	25	24	4	28	435
30	コサギ		1	2	3	3	4	7	4	7	4	3		7	3	9	8	2	12	444
31	カラシラサギ																			16
32	クロサギ													3		2	1	1		22
33	アオサギ		2	5	5	12	11	11	2	27	24	31	15	17	33	14	27	4	18	644
34	ムラサキサギ																1			4
36	クロツラヘラサギ																			3
41	コハクチョウ															14	14			28
42	オシドリ																			1
43	マガモ		1		1			2				5	2	3	2	2	2	2	1	31
44	カルガモ		11	12	16	13	17	14	15	19	20	41	20	42	27	20	30	33	28	2209
46	コガモ				6	9	29	2	4	12		74	160	31	95	160	46	35	160	1180
48	ヨシガモ								5	7	7	7	7	7	7	7	7	7	7	68
50	ヒドリガモ					1				1	3	1	3	2	3	2	2	2	2	100
51	オナガガモ			1			1	9		16	25	40	13	60	42	44	23	24	25	532
53	ハシビロガモ			6	6			1		5	7	5	3	5	2	3	3	2	2	57
55	キンクロハジロ											3	3	3	3	5	9	7	7	42
56	スズガモ		1	1	1	1	1	1		1	1	1	1	1	1	1	1	1	2	17
57	ミサゴ		2	2	3	4	4	4	3	3	4	4	4	5	6	6	6	3	5	149
58	ハチクマ																			2
60	オオタカ					1	1			1										5
61	アカハラダカ																			243
62	ツミ		1			1	2	1	2	1	5	2	1	12	3	3	6		1	83
63	ハイタカ		1		1						1	1			1					20
64	オオノスリ												2							10
66	サシバ					1	3	3			8	2	2	1		5	4	1		114
67	ハイイロチュウヒ												1	1						2
69	チュウヒ																			3
70	ハヤブサ		1		1			3		2	1	1		1	1	3	3	4	2	2	60
71	チゴハヤブサ																			15
74	チョウゲンボウ		3	4	10	10	9	12	2	4	14	15	13	11	9	35	14	3	7	570
75	ウズラ			1																1
76	ミフウズラ												1							40
78	クイナ																			2
79	オオクイナ						1													2
80	ヒメクイナ		4	1	4	3	2	2	2	2	2	1	2		2	2	1			49
81	ヒクイナ		3	1	2	1		4	3	3	7	3	5			4	1			197
82	シロハラクイナ		1	1	1	1		2	1	1	6	1	2	1					1	141
83	バン		3	8	12	14	17	18	21	18	18	15	26	12	14	13	18	13	27	434
84	ツルクイナ							1		1										2
89	コチドリ			9	2	1		2	1		2			10	8	3	8	10	8	7	262
90	シロチドリ										1		3	2	8	11	11			106
91	メダイチドリ																			20
92	オオメダイチドリ																			4
94	ムナグロ		1	27	1	1	1	1	1	26	5		4	14	49	2	39	32	71	848
95	ダイゼン																			3
96	ケリ			1																3
97	タゲリ				1									1			3			5
98	キョウジョシギ																			9
100	トウネン																			9
101	ヒバリシギ																			41
102	オジロトウネン																			1
105	ウズラシギ																			10
106	ハマシギ													1	1	2	2	1		42
107	サルハマシギ																			5
110	ミユビシギ																			1
114	ツルシギ																			11
115	アカアシシギ																			1
116	コアオアシシギ											1								17

2003年秋-8

No.	種名	11/10	11/11	11/12	11/13	11/14	11/15	11/16	11/17	11/18	11/19	11/20	11/21	11/22	11/23	11/24	11/25	11/26	合計
	天候	雨	曇	曇	曇	曇	曇	雨	曇	曇	晴	晴	雨	雨	曇	曇	曇	曇	
	気温	25	22	22	20	21	23	25	23	25	25	23	25	19	23	22	23	24	
	風	弱	強	強	強	弱	弱	中	強	弱	弱	弱	強	強	弱	弱	強	中	
117	アオアシシギ	1	1		1	1				2	2	3	2	1					55
118	クサシギ				1	1				1			3	4	2	1		1	82
119	タカブシギ				1					1			1						56
121	キアシシギ											1							28
122	イソシギ		1	3	2	3	2	1	2	2	1	2	5	4	3	5	3	3	383
123	ソリハシシギ																		3
128	チュウシャクシギ																		2
130	ヤマシギ		1										4		6				20
132	タシギ	2	2	4	6	11	5	2	4	17	5	15			4	14	6	4	216
133	ハリオシギ																		9
134	チュウジシギ																		4
135	オオジシギ																		5
137	セイタカシギ		1							2									231
138	ソリハシセイタカシギ				1	1	1		1	1	1	1	1		1	1	1	1	12
140	ツバメチドリ																		3
143	ユリカモメ																	1	1
144	セグロカモメ					1								1				1	3
145	オオセグロカモメ															1			1
151	クロハラアジサシ					1													38
161	クロアジサシ																		520
164	ベニバト		1	2	1		1			2	1								17
165	キジバト	13	10	45	55	90	110	15	25	80	90	70	35	25	60	55	40	60	4478
166	キンバト																		80
167	ズアカアオバト																		10
169	ジュウイチ																		1
171	カッコウ																		1
176	コミミズク											1							1
178	リュウキュウコノハズク	3	1		3	3		3		2	2	4	5		7	3	2	3	1	1	206
179	オオコノハズク																		3
180	アオバズク											1							6
183	ハリオアマツバメ																		3
184	ヒメアマツバメ																		1
185	アマツバメ																		4
188	アカショウビン																		1
189	ナンヨウショウビン																		1
190	カワセミ	1	1	1	1	1	1	1		1	1		1	1	1	1	1	1	81
191	ブッポウソウ																		6
192	ヤツガシラ																		2
193	アリスイ																		1
196	ヒバリ		1	2	10		7		5	8	1	1	1			5	4	2	224
197	ショウドウツバメ											6							36
199	ツバメ	10	12	16	25	30	40		4	16	20	12	20	11	8	15	10	18	9	7876
201	コシアカツバメ	1																	60
203	イワツバメ		2			5				8		3				2			41
204	イワミセキレイ																		
205	ツメナガセキレイ			8	27	53	59		68	16	21	63	4	16	6	3	134	11	8838
207	キセキレイ	7	8	14	17	19	20	8	18	24	20	18	13	11	16	12	14	10	1443
208	ハクセキレイ		5	4	8	8	4	1	6	3	1	8	4	12	3	5	10	5	183
209	マミジロタヒバリ		1		1				5	2	4	1		11	5			1	197
213	ビンズイ	1		1			2			5	2				2	2			20
214	セジロタヒバリ																		12
215	ムネアカタヒバリ			2	2					2	4		3	22					144
216	タヒバリ	1		1	1	6	3	1		4	6	4		3	1	7	3	6	52
217	サンショウクイ																		92
218	シロガシラ	140	90	210	195	150	230	110	130	150	160	160	120	80	220	250	190	150	9161
219	ヒヨドリ	20	45	110	120	160	140	30	40	90	100	90	40	35	130	110	80	70	16862
222	アカモズ	1	3	4	5	7	20	4	5	26	16	16	2	1	8	22	5	8	2654
223	タカサゴモズ	1		1	2	2	2	1		2	2	2			1	2		1	77
226	ミソサザイ					2													2
228	アカヒゲ				1	1				1	4				1				16
229	ノゴマ		1	4	2	3	2		1	3	9	4	3	6	3	6	5	9	65
230	オガワコマドリ													1					1
231	ルリビタキ			1		2				1	1								7
233	ジョウビタキ		1	3	2	3	5	2		2	4	5	5	4	4	5	4	4	4	85
234	ノビタキ					1	1				1	1		1					27
238	ハシグロヒタキ																		4
240	イソヒヨドリ	2	2	5	6	10	5	2	1	6	5	5	4	3	8	10	5	6	602
241	トラツグミ					2									1				3
244	クロツグミ				1	1													2
246	アカハラ									2					2				4
247	シロハラ		2	1	1					2	2	1	7		2		1		19

2003年秋-9

No.	種名	期日	11/10	11/11	11/12	11/13	11/14	11/15	11/16	11/17	11/18	11/19	11/20	11/21	11/22	11/23	11/24	11/25	11/26	合計
		天候	雨	曇	曇	曇	曇	曇	雨	雨	曇	晴	晴	雨	雨	曇	曇	曇	曇	
		気温	25	22	22	20	21	23	25	23	25	25	23	25	19	23	22	23	24	
		風	弱	強	強	強	弱	弱	中	強	弱	弱	弱	強	強	弱	弱	強	中	
248	マミチャジナイ				2	5	5	4		5	3		1							25
249	ノドグロツグミ					1	1													3
250	ツグミ				15	15	14	10	4	14	26	17	9	4	11	7	13	5	8	188
251	ヤブサメ				1						1									2
252	ウグイス						2				4				1		1	1	2	11
253	チョウセンウグイス					1	5	3		6	4	3				3	1	1	2	34
254	シベリアセンニュウ		5	1	4	5	2	3	2	2	1	1	2		1	2	1	1	2	50
255	シマセンニュウ			1	4	1	2	1	2					1						28
257	マキノセンニュウ																			2
259	オオヨシキリ							2				1			1					26
260	ムジセッカ		2		1	2	2	2	1		3	1	2				3	1	1	60
262	カラフトムジセッカ																			1
263	キマユムシクイ		1	7	6	8	7	12	3	3	15	16	11	5	7	6	5	2	6	310
265	メボソムシクイ		1	3	2	2	2	3	2	2	1	4	2	6	1	3	2	3	3	371
266	エゾムシクイ									1										1
267	センダイムシクイ																			3
270	セッカ		5	15	30	25	15	35	4	12	30	40	45	20	11	25	35	30	40	2227
272	キビタキ																			1
274	オジロビタキ												1							1
275	オオルリ						1													5
276	サメビタキ																			2
277	エゾビタキ																			128
278	コサメビタキ																			11
279	サンコウチョウ																			5
280	メジロ		5	10	25	20	71	30	8	14	20	45	30	13	8	25	20	18	15	4247
284	シロハラホオジロ																			2
285	ホオアカ																			2
286	コホオアカ				1						1			7	5			1		91
287	キマユホオジロ							2												5
288	カシラダカ					1			1					1						3
289	ミヤマホオジロ											1	1	1						4
290	シマアオジ																			1
291	シマノジコ																			1
292	ズグロチャキンチョウ							1		1										4
294	ノジコ										2	2	1			1				20
295	アオジ				2	1	2	7		1	14	11	3		1					56
296	クロジ					1	1			1										4
298	ツメナガホオジロ						1													1
300	アトリ				10	7	13	20	3	12	6	3	2		16					137
301	カワラヒワ		1	4		5														14
302	マヒワ			3									16	30						155
304	コイカル																			2
306	シメ																1			1
307	シマキンパラ						14								13					41
309	スズメ		150	460	630	390	830	1190	180	680	600	410	500	580	380	450	420	390	730	42865
310	ギンムクドリ		3	12	26	27	32	9	1	1	8	13	6	9		75	29	7	21	299
311	シベリアムクドリ				1	1		1												5
312	コムクドリ			1	2															187
313	カラムクドリ		1																	25
314	ホシムクドリ			3	2			1		1	2	1	1		1	1				35
315	ムクドリ		50	64	84	79	53	47	2	18	68	13	21	30	38	46	24	5	13	981
316	バライロムクドリ																			3
317	ジャワハッカ		2	5	62	39	35	34		75	72	37	12	67	36	47	47	43	79	1814
318	コウライウグイス																			3
	個体数合計		474	963	1528	1255	1852	2214	496	1361	1574	1421	1538	1356	1086	1755	1549	1278	1734	124822
	種類数合計		47	58	67	72	74	71	48	59	75	80	82	67	58	74	70	58	61	3723

No.	種名 / 調査日	11/10	11/11	11/12	11/13	11/14	11/15	11/16	11/17	11/18	11/19	11/20	11/21	11/22	11/23	11/24	11/25	11/26	合計
B	カワラバト	○	○	○	○	○	○	○	○	○	○	○	○	○	○	○	○	○	
C	ハシブトガラス	2	3	1	1		1	1	1	3	3	3	2	1	3	3	2	3	107

2004年秋-1

No.	種名	期日	9/24	9/25	9/26	9/27	9/28	9/29	9/30	10/1	10/2	10/3	10/4	10/5	10/6	10/7	10/8	10/9	10/10	10/11	10/12	10/13	10/14	10/15	10/16	10/17
		天候	晴	晴	晴	曇	曇	晴	晴	晴	雨	曇	晴	晴	晴	晴	晴	晴	晴	晴	晴	晴	晴	晴	晴	曇
		気温	22	27	25	26	26	27	22	25	25	23	24	24	23	22	23	24	24	24	23	23	23	21	23	23
		風	強	中	強	強	中	弱	弱	弱	強	強	強	強	強	強	強	強	中	強	強	強	強	強	強	強
1	カイツブリ																			1	1	1	1	1	1	1
13	カワウ											1			1				1	2		2				
15	ヒメウ																									
18	ヨシゴイ						1																			
20	リュウキュウヨシゴイ			1		2	1																			
21	タカサゴクロサギ																									
22	ミゾゴイ																									
24	ゴイサギ		3		4	3	6	8	5	3			8	2	1	2		2	1	2	2	1	1	1	2	1
25	ササゴイ					1															1					
26	アカガシラサギ			2			1					3		2	1	4	1		1	1			1			
27	アマサギ		250	50	91	33	117	30	69	44	1	106	28	19	8	29	34	78	27	32	52	49	8	33	8	25
28	ダイサギ		5	5	15	8	9	5	6	19	3	42	11	15	7	6	15	17	9	19	12	8	20	16	18	15
29	チュウサギ		11	4	13	4	5	4	6	5	2	10	12	9	8	6	9	5	9	8	6	4	17	3	5	7
30	コサギ		24	15	23	10	34	9	10	16	5	25	15	23	23	23	25	15	11	22	35	12	36	20	13	11
32	クロサギ						1	1		3				3		1		1	1	1		1	1	2	1	
33	アオサギ		6	8	15	18	32	10	7	6	5	41	4	9	10	3	3	8	5	6	4	7	5	14	5	11
34	ムラサキサギ																	1			1		1			
42	オシドリ																									1
43	マガモ																									
44	カルガモ			21	11	6	4	3	12	3	4	20	12	6	7	7	2	3		5	3	4	12	3	1	2
46	コガモ		8	9	11	4	5	1	1	1		31	11	16	14	15	11	24	12	53	25	9	31	32	10	26
48	ヨシガモ																									
50	ヒドリガモ																									
51	オナガガモ																									
52	シマアジ		1					1																		
53	ハシビロガモ																									
55	キンクロハジロ																									
57	ミサゴ					2	3		3	1	2	1	2	5	4	3	3	3	2		2	3	3	2	2	1
58	ハチクマ				1		2	1			9		1		1	6	1			2	5	3		1		
60	オオタカ																						1		1	1
61	アカハラダカ		1	3	37		26	6	7	3		3	2	5	50	4	4	3	1	9	4	2	2	1	2	4
62	ツミ		2	2	3	3	8	4	5	3			2	1	1	1	2		1	1	2	1	1	1	1	
63	ハイタカ														1	1			2		1					
64	オオノスリ				1				1					1		1									1	1
65	ノスリ																									
66	サシバ														1	3	2	2	1	4		2		8	3	4
67	ハイイロチュウヒ										1	1														
68	マダラチュウヒ													1	1	1										
69	チュウヒ													1												
70	ハヤブサ		2	2	1				1			1		2	1	1			2	2	1		2	1	2	2
71	チゴハヤブサ						1		1			1	1	2	2	2	1		3	1						
73	アカアシチョウゲンボウ												1						1							
74	チョウゲンボウ		14	12	5	2	9	8	8	4	1	14	13	13	14	21	9	10	6	12	17	9	16	12	8	5
75	ウズラ																									
76	ミフウズラ				1				1							1					1	1				
78	クイナ																									
79	オオクイナ																									1
80	ヒメクイナ																					1	1	1	1	1	
81	ヒクイナ			3		2	4	5	3	4		2	2		1		3	2					5			
82	シロハラクイナ					1				1		2		2	1	1		2	1	5	2	1				
83	バン											5		5	2	5		8	8	10	8	16	14	13	18	15	15
85	オオバン																									
89	コチドリ		16	14	55	1	10		6	2	1	2	10	6	9	14	4	6	2	2	9		10		1	3
90	シロチドリ		10	10	12	8	13	8	6	5	4	26	14	18	9		2	2		6	21	3	13	5	12	
91	メダイチドリ													3												
92	オオメダイチドリ																								1	
94	ムナグロ		5	8	12	8	43	2	5	13			5	3	8	20		17	2	4	19	9			19	1
95	ダイゼン																									
97	タゲリ																									
99	ヨーロッパトウネン			1																						
100	トウネン		4	4	6	3	3	2	2	2		1	4	2	2											
101	ヒバリシギ								6	5		1		3	1											
102	オジロトウネン						1													3		2	1			
104	アメリカウズラシギ						1			1		1														
105	ウズラシギ		2	2	1	1																			1	1
106	ハマシギ			2	1	3	1	1	1			2	2	6	6			1			1		1	2	1	
110	ミユビシギ		1																							
112	エリマキシギ		1		5				3																	
115	アカアシシギ				3	1				1		8	1	6	7		3	4	4	4	6	3	4	4	4	4
116	コアオアシシギ		1	1	8	9	8	1	1	5			2	4	1	1		2								
117	アオアシシギ				1	10	6	6	1	4		1	4		1	2	4	2		4	3	1		1	2	1
118	クサシギ		1	3	3				5	6		9	6	7	7	2	9	2	4	5	6	2	8	3	1	

2004年秋-2

No.	種名	期日	9/24	9/25	9/26	9/27	9/28	9/29	9/30	10/1	10/2	10/3	10/4	10/5	10/6	10/7	10/8	10/9	10/10	10/11	10/12	10/13	10/14	10/15	10/16	10/17
		天候	晴	晴	晴	曇	曇	晴	晴	晴	雨	曇	晴	晴	晴	晴	晴	晴	晴	晴	晴	晴	晴	晴	晴	曇
		気温	22	27	25	26	26	27	22	25	25	23	24	24	23	22	23	24	24	24	23	23	23	21	23	23
		風	強	中	強	強	中	弱	弱	弱	強	強	強	強	強	強	中	強	強	強	強	強	強	強	強	強
119	タカブシギ		13	7	51	5	11	3	6	21	1	15	9	11	14	4	16	11	10	19	18	5	11	4	2	
121	キアシシギ					2		1	1	1		4	1	5	5			5		3	2	1	2		2	1
122	イソシギ		5	5	4	3	4	4	4	3	1	3	1	8	7	3	4	4	5	7	7	5	10	4	3	3
123	ソリハシシギ				1																					
128	チュウシャクシギ																						2			
130	ヤマシギ																									
132	タシギ		1	4	2	3	4	2	2	2		7	2		1	1	8	5	10	12	13	13	19	11	10	14
133	ハリオシギ													2	1								1			
134	チュウジシギ					1					2											1	1			
135	オオジシギ		3	4	2	1	1	1									2									
137	セイタカシギ		31	27	57	53	46	39	24	42	3	48	23	30	41	15	29	27	19	32	14	12	18	7	5	3
139	アカエリヒレアシシギ																									
143	ユリカモメ																									
147	ウミネコ																									
150	ハジロクロハラアジサシ		1	1	1	1																				
151	クロハラアジサシ		6	6	20	36	31	26	36	18	2	7	4	15	13	6	11	31	15	15	12	11	18	12	6	2
152	オニアジサシ																									
162	カラスバト																1									
164	ベニバト							1		1									1	1						
165	キジバト		25	20	15	15	20	18	30	55	10	35	30	40	45	30	20	45	25	45	35	40	25	30	20	25
166	キンバト		1	2				1						1									1			
167	ズアカアオバト														1							1				
171	カッコウ										1															
172	ツツドリ											1														
173	ホトトギス																1									
176	コミミズク																									
178	リュウキュウコノハズク		2	4		3	3	4	3	3		2	4	2	6	3		3	2	5	4	2	3	3	3	1
179	オオコノハズク																									
180	アオバズク														2				1		2					
181	ヨタカ																									
182	ヒマラヤアマツバメ																									
183	ハリオアマツバメ				2	3	1					2		1	3											
185	アマツバメ				1										1											
187	ヤマショウビン							1																		
190	カワセミ		3	2	1	1	2	1	2	1		2	1	3	3	3	2	2	2	2	2	1	1	1	2	1
191	ブッポウソウ					1			1											3						
193	アリスイ												1													
194	ヒメコウテンシ																									
195	コヒバリ																									
196	ヒバリ																									
197	ショウドウツバメ													1	3			4					1	17	3	4	
198	タイワンショウドウツバメ																									
199	ツバメ		400	250	380	80	90	80	530	150	50	350	100	120	100	130	25	60	600	250	500	400	350	250	250	350
201	コシアカツバメ																	4	54	14	5	2	11	3	2	1
203	イワツバメ		1																							
205	ツメナガセキレイ		180	200	120	170	120	120	130	90	22	81	90	90	150	60	40	140	120	137	60	67	100	145	95	35
207	キセキレイ		16	28	20	15	15	15	15	10	2	20	10	20	30	20	15	20	20	25	20	15	15	18	20	15
208	ハクセキレイ		1	1		1	1	2		1			1	3			1	7	3	5	3		1		6	2
209	マミジロタヒバリ							2				2	1			3	10	18	13	21	1	22	3	3	4	
210	コマミジロタヒバリ																									
213	ビンズイ								1																	
214	セジロタヒバリ					1			1			1	1	2			1			2				1		
215	ムネアカタヒバリ															1		10	4	1		1		4	6	2
216	タヒバリ																			1		1				
217	サンショウクイ		2	12	38	1	6	2	4	4		2	2	2	1	4	1	1								
218	シロガシラ		250	380	240	100	250	280	400	300	160	250	350	250	200	250	150	150	300	180	350	300	200	340	300	200
219	ヒヨドリ		70	60	157	35	120	180	300	350	80	223	150	200	252	850	350	250	2000	1400	250	251	250	350	2300	250
222	アカモズ		48	86	23	12	73	43	58	51	5	7	29	16	22	19	12	27	19	38	22	15	23	16	22	5
223	タカサゴモズ			1			1	1	1		1	1	1		1		1	1	1	1	1	1	1	1	1	
226	ミソサザイ																									
228	アカヒゲ																						1	3		
229	ノゴマ						1	1									1									
231	ルリビタキ																									
233	ジョウビタキ																						1			
234	ノビタキ												1				1	1		1		1	1	2	3	3
240	イソヒヨドリ		3	9	5	11	15	16	26	19	7	14	10	10	17	9	7	8	8	25	15	13	10	12	10	9
241	トラツグミ															1										
242	マミジロ																									
243	カラアカハラ																									
244	クロツグミ																									
246	アカハラ																									
247	シロハラ																									2

2004年秋-3

No.	種名	期日	9/24	9/25	9/26	9/27	9/28	9/29	9/30	10/1	10/2	10/3	10/4	10/5	10/6	10/7	10/8	10/9	10/10	10/11	10/12	10/13	10/14	10/15	10/16	10/17
		天候	晴	晴	晴	曇	曇	晴	晴	晴	雨	曇	晴	晴	晴	晴	晴	晴	晴	晴	晴	晴	晴	晴	晴	曇
		気温	22	27	25	26	26	27	22	25	25	23	24	24	23	22	23	24	24	24	23	23	23	21	23	23
		風	強	中	強	強	中	弱	弱	弱	強	強	強	強	強	強	強	強	中	強	強	強	強	強	強	強
248	マミチャジナイ																									1
250	ツグミ																									
251	ヤブサメ																									
252	ウグイス																									
253	チョウセンウグイス																1	1		1						
254	シベリアセンニュウ						1				1							1			2	2	2	1
255	シマセンニュウ			2				1		1				1	1											
256	ウチヤマセンニュウ																									
257	マキノセンニュウ												1													
258	コヨシキリ																									
259	オオヨシキリ						1	6	6	4		4	4	2	3	4		2	2	2	3	1	1	1		
260	ムジセッカ			1			1	2	1	1				1		1				2	1					1
262	カラフトムジセッカ						1																			
263	キマユムシクイ							1		2	2		4	3	2	2	2	2	4	5	4	2	5	2	2
265	メボソムシクイ		22	26	14	5	8	14	6	11	1	2	1	3	3	1		1	1		2		2			
266	エゾムシクイ																									
267	センダイムシクイ																									
270	セッカ		24	20	10	10	15	5	5	6	2	4	3	6	2	6	5	4	5	6	9	6	7	4	1	6
272	キビタキ																									
273	ムギマキ																									
275	オオルリ																	3	1			2				
276	サメビタキ			1	1								1		1	2		2				3	5	2	3
277	エゾビタキ			3	15	2	8	10	33	10	1		9	10	7	7	4	5	5	3	16	11	5	3	2	1	3
278	コサメビタキ			1					1			6	5	4	3	4	3	1		2	1	1	1	3		1
279	サンコウチョウ												1													
280	メジロ		27	35	50	25	35	30	50	70	10	65	130	120	110	80	80	110	150	150	70	80	80	133	30	73
281	チョウセンメジロ																									
284	シロハラホオジロ																									
285	ホオアカ																									
286	コホオアカ																			2		2	7			
288	カシラダカ																									
289	ミヤマホオジロ																									
290	シマアオジ							1																		
292	ズグロチャキンチョウ								1																	
294	ノジコ																									
295	アオジ																									
296	クロジ																									
297	シベリアジュリン																									
300	アトリ																									
304	コイカル						1							3	2	2					5					
305	イカル																									
306	シメ																									
309	スズメ		450	1000	1100	600	500	420	350	350	200	500	700	200	500	700	700	600	650	500	700	500	650	550	850	600
310	ギンムクドリ																									
311	シベリアムクドリ																									
312	コムクドリ				9	2	3	2	4	20	17		8	5				1			1					
313	カラムクドリ		2	21	4		5	1	10	3	1														4	1
314	ホシムクドリ																									
315	ムクドリ										7	2	1				1			1		3		4	3
316	バライロムクドリ		1	1	1	1	1																			
317	ジャワハッカ		14	13	1	5	16	10	4	1		1	8	3	1		1	2	4	2	2					3
318	コウライウグイス						1	1																		
319	オウチュウ							3															1		
320	カンムリオウチュウ																				1	1			
321	ハイイロオウチュウ							2	2			2	4	2	1		2	2	2						
	個体数合計		1970	2416	2694	1342	1765	1459	2232	1764	606	2038	1871	1403	1776	2390	1676	1780	4172	3157	2407	1944	2074	2124	4125	1772
	種類数合計		49	57	57	55	62	58	64	58	31	56	61	74	68	59	59	59	55	70	63	64	70	62	62	63

No.	種名 / 調査日	9/24	9/25	9/26	9/27	9/28	9/29	9/30	10/1	10/2	10/3	10/4	10/5	10/6	10/7	10/8	10/9	10/10	10/11	10/12	10/13	10/14	10/15	10/16	10/17
A	インドクジャク													1					1		1				
B	カワラバト	○	○	○	○	○	○	○	○	○	○	○	○	○	○	○	○	○	○	○	○	○	○	○	○
C	ハシブトガラス		3			1	2	1		2	3		1	1				1		1	1	1			

2004年秋-4

No.	種名	期日	10/18	10/19	10/20	10/21	10/22	10/23	10/24	10/25	10/26	10/27	10/28	10/29	10/30	10/31	11/1	11/2	11/3	11/4	11/5	11/6	11/7	11/8	11/9	11/10
		天候	雨	雨	曇	晴	晴	晴	曇	雨	曇	曇	晴	曇	曇	雨	晴	晴	晴	晴	晴	晴	晴	曇	曇	晴
		気温	24	23	22	23	22	23	22	24	22	21	20	21	25	21	16	23	19	17	16	20	19	19	22	23
		風	強	強	強	中	弱	強	弱	強	強	弱	弱	弱	弱	弱	弱	中	弱	弱	弱	弱	弱	弱	中	弱
1	カイツブリ				3	1	1	1									3	2	2	1	1	1	2	2	3	
13	カワウ							1		2	3	1	1								1					
15	ヒメウ																									
18	ヨシゴイ											1	1								1	1				1
20	リュウキュウヨシゴイ																									
21	タカサゴクロサギ																							1		
22	ミゾゴイ								1																	
24	ゴイサギ				3	2	2	2	1			2	3	5			2	1		2	2		1			
25	ササゴイ								1																	
26	アカガシラサギ				1		1					1			1		1		1	1		1		1		
27	アマサギ		1	2	81	24	33	12	14	3	10	67	35	46	10	43	30	28	65	81	22	23	33	41	26	36
28	ダイサギ		4	2	22	9	10	4	3	3	16	24	11	28	4	5	6	12	18	15	5	9	11	4	7	3
29	チュウサギ			1	5	7	5	4	2	2	11	25	9	27	3	3	7	6	9	20	6	13	6	7	9	4
30	コサギ		3	3	17	15	9	6	3	3	10	26	16	18	4	2	3	8	14	19	3	15	6	15	4	5
32	クロサギ				1	2	1	1				3	2				2		1		1		2	1		
33	アオサギ		3	2	51	4	4	5	7	1	23	24	9	43	3	23	9	7	5	13	1	7	21	15	4	2
34	ムラサキサギ		1										1	1												
42	オシドリ				1																					
43	マガモ																									
44	カルガモ		8	4	2	4	1	15	11		10	2	16	11	6	19	6	16	7	10	10	12	9	16	20	4
46	コガモ				26	1	13	1	20		43	48	115	25	37	150	30	4	18	16	30	25	83	10	102	130
48	ヨシガモ											1														
50	ヒドリガモ				2													4	3		6	3	3	3		
51	オナガガモ			3	5			6					3		1		1	6			8	11	12	11		
52	シマアジ											1		1												1
53	ハシビロガモ									1		2	6				2	11	9		13	9	4	16	3	
55	キンクロハジロ																	2	2		3	3		3		
57	ミサゴ				3	2	2	1	4			5	2	1		2	2	5		5	2	2	1	2	3	2
58	ハチクマ																									
60	オオタカ						1						1	1												1
61	アカハラダカ				1		3	1				2	6	1												
62	ツミ					1	5	2			1	1	1	2				1	1		1	2	2	1	1	2
63	ハイタカ					1	1					1	1							2	2					
64	オオノスリ				1		1				1		1				1		1							
65	ノスリ					1					1		1				1	1	1		1		2			
66	サシバ				23	4	3	1		1	2	8	12	3	3		9	3	4	6	6	6	6	7	6	4
67	ハイイロチュウヒ																									
68	マダラチュウヒ																									
69	チュウヒ																									
70	ハヤブサ		2		2	2	1	1	3	1	1	1	2	1	1		2	1		2					1	1
71	チゴハヤブサ																									
73	アカアシチョウゲンボウ																									
74	チョウゲンボウ		5	1	6	12	14	6	7		7	10	12	14	6	11	9	14	12	18	7	10	6	8	10	9
75	ウズラ					1																				
76	ミフウズラ					1	1	2																		
78	クイナ																									
79	オオクイナ									1			1									1				
80	ヒメクイナ															1	1		1		1		1	1	1	2
81	ヒクイナ				2	4	4	1	2			1	4	2	4	3	3	2	3	3	9	5	5	6	5	12
82	シロハラクイナ				2	1	2	1				1		1	2	3	1	1		1	1	2	1			
83	バン		1		14	13	12	10	3		12	8	12	6	3	9	2	8	1	9	1	15	1	11	2	3
85	オオバン												1	1			1		1			1				
89	コチドリ				3		1	2			7	13		3	7		2		2		11	2				
90	シロチドリ				4			13			3		3	4				1	4		5					
91	メダイチドリ																									
92	オオメダイチドリ																									
94	ムナグロ		4	4	19	3	1	1	51		8		2	3	2	3	1	26		6	70			9	1	1
95	ダイゼン				1																					
97	タゲリ																									
99	ヨーロッパトウネン																									
100	トウネン		2			4	4	4						1												
101	ヒバリシギ																									
102	オジロトウネン																									
104	アメリカウズラシギ																									
105	ウズラシギ					1																				
106	ハマシギ		1	1	3	1	2							13				7	5	5		1				
110	ミユビシギ																									
112	エリマキシギ																									
115	アカアシシギ				4	4	4	4			3	3	1					2		2	2					
116	コアオアシシギ																									
117	アオアシシギ		4	1	4	2	2		1			1		1		1			1	1		1	2	1	1	
118	クサシギ				3	3	1	1			2	3		1			2		2		1	1				

2004年秋-5

No.	種名	期日	10/18	10/19	10/20	10/21	10/22	10/23	10/24	10/25	10/26	10/27	10/28	10/29	10/30	10/31	11/1	11/2	11/3	11/4	11/5	11/6	11/7	11/8	11/9	11/10
		天候	雨	雨	曇	晴	晴	晴	曇	雨	曇	曇	曇	晴	曇	曇	雨	晴	晴	晴	晴	晴	晴	曇	曇	晴
		気温	24	23	22	23	22	23	22	24	22	21	20	21	25	21	16	23	19	17	16	20	19	19	22	23
		風	強	強	強	中	弱	強	強	強	強	強	弱	弱	弱	弱	弱	中	弱	弱	弱	弱	弱	弱	中	弱
119	タカブシギ			1	1	5	2	3		4			1				1		3					1	1	1
121	キアシシギ				3	2		2		1		1	1					1	1			1		1		
122	イソシギ			1	3	9	6	7	2		8	6	5	6	2	6	6	2	5	3	1	3		6	1	
123	ソリハシシギ																									
128	チュウシャクシギ																									
130	ヤマシギ						1			1		1	2	1	1						1	2	2	2		
132	タシギ				12	11	12	14				7	3	3			1		3	5	1	7	2	6		4
133	ハリオシギ				1	1	1	1					1							1			1			
134	チュウジシギ																							1		
135	オオジシギ																									
137	セイタカシギ		2	2	4			2			2	1		9	14	4			1			2	5	3	12	
139	アカエリヒレアシシギ						1																			
143	ユリカモメ																									
147	ウミネコ																									
150	ハジロクロハラアジサシ																									
151	クロハラアジサシ		3	2	4	5	2	2			1			1												
152	オニアジサシ											1	1													
162	カラスバト						1						1							1				1		
164	ベニバト											3														1
165	キジバト		5		8	9	10	14	11		15	17	11	16	10	16		10	6	24	9	12	22	12	23	12
166	キンバト					2											1		1				2			
167	ズアカアオバト												1				2	1			1					
171	カッコウ																									
172	ツツドリ																									
173	ホトトギス																									
176	コミミズク				1																					
178	リュウキュウコノハズク				1	4	3	2	2			3	4	3	2		8	3	5	2	3	7	3	5	7	
179	オオコノハズク																							1		
180	アオバズク					1	1				1											2	2	3		
181	ヨタカ																						1	1			
182	ヒマラヤアナツバメ																									
183	ハリオアマツバメ																									
185	アマツバメ				2							6														
187	ヤマショウビン																									
190	カワセミ				2	3	3	2	2		2	2	2	2	2		1	1		1		1		2		
191	ブッポウソウ																									
193	アリスイ														1											
194	ヒメコウテンシ																2									
195	コヒバリ													1	1											
196	ヒバリ					7					2	1	1	11	9	1		2	2	4	5					1
197	ショウドウツバメ					3	1					6														1
198	タイワンショウドウツバメ																									1
199	ツバメ		230	13	200	50	40	30	30		20	30	60	40	30	30	40	10	11	5	20	80	15	20	22	5
201	コシアカツバメ				2	4	2	5			4	5	12	5		1	4				1	3	4	14		
203	イワツバメ				22	2					5	2									2	1	3	10		
205	ツメナガセキレイ		19	16	110	150	90	30	11		21	170	145	55	65	52	11	10	33		12	13	9		16	7
207	キセキレイ		9	5	15	20	15	20	15	2	31	24	19	13	7	18	13	10	6	10	13	21	6	9	23	16
208	ハクセキレイ		6	2	2	14	5	5	3		4	19	6	7	4	2		5	6		2	2	2		2	
209	マミジロタヒバリ		1		17	36	14	2			2	23	10	47	33	11	3	9	14	8	15	32	4	17	4	13
210	コマミジロタヒバリ											1	2						1							
213	ビンズイ						1		3		1												1	2		
214	セジロタヒバリ										2												1			
215	ムネアカタヒバリ		1		6	36		2			2	6	34	4	7	14	12	15	15		5	50	3			4
216	タヒバリ																									
217	サンショウクイ				1																2	1				
218	シロガシラ		70	40	112	200	210	130	161	22	100	200	150	220	100	200	220	200	200	220	230	250	220	200	250	350
219	ヒヨドリ		20	10	280	3300	126	80	47	2	60	80	760	150	40	40	70	40	55	40	30	40	132	80	90	40
222	アカモズ		4	2	22	45	17	10	26	1	6	14	29	34	31	29	16	14	24	37	39	23	27	16	9	27
223	タカサゴモズ					1	1	1																		
226	ミソサザイ										1															
228	アカヒゲ				1	11	4	9			3	5	1	13	1	2	14	2	11	13	4	24	27	27	28	3
229	ノゴマ												2		4	4	3	4	8	9	2	4	11	6	16	
231	ルリビタキ																	1	1							
233	ジョウビタキ				2		2		2		1		2			2	2	1	2	4	7	5	9	9	2	2	11
234	ノビタキ				2	1											1		1	2		1				
240	イソヒヨドリ		3		3	8	5	4	9	1	3	4	6	8	3	6	9	10	5	7	5	7	6	5	6	8
241	トラツグミ																									
242	マミジロ																									
243	カラアカハラ																									
244	クロツグミ																									
246	アカハラ																					1				
247	シロハラ																2		2	1		2	2	9	6	

2004年秋-6

No.	種名 \ 期日	10/18	10/19	10/20	10/21	10/22	10/23	10/24	10/25	10/26	10/27	10/28	10/29	10/30	10/31	11/1	11/2	11/3	11/4	11/5	11/6	11/7	11/8	11/9	11/10
	天候	雨	雨	曇	晴	晴	晴	曇	雨	曇	曇	晴	曇	曇	雨	晴	晴	晴	晴	晴	晴	曇	曇	曇	晴
	気温	24	23	22	23	22	23	22	24	22	21	20	21	25	21	16	23	19	17	16	20	19	19	22	23
	風	強	強	強	中	弱	強	弱	強	強	強	弱	弱	弱	弱	弱	中	弱	弱	弱	弱	弱	弱	中	弱
248	マミチャジナイ											1							1	1					
250	ツグミ																								
251	ヤブサメ						1						1				2	2	4	5	6	5			
252	ウグイス											1					4	6	2	7	3	5	2	2	2
253	チョウセンウグイス				1					1		3	2	3	1	4	4	9	3	4	4	4	4	4	5
254	シベリアセンニュウ			2	3	2	2				1	1	4	3	3	1	2	2	2	2	1	1	1	1	2
255	シマセンニュウ				1		2	1		2	2	2	2		5	3	3	3	2	3	5	3	3	3	6
256	ウチヤマセンニュウ									1															
257	マキノセンニュウ																								
258	コヨシキリ										1		1		1		1							1	
259	オオヨシキリ	1							2		2		2		1		1		1						
260	ムジセッカ					1			1			2	4	2	1	1	1	3	2	1	2	3	2	3	
262	カラフトムジセッカ																								
263	キマユムシクイ			4		5	2	4		7	3	1	5		2	4	3	6	10	6	10	6	7	9	4
265	メボソムシクイ				1	1	1		1	1					1	5		4	1	3		1			
266	エゾムシクイ																								
267	センダイムシクイ							1									1								
270	セッカ			8	4	2	1		2	8	3	21	4		5	2	2	7	6	6	5	5	5		12
272	キビタキ																								
273	ムギマキ																								
275	オオルリ																								
276	サメビタキ			2		4		2		1	1	2													
277	エゾビタキ			3	4	3		2		2	2	2	5		2	3	1	1	1						
278	コサメビタキ			2		2		1			1														
279	サンコウチョウ																								
280	メジロ	9	2	99	378	130	25	40		20	72	60	97	10	150	138	20	69	50	20	120	70	60	80	30
281	チョウセンメジロ																			1		1	1		
284	シロハラホオジロ													1	1										
285	ホオアカ				1												1								
286	コホオアカ				1	4	4	2		6		3	2	4	3		22	4	5	3	2	3	5	1	3	4	8
288	カシラダカ				1																				
289	ミヤマホオジロ												1												
290	シマアオジ														1										
292	ズグロチャキンチョウ									1															
294	ノジコ											1	5	11		5	1				2				
295	アオジ				1		1					1	3	11	9	5	4	3	3	2	2	1	1		2
296	クロジ																			1					
297	シベリアジュリン				2																				
300	アトリ				1			1				1				16					1			2	
304	コイカル				1	1						1				2			1		2	1			
305	イカル												6		6										17
306	シメ																								
309	スズメ	100	50	300	350	600	300	100	50	200	900	750	750	200	500	300	300	200	250	400	600	550	450	500	550
310	ギンムクドリ																			3					
311	シベリアムクドリ				1															2					
312	コムクドリ																		1						
313	カラムクドリ					1														2					
314	ホシムクドリ					1													3	1					
315	ムクドリ				1	14	1	2		1		7			20		4		7	49					
316	バライロムクドリ					1																			
317	ジャワハッカ			1	6	4	7	3		1		4	4	8	22	8	5	20	2	11	6	8	26	2	5
318	コウライウグイス																								
319	オウチュウ																								
320	カンムリオウチュウ										1		1												
321	ハイイロオウチュウ																								
	個体数合計	522	171	1550	4853	1494	829	631	91	714	1897	2402	1815	755	1485	1090	865	921	1018	1122	1577	1423	1176	1390	1424
	種類数合計	29	25	67	72	71	68	46	12	59	66	69	74	51	60	67	55	66	64	66	71	71	68	64	56

No.	種名 / 調査日	10/18	10/19	10/20	10/21	10/22	10/23	10/24	10/25	10/26	10/27	10/28	10/29	10/30	10/31	11/1	11/2	11/3	11/4	11/5	11/6	11/7	11/8	11/9	11/10
A	インドクジャク											1													
B	カワラバト	○	○	○	○	○	○	○	○	○	○	○	○	○	○	○	○	○	○	○	○	○	○	○	○
C	ハシブトガラス	1		2	1	2	1		1	3	1		3	1	1	2	2	1	1	2	2	2	1	2

2004年秋-7

No.	種名	11/11	11/12	11/13	11/14	11/15	11/16	11/17	11/18	11/19	11/20	11/21	11/22	11/23	11/24	11/25	11/26	11/27	11/28	11/29	11/30	合計
	天候	晴	晴	曇	晴	曇	曇	晴	曇	晴	晴	曇	曇	曇	曇	曇	雨	曇	曇	曇	曇	
	気温	20	22	22	22	22	22	21	22	19	19	19	20	22	23	22	22	18	17	19	22	
	風	弱	弱	弱	弱	強	強	中	強	強	中	強	強	中	弱	強	弱	強	強	中	中	
1	カイツブリ	3		4	1			7		5					2		2			1		55
13	カワウ		1		1	4		8							2				11			44
15	ヒメウ							1														1
18	ヨシゴイ																					6
20	リュウキュウヨシゴイ																					4
21	タカサゴクロサギ									1												2
22	ミゾゴイ																					1
24	ゴイサギ		2			1								1	1	2			1		1	95
25	ササゴイ																					3
26	アカガシラサギ				1				1					1		1	1				1	32
27	アマサギ	26	5	14	25	4	34	22	21	30	26	25	30	32	63	53	27	20	14	42	12	2512
28	ダイサギ	5	5	4	4	2	10	15	9	11	4	4	3	12	3	2	4	4	4	4	6	655
29	チュウサギ	12	4	7	4	5	7	14	10	13	2	5	4	10	8	6	8	2	7	5	5	501
30	コサギ	12	3	8	7	5	8	15	8	9	6	6	2	13	6	5	2	2	11	7	6	823
32	クロサギ	1						2			1		1	1	1	4			1			46
33	アオサギ	24	1	7	26	3	5	14	2	22	4	6		8	2	10	1	3	16	7	6	699
34	ムラサキサギ															1						7
42	オシドリ																					2
43	マガモ				3				1			1										5
44	カルガモ	9	9	18	6	16	11	6	21	6	3	4	6	3	12	3	14	16	6	10	6	555
46	コガモ	140	120	121	105	100		6	120	3	10	93	40	10	8	60	36	10	31	70	70	2440
48	ヨシガモ																					1
50	ヒドリガモ	4		2	2																1	33
51	オナガガモ	12	1	18	9			1	3	2		5	1	16		12			9	4	4	164
52	シマアジ																					5
53	ハシビロガモ	9		10	2	1		1		4		4	3	1		2	3			2	8	126
55	キンクロハジロ	5		4	4			5		5		4		6							3	49
57	ミサゴ	2	1	2	5	1	3	2	3	3	4	3	1	2	1	4	2	3	4	1	1	143
58	ハチクマ																					33
60	オオタカ							1														8
61	アカハラダカ																					193
62	ツミ	1	2	1	3				2	2	2										1	84
63	ハイタカ	1							1		2			2		2		2	1			25
64	オオノスリ				1									1		1					1	16
65	ノスリ						1	1		1		1										13
66	サシバ	2		1	9	1		2	1	6	4	2		3	1	6	2	2	3	4	3	201
67	ハイイロチュウヒ																					2
68	マダラチュウヒ																					4
69	チュウヒ																					1
70	ハヤブサ		2	1	2	1	2	2	2		1	2		2		1	2				2	72
71	チゴハヤブサ																					15
73	アカアシチョウゲンボウ																					2
74	チョウゲンボウ	15	11	6	15	5	9	13	9	17	15	9	5	16	9	9	7	1	11	7	9	654
75	ウズラ																					1
76	ミフウズラ																					9
78	クイナ																					1
79	オオクイナ																					3
80	ヒメクイナ	1			2			1					1				1					20
81	ヒクイナ	8	4	4	9	3		3		5	2	2	4	3	3	1	6		2	2		177
82	シロハラクイナ		2				1	1	2	1			2	3	3	2	1	3	2	2		64
83	バン	9	2	9	11	3	5	17	4	23	9	7	8	21	8	21	8	6	20	9	6	505
85	オオバン	1		1			1	1	1		1		2				1					14
89	コチドリ							2	2		3	6				11			13		5	278
90	シロチドリ			16			15	15				1	7	14	21	4			1	1		339
91	メダイチドリ																					3
92	オオメダイチドリ																					1
94	ムナグロ	28		2		1	1	1						32		28	18		27			556
95	ダイゼン																					1
97	タゲリ							5	11			1	1	1		2			1		2	24
99	ヨーロッパトウネン												1									2
100	トウネン																					50
101	ヒバリシギ																					17
102	オジロトウネン																					7
104	アメリカウズラシギ																					3
105	ウズラシギ																					9
106	ハマシギ	3		2										3	2							80
110	ミユビシギ																					1
112	エリマキシギ																					9
115	アカアシシギ																					97
116	コアオアシシギ									1												46
117	アオアシシギ			1	1		2	1			2	1		2		1			1			98
118	クサシギ		1	2			2	1		1	2	2		3		3			4			130

2004年秋-8

No.	種名	期日	11/11	11/12	11/13	11/14	11/15	11/16	11/17	11/18	11/19	11/20	11/21	11/22	11/23	11/24	11/25	11/26	11/27	11/28	11/29	11/30	合計
		天候	晴	晴	曇	晴	曇	曇	晴	曇	晴	晴	曇	曇	曇	曇	曇	雨	曇	曇	曇	曇	
		気温	20	22	22	22	22	22	21	22	19	19	19	20	22	23	22	22	18	17	19	22	
		風	弱	弱	弱	弱	強	強	中	強	強	中	強	中	弱	中	弱	強	強	中	中		
119	タカブシギ																						291
121	キアシシギ																						50
122	イソシギ		4		6	3	1	2	4	1	2	3	4	2	5	2	8	1	1	7	3	2	256
123	ソリハシシギ																						1
128	チュウシャクシギ																						2
130	ヤマシギ		2		1			1		1		1	1	1				1	1	4	1		30
132	タシギ		1	1				6		5	1					14	1	1	9				276
133	ハリオシギ							1								1		1	1	2	1		18
134	チュウジシギ																						6
135	オオジシギ																						14
137	セイタカシギ						10	2		9	8	8		3		10			10		9		777
139	アカエリヒレアシシギ																						1
143	ユリカモメ		1																				1
147	ウミネコ																1						1
150	ハジロクロハラアジサシ																						4
151	クロハラアジサシ																						379
152	オニアジサシ																						2
162	カラスバト																	2	1				8
164	ベニバト																						8
165	キジバト		21	6	7	11	8	10	6	15	3	12	6	9	5	3	8	10	1	26	5	11	1160
166	キンバト												1				1						14
167	ズアカアオバト					1											1		1				10
171	カッコウ																						1
172	ツツドリ																						1
173	ホトトギス																						1
176	コミミズク																						1
178	リュウキュウコノハズク		5	3		7	2		2	1	1	2	2	2	3	4	1	4	1	1	2	2	185
179	オオコノハズク																						1
180	アオバズク		2				1	2		2		1				1							25
181	ヨタカ		1	1				1		1		1		1		1	1		1				11
182	ヒマラヤアナツバメ									1													1
183	ハリオアマツバメ																			1			13
185	アマツバメ																						10
187	ヤマショウビン																						1
190	カワセミ			1		1	1	1					1				1	1					76
191	ブッポウソウ																						5
193	アリスイ										1		1										4
194	ヒメコウテンシ																						2
195	コヒバリ																						2
196	ヒバリ										1												47
197	ショウドウツバメ									2													46
198	タイワンショウドウツバメ																						1
199	ツバメ		30	7	10	5	4	5	7	6	5		2	4	2	6	8	5	3	3	5	1	6994
201	コシアカツバメ																						162
203	イワツバメ										9		6						6				69
205	ツメナガセキレイ		2	2		30		33	12	15	3	6	31		1		55			23	4	41	3865
207	キセキレイ		15	26	19	10	15	17	16	17	10	15	15	11	17	7	15	10	9	17	10	17	1049
208	ハクセキレイ		2	1	5	6		3		4	6	4	3	1	6	1	2	1		1	2	3	190
209	マミジロタヒバリ		12	7		5	31	3	12	21		4	18	12	23	37	10	21	17	5	1	13	1	7	678
210	コマミジロタヒバリ												1									1	6
213	ビンズイ			1		5		2			1	2		3		2	3			3	1	2	35
214	セジロタヒバリ					1			1														15
215	ムネアカタヒバリ		1		1		1				3							1					252
216	タヒバリ																4						6
217	サンショウクイ		5						1									1					93
218	シロガシラ		280	200	230	400	450	500	450	500	350	400	300	220	350	250	400	300	300	350	300	350	17265
219	ヒヨドリ		140	60	80	90	50	40	67	40	50	80	50	40	55	50	60	40	40	60	40	50	17472
222	アカモズ		14	19	8	19	1	7	14	17	20	32	6	21	22	23	42	21	9	16	17	17	1547
223	タカサゴモズ												1	1	1								23
226	ミソサザイ																						1
228	アカヒゲ		18	11	24	21	2	3	25	2	13	7	11	5	17	7	11	1	6	9	7	7	414
229	ノゴマ		9	12	6	20	10	8	20	7	14	27	22	19	18	31	25	29	11	17	24	19	424
231	ルリビタキ								1		3	1			2	1	2			5	2	1	20
233	ジョウビタキ		2	3		3	2	2	3	5	6	8	5	1	6	4	11	2	3	8	7	6	154
234	ノビタキ					1			1														24
240	イソヒヨドリ		7	6	5	6	3	3	4	3	4		5		4	6	15	4	3	5	5	9	529
241	トラツグミ												1								1		4
242	マミジロ															1							1
243	カラアカハラ										1										1		2
244	クロツグミ																					1	1
246	アカハラ								7	19	34	43	40	39	44	53	18	21	44	51	60	474
247	シロハラ		15	2	6	51	31	33	133	86	136	114	236	169	322	258	231	139	126	314	229	197	2854

2004年秋-9

No.	種名	期日	11/11	11/12	11/13	11/14	11/15	11/16	11/17	11/18	11/19	11/20	11/21	11/22	11/23	11/24	11/25	11/26	11/27	11/28	11/29	11/30	合計
		天候	晴	晴	曇	晴	曇	曇	曇	曇	晴	曇	晴	晴	曇	曇	曇	雨	曇	曇	曇	曇	
		気温	20	22	22	22	22	22	22	21	22	22	19	19	19	20	22	23	22	18	17	19	22
		風	弱	弱	弱	弱	強	強	中	強	強	中	強	強	中	弱	強	弱	強	強	中	中	
248	マミチャジナイ						1	4	2	3	2	10	6	3	1	4	2	1		1	1	2	47
250	ツグミ								1	2	8	10	12	24	14	14	13	9	26	17	17	167
251	ヤブサメ		7	2	9	4	1	4	6		6	3	3	5	5	7	4		4	10	4	6	116
252	ウグイス		6	1	2	8	1	8	29	7	25	34	34	17	52	22	14	22	19	34	48	21	436
253	チョウセンウグイス		3	4	2	6	2	1	6	2	1	7	3	1	6	7	2	8	3	2	6	4	127
254	シベリアセンニュウ			1	2	2	2	1	3	2	1	1			1	3	1	1	1		1	4	72
255	シマセンニュウ		3	3	3	4	3	2	3	3	1	2	4	3	2	2	2	3	2		1	2	103
256	ウチヤマセンニュウ																						1
257	マキノセンニュウ																						1
258	コヨシキリ																1						6
259	オオヨシキリ								1														57
260	ムジセッカ		4	3	1	2		2	2	1		1	2	3	2	2	3	10	3	3	2	2	90
262	カラフトムジセッカ																						1
263	キマユムシクイ		4	2	6	7	4	3	14	3	7	3	8	1	15	1	3	3		6	2	2	236
265	メボソムシクイ			1	1	1			1			1											150
266	エゾムシクイ														1								1
267	センダイムシクイ																						2
270	セッカ		7	17	11	8	6	14	15	7		19	7	10	15	24	16	21	1	5	8	9	507
272	キビタキ		1						1														3
273	ムギマキ								1		1												2
275	オオルリ															1							7
276	サメビタキ																						33
277	エゾビタキ																						204
278	コサメビタキ																						43
279	サンコウチョウ																						1
280	メジロ		87	20	100	111	10	35	60	30	45	35	100	25	150	100	60	30	30	50	30	35	4685
281	チョウセンメジロ		2																				5
284	シロハラホオジロ			1																			3
285	ホオアカ																						2
286	コホオアカ		2	5	6	7	3		10	4	3	4	8	1	2	1	1	1			6	1	165
288	カシラダカ																						1
289	ミヤマホオジロ																	1					2
290	シマアオジ																						2
292	ズグロチャキンチョウ																						2
294	ノジコ																						25
295	アオジ		1	2	1	2			1		13	3	7	1	4	2	2		3	4	3		98
296	クロジ									1		3	1										6
297	シベリアジュリン																						2
300	アトリ		1		1																		23
304	コイカル																						22
305	イカル				8	29	1		3	1	2		3		2				1				79
306	シメ					1																	1
309	スズメ		350	350	400	350	400	1000	900	850	400	1000	800	600	1000	300	800	350	450	450	600	700	35170
310	ギンムクドリ		2	3				13	15			4		31		1	4	5	7	8	11	11	118
311	シベリアムクドリ																						3
312	コムクドリ		1																				74
313	カラムクドリ							9				5											69
314	ホシムクドリ		3	4					1			3		2			2					2	22
315	ムクドリ			15		7	1	14	7		5	12	2	1		1							193
316	バライロムクドリ																						6
317	ジャワハッカ		28	25	8	30	30	23	31		6	13	3	23	15	24	34	34	34	34	34	12	685
318	コウライウグイス																						2
319	オウチュウ																						4
320	カンムリオウチュウ																						4
321	ハイイロオウチュウ																						22
	個体数合計		1434	1005	1238	1561	1205	1941	2095	1878	1385	2063	1987	1496	2377	1439	2194	1229	1175	1792	1675	1810	115151
	種類数合計		65	55	55	65	47	50	74	52	69	63	68	60	70	55	74	54	45	68	55	65	4062

No.	種名 / 調査日	11/11	11/12	11/13	11/14	11/15	11/16	11/17	11/18	11/19	11/20	11/21	11/22	11/23	11/24	11/25	11/26	11/27	11/28	11/29	11/30	合計
A	インドクジャク				1			1								1		1				8
B	カワラバト	○	○	○	○	○	○	○	○	○	○	○	○	○	○	○	○	○	○	○	○	
C	ハシブトガラス	1	1	1	2		1	2	2		2	2	1	1	1	1	1	1	2	2		78

2005年秋-1

No.	種名	期日	9/3	9/4	9/5	9/6	9/7	9/8	9/9	9/10	9/11	9/12	9/13	9/14	9/15	9/16	9/17	9/18	9/19	9/20	9/21	9/22	9/23	9/24	9/25	9/26
		天候	晴	曇	晴	晴	晴	晴	晴	晴	曇	晴	晴	晴	晴	晴	晴	晴	晴	晴	曇	曇	晴	曇	曇	曇
		気温	29	28	27	26	24	25	25	24	25	27	25	26	27	25	27	25	24	27	24	27	26	26	26	24
		風	弱	強	強	中	中	弱	中	強	強	中	中	中	弱	中	中	中	中	中	強	強	強	中	弱	弱
1	カイツブリ																									
4	アナドリ										2															
5	オオミズナギドリ			10																						
6	オナガミズナギドリ			150							5															
7	アカアシミズナギドリ			1																						
10	カツオドリ			2		1					3															
12	アカアシカツオドリ																							1		
13	カワウ																									
14	ウミウ																									
17	サンカノゴイ				1																					
18	ヨシゴイ																									
19	オオヨシゴイ																									
20	リュウキュウヨシゴイ																									
24	ゴイサギ		2					2		1	2		3	1	1	2	3	1		1	1	2	8	2
25	ササゴイ						1		1		1			1					1			1	1			
26	アカガシラサギ						1											1								
27	アマサギ		14	8	149	146	15	71	10	38	22	33	58	107	47	250	86	151	40	40	120	170	500	400	400	200
28	ダイサギ		2	3	2	1		2		2	3	4	2	1	1	1	1	2	9		3	1	3	4	2	7	21
29	チュウサギ		2	1	1			2	1				1	2		2		1	24	2	6	2	1	6	2	9	7
30	コサギ		4	15	9	13	5	27	24	21	19	6	17	8	6	7	6	25	8	10	11	5	34	6	8	17
31	カラシラサギ																					4				
32	クロサギ							2	5	1	1		1			1			1			1				
33	アオサギ		2	4	1	6	2		2	9	3	4		2	1	2	3	1	5	2	3		1	5	2	6	1
34	ムラサキサギ																	1									
35	ナベコウ																									
36	クロツラヘラサギ																									
37	コクガン																									
42	オシドリ																									
43	マガモ																									
44	カルガモ		11	2	7	2		12	2		15	2		16	6	4	4		2	2	6	2		2	2	1	4		1	3	6	10
46	コガモ																			1							
47	トモエガモ																									
48	ヨシガモ																									
50	ヒドリガモ																									
51	オナガガモ																									
52	シマアジ																									
53	ハシビロガモ																									
54	ホシハジロ																									
55	キンクロハジロ																									
56	スズガモ																									
57	ミサゴ									2													1			
58	ハチクマ																									
59	トビ																									
60	オオタカ																									
61	アカハラダカ						1		1							1	2	57	60	200	95	384	850	1127	9	2075
62	ツミ				2	1					1	1							2	3		1				2
63	ハイタカ																									
64	オオノスリ							1																		
65	ノスリ																									
66	サシバ																		1	2			1	1		
67	ハイイロチュウヒ																		1							
69	チュウヒ																									
70	ハヤブサ																									
71	チゴハヤブサ						1																			
73	アカアシチョウゲンボウ																					1				
74	チョウゲンボウ						2	2	3		2		1	1	2		3	2		1	3	2	1	1	2		4	3
75	ウズラ																									1
76	ミフウズラ		3		1																	1				2
77	ナベヅル																									
79	オオクイナ											1							1							
80	ヒメクイナ																									
81	ヒクイナ		2		2	1		2	3	6			2	1	5	5	2	2	2		2	3	1	2	3	3	3
82	シロハラクイナ		3	2	3	1	1	2	4	2		2	2	2	1			2	1	1		2	1		1	1
83	バン			1				1																			
84	ツルクイナ																									
85	オオバン											1						1		1				1		
86	レンカク																									
89	コチドリ		6	12	15	13	7	16	8	5	12	2	1	2	8	4	2	12	3	14	2	8	12	2	3	3
90	シロチドリ										2				1	1				2	1	1				4
91	メダイチドリ							1					1			3			5							
92	オオメダイチドリ			1																						
94	ムナグロ		24	16	5	14	5	7	31	1	15	8	4	10	17	16	7	7	1	21	13	5	24	1	9	24
95	ダイゼン					1																				
97	タゲリ																									
98	キョウジョシギ			1	1																					
99	ヨーロッパトウネン																							1	1	
100	トウネン		2			16	6	4	7	3	1	1			3		4	2	8	3	2	1				

2005年秋-2

No.	種名	9/3	9/4	9/5	9/6	9/7	9/8	9/9	9/10	9/11	9/12	9/13	9/14	9/15	9/16	9/17	9/18	9/19	9/20	9/21	9/22	9/23	9/24	9/25	9/26
	天候	晴	曇	晴	晴	晴	晴	晴	曇	曇	晴	晴	晴	晴	晴	晴	晴	晴	晴	曇	晴	晴	晴	曇	曇
	気温	29	28	27	26	27	24	25	25	24	25	27	25	25	26	27	25	27	26	24	27	27	26	26	24
	風	弱	強	強	中	中	弱	中	強	強	中	中	中	中	中	中	中	中	中	中	強	強	中	弱	弱
101	ヒバリシギ		1	1	1	2	2	15	23	8	2	2	2	3	4	13	4	2	6	31	8	4	4	2	1
102	オジロトウネン																								
105	ウズラシギ																								
106	ハマシギ						1	1																	
110	ミユビシギ																								
114	ツルシギ																								
115	アカアシシギ	1					3	2	2	1		1			1	1	1	1	2	5	1		2		
116	コアオアシシギ		1		2	1		1					2	1											
117	アオアシシギ	1	2				3	5	1	2			1	1	1		5	1	4			5	1	1	2
118	クサシギ			1			1	1	1	2				1	3		1		2			2			2
119	タカブシギ	33	28	37	47	11	20	21	17	26	6	8	11	4	26	5	38	13	45	15	12	37	14	11	16
121	キアシシギ		2		3	1	2	2	8	3		3					2	1		1	3	1			
122	イソシギ	3	8	4	4	8	8	7	11	17	3	6	7	9	3	5	5	1	8	3	4	13	2	4	4
123	ソリハシシギ						1	1										1							
126	ダイシャクシギ									1				1											
128	チュウシャクシギ		1		2	2	1					2	1												
130	ヤマシギ																								
131	アマミヤマシギ																								
132	タシギ	1	3				3	1		3	2	6	1		3	2	6	1				1	4	5	5
133	ハリオシギ																					1			
134	チュウジシギ		6			2	1																		
135	オオジシギ	8	4	2			1	1		1			3	4		1	5	1	3	1	2	2			
137	セイタカシギ	9	20	8	9	7	16	31	22	9	9	14	9	11	18	9	11	4	19	3	1	7	1	1	2
139	アカエリヒレアシシギ			1																					
140	ツバメチドリ					1		2				2						5							
143	ユリカモメ																								
147	ウミネコ																								
150	ハジロクロハラアジサシ		1			1	1	2	2					1				1		1					3
151	クロハラアジサシ		1				1	5	5	3								1		3					4
152	オニアジサシ																								
153	オオアジサシ							2	1																
154	ハシブトアジサシ						1																		
155	アジサシ		2				1		1	1		1													1
156	ベニアジサシ						1																		
157	エリグロアジサシ			1																					
160	コアジサシ								3													1			
161	クロアジサシ																								
162	カラスバト														1										
164	ベニバト						1																		
165	キジバト	50	70	35	84	55	60	100	50	50	40	57	30	50	80	30	50	30	30	40	40	30	40	20	40
166	キンバト	3	1			1	2					2	2						1		3				
167	ズアカアオバト		2			1	1		2	3	3	2			3			2							
169	ジュウイチ																								
171	カッコウ																								
172	ツツドリ																								
173	ホトトギス				1										1										
178	リュウキュウコノハズク	3	5	2	3	6	9	5	2		3	7	8	6	4	6	5	5	5	4	2	3	3	5	6
180	アオバズク						1				1	1			2		1							3	
181	ヨタカ						1										1								
182	ヒマラヤアナツバメ																1								
183	ハリオアマツバメ													2	5	4			1					1	3
184	ヒメアマツバメ				1																				
185	アマツバメ					11											10		10	3	2	2			
188	アカショウビン		1		1	1	2			1	1				2	1						1	1		2
190	カワセミ	2		2		2	1		1	2	1	2	1	2		2	1	2			1	2	2	1	2
191	ブッポウソウ					1							1					1		1			1		1
194	ヒメコウテンシ																								
196	ヒバリ																								
197	ショウドウツバメ																								
198	タイワンショウドウツバメ																								
199	ツバメ	276	270	200	725	200	1100	200	250	400	100	400	300	200	400	200	250	360	750	620	1160	1300	400	700	950
201	コシアカツバメ																								
203	イワツバメ																								
205	ツメナガセキレイ	22	140	148	181	210	340	320	95	320	40	60	260	2160	120	60	150	100	1016	160	130	90	320	845	140
207	キセキレイ	11	6	15	7	6	12	16	6	22	6	19	10	26	19	6	21	13	26	10	8	26	19	15	18
208	ハクセキレイ																					1	4		
209	マミジロタヒバリ															1									
210	コマミジロタヒバリ																								
213	ビンズイ												1												
214	セジロタヒバリ			2																					1
215	ムネアカタヒバリ																								
216	タヒバリ																								
217	サンショウクイ														2	33	23	10	20	18	164	103	40	137	85	31	63
218	シロガシラ	281	80	200	113	200	130	300	40	140	100	58	160	60	74	100	150	130	110	90	100	70	70	50	80
219	ヒヨドリ	76	90	35	244	400	80	110	70	70	160	107	60	190	123	60	60	110	160	80	50	60	80	880	70
222	アカモズ	106	70	38	88	53	75	72	39	41	61	81	33	48	35	38	47	38	35	27	37	54	42	41	38
228	アカヒゲ																				1				2

2005年秋-3

No.	種名	期日	9/3	9/4	9/5	9/6	9/7	9/8	9/9	9/10	9/11	9/12	9/13	9/14	9/15	9/16	9/17	9/18	9/19	9/20	9/21	9/22	9/23	9/24	9/25	9/26
		天候	晴	曇	晴	晴	晴	晴	晴	晴	曇	曇	晴	晴	晴	晴	晴	晴	晴	晴	晴	曇	曇	晴	曇	曇
		気温	29	28	27	26	24	25	25	24	25	27	25	26	27	25	27	25	24	27	24	27	26	26	26	24
		風	弱	強	強	中	中	弱	中	強	強	中	中	中	弱	中	中	中	中	中	強	強	強	中	弱	弱
229	ノゴマ																									
230	オガワコマドリ																									
231	ルリビタキ																									
233	ジョウビタキ																									
234	ノビタキ						1																			
240	イソヒヨドリ		2	2	2	3		4	2	3	2	3	1	2	3		2	6	2	7	2	5	8	4	8	6
241	トラツグミ																									
246	アカハラ																									
247	シロハラ																									
248	マミチャジナイ																									
249	ノドグロツグミ																									
250	ツグミ																									
251	ヤブサメ																									
252	ウグイス																									
253	チョウセンウグイス																								1	1
254	シベリアセンニュウ							1			2	1	1			1		1								
255	シマセンニュウ													1												
256	ウチヤマセンニュウ																									
257	マキノセンニュウ						1																			
258	コヨシキリ																									
259	オオヨシキリ													1				1		1						
260	ムジセッカ																									
261	モウコムジセッカ																									
263	キマユムシクイ						1	3	3		1	1	3			1	2	1			1	1				
265	メボソムシクイ				2	4	5	4		2		2		1		8	10	9	4	1	4	3	9	7	3	11
266	エゾムシクイ																									1
267	センダイムシクイ															1										
270	セッカ		39	30	15	16	28	35	22	22	15	25	33	32	25	25	15	18	16	17	13	15	33	14	13	14
271	マミジロキビタキ							1																			
272	キビタキ																									
273	ムギマキ																									
275	オオルリ																					1	2			
276	サメビタキ						1	1																		2
277	エゾビタキ					1	2			4	2	2	1	13			3	5	9	2	3	14	3	24	8	2	21
278	コサメビタキ											1					2									1
279	サンコウチョウ		1	1		2		1				1	1							2		1				2
280	メジロ		37	50	15	116	29	70	18	19	50	50	136	30	40	95	25	80	25	25	40	30	20	50	117	50
283	コジュリン																									
285	ホオアカ																									
286	コホオアカ															3			2		1		1			
288	カシラダカ																									
289	ミヤマホオジロ																									
291	シマノジコ																									
292	ズグロチャキンチョウ																									
293	チャキンチョウ																									
294	ノジコ																									
295	アオジ																									
296	クロジ																									
297	シベリアジュリン																									
298	ツメナガホオジロ																									
299	ユキホオジロ																									
300	アトリ																									
302	マヒワ																									
303	アカマシコ																									
304	コイカル																									
305	イカル												1													
306	シメ																1									
307	シマキンパラ																									
309	スズメ		300	550	350	500	500	550	650	550	650	300	650	600	600	700	600	700	350	350	500	500	950	800	1100	1080
310	ギンムクドリ																2									
311	シベリアムクドリ																								1	
312	コムクドリ										2												9		16	21
313	カラムクドリ						1											13		4						1
314	ホシムクドリ																									
315	ムクドリ																									
317	ジャワハッカ							1			2	4	5	1	1	1		8	1	4		1	2	1	1	1
318	コウライウグイス						1				2															
320	カンムリオウチュウ																									
321	ハイイロオウチュウ																									
	個体数合計		1342	1678	1310	2385	1799	2705	2064	1315	1963	1001	1790	1721	3577	2098	1351	1984	1386	3142	2027	2745	4374	3528	4356	5045
	種類数合計		35	47	34	39	46	53	54	41	50	43	53	41	38	49	43	48	46	46	50	42	61	43	43	57

No.	種名 / 調査日	9/3	9/4	9/5	9/6	9/7	9/8	9/9	9/10	9/11	9/12	9/13	9/14	9/15	9/16	9/17	9/18	9/19	9/20	9/21	9/22	9/23	9/24	9/25	9/26
A	インドジャク		1				2	2			1	2														
B	カワラバト	○	○	○	○	○	○	○	○	○	○	○	○	○	○	○	○	○	○	○	○	○	○	○	○
C	ハシブトガラス		2	1		1	1	1		3	1	1	2	3		1	3		1		1	1	2		

2005年秋-4

No.	種名	9/27	9/28	9/29	9/30	10/1	10/2	10/3	10/4	10/5	10/6	10/7	10/8	10/9	10/10	10/11	10/12	10/13	10/14	10/15	10/16	10/17	10/18	10/19	10/20
	天候	曇	晴	晴	晴	曇	曇	晴	晴	晴	晴	晴	雨	曇	曇	曇	晴	曇	晴	曇	曇	曇	晴	晴	雨
	気温	24	25	25	26	26	26	26	27	25	26	25	25	24	24	25	25	26	24	25	24	24	23	25	25
	風	弱	中	中	中	強	強	中	中	弱	弱	弱	中	中	強	中	中	中	強	強	強	強	強	強	中
1	カイツブリ													1	2	3		3		4			3	3	2
4	アナドリ																								
5	オオミズナギドリ														1										
6	オナガミズナギドリ					12																			
7	アカアシミズナギドリ																								
10	カツオドリ																								
12	アカアシカツオドリ																								
13	カワウ													1			1		1						
14	ウミウ																								
17	サンカノゴイ						1		1																
18	ヨシゴイ																				1				
19	オオヨシゴイ																								
20	リュウキュウヨシゴイ																								
24	ゴイサギ	1	3	1			2	6	6	2	3	4	2	3	4	5	2	1	3	1	6	1	2		1
25	ササゴイ	1		2				1	1				1	2					1				1	1	1
26	アカガシラサギ									1			2		2	1		1		2				1	2
27	アマサギ	330	100	280	80	72	250	190	240	60	100	70	200	430	300	250	250	50	200	70	100	100	20	30	210
28	ダイサギ	2	5		4	3	11	2	4	7	3	2	22	24	6	10	9	7	28	2	12	5	4	6	10
29	チュウサギ	3	14	1		10	9	26	8	13	16	7	40	25	14	10	7	8	23	10	12	3	19	7	6
30	コサギ	5	27	6	2	10	10	16	8	16	6	3	22	27	33	8	14	8	21	6	15	3	17	16	21
31	カラシラサギ																								
32	クロサギ														3		2	1	1			1			
33	アオサギ	2	3	2	1		2	2	4	4	1	2	1	5	2	9	2	2	5	18	5	4	4	17	2	11
34	ムラサキサギ																								
35	ナベコウ																								
36	クロツラヘラサギ																								
37	コクガン																								
42	オシドリ													1											
43	マガモ																								
44	カルガモ	3	5	3	6		6	2	3	2	1	4	5	5	4	8	1	2	5		6		4		3
46	コガモ			5	15	9	8		7				7	1		6		8		8	2		1		
47	トモエガモ																								
48	ヨシガモ																								
50	ヒドリガモ																								2
51	オナガガモ			2	12					9						1						3	3		
52	シマアジ																								
53	ハシビロガモ																								
54	ホシハジロ																								
55	キンクロハジロ																								
56	スズガモ																								
57	ミサゴ	1				1							4	1	3	2	1	3	1	3	1	2		2	2
58	ハチクマ													1		1	1		1		2	1			
59	トビ																								
60	オオタカ																								
61	アカハラダカ	6	6		2			2	1		1	1	14	3	4	9	5	5	3		6	1	2	1	1
62	ツミ		3		1			2	1				4	1	3	1	1	3	7		8	1	2		1
63	ハイタカ																		1		2				1
64	オオノスリ																		1						
65	ノスリ																		1						
66	サシバ													1				4	1	1		1	5	6	6
67	ハイイロチュウヒ																								
69	チュウヒ																								
70	ハヤブサ		1	1	2	1			1			2			2	2				2			1	2	2
71	チゴハヤブサ			1													1			1			1		
73	アカアシチョウゲンボウ												1												
74	チョウゲンボウ	2	8	6	4	3	6	2	4	1	3	3	7	5	7	8	12	10	12	7	15	7	12	17	9
75	ウズラ																								
76	ミフウズラ			2					2	1															
77	ナベヅル																								
79	オオクイナ																				1		1		
80	ヒメクイナ																								
81	ヒクイナ	4	4	4	4		3	3	4	5	3	5	3	2	2	1	1	1		1	2				3
82	シロハラクイナ	2		1				3	5	1			1		2		3	2	1	1	1		2		1
83	バン										1										1		1		4
84	ツルクイナ																								
85	オオバン		1		1																	1			
86	レンカク																								
89	コチドリ		4	3	1		4	3	4	3	7			9	3	4	3	5		3		3	2	5	12
90	シロチドリ		6						3							3	2		12	1	24		1		19
91	メダイチドリ																		1						
92	オオメダイチドリ																								
94	ムナグロ	6	7	1	8	17	34	13	8	23	1		7	6	44	9	14	20	32	1	32	1	1	22	76
95	ダイゼン					1																			1
97	タゲリ																								
98	キョウジョシギ																1				1	1			
99	ヨーロッパトウネン																								
100	トウネン																				1				

2005年秋-5

No.	種名	9/27	9/28	9/29	9/30	10/1	10/2	10/3	10/4	10/5	10/6	10/7	10/8	10/9	10/10	10/11	10/12	10/13	10/14	10/15	10/16	10/17	10/18	10/19	10/20
	天候	曇	晴	晴	晴	曇	曇	晴	晴	晴	晴	晴	雨	曇	曇	曇	晴	晴	曇	曇	曇	晴	晴	晴	雨
	気温	24	25	25	26	26	26	26	27	25	25	25	24	24	25	25	25	26	24	25	24	24	23	25	25
	風	弱	中	中	中	強	強	中	弱	弱	弱	中	弱	中	中	強	中	強	強	強	強	強	強	強	中
101	ヒバリシギ	3	4	5	2	5		3	1	1	1	1	3			3		2	2						
102	オジロトウネン								1		1	1					1								
105	ウズラシギ																1		1				1	2	1
106	ハマシギ										1		1			1	2		2	2					2
110	ミユビシギ																								
114	ツルシギ																								
115	アカアシシギ																								
116	コアオアシシギ					3			1	1	1	1		2	2	2		2		2					2
117	アオアシシギ	1	1	1	1	4	4	4		2	1	1	1		2	3		1	1	3	2	1	3		1
118	クサシギ		2	1	1	2		2		4	1		4		4		2	2	3	1	4	3	5		2
119	タカブシギ	10	13	8	21	16	21	18	9	11	9	10	16	3	7	3	8	18	12	6	13	14	11	9	15
121	キアシシギ		1			1					1	1		2										1	1
122	イソシギ	2	6	4	3	10	12	5	3	5		4	5	4	9	3	5	2	3		3	1	2	2	4
123	ソリハシシギ																								
126	ダイシャクシギ																								
128	チュウシャクシギ			2	4													5							
130	ヤマシギ																				2	1			
131	アマミヤマシギ																								
132	タシギ	4	1	3	7	4		5	1	5	2	1	3	1		2	2	3	2	1	1		2		
133	ハリオシギ					1																			
134	チュウジシギ	1											1												
135	オオジシギ					1																			
137	セイタカシギ		2			3	3	1		5			2	2	12	5	3	4	12	4	11	4	10	2	5
139	アカエリヒレアシシギ																								
140	ツバメチドリ																								
143	ユリカモメ																						1	1	
147	ウミネコ																								
150	ハジロクロハラアジサシ		1											2		1	4								
151	クロハラアジサシ		17			11				3				13	50	35	20	16		8		6		3	
152	オニアジサシ																								
153	オオアジサシ																								
154	ハシブトアジサシ																								
155	アジサシ													1	4		4		4		3		1		
156	ベニアジサシ																								
157	エリグロアジサシ																								
160	コアジサシ			1												1	1								
161	クロアジサシ						3																		
162	カラスバト					1																			
164	ベニバト											1		1											
165	キジバト	30	40	30	20	20	30	91	20	80	50	20	20	30	20	60	20	40	30	30	20	10	15	10	20	80	60
166	キンバト	2	3			2		1				1	1				1								
167	ズアカアオバト		1																						
169	ジュウイチ											1													
171	カッコウ						1																		
172	ツツドリ			1								1													
173	ホトトギス																		1						
178	リュウキュウコノハズク	3	4	5	4	2	2	8	8	5	3		8		2	4	7	3	2	2		3	4	1	3	2
180	アオバズク			1			3	4	2	3															
181	ヨタカ					1																			
182	ヒマラヤアナツバメ																								
183	ハリオアマツバメ	1	4				3				1														
184	ヒメアマツバメ																								
185	アマツバメ										1	1							2						
188	アカショウビン				1																				
190	カワセミ	2	1	2		1		2	1		1			1		1					1			1	
191	ブッポウソウ		1				1																		
194	ヒメコウテンシ																								
196	ヒバリ																								
197	ショウドウツバメ																								
198	タイワンショウドウツバメ																								
199	ツバメ	600	1400	1000	630	100	550	180	930	760	360	410	1100	1500	1000	500	390	450	1300	2000	1800	1700	450	500	800
201	コシアカツバメ							2		2		1	6		4	2	2	1		2				1	2
203	イワツバメ											2							1						
205	ツメナガセキレイ	160	80	150	342	200	620	170	70	100	160	540	350	500	350	40	70	120	50	50	100	40	20	80	180
207	キセキレイ	10	22	4	14	25	21	25	55	13	28	31	34	22	24	26	17	32	14	6	26	11	10	11	19
208	ハクセキレイ					2	1							2	1	1	6	8	1	1	11	2	6	5	18
209	マミジロタヒバリ		1		1						2									1	5		11	6
210	コマミジロタヒバリ																								
213	ビンズイ																								
214	セジロタヒバリ			1				2	1	5	4	5	1		1	2	3	1	1		1	2			
215	ムネアカタヒバリ											1				1	1		3		2	7	4
216	タヒバリ																								
217	サンショウクイ	16	6	5	2	3	2	2	9	1				4	1										
218	シロガシラ	50	90	120	160	100	140	129	130	120	80	260	80	80	140	250	280	100	60	100	100	200	80	90	170
219	ヒヨドリ	70	180	80	30	80	70	161	100	90	80	50	90	40	330	120	50	40	130	25	100	80	80	60	40
222	アカモズ	61	51	46	36	43	16	59	56	61	32	28	25	21	81	30	56	42	15	16	39	63	22	23	27
228	アカヒゲ		1	1		9		12	1	14		12	6		1		1	12	18		17	1	23	15	1

2005年秋-6

No.	種名	9/27	9/28	9/29	9/30	10/1	10/2	10/3	10/4	10/5	10/6	10/7	10/8	10/9	10/10	10/11	10/12	10/13	10/14	10/15	10/16	10/17	10/18	10/19	10/20
	天候	曇	晴	晴	晴	曇	曇	晴	晴	晴	晴	晴	雨	曇	曇	曇	晴	曇	晴	曇	曇	晴	晴	晴	雨
	気温	24	25	25	26	26	26	26	27	25	25	25	24	24	25	25	25	26	24	25	24	24	23	25	25
	風	弱	中	中	中	強	強	中	中	弱	弱	弱	中	強	中	中	強	中	強	強	強	強	強	強	中
229	ノゴマ																								
230	オガワコマドリ																								
231	ルリビタキ																								
233	ジョウビタキ																					1			
234	ノビタキ													2		1				1		2			
240	イソヒヨドリ	3	7	5	9	3	9	1	3	6	8	9	9	2	13	6	7	4	2		5	4	2	3	5
241	トラツグミ																								
246	アカハラ																								
247	シロハラ																								
248	マミチャジナイ																								
249	ノドグロツグミ																								
250	ツグミ																								
251	ヤブサメ																								
252	ウグイス																								
253	チョウセンウグイス	1		2	1																				
254	シベリアセンニュウ		2				2		1	4	2	1	4	4	6	4		2	1	4	3	1	2		
255	シマセンニュウ											2	1												
256	ウチヤマセンニュウ																								
257	マキノセンニュウ																								
258	コヨシキリ																								
259	オオヨシキリ	5	1	11			3	2		3	2	4		5	1		2		1						
260	ムジセッカ						2					2		1		1		1		1				1	4
261	モウコムジセッカ																								
263	キマユムシクイ	1	1	2		2	3			1				2		1				3	2	1	1		
265	メボソムシクイ	9	6	6		2	2	5	3	8	11	10	15	9	13	8	6	5	5	3	7	4	2		1
266	エゾムシクイ																								
267	センダイムシクイ																								
270	セッカ	19	14	13	11	11	6	17	18	17	13	8	8	5	4	5	7	8	2	3	3	6	3	3	1
271	マミジロキビタキ																								
272	キビタキ																								
273	ムギマキ																								
275	オオルリ		1												2										
276	サメビタキ		1												1					1					
277	エゾビタキ	1	13	1		1	4	4	4	5		5	2	1	2	5	1	2							
278	コサメビタキ	1		1	1			1							1				3						
279	サンコウチョウ																								
280	メジロ	30	60	20	10	10	15	52	30	20	10	20	30	10	10	30	20	10	30	20	10	30	10	10	10
283	コジュリン																								
285	ホオアカ																								
286	コホオアカ																				1		1		
288	カシラダカ																								
289	ミヤマホオジロ																								
291	シマノジコ								1																
292	ズグロチャキンチョウ																								
293	チャキンチョウ																								
294	ノジコ																								
295	アオジ													1											
296	クロジ																								
297	シベリアジュリン																								
298	ツメナガホオジロ																								
299	ユキホオジロ																								
300	アトリ																1			2					
302	マヒワ																								10
303	アカマシコ														4										
304	コイカル																			1					
305	イカル		1																						
306	シメ																								
307	シマキンパラ																								
309	スズメ	400	500	600	500	900	500	700	400	600	800	700	850	900	1100	650	850	1050	850	750	750	550	450	550	550
310	ギンムクドリ																								
311	シベリアムクドリ																								
312	コムクドリ	2		2			2		32	1		8	40	292	30	530	1								
313	カラムクドリ					7		11	1																
314	ホシムクドリ																2					4			
315	ムクドリ												3		5			2							
317	ジャワハッカ	2			1			2		4			7		12	4	13	13	2		15	14	1	1	
318	コウライウグイス																								
320	カンムリオウチュウ																	1							
321	ハイイロオウチュウ							1	1																
	個体数合計	1869	2736	2454	1951	1725	2381	1958	2212	2108	1795	2283	3366	3765	4234	2120	2214	2108	2948	3113	3352	2876	1373	1605	2354
	種類数合計	45	54	47	40	47	38	49	47	50	45	47	60	45	61	61	54	52	56	33	70	44	55	48	57

No.	種名 / 調査日	9/27	9/28	9/29	9/30	10/1	10/2	10/3	10/4	10/5	10/6	10/7	10/8	10/9	10/10	10/11	10/12	10/13	10/14	10/15	10/16	10/17	10/18	10/19	10/20
A	インドクジャク							1																1	
B	カワラバト	○	○	○	○	○	○	○	○	○	○	○	○	○	○	○	○	○	○	○	○	○	○	○	○
C	ハシブトガラス	1	1	1	2	1		1	1	1				2	1	2	2		1		2	2	1	1	2

2005年秋-7

No.	種名	期日 天候 気温 風	10/21 晴 24 中	10/22 雨 24 強	10/23 曇 24 中	10/24 雨 25 中	10/25 雨 25 弱	10/26 曇 24 弱	10/27 晴 25 弱	10/28 晴 23 弱	10/29 雨 23 中	10/30 雨 23 中	10/31 曇 22 中	11/1 曇 24 中	11/2 晴 23 弱	11/3 晴 24 弱	11/4 晴 23 弱	11/5 晴 25 弱	11/6 曇 23 弱	11/7 晴 24 弱	11/8 晴 25 弱	11/9 晴 23 弱	11/10 晴 24 弱	11/11 晴 25 強	11/12 雨 24 弱	11/13 晴 24 弱
1	カイツブリ		2	4	4	11	12	8		10	8	7	10	9	16	15	20	15	10	6		14		10		10
4	アナドリ																									
5	オオミズナギドリ			11																						
6	オナガミズナギドリ																									
7	アカアシミズナギドリ																									
10	カツオドリ			3						8																
12	アカアシカツオドリ																									
13	カワウ															2		1			3		1			
14	ウミウ					2																				
17	サンカノゴイ																	1								
18	ヨシゴイ				1		1																1			
19	オオヨシゴイ																						1			
20	リュウキュウヨシゴイ																									
24	ゴイサギ		2	2	1	1	6	4	3	5	3	2		2	2			2		1	2	1	2	1	1
25	ササゴイ		1				1	1		1		1	1							1	1	1		1		
26	アカガシラサギ			1	3					1		3	2		1	1	1				2					
27	アマサギ		100	150	130	50	60	250	50	150	60	180	80	80	140	120	50	70	90	50	60	100	30	80	70	11
28	ダイサギ		15	8	69	15	8	16	3	5	3	10	5	24	13	5	9	2	4	9	2	8	4	4	11	2
29	チュウサギ		13	5	13	7	6	13	2	16	5	10	12	10	9	15	5	3	2	10	8	16	2	8	10	3
30	コサギ		14	13	16	27	9	28	2	21	10	18	10	56	31	18	6	25	8	15	5	15	5	13	7	3
31	カラシラサギ																									
32	クロサギ									2	1										1					1
33	アオサギ		5	18	12	18	11	15	2	8	5	29	22	29	20	2	14	1	1		3	4		21	6	18
34	ムラサキサギ																								1	
35	ナベコウ																									
36	クロツラヘラサギ													3	4		3	4	1			2				1
37	コクガン																									
42	オシドリ																									
43	マガモ																									
44	カルガモ		2	6	1	10	1	5	1	6	25	15	1	6	1	2	2	4	3	3	1	3	5	1	7	3
46	コガモ		4	34	66	23	170	73		88	74	160	84	80	32	10	10	160	4	50		57	8	34		59
47	トモエガモ						1																			
48	ヨシガモ																									
50	ヒドリガモ		2	2	2	10	14	18		19	23	21	27	20	19	21	20	30	16	18		19		16		14
51	オナガガモ				4		12	3		5	2	14	13	10	6	10	10	15	13			9		10		12
52	シマアジ					1																				
53	ハシビロガモ				1						2	2					1				1					
54	ホシハジロ					1	1			1	1	1	1	1	1	1	1	1	1		1		3		3
55	キンクロハジロ									1	1		1		2	1	1	1	1		1		1	1		2
56	スズガモ			1		1																				
57	ミサゴ		3	4	4	1		4		3	3	4	3	3	3	1	4	3	1	2		2		2	1	2
58	ハチクマ		1		2																					
59	トビ							1																		
60	オオタカ							1					1													
61	アカハラダカ		1	2	2	3	2	1		1		1														
62	ツミ				1	1		1		2			2		1		1	1		1	1	2			1	1
63	ハイタカ										1			1			1	1		1	1	1	1		1	1
64	オオノスリ																				1	1				
65	ノスリ																									
66	サシバ		15	1	4	11	2	3	2	4	1	1	3		1		4	2		2	2	2	1	5		1
67	ハイイロチュウヒ													1	1											
69	チュウヒ																									1
70	ハヤブサ		2	1	1		1		1		1				2	1	3	3			3	2	2		2	2
71	チゴハヤブサ																									
73	アカアシチョウゲンボウ																									
74	チョウゲンボウ		16	18	10	12	11	12	10	18	2	2	8	8	8	3	9	8	9	7		5	11	6	7	6	6
75	ウズラ																									
76	ミフウズラ		1				2													1						
77	ナベヅル																									
79	オオクイナ						2		1									1	2	2	1	1	1	1		1
80	ヒメクイナ				1			1																		
81	ヒクイナ		5	1	1		3	3	1	2		6		1	2	3	3	1	3	4	2	3	6	4	4	2	6
82	シロハラクイナ		1				3	1		2			1		3	1	3	3	1	3			4	1	1		1
83	バン		1	3	1	8	1	2	1	4	8	3	4	13	20	16	17	14	11	15	2	19	1	15	1	18
84	ツルクイナ																									
85	オオバン									1	2	2	2	2	2	2	2	2	2	2		2		2		2
86	レンカク																									
89	コチドリ		6	4	2	8	6	3	1	11	7	7	5	12	14	6	3	8	7	7	1	12		7		8
90	シロチドリ		11	3	25	11	6	1		7	4	8	13	6	9		5	2		5		7		6		3
91	メダイチドリ		1		5			2		3			1													
92	オオメダイチドリ																									
94	ムナグロ		41	40	69	123	65	1	1	8	12	33	26	18	47	4	63	51	14	58	9	62	13	48	48	70
95	ダイゼン													1												
97	タゲリ				1	2	2	2				2	2	11		1	11	1								
98	キョウジョシギ																									
99	ヨーロッパトウネン				1		1			1	1		1													
100	トウネン				2		1			1																

2005年秋-8

No.	種名	10/21	10/22	10/23	10/24	10/25	10/26	10/27	10/28	10/29	10/30	10/31	11/1	11/2	11/3	11/4	11/5	11/6	11/7	11/8	11/9	11/10	11/11	11/12	11/13
	天候	晴	雨	曇	雨	雨	曇	晴	晴	雨	雨	曇	晴	晴	晴	晴	晴	晴	曇	曇	晴	晴	晴	雨	晴
	気温	24	24	24	25	25	24	25	23	23	23	22	24	23	24	23	25	23	24	25	23	24	25	24	24
	風	中	強	中	中	弱	弱	弱	弱	弱	中	中	中	中	弱	弱	弱	弱	弱	弱	弱	弱	弱	強	弱
101	ヒバリシギ	2				2												1							
102	オジロトウネン							1		1					1	1									
105	ウズラシギ											1	1		1	1	1	1	2						
106	ハマシギ	1		7	1	3			5	4	11	2	8	7	7	6		5		4			4		
110	ミユビシギ				1																				
114	ツルシギ													1											
115	アカアシシギ																								
116	コアオアシシギ							1																	
117	アオアシシギ					1		1		1		1	1	1	1	1			1	2	1	1	2	4	4
118	クサシギ		1				1		1										1	7		2			
119	タカブシギ	8	3	7	1	7			3	6	5		3	5	3		2	1			4				2
121	キアシシギ		1			1																			
122	イソシギ	2	2	1	3	2	2	1	3	5	3		1	1	1		7			1	1	3		2	1
123	ソリハシシギ																								
126	ダイシャクシギ																								
128	チュウシャクシギ																								
130	ヤマシギ				1	6	2					10	1	9	3	12	6			2	3	3	1		
131	アマミヤマシギ			1																					
132	タシギ	1		7	2		2	3		3						1			1			3			
133	ハリオシギ																								
134	チュウジシギ																								
135	オオジシギ							1																	
137	セイタカシギ	7		8	10	8	2	1	8	11	8	2	2	6	2	2			4	2					
139	アカエリヒレアシシギ																								
140	ツバメチドリ																								
143	ユリカモメ																								
147	ウミネコ																								
150	ハジロクロハラアジサシ																								
151	クロハラアジサシ					1			1		5		2												
152	オニアジサシ																								
153	オオアジサシ																								
154	ハシブトアジサシ																								
155	アジサシ																								
156	ベニアジサシ																								
157	エリグロアジサシ																								
160	コアジサシ																								
161	クロアジサシ																								
162	カラスバト																								
164	ベニバト												2				1				1				
165	キジバト	20	30	30	40	70	40	10	28	15	20	15	30	30	30		30	40	30	20	15	10	23	11	8
166	キンバト																		1		2				
167	ズアカアオバト																								
169	ジュウイチ																								
171	カッコウ																								
172	ツツドリ																								
173	ホトトギス																								
178	リュウキュウコノハズク	5	2	3		5	5	4	11		6	2	1	3	3	5	3	4	5	7	4	3	5	6	7
180	アオバズク					3									2		2	2	1					2	
181	ヨタカ													2	1						1	1			2
182	ヒマラヤアナツバメ																								
183	ハリオアマツバメ																								
184	ヒメアマツバメ																								
185	アマツバメ																								
188	アカショウビン																								
190	カワセミ	1	1	1	1	1		1	1					1			1	1	1		1				
191	ブッポウソウ																								
194	ヒメコウテンシ																					1			
196	ヒバリ								1					2	7	10	7	3	3		1	1			
197	ショウドウツバメ				2	1						5	3	2	2	2	2								
198	タイワンショウドウツバメ																								
199	ツバメ	800	650	350	100	400	650	200	200	200	25	40	80	120	30	60	30		20	20	30	20	30	10	18
201	コシアカツバメ	17	3	15	25	5	13		1	12			80	2	2	2	1		1	5	5				
203	イワツバメ					1						90	10		18	3				5	11	2	11		25
205	ツメナガセキレイ	90	40	50	100	60	40	50	80	90	60	70	60	90	30	20	40	5		11			6	1	
207	キセキレイ	11	8	21	16	12	16	11	11	16	21	21	29	12	9	15	9	11	12	8	19	8	17	7	4
208	ハクセキレイ	5	4	14	8	5	2	2	1	4	9	4	3	4	3	8	13		3	2	2				2
209	マミジロタヒバリ	10	3	8	15	2	8	16	2		7	12		14	1		19	6	4	6	13	12	8	7	4
210	コマミジロタヒバリ																				1	1			
213	ビンズイ				2	4																3			
214	セジロタヒバリ					3	1																		
215	ムネアカタヒバリ	7	2	72	4	6	12	11	5	5	23	25	16	20	22	9	7	8	4	1	1	1	41	8	
216	タヒバリ												1	1											
217	サンショウクイ																								
218	シロガシラ	160	270	200	100	100	110	70	111	400	350	60	110	120	360	130	350	370	180	80	100	320	120	340	100
219	ヒヨドリ	1200	50	50	80	30	80	80	98	30	20	30	40	230	40	50	40	60	110	50	70	70	125	40	50
222	アカモズ	42	12	29	22	41	43	23	24	16	9		21	38	30	34	15	25	19	19	21	21	4	6	5
228	アカヒゲ	1	11	13	6		23		48			21	13	6	29	31	9	6	27		36	18	31		28

2005年秋-9

No.	種名	期日	10/21	10/22	10/23	10/24	10/25	10/26	10/27	10/28	10/29	10/30	10/31	11/1	11/2	11/3	11/4	11/5	11/6	11/7	11/8	11/9	11/10	11/11	11/12	11/13
		天候	晴	雨	曇	雨	雨	曇	晴	晴	雨	雨	曇	曇	晴	晴	晴	晴	晴	曇	曇	晴	晴	晴	雨	晴
		気温	24	24	24	25	25	24	25	23	23	23	22	24	23	24	23	25	23	24	25	23	24	25	24	24
		風	中	強	中	中	弱	弱	弱	弱	弱	中	中	中	中	弱	弱	弱	弱	弱	弱	弱	弱	弱	強	弱
229	ノゴマ																1	3	4	1	2		3	7	5	10
230	オガワコマドリ								1																	
231	ルリビタキ																			1						
233	ジョウビタキ					1	2	1	1			1	5	3		2	4	5	1	5	3	1	7	15	6	4
234	ノビタキ			1	1	2			1		2		1													
240	イソヒヨドリ		13	3	9	4	2	4	4	5	5	3	6	4	16	2	10	7	3	4	4	5		3	5	2
241	トラツグミ																									
246	アカハラ																									
247	シロハラ							1	1																	
248	マミチャジナイ																									
249	ノドグロツグミ																1		1							
250	ツグミ														1	1										
251	ヤブサメ							2		8			4			7	4			9		5	6	9		9
252	ウグイス																								1	
253	チョウセンウグイス							1		1						2	3		2	5	4	2	2		1
254	シベリアセンニュウ		4	2	3	1	6	2	3	3	4	3	2	3	3	2	2	3	3	2	2	2	3	3	2	3
255	シマセンニュウ		1	1	1													2				1	1			
256	ウチヤマセンニュウ																									
257	マキノセンニュウ																									
258	コヨシキリ							1						1												
259	オオヨシキリ		1		1		2	2	4		14	3	2	4	7	6	1	2	4	3	2	2	2	3	1	2
260	ムジセッカ		2	1		1			3	1	2		1	1	2	4	2	4	7	3	1	8	3	2	1	1
261	モウコムジセッカ																						1		1	
263	キマユムシクイ		2	1	1	2	1	8	1	5			1		4	1	5	2	1		10	1	9	3	10		5
265	メボソムシクイ		1	1	1		2	3		1	1	1			1					3	1	2				6
266	エゾムシクイ																					1				
267	センダイムシクイ																									
270	セッカ		3	2	9	4	4	6	8	4	9	5	4	9	10	7	3	10	9	11	7	10	6	14	4	4
271	マミジロキビタキ																									
272	キビタキ																							1		
273	ムギマキ																							1		
275	オオルリ																									
276	サメビタキ																	1								
277	エゾビタキ					1	1																			
278	コサメビタキ																	1								
279	サンコウチョウ																									
280	メジロ		20	40	20	10	10	30	10	22	15		10	15	30	20	30	15	15	15	45	13	30	10	45	12	22
283	コジュリン										1		1													
285	ホオアカ														2												
286	コホオアカ				1					14	15	1	10	14	19	4		1								1
288	カシラダカ																									
289	ミヤマホオジロ																									
291	シマノジコ																									
292	ズグロチャキンチョウ														1		1									
293	チャキンチョウ									1			1		1											
294	ノジコ														1					1						1
295	アオジ										2	4	5	2		1	1									
296	クロジ																									
297	シベリアジュリン													2												
298	ツメナガホオジロ				2																					
299	ユキホオジロ																									
300	アトリ				16	2	11	15	18			13	22	28	14	21	18		9					1		
302	マヒワ		5		82	6		3	150	2		8	140	90	120	52	17	4	4	20	130	38	11	34		
303	アカマシコ															1											
304	コイカル																									
305	イカル							1		1			3														
306	シメ																		1								
307	シマキンパラ																			2	1		2				
309	スズメ		500	350	800	1150	1400	400	400	650	500	850	700	950	500	550	650	900	750	1150	750	600	500	600	600	450
310	ギンムクドリ								1	1		1		5	4	4	3	1		1	5				23	
311	シベリアムクドリ																									
312	コムクドリ		1	3				2			3														1		
313	カラムクドリ		1					8			2		2			2	6		1			4			4	1
314	ホシムクドリ		1	1	5	7	1	2		10	2	4	9	10	4	2	3	3	3		2				1	
315	ムクドリ			5	8	10				13	8	12	2	6	7	5	5	12	5					1	3	
317	ジャワハッカ		11		13	12	2					2		1			8	3	9	14	13		17	12		
318	コウライウグイス																									
320	カンムリオウチュウ																									
321	ハイイロオウチュウ																									
	個体数合計		3221	1840	2312	2108	2644	2025	1169	1779	1690	2050	1697	2094	1871	1624	1457	2038	1605	1954	1286	1477	1146	1515	1300	1049
	種類数合計		60	56	66	59	70	68	46	68	66	59	71	69	73	75	73	70	66	57	54	75	50	67	48	62

No.	種名 / 調査日	10/21	10/22	10/23	10/24	10/25	10/26	10/27	10/28	10/29	10/30	10/31	11/1	11/2	11/3	11/4	11/5	11/6	11/7	11/8	11/9	11/10	11/11	11/12	11/13
A	インドクジャク													1			1								
B	カワラバト	○	○	○	○	○	○	○	○	○	○	○	○	○	○	○	○	○	○	○	○	○	○	○	○
C	ハシブトガラス	2	2	2	2	2			1	1		1		1		1	2	1	1	2	1	2	2	2	2

2005年秋-10

No.	種名	期日 天候 気温 風	11/14 曇 24 強	11/15 雨 24 強	11/16 曇 20 強	11/17 曇 20 強	11/18 曇 19 強	11/19 曇 20 強	11/20 雨 21 強	11/21 曇 21 中	11/22 雨 20 中	11/23 曇 22 中	11/24 曇 20 中	11/25 曇 20 弱	11/26 曇 20 強	11/27 曇 21 弱	11/28 晴 22 強	11/29 曇 21 中	11/30 曇 20	合計
1	カイツブリ		10	13	6	16	14		2	7	11	11		3	5		3		6	329
4	アナドリ																			2
5	オオミズナギドリ																			22
6	オナガミズナギドリ																			167
7	アカアシミズナギドリ																			1
10	カツオドリ																			17
12	アカアシカツオドリ																			1
13	カワウ			3		2				2				3	1		1		3	25
14	ウミウ																			2
17	サンカノゴイ																			4
18	ヨシゴイ																1	1		6
19	オオヨシゴイ																			1
20	リュウキュウヨシゴイ															1				1
24	ゴイサギ		2		1		1							2	1	1	1	1		145
25	ササゴイ		1		1		1											1	1	35
26	アカガシラサギ					1		3	1			1	1		1				4	41
27	アマサギ		46	110	60	60	38	60	12	23	37	90	39	117	130	129	52	60	40	10371
28	ダイサギ		6	11	14	11	8	4	5	9	11	8	5	10	5	3	11	4	6	648
29	チュウサギ		14	15	15	7	8	6	5	9	15	9	7	19	16	7	28	8	27	782
30	コサギ		8	21	17	6	5	9	3	13	7	14	3	27	12	5	18	4	10	1188
31	カラシラサギ																			4
32	クロサギ		1	1						1	2			2	2		1			36
33	アオサギ		7	37	37	7	25		15	21	24	14	1	19	12		11		11	684
34	ムラサキサギ						1													3
35	ナベコウ						1													1
36	クロツラヘラサギ		1	2		2	2			2	2	1		1	1		1		1	34
37	コクガン											1								1
42	オシドリ																			1
43	マガモ						21							6						27
44	カルガモ		2	7	3	6	46	3		3	2	2	2	7	2	7	2	1		404
46	コガモ		82	80	10	95	84	15		53	92	112	45	157	150	10	120		120	2583
47	トモエガモ																			1
48	ヨシガモ										1									1
50	ヒドリガモ		13	20	24	26	16			25	45	25	2	35	19		25		19	627
51	オナガガモ		12	5	10	16	30			100	280	180		200	197		120		160	1488
52	シマアジ																			1
53	ハシビロガモ		2	2			2			9	7	5		11	5		4		9	63
54	ホシハジロ		4	4	3	3	3			3	3	3		3	3		1		1	54
55	キンクロハジロ		10	12	10	11	14			20	20	23		21	34		25		34	250
56	スズガモ		1	1	1		1			2	2			1	2				1	14
57	ミサゴ		3	3	3	4	6	2		2	2	2	3	4	4	3	1	2	3	131
58	ハチクマ																			10
59	トビ																			1
60	オオタカ						1							1	1					5
61	アカハラダカ						2													4950
62	ツミ				4	3	1	1						2						81
63	ハイタカ		1			1	1	1			1				1				1	23
64	オオノスリ													1	1					7
65	ノスリ				1						1			1						4
66	サシバ		3			1	1					3	5	4	2	1			2	120
67	ハイイロチュウヒ																			3
69	チュウヒ				1		2													4
70	ハヤブサ		2	1			4		2	1	1	1			2	1	1	1		65
71	チゴハヤブサ																			7
73	アカアシチョウゲンボウ																			2
74	チョウゲンボウ		11	5	4	6	11	7		4	3	8	12	14	7	7	10	3	8	536
75	ウズラ																			1
76	ミフウズラ				1						1				1					19
77	ナベヅル					1	1	1		1	1	1	1	1	1	1	1	1	1	14
79	オオクイナ										1								1	19
80	ヒメクイナ										1									3
81	ヒクイナ		3				1			1		3	2	1	5		3	1	4	201
82	シロハラクイナ		5					1		1	1	2	2	1	1				5	111
83	バン		18	28	10	17	18	2		14	22	23	8	17	14	4	12	7	18	439
84	ツルクイナ		1																	1
85	オオバン		2	2	2	2	2			2	2	2		4	4		4		4	67
86	レンカク																			1
89	コチドリ		7	4		11	5			9				10	10	2			7	460
90	シロチドリ		9	18	5	20	19	1		18	17			14	9		24	12		381
91	メダイチドリ			1	2	2	2			2	3									35
92	オオメダイチドリ																			1
94	ムナグロ		23	83		63	62			31	24	32	39	67	18	61	69		68	2233
95	ダイゼン																			4
97	タゲリ		2			23		10			30	30	33	14	10		6			194
98	キョウジョシギ																			5
99	ヨーロッパトウネン																	1		8
100	トウネン																			69

2005年秋-11

No.	種名	11/14	11/15	11/16	11/17	11/18	11/19	11/20	11/21	11/22	11/23	11/24	11/25	11/26	11/27	11/28	11/29	11/30	合計
	天候	曇	雨	曇	曇	曇	曇	雨	曇	雨	曇	曇	曇	曇	曇	晴	曇	曇	
	気温	24	24	20	20	19	20	21	21	20	22	20	20	20	20	21	22	21	20
	風	強	強	強	強	強	強	強	強	中	中	中	中	弱	強	弱	強	中	
101	ヒバリシギ																		181
102	オジロトウネン																		8
105	ウズラシギ	1				1													16
106	ハマシギ				7	18			11	4						4	5		138
110	ミュビシギ																		1
114	ツルシギ																		1
115	アカアシシギ																		23
116	コアオアシシギ																		28
117	アオアシシギ	2	2	1	1		3	4	2	2	2		2	1	1	5	2	2	129
118	クサシギ	1		2					1		1	1	1	1	1	2			84
119	タカブシギ									1									843
121	キアシシギ																		42
122	イソシギ			4	2	1			4	3	1	1		1	1	2	3	5	315
123	ソリハシシギ																		3
126	ダイシャクシギ																		2
128	チュウシャクシギ																		20
130	ヤマシギ	2		3	3	1	3	2	2			2	2		1	3	1		87
131	アマミヤマシギ																		1
132	タシギ		1		2			8		2		3		2					140
133	ハリオシギ																		2
134	チュウジシギ																		11
135	オオジシギ																		41
137	セイタカシギ		1						5									1	430
139	アカエリヒレアシシギ																		1
140	ツバメチドリ																		13
143	ユリカモメ															1			3
147	ウミネコ										1								1
150	ハジロクロハラアジサシ																		21
151	クロハラアジサシ																		215
152	オニアジサシ					1													1
153	オオアジサシ																		3
154	ハシブトアジサシ																		1
155	アジサシ																		31
156	ベニアジサシ																		1
157	エリグロアジサシ																		1
160	コアジサシ																		7
161	クロアジサシ																		3
162	カラスバト																		2
164	ベニバト																		7
165	キジバト	25	15	15	12	15	21	21	4	15	46	27	19	48	38	12	6	26	2949
166	キンバト																		29
167	ズアカアオバト																		20
169	ジュウイチ																		1
171	カッコウ																		1
172	ツツドリ																		2
173	ホトトギス																		3
178	リュウキュウコノハズク	2				1		1	2	4	3	4	6	6	5	3	2		335
180	アオバズク	2										1							35
181	ヨタカ				1		1	1							1				14
182	ヒマラヤアナツバメ																		1
183	ハリオアマツバメ																		25
184	ヒメアマツバメ				1														2
185	アマツバメ																		41
188	アカショウビン																		15
190	カワセミ	1	1	1	1			1	1			1		1					67
191	ブッポウソウ																		7
194	ヒメコウテンシ	1																	2
196	ヒバリ	2													3				39
197	ショウドウツバメ																		20
198	タイワンショウドウツバメ											1							1
199	ツバメ	20	16	6	18	11	6		5	4	10	9	5	8	3	1	1	15	36362
201	コシアカツバメ			1						2									225
203	イワツバメ		1				5												185
205	ツメナガセキレイ	8		3	10			8				16		4	6			21	13038
207	キセキレイ	12	7	16	15	9	28	6	14	8	9	15	7	9	9	11	5	21	1368
208	ハクセキレイ				6	12			4	4	2		9	5	5	2		4	217
209	マミジロタヒバリ	2			6	2	13					26		7	15	15	10	2	303
210	コマミジロタヒバリ																		2
213	ビンズイ	1					1	3				1		2					18
214	セジロタヒバリ																		38
215	ムネアカタヒバリ	7		2	7	6	3					7	1		1	1	7	3	374
216	タヒバリ			1	3							12	1						19
217	サンショウクイ																		780
218	シロガシラ	350	400	100	80	120	250	30	70	200	250	150	120	170	300	100	110	150	13556
219	ヒヨドリ	50	40	70	50	60	50	10	30	50	40	50	40	60	40	60	20	60	9114
222	アカモズ	13	2	6	6	7	12	1	2	3	5	29	16	21	13	18	2	23	2893
228	アカヒゲ	10		20	10	13	8	5	11				18	18	3	18	10	18	667

2005年秋-12

No.	種名	期日	11/14	11/15	11/16	11/17	11/18	11/19	11/20	11/21	11/22	11/23	11/24	11/25	11/26	11/27	11/28	11/29	11/30	合計
		天候	曇	雨	曇	曇	曇	曇	曇	雨	曇	雨	曇	曇	曇	曇	晴	曇	曇	
		気温	24	24	20	20	19	20	21	21	20	22	20	20	20	20	21	21	20	
		風	強	強	強	強	強	強	強	強	中	中	中	中	弱	強	弱	強	中	
229	ノゴマ		4	3	10	3	5	4	2	7	4	7	20	12	28	16	21	8	26	216
230	オガワコマドリ																			1
231	ルリビタキ																			1
233	ジョウビタキ		6	2	4	6	7	6	2	5	10	5	3	5	6	3	5	2	5	150
234	ノビタキ		1								2						1			19
240	イソヒヨドリ		1		3	3	4	2	2		7	3	2	9	4	3	11		6	387
241	トラツグミ		1																	1
246	アカハラ						1			1							1			3
247	シロハラ		13		5		2				1		1	3	1			1		29
248	マミチャジナイ		2			1									1					4
249	ノドグロツグミ																			2
250	ツグミ						1								2					5
251	ヤブサメ		1		7	4	3	7		3				9	5	3	4	3	6	118
252	ウグイス		1			1				2		2	2		5	3	5		6	28
253	チョウセンウグイス		1	1		2	1	2			2		2	3	2	4	4	1	6	61
254	シベリアセンニュウ		2	2	2	2	3	2		4	5	2	6	2	2	1		3	1	155
255	シマセンニュウ							1												12
256	ウチヤマセンニュウ									1										1
257	マキノセンニュウ																			1
258	コヨシキリ																			2
259	オオヨシキリ		1				1	2			1	3	3		4			1	3	130
260	ムジセッカ		1	1		1	3		1		2	2	2	3	3	1	2		7	98
261	モウコムジセッカ			1				1				1			2					7
263	キマユムシクイ		5		4	5	5	2		1			2	4	2	5	3	9	6	164
265	メボソムシクイ		3				1						5	2	3	1			1	271
266	エゾムシクイ																			2
267	センダイムシクイ																			1
270	セッカ		6	2	5	2	4	4		2	1	6	23	8	8	7	5	1	8	989
271	マミジロキビタキ																			1
272	キビタキ		1													1	1			4
273	ムギマキ																			1
275	オオルリ																			6
276	サメビタキ																			8
277	エゾビタキ																			172
278	コサメビタキ																			14
279	サンコウチョウ																			12
280	メジロ		14	10	14	8	15	6	7	6	2	3	12	7	21	8	16	7	18	2437
283	コジュリン																			2
285	ホオアカ																			2
286	コホオアカ					3														92
288	カシラダカ		3																	3
289	ミヤマホオジロ														1					1
291	シマノジコ																			1
292	ズグロチャキンチョウ																			2
293	チャキンチョウ																			3
294	ノジコ				3	3	3				1									13
295	アオジ		2			1	1						1							21
296	クロジ											1								1
297	シベリアジュリン																			2
298	ツメナガホオジロ																			3
299	ユキホオジロ							1			1	1								3
300	アトリ		6				40					1					1			239
302	マヒワ				1		2			3			16			1	3			952
303	アカマシコ																			5
304	コイカル																			1
305	イカル																			7
306	シメ		2		2											5				11
307	シマキンパラ																			5
309	スズメ		850	600	350	850	650	400	50	600	450	500	450	500	650	400	450	350	550	56130
310	ギンムクドリ		4	1	1		13	6	1	17	3		14	10	3	24			1	149
311	シベリアムクドリ																			1
312	コムクドリ										1									999
313	カラムクドリ																			69
314	ホシムクドリ		2											1						79
315	ムクドリ		1		1		1	1		1			1	3	4	3		1		129
317	ジャワハッカ		15		11	1	1	13		14	14	2	15	8	12	2	1	3	2	355
318	コウライウグイス																			3
320	カンムリオウチュウ																			1
321	ハイイロオウチュウ																			2
	個体数合計		1773	1598	920	1558	1500	986	210	1224	1481	1519	1133	1648	1826	1179	1352	675	1584	180703
	種類数合計		79	47	58	62	72	49	29	60	63	57	54	71	72	55	64	41	64	4832

No.	種名 / 調査日	11/14	11/15	11/16	11/17	11/18	11/19	11/20	11/21	11/22	11/23	11/24	11/25	11/26	11/27	11/28	11/29	11/30	合計
A	インドクジャク	1							1										14
B	カワラバト	○	○	○	○	○	○	○	○	○	○	○	○	○	○	○	○	○	
C	ハシブトガラス	2	2	2	2	3	2	1	3	1	1	1	1	1	1	1	1	3	109

2005年冬-1(2005年12月)

No.	種名	期日	12.1	12.2	12.3	12.4	12.5	12.6	12.7	12.8	12.9	12.10	12.11	12.12	12.13	12.14	12.15	12.16	12.17	12.18	12.19	12.20	12.21	12.22	12.23	12.24
		天候	曇	曇	曇	曇	曇	曇	雨	雨	曇	曇	雨	曇	曇	雨	曇	曇	曇	曇	晴	曇	曇	曇	晴	晴
		気温	22	21	22	20	15	16	17	17	22	21	22	18	17	15	16	15	16	14	17	20	18	14	15	17
		風	中	弱	中	強	強	中	中	中	強	弱	強	中	強	中	中	中	中	中	中	強	強	強	弱	弱
1	カイツブリ			3		1			6		5		4		1		6	5	7		4			9		9
2	ハジロカイツブリ																1		1		1			1		1
4	アナドリ																									
5	オオミズナギドリ																									
6	オナガミズナギドリ																									
7	アカアシミズナギドリ																									
8	ハシボソミズナギドリ																									
10	カツオドリ															1										
11	アオツラカツオドリ								1																	
13	カワウ				1				4								2	2			1			1		1
14	ウミウ							1																		
17	サンカノゴイ																	1					1			
18	ヨシゴイ			2													1									
24	ゴイサギ		2									1	1				1		1		1					
25	ササゴイ				1	1						1														
26	アカガシラサギ		1			3		1		1	5	1	2		1			2		5	1		1	1	1	2
27	アマサギ		70	38	15	65	7	28	80	26	47	21	11	16	31	7	8	16	3	31	12	30	4	17	13	41
28	ダイサギ		4	9	3	10	1	2	5	2	4	1	4	1	5	2	7	4	6	2	6	4	2	5	1	6
29	チュウサギ		20	31	9	38	20	11	16	9	23	19	8	5	10	7	16	9	13	21	10	19	6	10	12	12
30	コサギ		8	9	3	19	2	3	8	5	8	9	2	4	7	5	8	8	7	12	6	6	6	11	2	13
32	クロサギ			1	1	1			1			1	1		1											
33	アオサギ		13	21	1	16	3	3	32	4	17	3	10	2	11		46		18	1	18	1	1	16		17
36	クロツラヘラサギ					1																				
40	オオハクチョウ																									
42	オシドリ										1		3		1											
43	マガモ			1													6	5	3		3					
44	カルガモ		10	17	2	15	21	2	4	7		6	8	1	8	12	19	25	14	4	22	2	2	32	2	31
46	コガモ		10	140	21	90	20	70	60	4	110	38	80	13	70	3	167	87	180	50	130	20	30	120	20	130
48	ヨシガモ																									
49	オカヨシガモ									4				4		4	8	2		3						5
50	ヒドリガモ			20		25			45		40		40		30		2	10	4		1	2		2	1	1
51	オナガガモ			120		160		2	180		150		180		120		108	100	61	1	70		3	100		130
53	ハシビロガモ			6		10	3	2			10		6		6		4	14	2		3		1	4		
54	ホシハジロ			2		2			1		1		1				1				1					
55	キンクロハジロ			28		30			38		31		35		30	1	34	50	55		48			51		51
56	スズガモ			1																						
57	ミサゴ		2	3		2		3	2		2		2	5	1		2	2	2	1	2	2		4	1	2
58	ハチクマ									1																
60	オオタカ		1	1										1		2	1				1				1	1
62	ツミ		1		1						1	1	1		1			1								
63	ハイタカ			1			1									1	1		1		1					
64	オオノスリ																2	1			1					
65	ノスリ							1					1		1				1				1			1
66	サシバ		3	3			1	2		2	3				4		6	3			3	1	2	7	3	
67	ハイイロチュウヒ																		1							
69	チュウヒ																									
70	ハヤブサ					2			1		1		2	2	1	1	1	4								1
72	コチョウゲンボウ								1																	
74	チョウゲンボウ		9	9	7	7	6	4	6	1	9	5	4	6	7	3	12	10	3	4	8	6	4	10	5	10
76	ミフウズラ																									
77	ナベヅル		1	1	1	1	1	1	1	1	1	1	1	1	1	1	1	1	1	1	1	1	1	1	1	1
78	クイナ																				1					
79	オオクイナ				1	1																				
81	ヒクイナ		4		3		1				2	5					2				1	11		5		9
82	シロハラクイナ		1	1		2					2	3	2					3		1	4			3	2	2
83	バン		9	14	12	9	6	9	12	7	34	12	21	6	28	6	4	4	5	7	25	11	7	3	16	26
85	オオバン			4		3					4		5		2		4		1		4	1		1		4
89	コチドリ			2	5	6			8		8	1			4						9		5			2
90	シロチドリ		10	16	17	8			20		13	3			4	14										10
94	ムナグロ		26	96	19	6	20	15	70		77	26	21	1	30	1	39	100			100	20	28	109		71
95	ダイゼン																							1		
97	タゲリ		1			13	14		26		39	6	19	4	31	3	10	1	3		3	3		6	1	3
100	トウネン													1												
106	ハマシギ				5	4											1									
117	アオアシシギ		2	1		2				1			2				1		1		1	2	1	3	2	3
118	クサシギ		1	5				1		3			2		1			1			3	1		1		2
119	タカブシギ					1				1							1				1			1		
122	イソシギ		1			1		1	4		2	1		4		2	1		1		2	1		2	1	5
128	チュウシャクシギ																									
130	ヤマシギ				3	1			2	2		*2	1		2			2								1
132	タシギ		1	2	1		1			5	4	5		1			9		9	11	16	17		4	10	13
133	ハリオシギ			2																						
134	チュウジシギ																									
137	セイタカシギ																									
138	ソリハシセイタカシギ									7																
143	ユリカモメ								2																	
144	セグロカモメ																				1			1		
145	オオセグロカモメ																									
146	カモメ																							1		
147	ウミネコ							1				4			2			2			2			5		6

2005年冬-2(2005年12月)

No.	種名	期日	12.1	12.2	12.3	12.4	12.5	12.6	12.7	12.8	12.9	12.10	12.11	12.12	12.13	12.14	12.15	12.16	12.17	12.18	12.19	12.20	12.21	12.22	12.23	12.24
		天候	曇	曇	曇	曇	曇	曇	雨	雨	曇	曇	雨	曇	曇	雨	曇	曇	曇	曇	晴	曇	曇	曇	晴	晴
		気温	22	21	22	20	15	16	17	17	22	21	22	18	17	15	16	15	16	14	17	20	18	14	15	17
		風	中	弱	中	強	強	中	中	中	強	弱	強	中	強	強	中	強	中	中	強	強	強	弱	弱	弱
151	クロハラアジサシ																									
162	カラスバト																									
164	ベニバト																									
165	キジバト		48	36	45	21	19	19	49	2	14	41	46	12	48	19	26	14	11	9	49	31	10	8	35	48
166	キンバト											1														
178	リュウキュウコノハズク		5	5	5		1		2			4			2			2			2	1			3	2
180	アオバズク			1																						
181	ヨタカ						1																			
190	カワセミ		1		1	1				1				1		1		1			1		1	1		1
192	ヤツガシラ																	1	1			1		1		
194	ヒメコウテンシ																									
196	ヒバリ					1			1									1								
199	ツバメ		1	11		3	1	3	14		6	1		2	1		2	1		1	4			4		13
203	イワツバメ					2																				
205	ツメナガセキレイ			2			2				3				1	1	7		2		2		12	1		14
207	キセキレイ		8	14	16	11	4	5	8	6	9	9	8	4	7	5	8	7	8	7	13	7	5	5	7	14
208	ハクセキレイ			3	3		10	5	2	6	10	3	5	4	4	4	2		1	3	6	4	2	3		6
209	マミジロタヒバリ		10	15	5		1	2		6			4			6		2	2	3	7		1		14	9
210	コマミジロタヒバリ			1													1									
213	ビンズイ			87						1	1	2										2			2	5
215	ムネアカタヒバリ			11	8		7	12	7		14	2			3	2		1	1	9		2	2	24		
216	タヒバリ					1										1								1		
218	シロガシラ		330	190	200	140	100	80	180	30	160	200	60	100	120	70	50	80	84	80	130	180	110	80	130	70
219	ヒヨドリ		50	50	30	25	30	33	50	10	55	50	30	50	30	50	30	50	66	37	60	35	25	35	45	45
222	アカモズ		10	27	15	2		2	11		34		3	1	3	1	3	12	15	7	2	28	8	1	21	45
228	アカヒゲ			23	12	11		8	10		13		21		11		2		8	1	15			5	2	15
229	ノゴマ		10	41	30	10	9	10	15	2	11	22	17	4	9	3	6	12	18	3	20	11	2	3	7	23
230	オガワコマドリ																									
233	ジョウビタキ		5	6	3	1		4	3		7		6	8	5	2	5		4	7	6	5	4	3	5	8
234	ノビタキ						1						1				1		1		1		1	1	1	2
239	サバクヒタキ																									
240	イソヒヨドリ		1	5	2	3	1		3		8	3		1	4	4	3	1	1	9	1	1	1	2	2	8
241	トラツグミ																							1		
246	アカハラ			1		2		1					2		1		2	1	2		2	1			2	5	4
247	シロハラ			1	4		1	1		1		4			2	6	1	8	3	1	4		1		2	3	8
248	マミチャジナイ			2							2						3	1	3		1	1					
250	ツグミ															3		3	6		3	2		3		4
251	ヤブサメ		1	5				3	4		2		2	1		3			2	6	3	1		3	1	2
252	ウグイス		3	9	4	1		6	3		5		3	2	1	2	10	1	8		1			3	9	11
253	チョウセンウグイス		4	4	8	1		3	2	1	2		4		1	1	3	3		1	6	7			8	9
254	シベリアセンニュウ		3	3	4		2				4	3	3		2	3	2		4	3	4	3		4	4	4
255	シマセンニュウ				1												5	3		2	4	2	7		3	3
257	マキノセンニュウ																1									
258	コヨシキリ																									
259	オオヨシキリ		2					1			3		4				2			1	1					
260	ムジセッカ		3	5	3			1	1		2		5	2	1		2	5	3	2	6	3			11	10
261	モウコムジセッカ																1									
262	カラフトムジセッカ																									
263	キマユムシクイ		4	5	2	1			2			1				1	3		12	5	14			3	18	12
265	メボソムシクイ		1	1	1			1			1							1	2						3	1
269	キクイタダキ																									
270	セッカ		7	12	5	1	2		5		13		2							9						9
274	オジロビタキ																									
280	メジロ		11	33	6	15	8	15	17	2	20	12	29	6	34	10	9	5	82	7	45	8		51	66	81
284	シロハラホオジロ																									
286	コホオアカ											1														
288	カシラダカ																									
289	ミヤマホオジロ																			3					4	1
294	ノジコ		1																							
295	アオジ		2	1		1				1	1					2	1			1	1					1
300	アトリ																								15	
302	マヒワ		2																			20		2		
306	シメ		1	1							1	1														1
309	スズメ		400	550	250	550	300	300	800	80	900	300	450	250	670	580	480	430	330	330	870	420	280	480	500	430
310	ギンムクドリ			6	6			2			11			1	10		9			13	4	2		1	1	2
312	コムクドリ					1																				
313	カラムクドリ															1										
314	ホシムクドリ																	2			2					
315	ムクドリ			1	1					1		1	3				1				2					
317	ジャワハッカ		3	4	5		4		2		4	2		1	5	5		2	8	2	4	4	5		5	1
	個体数合計		1137	1786	816	1354	651	682	1832	219	1961	913	1184	515	1472	796	1222	1188	1106	685	1873	950	553	1278	1070	1554
	種類数合計		52	73	54	52	44	45	57	29	69	56	57	40	64	42	64	68	63	48	77	59	31	59	58	77

No.	種名 / 調査日	12.1	12.2	12.3	12.4	12.5	12.6	12.7	12.8	12.9	12.10	12.11	12.12	12.13	12.14	12.15	12.16	12.17	12.18	12.19	12.20	12.21	12.22	12.23	12.24
A	インドクジャク																			1					
B	カワラバト	○	○	○	○	○	○	○	○	○	○	○	○	○	○	○	○	○	○	○	○	○	○	○	○
C	ハシブトガラス	1			2		1			2			2			2	1		2			2	2	2	2

2005年冬-3(2005年12月・2006年1月)

No.	種名	期日 天候 気温 風	12.25 晴 18 弱	12.26 雨 19 弱	12.27 曇 20 中	12.28 雨 19 強	12.29 曇 20 強	12.30 曇 22 弱	12.31 曇 23 曇	1.1 晴 21 強	1.2 晴 19 中	1.3 曇 19 中	1.4 曇 21 中	1.5 曇 20 中	1.6 雨 16 強	1.7 雨 15 中	1.8 曇 15 中	1.9 曇 18 強	1.10 曇 19 弱	1.11 雨 19 強	1.12 雨 20 強	1.13 曇 21 強	1.14 曇 20 弱	1.15 晴 21 弱	1.16 曇 20 中	1.17 雨 21 中
1	カイツブリ		5		3				1		9	1	5	2		9	1					4		7		2
2	ハジロカイツブリ		1		1					1	1	1	1		1							1		1		1
4	アナドリ																									
5	オオミズナギドリ																									
6	オナガミズナギドリ																									
7	アカアシミズナギドリ																									
8	ハシボソミズナギドリ																									
10	カツオドリ																1									
11	アオツラカツオドリ																									
13	カワウ				1						1					1	2				2					
14	ウミウ																									
17	サンカノゴイ			1			1				1				1	1					1		2		1
18	ヨシゴイ																	1				1				
24	ゴイサギ							1				1										2	1			
25	ササゴイ																1									
26	アカガシラサギ				1		1		4											1	2	1	3			
27	アマサギ		26	50	54	22	40	48	37	52	34	49	38	31	13	13	35	14	9	34	20	45	42	3	19
28	ダイサギ		2	1	5	1		2	5		3	2	1	2	4	1	1		1		2	3	2	6	2	2
29	チュウサギ		5	6	21	2	20	10	26	12	16	35	5	13	17	17	13	13	12	13	17	14	18	24	15	13
30	コサギ		4	3	9	2	6	10	11	11	16	7	4	7	3	12	6	3	6	5	2	15	8	12	8	4
32	クロサギ									1			1			1						1				
33	アオサギ		2		19			1	20		16	3	3	13		13	2		9			21		16	1	14
36	クロツラヘラサギ																									
40	オオハクチョウ												1		1							1		1		
42	オシドリ																									
43	マガモ		2						2			1		10		13	1				4	2		15		1
44	カルガモ		35	2	41	2	12	11	7	6	22	93	6	126	9	150	21	26	2	1	29	62	6	48	16	65
46	コガモ		130	15	150	15	20	40	45		70	15	90	120	10	150	20	20	10	5	5	76	18	148	20	60
48	ヨシガモ		1													2	1									
49	オカヨシガモ		3						5							6							2			
50	ヒドリガモ		2		4				2		3	1	1	2		8							5		10
51	オナガガモ		110		110				110		120	100	80	60		90	80	27			10	45		40		45
53	ハシビロガモ				2				3		3		1			1						2		1		1
54	ホシハジロ		1		1				1		1	1	1	2		2					1		1		1
55	キンクロハジロ		51		50				67		45	69	61	37		61	30				27		35		30
56	スズガモ																									
57	ミサゴ		2	1	3	2			4	2	3	3	3	3		1	3	2	2	3	3	2	3	2
58	ハチクマ																									
60	オオタカ				1						1	1									1					
62	ツミ										1															
63	ハイタカ																1									
64	オオノスリ		1									1									1					
65	ノスリ		1		2			3			1			1							1					
66	サシバ		6						3		4	3						1	1		5		3	3		
67	ハイイロチュウヒ					1	1	1	1							1		1								
69	チュウヒ																									
70	ハヤブサ					2		1	1					1			1				3	2			
72	コチョウゲンボウ																									
74	チョウゲンボウ		6	6	3	3	1	7	9	5	13	16	10	1	4	3	5	8	5	1	7	4	8	9	1
76	ミフウズラ																					1		1		
77	ナベヅル		1	1	1	1		1	1		1	1	1	1	1	1	1	1	1	1	1	1	1	1	1	1
78	クイナ								1																	
79	オオクイナ								2													1	3			
81	ヒクイナ		10	3			1	9	3	3	8	2	8			4	2	5	7		2	6	7	3		
82	シロハラクイナ		1		1			1	3		2		1			2		1					1			
83	バン		11	3	7	7	4	10	21	3	11	18	9	4	7	4	11	10	8	4	3	18	16	25	9	3
85	オオバン		4		4				4			5	2	6	6		5					3		2		2
89	コチドリ		5		5				7				1				3				1					1
90	シロチドリ										2															12
94	ムナグロ		75	18	60	8	1	14	80	21	72	57	35	12	1	25	10	19				12	15	9	38
95	ダイゼン															1										
97	タゲリ		6	1	5		5	6	1	2	9	10	4	1		4	2				2	2			
100	トウネン																									
106	ハマシギ																									
117	アオアシシギ					1	1							1	1		1						1		
118	クサシギ					2					1	1					4				1	2			
119	タカブシギ											1						1				1				
122	イソシギ			1	4			1	7	1	2	1	1	2		6	2		2		1	3		2	1	1
128	チュウシャクシギ																									
130	ヤマシギ				1				2				2	2		1						3		3		2
132	タシギ				3			1	7		8	6		1		5			13							
133	ハリオシギ											1														
134	チュウジシギ						1																			
137	セイタカシギ																							1		
138	ソリハシセイタカシギ																									
143	ユリカモメ																					4		1		
144	セグロカモメ																					2		1		
145	オオセグロカモメ																					1		1		1
146	カモメ																1					1		1		
147	ウミネコ		3		1				1		2		2	7		9	5				10		6		9

2005年冬-4(2005年12月・2006年1月)

No.	種名	期日	12.25	12.26	12.27	12.28	12.29	12.30	12.31	1.1	1.2	1.3	1.4	1.5	1.6	1.7	1.8	1.9	1.10	1.11	1.12	1.13	1.14	1.15	1.16	1.17
		天候	晴	雨	曇	雨	雨	曇	曇	晴	晴	曇	曇	曇	雨	雨	曇	曇	曇	雨	曇	曇	晴	曇	晴	雨
		気温	18	19	20	19	20	22	23	21	19	19	21	20	16	15	15	18	19	19	20	21	20	21	20	21
		風	弱	弱	中	強	強	弱	強	強	中	中	中	強	強	強	中	中	中	強	強	強	弱	弱	中	中
151	クロハラアジサシ															1										
162	カラスバト																						1			
164	ベニバト									1	1					1										
165	キジバト		27	26	71	10	6	49	41	34	15	21	39	11	4	16	43	63	38	42	50	36	46	21	87	31
166	キンバト																				2					1
178	リュウキュウコノハズク		2	2		2	1	4		2	1	1						1			2	2	2			
180	アオバズク																									
181	ヨタカ																									
190	カワセミ						1		1													1				
192	ヤツガシラ				1		1	5		3	1	6	5	4		2	5					4	4	4		2
194	ヒメコウテンシ															1		1					1	1		
196	ヒバリ			1																			6	5		
199	ツバメ		7			3			4		4		15	1			2	4	2		7		4			
203	イワツバメ																									
205	ツメナガセキレイ		17		2			1					1				1	1	1			1				
207	キセキレイ		8	9	13	4	1	7	12	6	13	9	1	6	4	2	3	9	1	2	13	7	13	2		5
208	ハクセキレイ		2		6		2	8	2	3				2	1		4		3	7	4	1	6	2		
209	マミジロタヒバリ		4	11		1		48		5		12	4		2	13			2	18	14					
210	コマミジロタヒバリ																									
213	ビンズイ			5	1		1	1	4		4	4		1								1	4			
215	ムネアカタヒバリ		1						1		2			1			1		3		1					
216	タヒバリ																									
218	シロガシラ		103	220	80	170	130	200	100	180	110	180	100	90	80	100	100	90	130	150	130	120	190	120	210	80
219	ヒヨドリ		35	25	25	25	15	45	55	40	60	40	35	25	25	25	35	35	40	15	33	55	45	60	45	35
222	アカモズ		23	16	1	1		29	7	11	13	18	25	3	4	15	4	9	14	13	18	20	17	19	3	
228	アカヒゲ		5		9	1			13		7		9	11		10		7			11	3	11		7	
229	ノゴマ		11	18	6	1	4	13	15	3	10	9	19	6		11	4	1	6	4	2	7	19	14	5	9
230	オガワコマドリ																									
233	ジョウビタキ		6	5	4		3	4			4	8	5	4	2			3	2		1	3	3	3	3	1
234	ノビタキ												1								1	2				
239	サバクヒタキ																									
240	イソヒヨドリ		8		4	1	2	1	6	3	10	10	6	2		4	3	2		5		4	5	3	2	
241	トラツグミ																						1			
246	アカハラ		1	2	1			2			2		2				3	2			1	3	4	3		3
247	シロハラ		2		2		1	2		2	1		2		2	7	2	1	2		4	1	1			
248	マミチャジナイ																									
250	ツグミ		10		10		8	6	8	2	5	7	6	2	2		10	2	5		10		3	5	3	1
251	ヤブサメ		5		2			4													9	2				
252	ウグイス		14	3	3		1		2	2			1		2	1	3		1		1	5	3	5		
253	チョウセンウグイス		6	9	2		10	3		1	4	10	4		1		3	2	1		2	2	2	3		
254	シベリアセンニュウ		5	3	1		3	3		3	3		3				3	2	1		2		3	5		
255	シマセンニュウ		2	2				2			1					2		1	1			3	3	1		
257	マキノセンニュウ																							1		
258	コヨシキリ																									
259	オオヨシキリ			3				5		1		2			2	1			1		1	4	2			1
260	ムジセッカ		7	6	2	4	3	6	2		1	4	8	6		1	4	7	3		3	9	3	2	1	
261	モウコムジセッカ																									
262	カラフトムジセッカ																									3
263	キマユムシクイ		12	5	4		2	5		5	6	2					1				10	14	5	3		1
265	メボソムシクイ										1					1		1				2	2			1
269	キクイタダキ																									
270	セッカ		10		2	1	7	8		10	9	17	13								1	24	24	23	20	3
274	オジロビタキ																									
280	メジロ		60	26	32	2	3	5	19	2	16	16	6		3	21	27	5	17		19	46	17	8		15
284	シロハラホオジロ																									
286	コホオアカ			1																						
288	カシラダカ																				1					
289	ミヤマホオジロ													1												
294	ノジコ																									
295	アオジ			1					1	2														1		
300	アトリ									1																
302	マヒワ															1		2								
306	シメ		1		2					1													3	1		
309	スズメ		400	510	280	200	100	400	580	340	530	540	410	450	380	480	510	300	200	150	100	410	230	560	380	460
310	ギンムクドリ		5	18			8	2		8		17	10		6	8			8	15		15	15		15	
312	コムクドリ																									
313	カラムクドリ																									
314	ホシムクドリ			1			2	1		4	1	9									2	2	2			
315	ムクドリ		2				2			2			2					2				5	5	5	5	
317	ジャワハッカ		6		5		2		3		1	3	5	5			5					5	5	5	5	
	個体数合計		1319	1073	1135	521	399	1080	1414	783	1362	1445	1145	1102	588	1330	1073	732	606	461	437	1167	902	1453	937	1028
	種類数合計		62	45	57	35	33	55	35	42	67	61	55	47	30	62	55	45	44	29	28	76	57	74	43	55

No.	種名 / 調査日	12.25	12.26	12.27	12.28	12.29	12.30	12.31	1.1	1.2	1.3	1.4	1.5	1.6	1.7	1.8	1.9	1.10	1.11	1.12	1.13	1.14	1.15	1.16	1.17
A	インドクジャク																					1			
B	カワラバト	○	○	○	○	○	○	○	○	○	○	○	○	○	○	○	○	○	○	○	○	○	○	○	○
C	ハシブトガラス	2	1	1	1	1	2	2	1	1	3	2	1	1	1	2			1	2	2	2	2	2	1

2005年冬-5(2006年1・2月)

No.	種名	期日	1/18	1/19	1/20	1/21	1/22	1/23	1/24	1/25	1/26	1/27	1/28	1/29	1/30	1/31	2/1	2/2	2/3	2/4	2/5	2/6	2/7	2/8	2/9	2/10
		天候	晴	晴	曇	曇	曇	曇	曇	曇	曇	曇	曇	曇	曇	曇	曇	晴	曇	雨	曇	晴	曇	曇	曇	曇
		気温	22	23	22	20	17	16	18	20	18	19	20	20	20	22	20	20	20	18	18	20	20	18	15	17
		風	中	中	弱	中	強	強	強	中	強	中	強	中	中	中	強	弱	中	弱	強	弱	強	強	中	弱
1	カイツブリ			8		6	2	2				6			4	2	2		3	5	3	1	3		1	6
2	ハジロカイツブリ																									
4	アナドリ																									
5	オオミズナギドリ																			2500		3	110				
6	オナガミズナギドリ																									
7	アカアシミズナギドリ																					2				
8	ハシボソミズナギドリ					1																				
10	カツオドリ											1														
11	アオツラカツオドリ																									
13	カワウ								1		1															
14	ウミウ											1														
17	サンカノゴイ			2					1	1	1			2		1		1	1	1			1	1		1
18	ヨシゴイ																									
24	ゴイサギ									1		1								2	1	1				
25	ササゴイ																	1								
26	アカガシラサギ		1	1	1					1			1	2		2		2	2			1				4
27	アマサギ		55	35	33	87	22	33	21	23	60	13	25	21	12	29	4	27	22	11	8	35	28	41	3	21
28	ダイサギ			6	2	2	1	1	1	3		6	1	3		2	1	5	7	7	3	2		3	3	3
29	チュウサギ		16	15	18	8	3	8	10	11	10	9	11	6	6	10	14	16	13	16	18	24	7	9	11	15
30	コサギ		10	13	8	10	5	4	5	11	6	16	4	7	1	8	10	12	7	9	14	12	4	12	7	16
32	クロサギ								1			1		1		1		1								
33	アオサギ			6		17	1	3		11	1	11		4		11		17	6	13	10	5		5		16
36	クロツラヘラサギ																									
40	オオハクチョウ			1		1				1				1		1		1		1	1	1				
42	オシドリ																									
43	マガモ			8		14	4	6		16		13		16	4	2		10	6		19	16		23		
44	カルガモ		14	49	17	27	25	25	2	74	5	81	3	39	2	21	3	21	36	53	55	35	7	68	4	10
46	コガモ		11	155	5	120	65	125	15	200	10	200		100	123	180	47	213	64	4	268	111	71	182	82	270
48	ヨシガモ					2				2																
49	オカヨシガモ			2		2				3						7										
50	ヒドリガモ			6		6						4		4	2	2		1	4			2				
51	オナガガモ			94		60	70	60		62		47		53	40	39		55	60	40	67	40		40		46
53	ハシビロガモ					8				6	3	1		7				2	8		2			24		
54	ホシハジロ			1		1	1			1				1	1	3		1			1					1
55	キンクロハジロ			44		45	37	34		26		39		29	60	25		52	51	30	39	40		30		32
56	スズガモ																									
57	ミサゴ			3	2	1	3	3	1		2	3	2	5	1	2	2	3	4	3	5	4	3	3	4	3
58	ハチクマ																									
60	オオタカ															1		1		1					1	
62	ツミ																			1						1
63	ハイタカ		1																	1						
64	オオノスリ																								1	
65	ノスリ					3		2	1	1			1					1	1	1						3
66	サシバ			3	2	1				2			2	3	1	2		2			1	4				
67	ハイイロチュウヒ			1					1				1		1							1				
69	チュウヒ											1														
70	ハヤブサ		1	1			1			1		1		1					1	1	1			1		1
72	コチョウゲンボウ																									
74	チョウゲンボウ		6	6	4	2	3	4	5	2	3	7	5	14	6	4	6	12	9	6	11	5	6	4	7	12
76	ミフウズラ																									
77	ナベヅル		1	1	1	1	1	1	1	1	1	1	1	1	1	1	1	1	1		1	1	1	1	1	1
78	クイナ																			1						1
79	オオクイナ		2	2	3	2	1	1		1						2										
81	ヒクイナ		8	6	6	1	4	1		3		1	3	4	4	5		7	10		3	9	1			4
82	シロハラクイナ		2	4	2							1	1	1		3			1		1		2			
83	バン		9	8	6	9	4	7	10	23	7	9	3	16	6	15	2	11	6	7	10	10	9	9	7	15
85	オオバン			5		5	5	6		6		5		6	4	3		6	6	2	3	4		2		4
89	コチドリ			13	2	15	10	13		60		40		41		10		30	25		15	1				10
90	シロチドリ			33		10		28		15		10		87		13		38	87	8	85	11				76
94	ムナグロ		23		16	6	1		4	9	1	30	1	1	1	1		67	1	11	9	1	14			28
95	ダイゼン																									
97	タゲリ																									
100	トウネン																									
106	ハマシギ			6				4		8		3		7				2								
117	アオアシシギ		1	1																						
118	クサシギ		2					1		1	2	1		1			1	1	1		1	1		1		1
119	タカブシギ		1					1		1							1				1	2		2		
122	イソシギ			2		2		2		2		3		2		3		1	1	2	1		1			1
128	チュウシャクシギ																									
130	ヤマシギ			1		4		1		3						3								2		1
132	タシギ		2		1	4			10	9		12	1	16	3	5	3			2	3	3		11		5
133	ハリオシギ																									
134	チュウジシギ																									
137	セイタカシギ																									
138	ソリハシセイタカシギ																									
143	ユリカモメ						1			1		1														
144	セグロカモメ																									
145	オオセグロカモメ							1		1		1		1												
146	カモメ																									
147	ウミネコ			4		4	7	5		6		5		6				1	1	1	2					

2005年冬-6(2006年1・2月)

No.	種名	期日	1/18	1/19	1/20	1/21	1/22	1/23	1/24	1/25	1/26	1/27	1/28	1/29	1/30	1/31	2/1	2/2	2/3	2/4	2/5	2/6	2/7	2/8	2/9	2/10
		天候	晴	晴	曇	曇	曇	曇	曇	曇	曇	曇	曇	曇	曇	曇	曇	晴	曇	雨	曇	晴	曇	曇	曇	曇
		気温	22	23	22	20	17	16	18	20	18	19	20	20	20	22	20	20	20	18	18	20	20	18	15	17
		風	中	中	弱	中	強	強	強	弱	強	中	強	中	強	中	強	弱	中	強	強	弱	強	強	中	弱
151	クロハラアジサシ																										
162	カラスバト			1																						
164	ベニバト				1																						
165	キジバト		45	18	45	26	17	70	13	109	11	101	31	47	15	68	4	12	21	7	75	26	9	29	9	64
166	キンバト					2					1				2				2	2						
178	リュウキュウコノハズク		4	8	5	3	1			6	1	2	4	4		3	1	4	4			6				1
180	アオバズク																									
181	ヨタカ			1		1																				
190	カワセミ								1	1				1												
192	ヤツガシラ				6	3	6				3		3		3			2	9		3	2				
194	ヒメコウテンシ																									
196	ヒバリ			1								1	1					4	3		5					2
199	ツバメ			10					2			1				4			6		3					5
203	イワツバメ					2							2													
205	ツメナガセキレイ		1			3	3			1	1			2				15	5		4					10
207	キセキレイ		4	15	9	17	18	18	2	17	3	16	6	12	3	6	4	2	18	3	19	4	1	5	3	11
208	ハクセキレイ		1			6		10		13				17		6	2		15		3					3
209	マミジロタヒバリ		10	4	22			3	4	1		3		5	4			11			2					33
210	コマミジロタヒバリ					1																				
213	ビンズイ									2				1	1		3									1
215	ムネアカタヒバリ			1					2			15					5	3		5		1		2		
216	タヒバリ					30	13	23		11		8		20		6			35		35					5
218	シロガシラ		220	130	240	60	70	52	150	80	140	100	160	110	180	100	60	190	210	70	140	170	70	80	70	100
219	ヒヨドリ		30	60	35	35	25	46	15	50	20	45	30	35	35	45	35	45	40	45	70	40	25	20	25	65
222	アカモズ		15	17	29	1	4	3	2	17	5	14	9	18	7	12	4	31	12	1	15	18	3	4	3	32
228	アカヒゲ			12		10		1		10		5		3		12			4	7			6			8
229	ノゴマ		9	16	7	10	6	1		15	6	10	3	4	2	12	3	2	5	2	8	5	1	8	7	11
230	オガワコマドリ																									
233	ジョウビタキ		1		5	1		3	2	2	2	2	4	1	2	1	2	2	4	3	3	3	1	2	2	4
234	ノビタキ		2		1	1		1						1			1	4			1	1		1	1	
239	サバクヒタキ																									
240	イソヒヨドリ		2	7	3	2	1	3		1		9	4	4	4	3	2	6	2		5	2	1		1	9
241	トラツグミ									1																
246	アカハラ		1				1	1		3	1	2				1		1		2	5	1		1	3	
247	シロハラ			3				4	1	2		3	1	2		4		1	1	9		1	5	2	1	
248	マミチャジナイ																									
250	ツグミ			4	4	4	1	4	9		4		4	1	8	5	4		16	11	8		9	12		8	2
251	ヤブサメ					1				1		1		1		3		2				1				
252	ウグイス			3	2	1		4		2	1			1	2	1		1						1	1	5
253	チョウセンウグイス		4	4	8		1		1	4	1	2	4	2	1	7	1	3	2		4	5	1	3	2	9
254	シベリアセンニュウ		4	5	3		4		5		8	1	6	2	5	2	3	5	6	3	3	3	2		5	1
255	シマセンニュウ		3		1		1		2		2		1			2			2		3	1		1		
257	マキノセンニュウ		1																							
258	コヨシキリ																									
259	オオヨシキリ		1	2	3			2			3			1			2	3			6	1			1	1
260	ムジセッカ		3	5	8		3	1	3	4	2	4	2	2	3	5		2	2		8	4	1	4	3	6
261	モウコムジセッカ																									
262	カラフトムジセッカ																									
263	キマユムシクイ		5	8	7	3		6	2	10	2	3	2	10	3	10	3	3	3	3	14	5		5	3	13
265	メボソムシクイ				1				1				1		2	1	1		1	2			1			2
269	キクイタダキ													3												
270	セッカ		27	22	56	2	14	1	13	2	11	6	16	11	20	16	15	12	9	2	11	17	18	2	7	17
274	オジロビタキ												1	1		1	1	1	1	1	1	1	1	1	1	1
280	メジロ		9	18	12	9	2	14	35		22	29	26	12	20	6	9	10	8	4	6	9	5	4	3	5	19
284	シロハラホオジロ																									
286	コホオアカ																									
288	カシラダカ																									
289	ミヤマホオジロ																						2			10
294	ノジコ																									
295	アオジ																					1		2	1
300	アトリ																									
302	マヒワ																									
306	シメ													1				1								
309	スズメ		280	380	430	480	530	530	180	500	230	580	430	500	280	370	230	260	250	200	700	290	180	200	180	530
310	ギンムクドリ				15	8		12		12				12	12		12		12							10
312	コムクドリ																									
313	カラムクドリ																									
314	ホシムクドリ					2												1								1
315	ムクドリ		2	2		2	1			1				1	1			1				1				2
317	ジャワハッカ		5	1	5	1	1			1			2	3	3		2	3	3	1		3				2
	個体数合計		855	1305	1096	1208	1007	1197	528	1511	596	1538	822	1367	879	1150	482	1292	3654	605	1826	1131	490	856	480	1606
	種類数合計		45	64	47	60	49	50	39	68	40	61	46	68	49	66	36	63	66	43	64	59	35	43	38	67

No.	種名 / 調査日	1/18	1/19	1/20	1/21	1/22	1/23	1/24	1/25	1/26	1/27	1/28	1/29	1/30	1/31	2/1	2/2	2/3	2/4	2/5	2/6	2/7	2/8	2/9	2/10
A	インドクジャク	2	2	1						1										1					
B	カワラバト	○	○	○	○	○	○	○	○	○	○	○	○	○	○	○	○	○	○	○	○	○	○	○	○
C	ハシブトガラス	1	2	2	1	2	1		1	1	2	2	3		2	2		1		2	2		2	2	2

2005年冬-7(2006年2月)

No.	種名	期日	2/11	2/12	2/13	2/14	2/15	2/16	2/17	2/18	2/19	2/20	2/21	2/22	2/23	2/24	2/25	2/26	2/27	2/28	合計
		天候	雨	曇	曇	曇	曇	曇	雨	雨	曇	曇	晴	晴	曇	雨	曇	雨	雨	曇	
		気温	20	20	20	23	23	24	18	17	20	21	20	20	17	19	21	20	19	20	
		風	弱	弱	中	強	強	強	中	中	強	中	中	中	中	中	強	強	強	中	
1	カイツブリ			7		1		1		1		1		1			2				177
2	ハジロカイツブリ																				18
4	アナドリ																		2		2
5	オオミズナギドリ			20		100		1320											100		4153
6	オナガミズナギドリ																	5			5
7	アカアシミズナギドリ																				2
8	ハシボソミズナギドリ																				1
10	カツオドリ					1													1		5
11	アオツラカツオドリ																				1
13	カワウ							1					1								23
14	ウミウ																				2
17	サンカノゴイ														1	1					27
18	ヨシゴイ																				5
24	ゴイサギ					1											2				22
25	ササゴイ																	1			7
26	アカガシラサギ		1	2		3					2	1	2				1	1			71
27	アマサギ		32	6	24	24	3	61	10	15	24	26	24	23	18		9	14	32	4	2407
28	ダイサギ		2	3	2	2	2	3			2	4	3	1	3		1		6	3	243
29	チュウサギ		14	32	11	11	13	17	5	11	7	16	16	14	24		12	21	10	14	1243
30	コサギ		10	16	9	13	10	10	5	9	7	13	7	6	6		8	8	8	10	703
32	クロサギ											1									21
33	アオサギ		2	14	1	17	1	18	1	14		18	1	17			8	3	23	4	687
36	クロツラヘラサギ																				1
40	オオハクチョウ																				17
42	オシドリ																				5
43	マガモ			12		4		4		8		6		7			9				276
44	カルガモ		28	11	11	13	16	5	1	4	9	6	9	7	2		18	3	8	3	1894
46	コガモ		103	196	111	230	89	138	88	189	70	156	82	124	77		210	2	115	20	7536
48	ヨシガモ																				9
49	オカヨシガモ																2				58
50	ヒドリガモ							1		1		1					1				295
51	オナガガモ			40		42		40		34		31		30			45	2	35		3684
53	ハシビロガモ		17	16		7		18		4		12		13			17		13		262
54	ホシハジロ			1				1													40
55	キンクロハジロ			35		35		52		28		38		39			35		35		1955
56	スズガモ																				1
57	ミサゴ		2	2	1	5	3	4	2	1	3	3	1	1	3	1	3	2	3	2	209
58	ハチクマ																				1
60	オオタカ		1									1		1			1	1			22
62	ツミ		1	1														1	1		16
63	ハイタカ																	1			9
64	オオノスリ					1	1														10
65	ノスリ		1	1		1		1		1		1		2				1			40
66	サシバ		2	2	2			2				1	2				2	1		2	113
67	ハイイロチュウヒ		1						1			1	1						1		18
69	チュウヒ																				1
70	ハヤブサ		1	2	1		1				1						2	1		1	50
72	コチョウゲンボウ																				1
74	チョウゲンボウ		8	2	5	10	7	6	2	1	3	8	5	2	2	2	3	4	5	7	521
76	ミフウズラ																				2
77	ナベヅル		1	1	1	1	1	1		1		1	1	1	1		1	1	1	1	89
78	クイナ									1											6
79	オオクイナ					1	1	1				1	1				1			1	30
81	ヒクイナ		4	3	5	9	9	3	2		1	7	3	1	2		2	1		8	267
82	シロハラクイナ		1		2	1	1	3		2		3	3	3	2		2	1	1	2	84
83	バン		8	2	9	14	1	12	1	11	4	6	6	13	2	1	4	2	1	5	839
85	オオバン			4		3		3		3		3		4			2		3		176
89	コチドリ					6		17				8		4	1		6		1	1	406
90	シロチドリ			11		53		39		28		24		12			2		13		812
94	ムナグロ		11	38				12				15					13	5	38	1	1815
95	ダイゼン																				2
97	タゲリ									14					1					3	263
100	トウネン																				1
106	ハマシギ																				40
117	アオアシシギ																				41
118	クサシギ		3	1	1	2			1		2	1	2					1	1	3	67
119	タカブシギ				2		3						2		2					1	28
122	イソシギ			1		2		1		1		3		3				2	1		107
128	チュウシャクシギ																				1
130	ヤマシギ			1		1		1				2							4		56
132	タシギ				2					1											255
133	ハリオシギ																				3
134	チュウジシギ																				1
137	セイタカシギ							1													2
138	ソリハシセイタカシギ																				4
143	ユリカモメ																				12
144	セグロカモメ											1		1			1				8
145	オオセグロカモメ																				7
146	カモメ																				5
147	ウミネコ			2		1		1		1		1		1			1		1		129

2005年冬-8(2006年2月)

No.	種名	期日	2/11	2/12	2/13	2/14	2/15	2/16	2/17	2/18	2/19	2/20	2/21	2/22	2/23	2/24	2/25	2/26	2/27	2/28	合計
		天候	雨	曇	曇	曇	曇	曇	雨	雨	曇	曇	晴	晴	曇	雨	曇	雨	雨	曇	
		気温	20	20	20	23	23	24	18	17	20	21	20	20	17	19	21	20	19	20	
		風	弱	弱	中	強	強	強	強	中	中	強	中	中	強	中	強	強	強	中	
151	クロハラアジサシ																				1
162	カラスバト				1																3
164	ベニバト																				4
165	キジバト		77	34	27	91	35	42	6	53	26	32	34	62	5	4	32	8	28	24	2969
166	キンバト			2		1	1	1		1		3		1			4		1	3	31
178	リュウキュウコノハズク		3		3	5	9	2	2	1		3	9	5			6		3	4	168
180	アオバズク													1							2
181	ヨタカ																				3
190	カワセミ			1	1	1	1	1	1				1	1	1		1	1		1	30
192	ヤツガシラ		5	2	2		1			1	1					3					108
194	ヒメコウテンシ																				4
196	ヒバリ		4			2	1					1						10	6	3	43
199	ツバメ				6		17		12		12		9								228
203	イワツバメ																				9
205	ツメナガセキレイ		1		1					1	9		7								138
207	キセキレイ		5	5	6	6	3	2	2	4	2	6	4	2	2		2	1	2	9	626
208	ハクセキレイ		1		6		1		1	4			3	1					1	3	242
209	マミジロタヒバリ		10		8	12	2	8	1			3	18			3	6	2		26	445
210	コマミジロタヒバリ																				3
213	ビンズイ		1			2								1							139
215	ムネアカタヒバリ				1		21		30			27	2					2		2	233
216	タヒバリ																				189
218	シロガシラ		170	130	80	90	210	90	170	80	130	140	180	80	80	50	100	200	100	110	11259
219	ヒヨドリ		55	40	25	45	45	40	20	40	35	55	45	55	25	10	55	55	45	65	3505
222	アカモズ		37	3	7	15	7	8	2	9	5	5	12	8	1		4	1	2	16	980
228	アカヒゲ			8		9		11		13		15		11			6		10		422
229	ノゴマ		12	7	6	13	8	10	3	11	1	11	5	10	1		2	1	11	4	776
230	オガワコマドリ						1														1
233	ジョウビタキ		2	2	3	2	1	2		1	2		1	2	3	1		2	2	2	272
234	ノビタキ		3	1	1	1	2				2	1		2	2	1	1			1	51
239	サバクヒタキ																			1	1
240	イソヒヨドリ		4	1	3	4	2	4		1		4	1	6			1			5	266
241	トラツグミ																				3
246	アカハラ			1		2		1		4		1		1							105
247	シロハラ			2			1	1	2		3		2		2						143
248	マミチャジナイ																				14
250	ツグミ		10	10	1	11	9	10	1	8	8	2	2				3	8			345
251	ヤブサメ			2				2	1		2		2				1		2		85
252	ウグイス						1						1	1						1	160
253	チョウセンウグイス		13	1	8	8	7	6		7	5	8	9	16	3	2	6	4	4	13	326
254	シベリアセンニュウ		7	3	4	4	4	3		1	2	4	2	1	2		3	1	2	3	247
255	シマセンニュウ		3		1	1	2		4		1		4		1			1		2	90
257	マキノセンニュウ																				3
258	コヨシキリ						1														3
259	オオヨシキリ		3	2	2	2	2					2					1	1		3	87
260	ムジセッカ		10	2	4	4	5	3	2	5	4	2	7	2	1	1	2	2	2	8	293
261	モウコムジセッカ																				1
262	カラフトムジセッカ																				1
263	キマユムシクイ		8	2	3	5	5	10	1	6	1	9	3	2	1				1	6	380
265	メボソムシクイ		1							2	2	1			1			1	1	3	47
269	キクイタダキ																				3
270	セッカ		42	3	21	24	25	30	17	18	29	24	40	21	15	4	27	23	11	41	1065
274	オジロビタキ		1		1	1	1		1	1	1	1		1		1				1	23
280	メジロ		69	2	1	21	9	21	5	46	36	15	12	27	5	3	6	4	9	24	1551
284	シロハラホオジロ															1	1				2
286	コホオアカ																				2
288	カシラダカ																1				2
289	ミヤマホオジロ					2		3		9				1				2			38
294	ノジコ																				1
295	アオジ		2				2	2			3		6			1				1	37
300	アトリ																				16
302	マヒワ																				24
306	シメ													1							19
309	スズメ		400	300	180	430	230	280	170	180	180	280	180	280	170	120	270	310	220	230	32960
310	ギンムクドリ		3	11		10		10				10						10			378
312	コムクドリ																				1
313	カラムクドリ																				1
314	ホシムクドリ			1		1		1		2		2									33
315	ムクドリ		2			2		1		2		3		2					2		73
317	ジャワハッカ		1			2	2	2			1			1	1						162
	個体数合計		1219	1063	603	1454	817	2423	563	910	609	1114	765	977	465	204	972	707	957	712	94302
	種類数合計		55	58	46	67	49	64	33	57	36	69	47	62	38	15	61	39	56	52	4732

No.	種名 / 調査日	2/11	2/12	2/13	2/14	2/15	2/16	2/17	2/18	2/19	2/20	2/21	2/22	2/23	2/24	2/25	2/26	2/27	2/28	合計
A	インドクジャク					1														10
B	カワラバト	○	○	○	○	○	○	○	○	○	○	○	○	○	○	○	○	○	○	0
C	ハシブトガラス	2	2	3	3	2	2		1	1	2	1	1			1		2	2	113

2006年冬-1(2006年12月・2007年1月)

No.	種名	期日	12/14	12/15	12/16	12/17	12/18	12/19	12/20	12/21	12/22	12/23	12/24	12/25	12/26	12/27	12/28	12/29	12/30	12/31	1/1	1/2	1/3	1/4	1/5	1/6
		天候	雨	曇	雨	曇	曇	曇	晴	雨	曇	晴	晴	晴	晴	曇	雨	曇	晴	曇	曇	曇	雨	曇	曇	曇
		気温	24℃	21℃	20℃	16℃	18℃	17℃	20℃	18℃	21℃	20℃	20℃	20℃	20℃	21℃	17℃	20℃	20℃	22℃	22℃	23℃	21℃	20℃	22℃	
		風	強	強	強	強	中	弱	中	強	強	強	弱	強	強	中	強	中	強	弱	中	弱	中	中	強	
1	カイツブリ		9	11		11		7			11	12	8	10		22	12	22	10	11	13	8	7	7	13	
3	アカエリカイツブリ		1																							
5	オオミズナギドリ																									
6	オナガミズナギドリ																									
10	カツオドリ																									
13	カワウ											2		2			4							1		
14	ウミウ							2	2			1	3	1		2	2	5	3	2	3	1		1		
15	ヒメウ																2									
21	タカサゴクロサギ													1								1		1	1	
22	ミゾゴイ																									
24	ゴイサギ							1			1											1				
26	アカガシラサギ		1							1												1		1	1	
27	アマサギ		81	6	2	38	12	10	2	3	22	15	8	5	15	15	2	15	7	9	10	1	28	23	30	6
28	ダイサギ		3	7	2	3	1	4	3	3	3	3	7	2	2	3	1	5	2	5	3	2	5	1	5	
29	チュウサギ		5	14	3	5	8	11	5	3	6	4	10	5	6	9	6	10	8	11	2	9	9	4	12	5
30	コサギ		7	9	5	11	6	7	2	4	5	2	4	16	6	15	5	6	7	5	8	6	4	3	8	2
32	クロサギ																	1	1		1		1			
33	アオサギ		29	22	1	23	1	17		1	1	15	16	16		11	14	20	15	3	3	18	21	24	20	2
38	マガン																									
39	ヒシクイ																		1							
43	マガモ											1				15	1	4	6		2		2			
44	カルガモ		4	29	16	6	10	10	2	10	10	2	8	1		39	7	19	6	2	4	21	14	9	3	1
46	コガモ		6	131		22	1	130			30	31		1		56		32	30	28	210	130	120	50	51	
49	オカヨシガモ		6	6		3		6		8	6	12	6			11	6	4	2	6	5	4	4	4	4	
50	ヒドリガモ		25	20		22		22		1	17	18	20	6		18	20	15	10	7	22	22	23	14	18	
51	オナガガモ			6				8			8		14			28	21	30	60	4		7		2	22	
52	シマアジ							1													1					
53	ハシビロガモ		30	37		10		17			15	20	10			26	10	13	5	11	12	4	8	24	23	
54	ホシハジロ																		1							
55	キンクロハジロ		40	39		37		31			25	33	26	36		26	34	36	42	26	30	28	40	37	28	
57	ミサゴ		6		2	4	4	4	3	1	2	3	3	4	2	3	2	3	2	3	1	1		4	2	1
60	オオタカ						2				1										1	1				
61	アカハラダカ																									
62	ツミ			1				1			1	1	1			1	2	1		1						
63	ハイタカ						1	1	1					1			1		1							1
64	オオノスリ															1									1	
65	ノスリ					1											1	1								
66	サシバ		1	1		1	4	2	1		7	1	2	3		1	2	1	5		9	5	3	1	3	1
70	ハヤブサ			1	1	2			1		1					2	4	1			3	1				
74	チョウゲンボウ		6	5	1	6	11	3	3	1	4	9	3	5	7	5	2	6	6		7	3	6	3	4	3
75	ウズラ																									
76	ミフウズラ							1								1										
79	オオクイナ			1		1	4				1										2	1		1	2	
81	ヒクイナ			1			1	2			1	2	7	1		2		4	3	3	12	4		3	4	
82	シロハラクイナ		1				1	2	1			1	2			1	2		1		1	3		2		
83	バン		2	24	4	15	2	10	3	2	16	12	44	9	6	36	21	22	21	58	31	31	9	25	66	1
85	オオバン		8	8		8				7	6	4	7			4	7	8	6	7	10	6	7			
89	コチドリ		7	9		3	1	1		2	1	7	6	3		2	3	8	3	3	2	3	5	3	4	
90	シロチドリ		25	36		9	4	12			19	18	21			29	26	30	32		8	18	31	33	18	
91	メダイチドリ										1		1			1	1				1	1	1	1		
94	ムナグロ		27	18		9	13	40	6	2	28	26	18	18		8	29	16	6		38	3		42	33	1
95	ダイゼン		1	1																						
97	タゲリ																					1				
102	オジロトウネン												1	1		1		1		1						
114	ツルシギ		1			1		1				1	1			1										
115	アカアシシギ											1	1			1										
117	アオアシシギ																									
118	クサシギ			1		1																				
119	タカブシギ		1		2		2														1					
122	イソシギ		8	5		5	9	2	4	3	7	8	4	3	8	5	1	6	4	6	4	5	3	3	9	2
130	ヤマシギ					1			2			1		1	5			1	2		2					1
132	タシギ		4	3	1	4		2			1			2	1	2	2	3	3		4	2	2	8	2	
133	ハリオシギ												1													
137	セイタカシギ		2								9			9	9	9	7	9	9	9		8	9			
143	ユリカモメ											2							1	1						
162	カラスバト					1					1													2		
164	ベニバト																									
165	キジバト		25	17	15	9	54	54	29	14	31	63	43	21	26	37	72	36	53	80	103	71	38	76	47	11
166	キンバト		1	5		3	1	3				6	1			3		2		1	5	1		5		
167	ズアカアオバト																									
178	リュウキュウコノハズク			2			1	3			4	1		1			2	1			6	3			1	
180	アオバズク		1				2										1									
181	ヨタカ																		1			1				
190	カワセミ		1	1							1		1				1				2	1			1	

2006年冬-2(2006年12月・2007年1月)

No.	種名	期日	12/14	12/15	12/16	12/17	12/18	12/19	12/20	12/21	12/22	12/23	12/24	12/25	12/26	12/27	12/28	12/29	12/30	12/31	1/1	1/2	1/3	1/4	1/5	1/6
		天候	雨	曇	雨	曇	曇	曇	曇	晴	曇	晴	晴	晴	曇	晴	雨	曇	晴	曇	曇	曇	雨	曇	曇	曇
		気温	24℃	21℃	20℃	16℃	18℃	17℃	20℃	20℃	18℃	21℃	20℃	20℃	20℃	20℃	21℃	17℃	20℃	22℃	22℃	22℃	23℃	21℃	20℃	22℃
		風	強	強	強	強	中	弱	中	強	強	弱	強	強	中	中	強	中	中	弱	中	弱	中	中	中	強
192	ヤツガシラ					1				1	1										2					
196	ヒバリ									1	1			1	1	1	1				1	1		1		
197	ショウドウツバメ																									
198	タイワンショウドウツバメ																									
199	ツバメ		10	14	11	3	5	6	2	1	16	27	21	18	4	37	18	12	6	21	7	15	15	19	33	2
201	コシアカツバメ			1																						
203	イワツバメ					1	8																			
205	ツメナガセキレイ		11	9	3	6	20	7	6	2	8	9	9	11	5	9	3	7	26	19	7	17	5	3	12	
207	キセキレイ		9	11	8	14	9	7	10	5	4	14	10	6	10	17	4	17	9	9	7	13	8	8	11	6
208	ハクセキレイ		2	4	4	3	3	1	3		4	7	2	3	6	6	3	4	1	8	2	1	4	6	1	1
209	マミジロタヒバリ		2	8			3	5	2			1	1	4		2	3			1		1	3			8
210	コマミジロタヒバリ					1	1																			
213	ビンズイ		5	1			1				7	2	2		8		16		6	2	11	2	6	5	4	2
214	セジロタヒバリ																									
215	ムネアカタヒバリ		2				1	1						6	1			1								3
216	タヒバリ			1						2																
218	シロガシラ		110	50	108	30	100	40	70	70	55	90	100	150	60	100	80	110	160	110	180	90	100	200	90	40
219	ヒヨドリ		40	42	15	31	70	45	40	20	60	50	65	50	60	80	35	50	70	80	60	60	40	70	90	30
222	アカモズ		12	9	1	9	23	21	11	4	6	21	21	16	9	27	4	3	26	23	36	19	14	6	15	2
223	タカサゴモズ						1					1				1					1			1		
228	アカヒゲ			9		7	2	12	11		5	3	12	2	7	13		1	21	18		27	10		24	5
229	ノゴマ		12	22	4	10	24	28	16	3	10	17	7	17	7	17	27	13	3	16	17	21	11	12	14	3
231	ルリビタキ		2	2		3	4	3	5		6	10	5	9	10	18	9	17	15	11	3	5	17	8	5	6
233	ジョウビタキ		1	5		3	6	2	2	1	1	6	3	1	5	5		2	4	3	1	3	2	2	4	2
234	ノビタキ						1						2	1	2	2	2	1	3	2	1		2	2		2
240	イソヒヨドリ		5	5		6	3	10	5	1	3	6		10	8	5	10	3	1	9	1	12	4	9	1	7	2
241	トラツグミ						1														1	1				
242	マミジロ																									
243	カラアカハラ																1			1	1					
245	クロウタドリ		1																							
246	アカハラ		19	16	6	6	11		3	3	7	16	4	12	2	7	7	8	11	13	16	12	11	13	3	
247	シロハラ		88	112	26	98	127	107	74	21	111	127	139	116	102	121	122	109	123	167	124	134	151	106	107	72
248	マミチャジナイ					1		1			1	1	1	1						1				1		
250	ツグミ		39	24	8	29	22	26	20	4	16	16	35	19	10	15	22	17	17	12	39	24	14	17	21	4
251	ヤブサメ			1		2	3	4	5		2	4			1	1			1	4		2		1	2	2
252	ウグイス		15	27	2	18	25	17	8	2	15	11	24	3	13	18	6	7	21	14	20	12	4	4	16	4
253	チョウセンウグイス		1	8		1	3	1	2		1	3	3	1	4	5	1	2	4	5	5	5	1	1	2	
254	シベリアセンニュウ		1	1			2		2		3	1		1		3		2	3	3	3	1		3	3	1
255	シマセンニュウ			1		1		1			1	1		1			1			1	1		2		1	
257	マキノセンニュウ																							1		
258	コヨシキリ											1			1											
259	オオヨシキリ			1			1				1	1			1		1	1		2	1	2	1		1	
260	ムジセッカ		2	1	1		2	1	1		2	1			2		1	1	1		3	1	1			
262	カラフトムジセッカ											1							1							
263	キマユムシクイ		4	25	1	13	22	14	25		17	26	23	4	15	17	8	12	16	16	8	10	17	12	17	8
264	カラフトムシクイ																									1
265	メボソムシクイ			1			1			1											1			2		
268	イイジマムシクイ							1				1													1	
270	セッカ		3	14		4	18	13	11		11	8	11	12	15	3		3	1	13	14	8	1	4	13	
280	メジロ		11	39	15	36	85	33	44	6	48	34	65	5	23	32	8	20	45	24	40	50	28	20	20	10
281	チョウセンメジロ																								1	
285	ホオアカ									1																
286	コホオアカ		1											1	1						1		1			
288	カシラダカ																									
289	ミヤマホオジロ			1								1	3						2			6				
295	アオジ		3			1	6	2	1		1	3		4	5	1		2	1	2	1	2	1	2	2	
300	アトリ																		15				13			
302	マヒワ											7														
303	アカマシコ																									
307	シマキンパラ																									
309	スズメ		183	110	164	300	400	300	200	100	200	400	400	300	300	350	250	550	300	750	600	400	400	450	500	200
310	ギンムクドリ		13		2	1	2	4	12	9	3	4			4	7	3	7		17	9	6		12	2	
311	カラムクドリ		1	1		1	2	2				2			1	1	13	2		2		8	5		5	
314	ホシムクドリ																									
315	ムクドリ										2					4	2		2			3				
317	ジャワハッカ		2				4		2		2			1	2	2				1		1	2		2	
	個体数合計		985	1055	435	911	1165	1163	665	306	848	1277	1339	1001	825	1415	946	1378	1291	1721	1811	1376	1303	1442	1478	469
	種類数合計		64	67	31	56	62	65	47	34	56	69	70	64	50	71	63	69	70	70	65	72	61	67	68	42

No.	種名 / 調査日	12/14	12/15	12/16	12/17	12/18	12/19	12/20	12/21	12/22	12/23	12/24	12/25	12/26	12/27	12/28	12/29	12/30	12/31	1/1	1/2	1/3	1/4	1/5	1/6
A	インドクジャク																								
B	カワラバト	○	○	○	○	○	○	○	○	○	○	○	○	○	○	○	○	○	○	○	○	○	○	○	○
C	ハシブトガラス			1	1	1	1	1	1	1	1	1	1	1	1	1	1	1	1	1	1	1	1	1	1

2006年冬-3(2007年1月)

No.	種名	期日	1/7	1/8	1/9	1/10	1/11	1/12	1/13	1/14	1/15	1/16	1/17	1/18	1/19	1/20	1/21	1/22	1/23	1/24	1/25	1/26	1/27	1/28	1/29	1/30	合計
		天候	曇	曇	曇	曇	曇	晴	晴	曇	曇	曇	曇	雨	雨	曇	曇	曇	曇	曇	曇	晴	雨	曇	曇	晴	
		気温	16℃	18℃	18℃	20℃	21℃	22℃	21℃	21℃	23℃	23℃	21℃	21℃	21℃	22℃	22℃	22℃	22℃	20℃	18℃	18℃	17℃	17℃	15℃	12℃	
		風	強	強	弱	中	中	弱	中	強	中	強	弱	強	中	中	中	強	中	強	中	弱	強	中	中	弱	
1	カイツブリ		12		11		14	13	10		25	9		11	13	15		14	14	12	15	16		11	12	14	445
3	アカエリカイツブリ																										1
5	オオミズナギドリ																	2									2
6	オナガミズナギドリ																	2									2
10	カツオドリ																					1					1
13	カワウ										1	1				1	1	1	2	1							17
14	ウミウ				1				1			3					1		3								37
15	ヒメウ																										2
21	タカサゴクロサギ		1																								5
22	ミゾゴイ					1																					1
24	ゴイサギ										1			1	1						1			1	1	1	9
26	アカガシラサギ		1		1		1	1	1		2				2		1		1			1		1		1	18
27	アマサギ		13	15	19	7	12	9	2	5	17	11	1	3	8	11	7	15	12	8	21	23		8	26	12	630
28	ダイサギ		4	3	2	1	3	2	4	2	5	3		3	1	1		3	6	4	4	3	1	8	5	4	147
29	チュウサギ		3	5	7	9	5	3	3	4	7	6	4	3	2	4	6	8	1	9	10	4	4	2	9	11	299
30	コサギ		6	4	7	5	5	3	3	2	5	4		1	3	6	5	1	5	5	6	3	2	8	5	6	258
32	クロサギ													1	1		1										7
33	アオサギ		20	3	22	1	25	2	16	1	2	14		1	15	3	16		16	3	2	1	13	15	18		502
38	マガン													1	1			1		1	1	1		1	1	1	10
39	ヒシクイ																										1
43	マガモ																	1							2	1	35
44	カルガモ		1	8	10	2	9	3	4	3	9	13	2	13	22	7	1	5	4		3	3		4	28	8	395
46	コガモ		10	5	85	1	66	88	27	6	32	152	5	50	81	150		80	180	81	180	183		180	170	160	3031
49	オカヨシガモ		6	1	5		6	4	4			3		3	4	5		6		5	5	6		5	4	4	179
50	ヒドリガモ		29		20		22	25	19		25	22		28	33	26		24	36	35	40	23		30	24	13	794
51	オナガガモ		100	2	40		46	86	98		133	110		120	120	100		130	140	130	140	180		170	160	120	2335
52	シマアジ																										2
53	ハシビロガモ		30		16		12	17	48		43	38		23	20	32		32	42	40	40	37		30	31	24	830
54	ホシハジロ																										1
55	キンクロハジロ		30		30		35	37	38		38	31		40	32	30		38	39	38	39	39		35	33	37	1233
57	ミサゴ		2	1	4	1		3	2		3	3		4	1	2	2	4	3	3	3	3	1	2	2	2	113
60	オオタカ				1																						6
61	アカハラダカ																	1			1			1			4
62	ツミ				1																						11
63	ハイタカ			1			1							1													10
64	オオノスリ				1		1			1	1			1					1								8
65	ノスリ																				1					1	5
66	サシバ			3	8	1		4		1	1	2		1	1		7		2		1	4			2	6	100
70	ハヤブサ			1		3	1		2					1	1	2	3	2	1	4	1	2	1			1	44
74	チョウゲンボウ		5	5	11	5	5	7	13	3	3	2	1	2	4	7	4	7	4	6	1	6	2	5	7	12	242
75	ウズラ					1																					1
76	ミフウズラ			1												2	1										7
79	オオクイナ		1		1	1	1				2	3	1			2		2	1	2		1					31
81	ヒクイナ		5	1	8	2	7	10		3		8	1		1	5	2	6	5		10	1			3	7	135
82	シロハラクイナ		1	2	3	2	4	2	1	2	7	4				5	1		3	1	1	2		2	5	7	75
83	バン		29	5	47	7	61	36	25	6	46	49	4	25	37	49		45	51	22	41	40	2	17	29	33	1179
85	オオバン		3		6		5	5	6		8	8		8	7	9		4	5	4	9	6		9	8	6	241
89	コチドリ		10				5	3	6		4	2		4	2	1	4		5	4	3				7	6	142
90	シロチドリ		5		28		18	27	41		22	32		34	22	30		27	14					15	40	26	750
91	メダイチドリ				1			1			1	1															14
94	ムナグロ		1		27		9	12			2	20		9	10	21	1	1				2		2	12		511
95	ダイゼン																										2
97	タゲリ				1						1																3
102	オジロトウネン																										5
114	ツルシギ																										9
115	アカアシシギ																										5
117	アオアシシギ																	1	1	1	1		1				5
118	クサシギ		2									1								1							6
119	タカブシギ		1		1																						8
122	イソシギ		10	2	5	3	9	6	3	5	5	8	3	13	5		8	7	5	6	5	3	2	10	5	7	252
130	ヤマシギ					2				1					1		1		3								24
132	タシギ		2		2		1	1	4	1	1			3	5			2		1			1		1	1	71
133	ハリオシギ																										1
137	セイタカシギ		8		9				9		10	3		9	9					8			8	8	8	8	178
143	ユリカモメ																										4
162	カラスバト		1					1	1									1				1					10
164	ベニバト													1													2
165	キジバト		56	21	49	27	63	63	39	21	50	36	11	9	31	27	41	18	24	21	21	112	29	15	14	63	49	1885
166	キンバト		1		1			1	1		1	1	2	3				1	2		5						56
167	ズアカアオバト						1												1								2
178	リュウキュウコノハズク			1			2	3		2	7	5	5		1	7	2		3		3	10	1		3	4	85
180	アオバズク										1	1						1			2						10
181	ヨタカ		1						1							1	1										6
190	カワセミ		1	1	1		1	2			1				3		1	1		2	1		1		1	1	28

2006年冬-4(2007年1月)

No.	種名	期日	1/7	1/8	1/9	1/10	1/11	1/12	1/13	1/14	1/15	1/16	1/17	1/18	1/19	1/20	1/21	1/22	1/23	1/24	1/25	1/26	1/27	1/28	1/29	1/30	合計
		天候	曇	曇	曇	曇	曇	晴	晴	曇	曇	曇	曇	雨	雨	曇	曇	曇	曇	曇	曇	晴	雨	曇	曇	晴	
		気温	16℃	18℃	18℃	20℃	21℃	22℃	21℃	21℃	23℃	23℃	21℃	21℃	21℃	22℃	22℃	21℃	22℃	20℃	18℃	17℃	18℃	17℃	15℃	12℃	
		風	強	強	弱	弱	中	弱	強	強	中	弱	弱	強	中	中	強	強	中	強	強	弱	強	弱	中	弱	
192	ヤツガシラ				1					1			1			1		1	1		1			1	1	1	14
196	ヒバリ		1																								10
197	ショウドウツバメ		1												13						1			3			19
198	タイワンショウドウツバメ												1														1
199	ツバメ		23		12	5	18	24	24	3	26	3		17	21	19	1	20	2	24	30	15		35	11	16	672
201	コシアカツバメ																										1
203	イワツバメ			2				8	18		3					19		20		22		7	22	5			135
205	ツメナガセキレイ		9	1	8	1	8	10	7	3	7	7	4	8	21	9		5	5	2	5	2	1	6	17	11	384
207	キセキレイ		19	12	12	9	12	14	7	9	11	10	4	9	11	19	14	20	31	13	13	11	2	21	23	22	554
208	ハクセキレイ		9		4	2	2	4	6	2	4	3	2	4	3	2	2	6	8	4	2			4	6	6	164
209	マミジロタヒバリ		1	3	9	2	3		9	2	6	3	22		5	4	1		1	2	3	2	2		11	24	159
210	コマミジロタヒバリ				1				1			1	1	3		2	1	1		1		1	1	1		1	18
213	ビンズイ		12	1		5	8		18	7	3	2			4	2	10	1		8	13		25	2	1	17	5	5	229
214	セジロタヒバリ			1		2							1					1									5
215	ムネアカタヒバリ							2		1			2		3										5		28
216	タヒバリ												2													11	16
218	シロガシラ		110	120	100	80	100	100	120	140	120	130	80	50	90	140	100	110	150	70	150	140	130	60	100	130	4913
219	ヒヨドリ		65	60	55	45	60	100	40	50	90	50	60	40	50	90	50	60	80	50	60	130	20	30	60	90	2738
222	アカモズ		21	11	24	8	22	31	9	7	28	14	14	9	17	41	10	11	21	1	19	18	5	6	17	27	729
223	タカサゴモズ						1				2																8
228	アカヒゲ		20	1	2	6	27	11	5	2	4	12	11	12		1	4	9	14	14	4	12		6		1	367
229	ノゴマ		9	10	8	11	11	20	9	12	6	13	11	11	8	13	11	17	16	5	9	18	3	7	6	18	608
231	ルリビタキ		11	12	7	6	5	10	3	10	4	3	1	3	4	6		5	3	6	5	8	4	1	5	1	3	296
233	ジョウビタキ		2	3	6	2	2	3	2	2	5		2		1	2	1		2	2	2	2	1	2	5	1	115
234	ノビタキ		1	2	5	1		2	1			1	2	1	2	1		1	1	1	1	1		2	3	1		2	59
240	イソヒヨドリ		4	2	7	1	5	5	3	1	8	7	2	3	2	3	2		4	4	3	6	2	2	3	11	9	230
241	トラツグミ					1															1			1			6
242	マミジロ												1								1						2
243	カラアカハラ		1		1			1					1														7
245	クロウタドリ																								1	1	3
246	アカハラ		13	4	11	2	2	9	2	3	7	6	3	4	6	4		4	4		2		2	3	4	8	309
247	シロハラ		126	109	122	76	84	119	75	76	90	105	85	90	129	75	84	58	131	61	116	83	28	71	89	94	4760
248	マミチャジナイ				1			1	1																		11
250	ツグミ		15	6	20	2	12	10	4	1	22	15	6	16	21	25	4	1	9	14	4	12	4	1	6	49	17	775
251	ヤブサメ		5	2	1	2	3		1			1	4	3			1		1	1	1	4		3			69
252	ウグイス		10	13	9	13	11	16	5	10	7	7	11	4	2	8	7	14	12	4	13	25	2	7	2	9	527
253	チョウセンウグイス		4	2	3	3	4	13	3	3		3	4	1		5	3	3	6		5	6		2		2	134
254	シベリアセンニュウ		2	2	2	1	1		1	2	3	2			3	3	4	2	1	2		2		1	1	3	72
255	シマセンニュウ		2	1	1				2	1				1	1	1	1		2						1		29
257	マキノセンニュウ																										1
258	コヨシキリ																										2
259	オオヨシキリ				3	1						1				1				1					1	1	24
260	ムジセッカ			4	2	2	1	4				1	1			2				1	2	1	1		5		54
262	カラフトムジセッカ				1																						3
263	キマユムシクイ		9	10	12	11	14	23	11	7	16		14	7	18	24	7	8	14	5	8	25	4	7	7	15	616
264	カラフトムシクイ																										1
265	メボソムシクイ			2																							9
268	イイジマムシクイ																										3
270	セッカ		6	7	14	8	7	12	3	8	3	8	14	2	2	23	13	3	6	5	4	11	4		3	10	356
280	メジロ		25	50	30	20	45	50	25	10	30	15	10	25	60	10	20	10	30	10	25	80	5	30	30	35	1421
281	チョウセンメジロ							1																			2
285	ホオアカ					2	2				2			2	1				1								11
286	コホオアカ		1			1							1				1							1			12
288	カシラダカ				1	1			1			1						2		1							7
289	ミヤマホオジロ			2				1						3	6					1						2	28
295	アオジ		6	7	2	3	5	5	2		3	3		5	2	1	1	1	1	4	3	1	2	3	1	5	107
300	アトリ			15	1	14		15		15	16				1		3	46		6	15						175
302	マヒワ																										7
303	アカマシコ																								2		2
307	シマキンパラ																					4					4
309	スズメ		550	300	300	250	400	550	500	250	600	500	200	350	450	550	200	550	700	550	700	450	150	300	900	500	18857
310	ギンムクドリ		5	4	15	6	18	12	16			17	13		12	3		13	20	3		2			3	1	280
311	カラムクドリ		1				16		1	2		11						2		6				5	3		96
314	ホシムクドリ				1																						1
315	ムクドリ								7							5	6										31
317	ジャワハッカ			2		2	2			2	2	1			2		1				1						36
	個体数合計		1510	857	1325	677	1373	1685	1377	690	1628	1567	640	1125	1453	1703	645	1553	1916	1324	1975	1720	423	1246	2109	1711	58837
	種類数合計		69	54	75	57	64	71	64	48	64	69	47	57	65	67	50	68	70	59	71	66	38	60	63	74	2943

No.	種名 / 調査日	1/7	1/8	1/9	1/10	1/11	1/12	1/13	1/14	1/15	1/16	1/17	1/18	1/19	1/20	1/21	1/22	1/23	1/24	1/25	1/26	1/27	1/28	1/29	1/30	合計
A	インドクジャク											2			1		2		1							6
B	カワラバト	○	○	○	○	○	○	○	○	○	○	○	○	○	○	○	○	○	○	○	○	○	○	○	○	
C	ハシブトガラス	1	1	1	1	1	1	1	1	2	1	2	1	1	1	1	1	1		1	1		1	1	1	45

付表 2. 代表的な 29 種類の年度別・月別個体数一覧表

27. アマサギ

年/月	1	2	3	4	5	6	7	8	9	10	11	12	合計
2002			1015	3300	100								4415
2003			710	4041	4452				3123	861	876		14063
2004			581	4837	3416	907			640	962	910		12253
2005			353	4577	7859	1116			3865	4452	2054	914	25190
2006	944	549										267	1760
2007	363												363
合計	1307	549	2659	16755	15827	2023			7628	6275	3840	1181	58044
平均	21.4	19.6	30.9	139.6	239.8	72.3			141.3	76.5	44.7	24.1	88.0

30. コサギ

年/月	1	2	3	4	5	6	7	8	9	10	11	12	合計
2002			214	328	8								550
2003			314	904	231				145	171	128		1893
2004			457	788	440	314			125	465	233		2822
2005			434	949	939	340			351	448	389	208	4058
2006	237	258										122	617
2007	136												136
合計	373	258	1419	2969	1618	654			621	1084	750	330	10076
平均	6.2	9.2	16.5	24.7	24.5	23.4			11.5	13.2	8.7	6.7	15.3

58. ハチクマ

年/月	1	2	3	4	5	6	7	8	9	10	11	12	合計
2002													
2003										2			2
2004				1		1			4	29			35
2005				1						10		1	12
2006													
2007													
合計				2		1			4	41		1	49
平均				0.0		0.0			0.1	0.5		0.0	0.5

61. アカハラダカ

年/月	1	2	3	4	5	6	7	8	9	10	11	12	合計
2002				2									2
2003				9	6				170	73			258
2004					23	4			80	113			220
2005				3	65				4876	72	2		5018
2006													
2007	4												4
合計	4			14	94	4			5126	258	2		5502
平均	0.1			0.1	1.4	0.1			94.9	3.2	0.0		8.3

66. サシバ

年/月	1	2	3	4	5	6	7	8	9	10	11	12	合計
2002			160	48	1								209
2003			179	115	1				1	59	54		409
2004			107	45		1				92	109		354
2005			115	82	6				5	73	42	53	376
2006	37	23										33	93
2007	67												67
合計	104	23	561	290	8	1			6	224	205	86	1508
平均	1.7	0.8	6.5	2.4	0.1	0.0			0.1	2.7	2.4	1.8	2.3

74. チョウゲンボウ

年/月	1	2	3	4	5	6	7	8	9	10	11	12	合計
2002			122										122
2003			148	18					74	236	260		736
2004			231	77					58	295	301		962
2005			155	50					54	269	213	190	931
2006	171	160										89	420
2007	153												153
合計	324	160	656	145					186	800	774	279	3324
平均	5.3	5.7	7.6	1.2					3.4	9.8	9.0	5.7	5.0

83. バン

年/月	1	2	3	4	5	6	7	8	9	10	11	12	合計
2002			150	351	12								513
2003			156	289	70				3	48	383		949
2004			278	680	164	3				246	259		1630
2005			245	184	31	11			2	43	397	356	1266
2006	295	188										307	790
2007	872												872
合計	1167	188	829	1504	277	14			5	337	1036	663	6020
平均	19.1	6.7	9.6	12.5	4.2	0.5			0.1	4.1	12.1	13.5	9.1

119. タカブシギ

年/月	1	2	3	4	5	6	7	8	9	10	11	12	合計
2002			87	149									236
2003			108	884	20				20	20	16		1068
2004			360	336	20	1			96	188	7		1008
2005			164	657	25				553	269	21	6	1695
2006	6	16										5	27
2007	3												3
合計	9	16	719	2026	65	1			669	477	44	11	4037
平均	0.2	0.6	8.4	16.9	1.0	0.0			12.4	5.8	0.5	0.2	6.1

151. クロハラアジサシ

年/月	1	2	3	4	5	6	7	8	9	10	11	12	合計
2002				2									2
2003			3	19	40				5	23	10		100
2004				7	192	28			161	218			606
2005				17	124	10			40	172	3		366
2006	1												1
2007													
合計	1		3	45	356	38			206	413	13		1075
平均	0.0		0.0	0.0	5.4	1.4			3.8	5.0	0.2		1.6

165. キジバト

年/月	1	2	3	4	5	6	7	8	9	10	11	12	合計
2002			832	3460	100								4392
2003			1223	2490	1325				1395	1770	1313		9516
2004			1480	2631	1800	2051			143	697	320		9122
2005			929	2432	3161	1090			1281	1024	644	880	11441
2006	1213	876										679	2768
2007	1206												1206
合計	2419	876	4464	11013	6386	3141			2819	3491	2277	1559	38445
平均	39.7	31.3	51.9	91.8	96.8	112.2			52.2	42.6	26.5	31.8	58.3

199. ツバメ

年/月	1	2	3	4	5	6	7	8	9	10	11	12	合計
2002			3630	4460	50								8140
2003			2100	11050	6037				4140	2820	916		27063
2004			2220	8010	869	283			1810	4838	346		18376
2005			2160	10480	1883	53			15341	20395	626	86	51024
2006	56	86										232	374
2007	440												440
合計	496	86	10110	34000	8839	336			21291	28053	1888	318	105417
平均	8.1	3.1	117.6	283.3	133.9	12.0			394.3	342.1	22.0	6.5	159.7

205. ツメナガセキレイ

年/月	1	2	3	4	5	6	7	8	9	10	11	12	合計
2002			13	138									151
2003			314	750	357				6063	2177	598		10259
2004			36	318	189				1040	2456	369		4408
2005			57	324	1774	2			8159	4540	339	67	15262
2006	18	53										163	234
2007	221												221
合計	239	53	420	1530	2320	2			15262	9173	1306	230	30535
平均	3.9	1.9	4.9	12.8	35.2	0.1			282.6	111.9	26.7	4.7	46.3

208. ハクセキレイ

年/月	1	2	3	4	5	6	7	8	9	10	11	12	合計
2002			91	29									120
2003			423	238	2				4	55	124		846
2004			390	98	3				6	112	72		681
2005			308	134					5	123	89	106	765
2006	92	44										64	200
2007	100												100
合計	192	44	1212	499	5				15	290	285	170	2712
平均	3.2	1.6	14.1	4.2	0.1				0.3	3.5	3.3	3.5	4.1

209. マミジロタヒバリ

年/月	1	2	3	4	5	6	7	8	9	10	11	12	合計
2002			9	29									38
2003			45	60	4				4	129	64		306
2004			129	54	11				2	297	379		872
2005			177	137	6				3	108	192	149	772
2006	151	145										31	327
2007	128												128
合計	279	145	360	280	21				9	534	635	180	2443
平均	4.6	5.2	4.2	2.3	0.3				0.2	6.5	7.4	3.7	3.7

218. シロガシラ

年/月	1	2	3	4	5	6	7	8	9	10	11	12	合計
2002			1555	4350	80								5985
2003			3170	3675	1325				2215	2961	3985		17331
2004			2905	5405	1901	2136			1900	6145	9220		29612
2005			5212	5460	3283	1100			3306	4620	5630	3957	32568
2006	3952	3350										1593	8895
2007	3320												3320
合計	7272	3350	12842	18890	6589	3236			7421	13726	18835	5550	97711
平均	119.2	119.6	149.3	157.4	99.8	115.6			137.4	167.4	219.0	113.3	148.0

219. ヒヨドリ

年/月	1	2	3	4	5	6	7	8	9	10	11	12	合計
2002			845	3460	70								4375
2003			1777	3676	1758				7717	6650	2495		24073
2004			2361	6632	4794	4066			922	14751	1799		35325
2005			1828	3654	4217	1160			3785	3564	1765	1186	21159
2006	1154	1165										903	3222
2007	1835												1835
合計	2989	1165	6811	17422	10839	5226			12424	24965	6059	2089	89989
平均	49.0	41.6	79.2	145.2	169.2	186.6			230.1	304.5	70.5	42.6	136.3

222. アカモズ

年/月	1	2	3	4	5	6	7	8	9	10	11	12	合計
2002			48	196	6								250
2003			154	191	75				1690	692	272		3074
2004			234	211	102	1			343	618	586		2095
2005			286	355	621	1			1431	1025	437	357	4513
2006	358	265										246	869
2007	483												483
合計	841	265	722	953	804	2			3464	2335	1295	603	11284
平均	13.8	9.5	8.4	7.9	12.2	0.1			64.2	28.5	15.1	12.3	17.1

228. アカヒゲ

年/月	1	2	3	4	5	6	7	8	9	10	11	12	合計
2002													
2003										5	11		16
2004			15	2						54	360		431
2005			53	27					5	266	396	185	932
2006	129	108										123	360
2007	244												244
合計	373	108	68	29					5	325	767	308	1983
平均	6.1	3.9	0.8	0.2					0.1	4.0	8.9	6.3	3.0

229. ノゴマ

年/月	1	2	3	4	5	6	7	8	9	10	11	12	合計
2002			25	17									42
2003			26	11						1	64		102
2004			44	45	1				2	7	415		514
2005			92	72							216	376	756
2006	232	168										263	663
2007	345												345
合計	577	168	187	145	1				2	8	695	639	2422
平均	9.5	6.0	2.2	1.2	0.0				0.0	0.1	8.1	13.0	3.7

240. イソヒヨドリ

年/月	1	2	3	4	5	6	7	8	9	10	11	12	合計
2002			34	110	2								146
2003			156	223	35				194	275	133		1016
2004			122	141	7	19			85	266	178		818
2005			130	122	22	5			103	159	125	95	761
2006	106	65										92	263
2007	138												138
合計	244	65	442	596	66	24			382	700	436	187	3142
平均	4.0	2.3	5.1	5.0	1.0	0.9			7.1	8.5	5.1	3.8	4.8

247. シロハラ

年/月	1	2	3	4	5	6	7	8	9	10	11	12	合計
2002			36	5									41
2003			660	168							19		847
2004			59	50	1					2	2852		2964
2005			588	217						2	27	66	900
2006	44	33										1890	1967
2007	2870												2870
合計	2914	33	1343	440	1					4	2898	1956	9589
平均	47.8	1.2	15.6	3.7	0.0					0.1	33.7	39.9	14.5

251. ヤブサメ

年/月	1	2	3	4	5	6	7	8	9	10	11	12	合計
2002													
2003			1								2		3
2004										1	115		116
2005			8		1					14	104	51	178
2006	19	15										28	62
2007	41												41
合計	60	15	9		1					15	221	79	400
平均	1.0	0.5	0.1		0.0					0.2	2.6	1.6	0.6

253. チョウセンウグイス

年/月	1	2	3	4	5	6	7	8	9	10	11	12	合計
2002			83	15									98
2003			89	40					1	1	32		163
2004			127	36						10	117		290
2005			156	92	3				6	2	53	100	412
2006	76	150										45	271
2007	89												89
合計	165	150	455	183	3				7	13	202	145	1323
平均	2.7	5.4	5.3	1.5	0.1				0.1	0.2	2.4	3.0	2.0

254. シベリアセンニュウ

年/月	1	2	3	4	5	6	7	8	9	10	11	12	合計
2002					3								3
2003			53	52	29					3	47		184
2004			43	61	17				1	27	44		193
2005			36	35	15				9	74	72	81	322
2006	86	80										22	188
2007	50												50
合計	136	80	132	148	64				10	104	163	103	940
平均	2.2	2.9	1.5	1.2	1.0				0.2	1.3	1.9	1.2	1.4

259. オオヨシキリ

年/月	1	2	3	4	5	6	7	8	9	10	11	12	合計
2002				20									20
2003			14	73	19				3	17	6		132
2004			1	29	7	3			13	40	4		97
2005				32	47				20	52	58	28	237
2006	27	32										10	69
2007	14												14
合計	41	32	15	154	73	3			36	109	68	38	569
平均	0.7	1.1	0.2	1.3	1.1	0.1			0.7	1.3	0.8	0.8	0.9

260．ムジセッカ

年/月	1	2	3	4	5	6	7	8	9	10	11	12	合計
2002			16	13									29
2003			9	10					1	21	38		79
2004			33	29					5	17	68		152
2005			39	59	1					30	68	100	297
2006	97	96										17	210
2007	37												37
合計	134	96	97	111	1				6	68	174	117	804
平均	2.2	3.4	1.1	0.9	0.0				0.1	0.8	2.0	2.4	1.2

279．サンコウチョウ

年/月	1	2	3	4	5	6	7	8	9	10	11	12	合計
2002				13	3								16
2003				44	81				4	1			130
2004			1	53	158	179				1			392
2005			2	65	252	67			12				398
2006													
2007													
合計			3	175	494	246			16	1	1		936
平均			0.0	1.5	7.5	8.8			0.3	0.0	0.0		1.4

280．メジロ

年/月	1	2	3	4	5	6	7	8	9	10	11	12	合計
2002			625	1290	15								1930
2003			530	741	681				2398	1245	604		6199
2004			710	1781	1410	1583			252	2633	1800		10169
2005			602	1475	1840	530			1362	599	476	719	7603
2006	444	388										573	1405
2007	848												848
合計	1292	388	2467	5287	3946	2113			4012	4477	2880	1292	28154
平均	21.2	13.9	28.7	44.1	59.8	75.5			74.3	54.6	33.5	26.4	42.7

309．スズメ

年/月	1	2	3	4	5	6	7	8	9	10	11	12	合計
2002			4230	6010	100								10340
2003			4720	4520	2030				11705	17700	13460		54135
2004			3365	5540	3500	4730			4420	14600	16150		52305
2005			6040	8800	8550	3700			16380	22150	17600	13400	96620
2006	12130	7430										5557	25117
2007	13300												13300
合計	25430	7430	18355	24870	14180	8430			32505	54450	47210	18957	251817
平均	416.9	265.4	213.4	207.3	214.9	301.1			601.9	664.0	549.0	386.9	381.5

調査日数

年/月	1	2	3	4	5	6	7	8	9	10	11	12	合計
2002			19	30	1								50
2003			22	30	16				19	20	26		133
2004			23	30	18	18			7	31	30		157
2005			22	30	31	10			28	31	30	31	213
2006	31	28										18	77
2007	30												30
合計	61	28	86	120	66	28			54	82	86	49	660

付表3．月別確認状況

No.	種名	1	2	3	4	5	6	7	8	9	10	11	12	合計個体数
1	カイツブリ	●	●	●	●	●	●	●	●		●	●	●	1,128
2	ハジロカイツブリ	●	●									●	●	18
3	アカエリカイツブリ											●	●	1
4	アナドリ		●	●	●	●	●	●	●	●				873
5	オオミズナギドリ	●	●	●	●	●	●	●	●	●	●	●	●	8,937
6	オナガミズナギドリ	●	●	●	●	●	●	●	●	●	●	●	●	1,341
7	アカアシミズナギドリ	●	●	●										4
8	ハシボソミズナギドリ	●												1
9	アカオネッタイチョウ				●	●								1
10	カツオドリ	●	●	●	●	●	●	●	●	●	●	●	●	140
11	アオツラカツオドリ											●	●	1
12	アカアシカツオドリ							●	●					1
13	カワウ	●	●	●	●						●	●	●	181
14	ウミウ	●	●	●	●						●	●	●	59
15	ヒメウ											●	●	3
16	オオグンカンドリ				●	●	●	●						3
17	サンカノゴイ	●	●	●	●	●	●	●	●	●	●	●	●	46
18	ヨシゴイ	●	●	●	●	●	●	●	●	●	●	●	●	117
19	オオヨシゴイ				●	●	●	●	●	●	●	●		6
20	リュウキュウヨシゴイ			●	●	●	●	●	●	●	●	●		21
21	タカサゴクロサギ	●	●				●	●				●	●	11
22	ミゾゴイ	●	●	●	●					●				3
23	ズグロミゾゴイ				●	●	●	●						14
24	ゴイサギ	●	●	●	●	●	●	●		●	●	●	●	1,122
25	ササゴイ	●	●	●	●	●	●	●	●	●	●	●	●	169
26	アカガシラサギ	●	●	●	●	●	●	●	●	●	●	●	●	645
27	アマサギ	●	●	●	●	●	●	●	●	●	●	●	●	58,044
28	ダイサギ	●	●	●	●	●	●	●	●	●	●	●	●	6,328
29	チュウサギ	●	●	●	●	●	●	●	●	●	●	●	●	6,832
30	コサギ	●	●	●	●	●	●	●	●	●	●	●	●	10,076
31	カラシラサギ			●	●	●	●	●		●	●			56
32	クロサギ	●	●	●	●	●	●	●	●	●	●	●	●	230
33	アオサギ	●	●	●	●	●	●	●	●	●	●	●	●	6,085
34	ムラサキサギ				●	●	●	●		●	●	●		97
35	ナベコウ										●	●		1
36	クロツラヘラサギ									●	●	●		38
37	コクガン											●		1
38	マガン	●												10
39	ヒシクイ												●	1
40	オオハクチョウ	●	●	●										17
41	コハクチョウ											●		28
42	オシドリ				●						●	●		13
43	マガモ	●	●	●							●	●	●	385
44	カルガモ	●	●	●	●	●	●	●	●	●	●	●	●	8,186
45	アカノドカルガモ				●	●								1
46	コガモ	●	●	●						●	●	●	●	18,442
47	トモエガモ										●			1
48	ヨシガモ	●	●								●	●	●	79
49	オカヨシガモ	●	●									●	●	237
50	ヒドリガモ	●	●	●						●	●	●	●	1,893
51	オナガガモ	●	●	●						●	●	●	●	8,246
52	シマアジ	●	●	●						●	●	●	●	49

No.	種名 \ 月	1	2	3	4	5	6	7	8	9	10	11	12	合計個体数
53	ハシビロガモ	─	─	─	─	─					─	─	─	1,452
54	ホシハジロ	─	─								─	─	─	95
55	キンクロハジロ	─	─	─	─	─					─	─	─	3,690
56	スズガモ	─	─								─	─	─	32
57	ミサゴ	─	─	─	─	─	─	─	─	─	─	─	─	1,132
58	ハチクマ				─	─	─		─	─	─			49
59	トビ				─	─				─				3
60	オオタカ	─	─	─	─	─	─	─	─	─	─	─	─	83
61	アカハラダカ								─	─	─			5,502
62	ツミ	─	─	─	─	─	─	─	─	─	─	─	─	460
63	ハイタカ	─	─	─	─	─				─	─	─	─	175
64	オオノスリ	─	─	─	─	─					─	─	─	172
65	ノスリ	─	─	─	─	─				─	─	─	─	80
66	サシバ				─	─	─	─	─	─	─			1,508
67	ハイイロチュウヒ	─	─	─	─						─	─	─	26
68	マダラチュウヒ				─	─								5
69	チュウヒ	─	─	─	─	─				─	─	─	─	12
70	ハヤブサ	─	─	─	─	─	─	─	─	─	─	─	─	537
71	チゴハヤブサ				─	─				─	─			39
72	コチョウゲンボウ			─	─							─		2
73	アカアシチョウゲンボウ					─				─				7
74	チョウゲンボウ	─	─	─	─	─	─	─	─	─	─	─	─	3,324
75	ウズラ	─	─	─	─	─								5
76	ミフウズラ	─	─	─	─	─	─	─	─	─	─	─	─	266
77	ナベヅル	─	─	─	─									103
78	クイナ	─	─	─	─	─				─	─	─	─	18
79	オオクイナ	─	─	─	─	─	─	─	─	─	─	─	─	329
80	ヒメクイナ	─	─	─	─	─				─	─	─	─	88
81	ヒクイナ	─	─	─	─	─	─	─	─	─	─	─	─	1,530
82	シロハラクイナ	─	─	─	─	─	─	─	─	─	─	─	─	2,579
83	バン	─	─	─	─	─	─	─	─	─	─	─	─	6,020
84	ツルクイナ					─					─			5
85	オオバン	─	─	─	─	─	─	─	─	─	─	─	─	589
86	レンカク					─	─							9
87	タマシギ					─	─							2
88	ハジロコチドリ				─	─								1
89	コチドリ	─	─	─	─	─	─	─	─	─	─	─	─	2,752
90	シロチドリ	─	─	─	─	─	─	─	─	─	─	─	─	3,327
91	メダイチドリ	─	─		─	─			─	─	─			233
92	オオメダイチドリ				─	─		─	─	─	─			170
93	オオチドリ							─	─	─	─			161
94	ムナグロ	─	─	─	─	─	─	─	─	─	─	─	─	8,960
95	ダイゼン	─	─	─	─	─	─	─	─	─	─	─	─	79
96	ケリ				─	─					─	─		10
97	タゲリ	─	─	─	─	─				─	─	─	─	502
98	キョウジョシギ				─	─	─		─	─	─			33
99	ヨーロッパトウネン				─	─			─	─	─			15
100	トウネン	─	─	─	─	─	─	─	─	─	─	─	─	575
101	ヒバリシギ				─	─	─	─	─	─	─	─		266
102	オジロトウネン	─	─	─	─	─			─	─	─	─	─	173
103	ヒメウズラシギ					─								1
104	アメリカウズラシギ					─				─	─			6
105	ウズラシギ	─	─	─	─	─			─	─	─	─	─	1,163
106	ハマシギ	─	─	─	─	─	─		─	─	─	─	─	330
107	サルハマシギ				─	─	─		─	─	─			55
108	コオバシギ					─	─							8

No.	種名	1	2	3	4	5	6	7	8	9	10	11	12	合計個体数
109	オバシギ				●									31
110	ミユビシギ			●	●					●				5
111	ヘラシギ				●									4
112	エリマキシギ			●	●					●	●			21
113	キリアイ				●									3
114	ツルシギ			●	●	●				●				39
115	アカアシシギ			●	●	●			●	●	●			219
116	コアオアシシギ			●	●	●			●	●	●			316
117	アオアシシギ	●		●	●	●		●	●	●	●	●		611
118	クサシギ	●		●	●	●	●	●	●	●	●	●		458
119	タカブシギ	●		●	●	●	●	●	●	●	●	●		4,037
120	メリケンキアシシギ					●								1
121	キアシシギ				●	●			●	●	●			230
122	イソシギ	●		●	●	●	●	●	●	●	●	●		2,006
123	ソリハシシギ				●	●			●	●				43
124	オグロシギ				●									14
125	オオソリハシシギ				●	●								19
126	ダイシャクシギ			●	●									3
127	ホウロクシギ			●	●	●								17
128	チュウシャクシギ			●	●	●			●			●		41
129	コシャクシギ					●			●					80
130	ヤマシギ	●	●	●	●	●					●	●	●	269
131	アマミヤマシギ										●			1
132	タシギ	●	●	●	●	●			●	●	●	●	●	1,188
133	ハリオシギ	●		●					●	●	●			71
134	チュウジシギ				●	●			●	●	●			66
135	オオジシギ				●	●			●	●	●			148
136	コシギ				●									1
137	セイタカシギ	●	●	●	●	●	●	●	●	●	●	●	●	2,630
138	ソリハシセイタカシギ										●	●		16
139	アカエリヒレアシシギ				●	●			●	●				12
140	ツバメチドリ				●	●			●	●				886
141	トウゾクカモメ					●								1
142	シロハラトウゾクカモメ					●								1
143	ユリカモメ	●							●	●	●	●	●	30
144	セグロカモメ	●	●	●	●							●	●	12
145	オオセグロカモメ	●												8
146	カモメ											●		5
147	ウミネコ	●	●	●	●	●	●	●	●	●	●	●	●	136
148	ズグロカモメ			●										1
149	ミツユビカモメ			●										1
150	ハジロクロハラアジサシ					●	●		●	●				197
151	クロハラアジサシ	●		●	●	●			●	●				1,075
152	オニアジサシ			●	●					●	●			5
153	オオアジサシ						●	●						3
154	ハシブトアジサシ					●	●	●						8
155	アジサシ					●	●	●	●	●				43
156	ベニアジサシ					●	●	●	●	●				107
157	エリグロアジサシ					●	●	●	●	●				284
158	マミジロアジサシ					●	●	●	●					241
159	セグロアジサシ					●	●	●	●	●				2,394
160	コアジサシ					●	●	●						23
161	クロアジサシ					●	●	●	●					806
162	カラスバト	●	●	●	●	●	●	●	●	●	●	●		373
163	シラコバト					●								1
164	ベニバト			●	●	●	●	●	●					72

No.	種名 \ 月	1	2	3	4	5	6	7	8	9	10	11	12	合計個体数
165	キジバト	─	─	─	─	─	─	─	─	─	─	─	─	38,445
166	キンバト	─	─	─	─	─	─	─	─	─	─	─	─	1,707
167	ズアカアオバト	─	─	─	─	─	─	─	─	─	─	─	─	397
168	オオジュウイチ				─	─								3
169	ジュウイチ					─					─			5
170	セグロカッコウ					─								1
171	カッコウ				─	─			─		─			8
172	ツツドリ				─	─				─	─			9
173	ホトトギス				─	─	─	─	─	─	─			72
174	オニカッコウ				─	─	─	─		─				35
175	バンケン				─	─								1
176	コミミズク			─	─						─	─		3
177	コノハズク				─	─								3
178	リュウキュウコノハズク			─	─	─	─	─	─	─	─	─		2,454
179	オオコノハズク										─			13
180	アオバズク			─	─	─	─	─	─	─	─	─		306
181	ヨタカ	─			─	─	─			─	─			38
182	ヒマラヤアナツバメ			─	─	─	─	─	─	─	─			76
183	ハリオアマツバメ				─	─	─	─	─	─	─			79
184	ヒメアマツバメ			─	─	─	─	─	─	─	─	─	─	245
185	アマツバメ			─	─	─	─	─	─	─	─	─		637
186	ヨーロッパアマツバメ				─	─		─						6
187	ヤマショウビン				─	─	─	─	─					9
188	アカショウビン				─	─	─	─	─	─	─			146
189	ナンヨウショウビン								─					1
190	カワセミ		─	─	─	─	─	─	─	─	─	─	─	541
191	ブッポウソウ				─	─	─	─	─	─				30
192	ヤツガシラ		─	─	─	─	─	─	─	─	─	─	─	454
193	アリスイ			─	─					─	─	─		12
194	ヒメコウテンシ		─		─	─					─	─		12
195	コヒバリ										─			2
196	ヒバリ	─	─	─	─	─	─	─	─	─	─	─	─	490
197	ショウドウツバメ			─	─	─			─	─	─	─		499
198	タイワンショウドウツバメ			─								─		8
199	ツバメ	─	─	─	─	─	─	─	─	─	─	─	─	105,417
200	リュウキュウツバメ				─	─								5
201	コシアカツバメ			─	─	─	─	─	─	─	─	─		945
202	ニシイワツバメ					─								2
203	イワツバメ	─	─	─	─	─	─	─	─	─	─	─	─	766
204	イワミセキレイ										─	─		2
205	ツメナガセキレイ			─	─	─	─	─	─	─	─	─	─	30,535
206	キガシラセキレイ				─	─				─	─			17
207	キセキレイ	─	─	─	─	─	─	─	─	─	─	─	─	6,747
208	ハクセキレイ	─	─	─	─	─			─	─	─	─	─	2,712
209	マミジロタヒバリ	─	─	─	─	─			─	─	─	─	─	2,443
210	コマミジロタヒバリ		─		─	─					─			36
211	ムジタヒバリ					─								1
212	ヨーロッパビンズイ					─								1
213	ビンズイ	─	─	─	─	─				─	─	─	─	999
214	セジロタヒバリ	─	─	─						─	─	─		76
215	ムネアカタヒバリ	─	─	─	─	─				─	─	─	─	2,521
216	タヒバリ	─	─	─	─	─					─	─	─	355
217	サンショウクイ				─	─	─	─	─	─	─	─		1,092
218	シロガシラ	─	─	─	─	─	─	─	─	─	─	─	─	97,711
219	ヒヨドリ	─	─	─	─	─	─	─	─	─	─	─	─	89,989
220	クロヒヨドリ				─									1

No.	種名 \ 月	1	2	3	4	5	6	7	8	9	10	11	12	合計個体数
221	チゴモズ					—								1
222	アカモズ		—	—	—	—	—	—	—	—	—			11,284
223	タカサゴモズ		—	—						—	—	—		132
224	キレンジャク			—	—									8
225	ヒレンジャク			—	—									209
226	ミソサザイ										—	—		3
227	コマドリ			—	—									1
228	アカヒゲ		—	—	—	—	—			—	—	—		1,983
229	ノゴマ		—	—	—	—				—	—	—		2,422
230	オガワコマドリ		—	—						—	—			3
231	ルリビタキ		—	—	—						—	—	—	335
232	クロジョウビタキ				—									1
233	ジョウビタキ		—	—	—						—	—	—	990
234	ノビタキ		—	—	—	—				—	—	—		286
235	ヤマザキヒタキ			—	—									2
236	イナバヒタキ				—	—								4
237	クロノビタキ				—	—								4
238	ハシグロヒタキ					—				—				7
239	サバクヒタキ			—	—									1
240	イソヒヨドリ		—	—	—	—	—	—	—	—	—	—	—	3,142
241	トラツグミ		—	—	—						—	—	—	23
242	マミジロ				—						—	—		4
243	カラアカハラ		—	—							—	—		12
244	クロツグミ				—	—					—			9
245	クロウタドリ		—	—								—	—	166
246	アカハラ		—	—	—						—	—	—	1,377
247	シロハラ		—	—	—	—					—	—	—	9,589
248	マミチャジナイ		—	—		—					—	—		102
249	ノドグロツグミ				—	—					—			6
250	ツグミ		—	—	—	—					—	—	—	2,029
251	ヤブサメ		—	—	—	—	—				—	—		400
252	ウグイス		—	—	—	—	—	—	—	—	—	—	—	1,508
253	チョウセンウグイス		—	—	—	—				—	—	—		1,323
254	シベリアセンニュウ		—	—	—	—				—	—	—		940
255	シマセンニュウ		—	—	—	—				—	—	—		296
256	ウチヤマセンニュウ				—	—				—	—			5
257	マキノセンニュウ		—	—	—	—					—	—		8
258	コヨシキリ			—	—									16
259	オオヨシキリ		—	—	—	—	—	—						569
260	ムジセッカ		—	—	—	—				—	—	—		804
261	モウコムジセッカ				—	—								8
262	カラフトムジセッカ										—	—		24
263	キマユムシクイ		—	—	—	—				—	—	—		2,150
264	カラフトムシクイ		—	—										1
265	メボソムシクイ		—	—	—	—				—	—	—		857
266	エゾムシクイ									—	—	—		4
267	センダイムシクイ									—	—	—		6
268	イイジマムシクイ		—			—						—		4
269	キクイタダキ		—	—										3
270	セッカ		—	—	—	—	—	—	—	—	—	—	—	22,935
271	マミジロキビタキ									—	—			1
272	キビタキ										—	—		8
273	ムギマキ										—	—		3
274	オジロビタキ		—	—	—									24
275	オオルリ					—	—			—	—			19
276	サメビタキ					—	—			—	—			46

No.	種名	1	2	3	4	5	6	7	8	9	10	11	12	合計個体数
277	エゾビタキ					―				―	―			569
278	コサメビタキ					―			―	―	―			81
279	サンコウチョウ				―	―	―			―				936
280	メジロ	―	―	―	―	―	―	―	―	―	―	―	―	28,154
281	チョウセンメジロ	―									―			7
282	シラガホオジロ				―									1
283	コジュリン										―			2
284	シロハラホオジロ		―	―	―						―			9
285	ホオアカ	―			―									23
286	コホオアカ	―			―					―	―			538
287	キマユホオジロ				―					―	―			8
288	カシラダカ	―									―	―		274
289	ミヤマホオジロ				―						―			84
290	シマアオジ					―				―				37
291	シマノジコ					―				―				19
292	ズグロチャキンチョウ					―				―				14
293	チャキンチョウ					―				―				5
294	ノジコ				―	―				―				76
295	アオジ	―									―			529
296	クロジ										―			12
297	シベリアジュリン										―			4
298	ツメナガホオジロ										―			3
299	ユキホオジロ										―			3
300	アトリ	―			―						―			1,205
301	カワラヒワ					―								17
302	マヒワ			―	―						―			1,178
303	アカマシコ	―			―									8
304	コイカル				―		―			―	―			33
305	イカル				―	―					―			95
306	シメ	―	―	―	―	―				―	―			40
307	シマキンパラ	―	―	―	―	―				―	―			139
308	ニュウナイスズメ					―								1
309	スズメ	―	―	―	―	―	―	―	―	―	―	―	―	251,817
310	ギンムクドリ				―					―	―			3,036
311	シベリアムクドリ				―									11
312	コムクドリ				―	―	―			―				6,603
313	カラムクドリ	―												454
314	ホシムクドリ	―												190
315	ムクドリ	―	―	―	―	―	―	―	―	―	―	―	―	2,558
316	バライロムクドリ									―				9
317	ジャワハッカ	―	―	―	―	―	―	―	―	―	―	―	―	8,904
318	コウライウグイス					―				―		―		9
319	オウチュウ					―				―				118
320	カンムリオウチュウ					―				―				23
321	ハイイロオウチュウ					―				―				24

宇山 大樹（ウヤマ ダイキ）

　1941年1月，東京生まれ。1965年3月，日本大学理工学部工業化学科卒業。1965年4月，（株）ブリヂストン入社。2001年2月，定年退職。日本野鳥の会東京支部の幹事を約30年間努める。中学1年のときから野鳥観察を始め，記録を取りはじめた1962年から現在までの探鳥日数5000日以上（13年8ヶ月），ライフリストは555種を越えている。鳥を見ているときがいちばん幸せな時間。

　野鳥研究家として活動し，日本初記録の鳥として1967年キョクアジサシ，1971年チャガシラカモメ，1982年シロハラアカアシミズナギドリ，1991年マユグロムシクイなど10種以上を記録した。著書に「新浜の鳥」1966年〜1968年の記録（共著），「与那国島春の鳥類Ⅰ〜Ⅳ」ほか

　日本鳥学会永久会員，山階鳥類研究所賛助会員，日本海鳥グループ，日本標識協会ほか多数

野鳥の記録　与那国島
2002年3月〜2007年1月の678日間の観察記録

2011年2月13日　初版第1刷発行

著者　　宇山 大樹
　　　　〒180-0023　東京都武蔵野市境南町4-13-4
　　　　Tel & Fax 0422-31-3081

発行者　斉藤博
発行所　株式会社文一総合出版
　　　　〒162-0812　東京都新宿区西五軒町2-5
　　　　　TEL 03-3235-7341　FAX 03-3269-1402
　　　　　URL http://www.bun-ichi.co.jp　振替 00120-5-42149
印刷　　奥村印刷株式会社

定価はカバーに表示してあります。乱丁・落丁本はお取り替えいたします。
ⒸDaiki Uyama 2011　ISBN978-4-8299-1193-8　Printed in Japan

JCOPY ＜（社）出版者著作権管理機構 委託出版物＞
本書の無断複写は著作権法上での例外を除き禁じられています。複写される場合は，そのつど事前に，（社）出版者著作権管理機構（電話03-3513-6969，FAX 03-3513-6979，e-mail: info@jcopy.or.jp）の許諾を得てください。